Elemente der Mathematik

MECKLENBURG-VORPOMMERN

9. Schuljahr

Herausgegeben von

Heinz Griesel

Helmut Postel

Friedrich Suhr

Schroedel

Elemente der Mathematik 9
Mecklenburg-Vorpommern

Herausgegeben von
Prof. Dr. Heinz Griesel, Prof. Helmut Postel, Friedrich Suhr

Bearbeitet von
Christine Fiedler, Reinhard Kind, Werner Ladenthin, Prof. Dr. Matthias Ludwig, Prof. Helmut Postel, Friedrich Suhr

Für Mecklenburg-Vorpommern bearbeitet von
Matthias Apsel, Petra Ullrich

Abgestimmt auf dieses Unterrichtswerk sind umfangreiche Unterrichtsmaterialien entwickelt worden:
Band 1 Best.-Nr. 87001; Band 2 Best.-Nr. 87002; Band 3 Best.-Nr. 87003; Band 4 Best.-Nr. 87004
Zum Schülerband erscheint: Lösungen Best.-Nr. 87213

© 2011 Bildungshaus Schulbuchverlage Westermann Schroedel Diesterweg Schöningh Winklers GmbH, Georg-Westermann-Allee 66, 38104 Braunschweig
www.westermann.de

Das Werk und seine Teile sind urheberrechtlich geschützt. Jede Nutzung in anderen als den gesetzlich zugelassenen bzw. vertraglich zugestandenen Fällen bedarf der vorherigen schriftlichen Einwilligung des Verlages. Nähere Informationen zur vertraglich gestatteten Anzahl von Kopien finden Sie auf www.schulbuchkopie.de.

Für Verweise (Links) auf Internet-Adressen gilt folgender Haftungshinweis: Trotz sorgfältiger inhaltlicher Kontrolle wird die Haftung für die Inhalte der externen Seiten ausgeschlossen. Für den Inhalt dieser externen Seiten sind ausschließlich deren Betreiber verantwortlich. Sollten Sie daher auf kostenpflichtige, illegale oder anstößige Inhalte treffen, so bedauern wir dies ausdrücklich und bitten Sie, uns umgehend per E-Mail davon in Kenntnis zu setzen, damit beim Nachdruck der Verweis gelöscht wird.

Druck A^5 / Jahr 2022
Alle Drucke der Serie A sind im Unterricht parallel verwendbar.

Redaktion: Claus Peter Witt
Herstellung: Reinhard Hörner
Umschlagentwurf: Loeper & Wulf, Hannover
Illustrationen: Dietmar Griese; Dr. Timo Lenders
Zeichnungen: Olaf Schlierf; Langner & Partner
Taschenrechner: Texas Instruments Education Technology GmbH, Freising
Satz: Triltsch, Print und digitale Medien GmbH, Ochsenfurt
Druck und Bindung: Westermann Druck GmbH, Georg-Westermann-Allee 66, 38104 Braunschweig

ISBN 978-3-507-**87203**-5

Inhaltsverzeichnis

Zum Aufbau des Buches 5

Bleib fit im Umgang mit mehrstufigen Zufallsexperimenten 7

1. Statistische Erhebungen 9
1.1 Zufallsgrößen und deren Wahrscheinlichkeitsverteilung 10
1.2 Erwartungswert einer Zufallsgröße 16
1.3 Bestimmen von Wahrscheinlichkeiten durch Simulation 21
1.4 Ziehen mit und ohne Zurücklegen 25
1.5 Ziehen mit einem Griff 31
1.6 Vermischte Übungen zur Kombinatorik 39
Bist du fit? 40

Bleib fit im Umgang mit linearen Funktionen 41

2. Lineare Gleichungen mit zwei Variablen – Systeme linearer Gleichungen .. 43
2.1 Lineare Gleichungen der Form $ax + by = c$ 44
2.2 Systeme linearer Gleichungen – Grafisches Lösungsverfahren 51
2.3 Gleichsetzungsverfahren 55
2.4 Einsetzungsverfahren **Zum Selbstlernen** 57
2.5 Additionsverfahren 58
Im Blickpunkt: Lösen linearer Gleichungssysteme mithilfe von CAS 65
2.6 Modellieren mithilfe linearer Gleichungssysteme 66
Im Blickpunkt: Lineares Optimieren 73
2.7 Aufgaben zur Vertiefung 76
Bist du fit? 78

3. Reelle Zahlen – Termumformungen ... 79
3.1 Quadratwurzeln 80
3.2 Reelle Zahlen 88
3.3 Zusammenhang zwischen Wurzelziehen und Quadrieren 90
3.4 Rechenregeln für Quadratwurzeln und ihre Anwendung 94
3.5 Umformen von Wurzeltermen **Zum Selbstlernen** 99
3.6 Überblick über die reellen Zahlen 102
Im Blickpunkt: Wie viele rationale und irrationale Zahlen gibt es? 105
3.7 Aufgaben zur Vertiefung 107
Bist du fit? 108

4. Quadratische Funktionen und Gleichungen 109
4.1 Quadratfunktion – Eigenschaften der Normalparabel 110
4.2 Quadratische Gleichungen – Grafisches Lösungsverfahren 114
4.3 Verschieben der Normalparabel 119
4.4 Strecken und Spiegeln der Normalparabel ... 133
4.5 Strecken und Verschieben der Normalparabel .. 140
Im Blickpunkt: Bremsen und Anhalten von Fahrzeugen 147
4.6 Optimierungsprobleme mit quadratischen Funktionen 149
4.7 Lösen quadratischer Gleichungen – Verschiedene Wege 153
4.8 Modellieren – Anwenden von quadratischen Gleichungen **Zum Selbstlernen** 157
Im Blickpunkt: Goldener Schnitt 160
4.9 Methode der Substitution – Biquadratische Gleichungen 162
Im Blickpunkt: Parabeln im Sport – Quadratische Regression 168
4.11 Quadratwurzelfunktion – Umkehrfunktionen ... 170
4.12 Aufgaben zur Vertiefung 175
Bist du fit? 176

5. Potenzen und Potenzfunktionen 177
5.1 Potenzen mit ganzzahligen Exponenten 178
5.2 Potenzgesetze für ganzzahlige Exponenten und ihre Anwendung 188
Im Blickpunkt: Kleine Anteile – große Wirkung 199
5.3 n-te Wurzeln 201
5.4 Lösungsmenge von Potenzgleichungen **Zum Selbstlernen** 205
5.5 Potenzen mit rationalen Exponenten 208
5.6 Potenzgesetze für rationale Exponenten 212
5.7 Bruchterme 215
Im Blickpunkt: Stimmung einer Tonleiter 220
5.8 Potenzfunktionen 221
5.9 Wurzelfunktionen 230
5.10 Aufgaben zur Vertiefung 231
Bist du fit? 232

6. Ähnlichkeit 233
6.1 Ähnlichkeit bei Vielecken 234
6.2 Zentrische Streckung – Eigenschaften 243
6.3 Ähnlichkeit bei beliebigen Figuren 252
Im Blickpunkt: Irrationale Längenverhältnisse .. 254

6.4 Ähnlichkeitssatz für Dreiecke – Beweise – Konstruktionen 255
   Im Blickpunkt: Selbstähnlichkeit 259
6.5 Strahlensätze 261
6.6 Berechnen von Längen mithilfe der Strahlensätze **Zum Selbstlernen**.................. 269
6.7 Umkehrung des 1. Strahlensatzes für Strahlen 273
6.8 Aufgaben zur Vertiefung................. 276
Bist du fit? 277

Projekt
Quadratisch, parablisch, gut!................. 278

Anhang
Lösungen zu Bist du fit? 280
Verzeichnis mathematischer Symbole 286
Stichwortverzeichnis 287
Bildquellenverzeichnis....................... 288

Symbole

 Das Unterlegen einer Aufgabennummer mit einem grünen Zettel kennzeichnet eine Übungsaufgabe, die auch als **alternativer Einstieg** geeignet ist.

5. Rote Aufgabennummern kennzeichnen Aufgaben, die die Selbstständigkeit und Problemlösefähigkeit der Schülerinnen und Schüler in besonderer Weise herausfordern.

7. Blaue Aufgabennummern (und Überschriften) kennzeichnen Zusatzstoffe.

DGS Hier bietet sich der Einsatz eines dynamischen Geometrie-Systems an.

TAB Hier bietet sich der Einsatz eines Tabellenkalkulations-Programmes an.

CAS Hier bietet sich der Einsatz eines Computer-Algebra-Systems an.

ZUM AUFBAU DES BUCHES

Zur allgemeinen Zielsetzung

Elemente der Mathematik ist auf die Bedürfnisse und Anforderungen eines gymnasialen Mathematikunterrichts am Anfang des 21. Jahrhundert auf der Basis des Rahmenlehrplans für die Sekundarstufe I zugeschnitten. Insbesondere wurden auch Ergebnisse und Schlussfolgerungen aus der TIMS- und der PISA-Studie angemessen berücksichtigt. Daher werden den Unterrichtenden konkrete Hilfen an die Hand gegeben, um problem- und handlungsorientierte Lernsituationen zu schaffen, in denen die Schüler und Schülerinnen altersangemessen ihr mathematisches Wissen möglichst eigenständig entwickeln und strukturieren können. Beim gemeinsamen Entdecken, Erforschen, Beschreiben und Erklären erfahren die Schüler, dass nicht nur die Lösung eines Problems, sondern auch der Lösungsweg wichtig ist und dass dabei insbesondere die Analyse von Fehlern hilfreich ist. Besonderer Wert wird so auf die prozessbezogenen mathematischen Kompetenzen gelegt: Argumentieren, Probleme lösen, Modellieren, Verwenden von Darstellungen, Umgang mit formalen und technischen Elementen der Mathematik und Kommunizieren.

Zu den Lerninhalten

Zu den im Rahmenlehrplan vorgesehenen Leitideen und Inhalten werden in Klasse 9 behandelt:

Kapitel 1: Statische Erhebungen – Leitidee „Daten und Zufall"
Zunächst werden Zufallsgrößen und deren Erwartungswert thematisiert. Anschließend werden Wahrscheinlichkeiten durch Simulation bestimmt und mithilfe kombinatorischer Überlegungen berechnet. Dabei spielen das Ziehen mit und ohne Zurücklegen sowie das Ziehen mit einem Griff eine besondere Rolle.

Kapitel 2: Lineare Gleichungen mit zwei Variablen – Systeme linearer Gleichungen – Leitideen „Funktionaler Zusammenhang" sowie „Zahl"
Lineare Gleichungen mit zwei Variablen stellen insofern für die Schüler(innen) etwas grundsätzlich Neues dar, als die Lösungen nicht Zahlen, sondern Zahlenpaare sind. Dementsprechend wird die Lösungsmenge als Gerade grafisch dargestellt. Systeme aus zwei linearen Gleichungen mit zwei Variablen werden zunächst grafisch und dann mit den verschiedenen rechnerischen Verfahren gelöst.

Kapitel 3: Reelle Zahlen – Termumformungen – Leitidee „Zahl"
Am geometrischen Problem der Bestimmung der Seitenlänge eines Quadrates mit vorgegebenem Flächeninhalt erfahren die Schüler die Unvollständigkeit der rationalen Zahlen; hier wird die Notwendigkeit einer erneuten Zahlbereichserweiterung deutlich. Für Quadratwurzeln werden iterativ Näherungswerte bestimmt und Regeln für Termumformungen mit ihnen erarbeitet.

Kapitel 4: Quadratische Funktionen und Gleichungen – Leitideen „Zahl" sowie „Funktionaler Zusammenhang"
Allgemeine quadratische Funktionen werden durch Verschieben, Spiegeln und Strecken der Normalparabel eingeführt. Parallel dazu wird schrittweise über die Nullstellenproblematik ein Verfahren zum Lösen quadratischer Gleichungen entwickelt. Die Verwendung quadratischer Funktionen beim Modellieren und beim Lösen von Optimierungsproblemen wird ausführlich behandelt. Quadratwurzelfunktionen werden im Zusammenhang mit dem Umkehren einer quadratischen Funktion – ausgehend von einem Anwendungsproblem – eingeführt.

Kapitel 5: Potenzen und Potenzfunktionen – Leitideen „Zahl" sowie „Funktionaler Zusammenhang"
Zunächst werden Potenzen mit ganzen Exponenten betrachtet, die Erweiterung auf rationale Exponenten (einschließlich der Definition n-ter Wurzeln) erfolgt schrittweise durch Beschreibung von Zwischenwerten bei einem Wachstumsprozess. Anschließend werden die Potenzgesetze und ihr Zusammenhang zu Wurzelgesetzen herausgestellt. Zum Abschluss werden Potenzfunktionen mit ganzzahligen Exponenten und Wurzelfunktionen systematisiert.

Kapitel 6: Ähnlichkeit – Leitideen „Raum und Form" sowie „Messen"
Ausgehend vom maßstäblichen Verkleinern und Vergrößern wird die Ähnlichkeit zunächst für Vielecke definiert und auf ihre Eigenschaften hin untersucht. Die zentrische Streckung wird als Abbildung eingeführt, mit der zu einer beliebigen Figur eine dazu ähnliche konstruiert werden kann. Der Ähnlichkeitssatz für Dreiecke wird beim Konstruieren und Beweisen angewendet. Die Strahlensätze gestatten dann die Berechnung von Streckenlängen in vielfältigen Anwendungssituationen, ohne eine zentrische Streckung oder zueinander ähnliche Dreiecke angeben zu müssen.

Zum methodischen Aufbau

1. Jedes Kapitel beginnt mit einer Einstiegsseite, die an die Erfahrungen der Schüler(innen) anknüpft und Aktivitäten ermöglicht. Diese Seite eignet sich für einen offenen Einstieg und gibt einen Ausblick auf das Thema des Kapitels.

2. Die Erarbeitung des Lernstoffes erfolgt in den einzelnen Lerneinheiten, die jeweils in einen Theorieteil und einen Übungsteil untergliedert sind.
   Zum Theorieteil:
   Der Theorieteil beginnt häufig mit einer **Aufgabe** und deren vollständiger **Lösung**. Ist der mathematische Inhalt jedoch so, dass die Schülerinnen und Schüler kaum eine Chance haben, selbstständig die Lösung des zu behandelnden Problems zu finden, so beginnt der Theorieteil mit einer **Einführung**, die Schüleraktivitäten zur Auseinandersetzung mit dem Problem stimuliert. Um alle Theorieanteile übersichtlich beieinander zu haben, folgen schon hier **weiterführende Aufgaben**, die im Unterricht in aller Regel erst nach einer erfolgten Festigung der zuerst behandelten Inhalte an einigen Übungsaufgaben thematisiert werden sollten. Sie dienen der Abrundung und Weiterführung der Theorie. Ihr Thema wird den Unterrichtenden in einer Überschrift genannt. In aller Regel sollten weiterführende Aufgaben im Unterricht bearbeitet werden und nicht als Hausaufgaben gestellt werden.
   Der Theorieteil enthält häufig eine **Information**, in der Begriffe eingeführt werden, Rückblicke und Ausblicke gegeben werden. Wesentliche Inhalte werden dabei optisch deutlich in einem Kasten mit einem roten Rahmen hervorgehoben. Hier wird großer Wert gelegt auf prägnante, altersgemäße Formulierungen, die auch beispielgebunden sein können.
   Zum Übungsteil:
   Der Übungsteil beginnt in aller Regel mit einer Übungsaufgabe, die einen **alternativen Einstieg** zu dem im Theorieteil dargestellten ermöglicht. Da seine Lösung im Buch nicht dargestellt ist, kann er oftmals auch offener angelegt sein. Der alternative Einstieg wird im Layout durch eine mit einem Zettel unterlegte Aufgabennummer hervorgehoben. Die folgenden Übungen sind unter besonderer Berücksichtigung des Erwerbs sowohl inhaltsbezogener als auch prozessbezogener Kompetenzen konzipiert worden. Sie dienen zur Festigung des Gelernten, der operativen Durcharbeitung und der Vernetzung der Lerninhalte mit denen früherer Themen; dabei sind überall offene Aufgaben integriert. Zur soliden Durcharbeitung wird konsequent das Analysieren typischer Schülerfehler und entsprechendes Argumentieren gefordert. Auch die Übungsaufgaben ermöglichen Unterricht in vielfältigen schülerbezogenen Aktivitäten, bis hin zu **Partnerarbeit** und **Teamarbeit** sowie **Spielen**.
   Einige Aufgaben enthalten in einem blauen Rahmen Musterbeispiele für Schreibweisen und Lösungswege. Manche Aufgaben enthalten Selbstkontroll-Möglichkeiten für die Schüler(innen). Aufgaben, die die Selbstständigkeit und Problemlösefähigkeit in besonderer Weise herausfordern, sind durch eine rote Aufgabennummer gekennzeichnet.

3. Abschnitte mit der Überschrift **Vermischte Übungen** finden sich an den Stellen eines Kapitels, an denen eine besonders starke Vermischung der bisher erworbenen Qualifikationen angebracht ist.

4. Am Kapitelende folgt dann der Abschnitt **Aufgaben zur Vertiefung**, der neben einer Vernetzung auch eine Ergänzung des Lehrstoffes auf einem erhöhten Niveau zum Ziel hat.

5. Den Abschluss eines jeden Kapitels bildet der Abschnitt **Bist du fit?**, in dem in besonderer Weise die erworbenen Grundqualifikationen getestet werden. Die Lösungen dieser Aufgaben sind im Anhang des Buches angegeben, so dass sie von den Schülerinnen und Schüler gut zum eigenständigen Üben für eine Klassenarbeit verwendet werden können.
   Zwischen den Kapiteln befinden sich Abschnitte **Bleib fit in ...**, in denen ausgewählte Inhalte früherer Schuljahre sowohl bezüglich der Grundvorstellungen als auch der Grundfähigkeiten wiederholt werden.

6. Unter der Überschrift **Im Blickpunkt** werden innermathematische, aber insbesondere auch fachübergreifende, komplexere Themen, die von besonderem Interesse sind und in engem Zusammenhang mit dem Lerninhalt des Kapitels stehen, als Ganzes behandelt. Diese Abschnitte eignen sich auch zur Differenzierung und Förderung von eigenständigen Schüleraktivitäten über einen etwas größeren Zeitraum.

7. Um Schüler und Schülerinnen im eigenständigen Erarbeiten mathematischer Themen zu schulen, enthält jedes Kapitel eine Lerneinheit **Zum Selbstlernen**, in der das Thema so aufbereitet ist, dass es von den Lernenden ganz selbstständig bearbeitet werden kann.

8. Am Ende des Buches befindet sich ein Vorschlag für ein **Projekt**. Dieses kann zu verschiedenen Zeitpunkten im Unterricht eingesetzt werden und ermöglicht auch einen offenen Einstieg in das entsprechende Kapitel. Dieses Projekt ist für die eigenständige Arbeit der Schüler mehrfach erprobt und erfährt zudem eine Unterstützung mit Zusatzmaterialien, die kostenlos über das Internet abgerufen werden kann: www.elemente-der-mathematik.de

Bleib fit im... Umgang mit mehrstufigen Zufallsexperimenten

Zum Aufwärmen

1. Bestimme beim Werfen eines Spielwürfels die Wahrscheinlichkeit dafür, dass
   a) beim einfachen Wurf keine 6 auftritt;
   b) bei zwei Würfen hintereinander keine 6 erscheint;
   c) bei drei Würfen hintereinander keine 6 auftritt.

2. Als Zufallsexperiment wird das Drehen des nebenstehenden Glücksrads betrachtet. Dabei gilt:

Glückszahl	1	2	3	4	5	6
Wahrscheinlichkeit	$\frac{1}{6}$	$\frac{1}{9}$	$\frac{1}{9}$	$\frac{1}{9}$	$\frac{1}{3}$	$\frac{1}{6}$

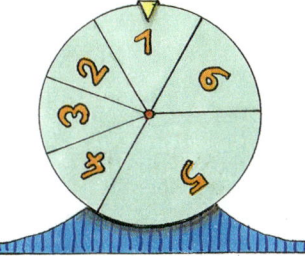

Bestimme die Wahrscheinlichkeit, dass
a) beim einfachen Drehen keine 6 auftritt;
b) bei zwei Drehungen hintereinander keine 6 erscheint;
c) bei drei Drehungen hintereinander keine 6 auftritt.

Zum Erinnern

(1) **Mehrstufige Zufallsexperimente**

Zufallsexperimente, die in mehreren Schritten nacheinander durchgeführt werden, lassen sich gut in einem Baumdiagramm darstellen.
Zu jedem Ergebnis des Zufallsexperimentes gehört ein Pfad.
Der unterste Pfad in dem Baumdiagramm rechts z. B. ist das Ergebnis, erst eine blaue und dann eine grüne Kugel zu ziehen. Man notiert es kurz als Paar: (B|G).

Beispiel: Aus einem Gefäß mit 3 roten, 2 grünen und 1 blauen Kugel werden nacheinander 2 Kugeln gezogen, ohne sie wieder zurückzulegen.

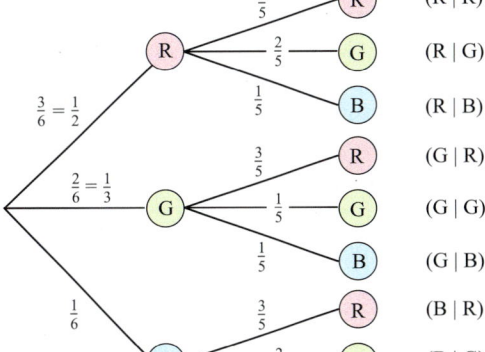

(2) **Pfadmultiplikationsregel**

Die Wahrscheinlichkeit eines Pfades ist gleich dem Produkt der Wahrscheinlichkeiten längs des Pfades, z. B.
$P(B|G) = \frac{1}{6} \cdot \frac{2}{5} = \frac{1}{15}$

(3) **Pfadadditionsregel**

Gehören zu einem Ereignis mehrere Pfade in einem Baumdiagramm, dann erhält man die Wahrscheinlichkeit des Ereignisses, indem man die Pfadwahrscheinlichkeiten der einzelnen zu dem Ereignis gehörenden Ergebnisse addiert.
Z. B. beträgt die Wahrscheinlichkeit dafür, die blaue Kugel beim Ziehen zu erhalten:

$$P(\text{blaue Kugel}) = P(R|B) + P(G|B) + P(B|R) + P(B|G)$$
$$= \frac{1}{2} \cdot \frac{1}{5} + \frac{1}{3} \cdot \frac{1}{5} + \frac{1}{6} \cdot \frac{3}{5} + \frac{1}{6} \cdot \frac{2}{5} = \frac{1}{10} + \frac{1}{15} + \frac{1}{10} + \frac{1}{15} = \frac{1}{3}$$

BLEIB FIT IM UMGANG MIT MEHRSTUFIGEN ZUFALLSEXPERIMENTEN

Zum Üben

3. Eine Firma produziert Ziegelsteine an zwei Standorten: 70 % in Ahausen und 30 % in Bedorf. Bei der Produktion in Ahausen sind 99 % aller Steine fehlerfrei, bei der Produktion in Bedorf 98 %.

a) Zeichne ein Baumdiagramm.

b) Berechne die Wahrscheinlichkeit dafür, dass ein von dieser Firma hergestellter Ziegelstein fehlerfrei ist.

4. In einer Schüssel befinden sich fünf gelbe, drei rote und zwei grüne Riesengummibären.
Max zieht ohne hinzuschauen, davon drei nacheinander.
Zeichne ein Baumdiagramm. Berechne dann die Wahrscheinlichkeit folgender Ereignisse:

a) Drei rote Gummibären werden gezogen.

b) Erst wird ein roter, dann ein gelber und dann ein grüner Gummibär gezogen.

c) Beide grünen Bären werden gezogen.

d) Man zieht von jeder Farbe einen Bären.

5. Zwei Tennisspielerinnen spielen mehrfach gegeneinander. Die bessere von beiden hat in der Vergangenheit 60 % der Spiele gegen die andere gewonnen. Wir nehmen an, dass für sie auch in den bevorstehenden Spielen die Gewinnwahrscheinlichkeit 60 % beträgt.

a) Beide vereinbaren drei Spiele. Diejenige, die die Mehrzahl dieser Spiele gewinnt, wird von der anderen zu einem Essen eingeladen.
Wie groß ist die Wahrscheinlichkeit, dass die bessere der beiden Spielerinnen eingeladen wird?

b) Ändert sich diese Wahrscheinlichkeit, wenn nicht 3, sondern 5 Spiele vereinbart werden? Schätze zunächst, rechne dann zur Kontrolle.

6. Aus einem Skatkartenspiel mit 32 Karten werden nacheinander drei Karten (ohne Zurücklegen) gezogen. Bestimme die Wahrscheinlichkeit für das angegebene Ereignis.
Die gezogenen Karten sind:

(1) Herz As, Kreuz 9, Karo 7 (in dieser Reihenfolge)

(2) Herz As, Kreuz 9, Karo 7 (nicht unbedingt in dieser Reihenfolge)

(3) drei Damen

(4) zwei Damen, ein König

7. Herr Meier hat fünf gleichartige Schlüssel am Schlüsselbund. Er kommt im Dunkeln nachhause und probiert nacheinander die Schlüssel aus, bis er den passenden findet.
Wie groß ist die Wahrscheinlichkeit, dass der 1. [2., 3., 4., 5.] Schlüssel passt?

1. STATISTISCHE ERHEBUNGEN

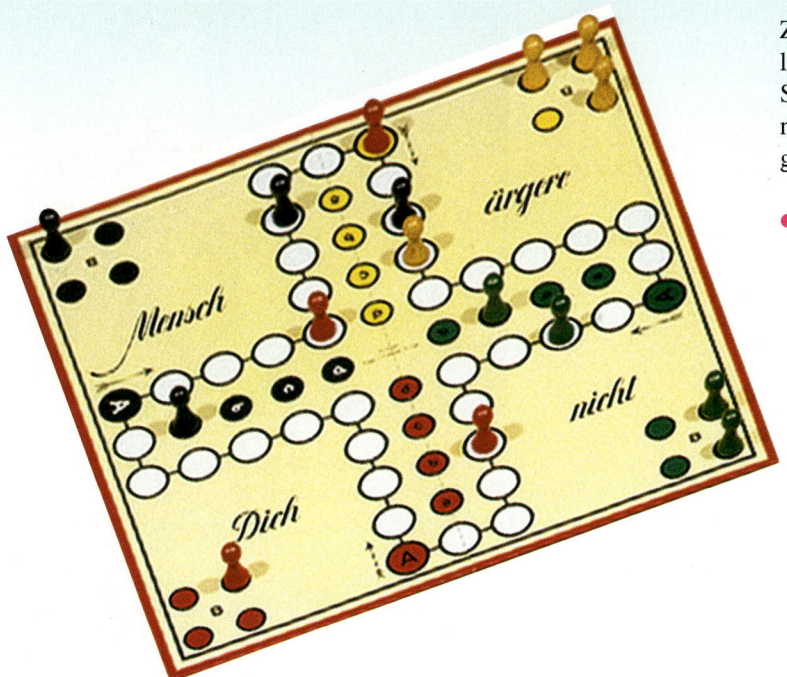

Zu Beginn des Mensch-ärgere-dich-nicht-Spieles darf jeder Spieler 3-mal würfeln, um eine Sechs zu erhalten. Man kann Pech haben und nicht eine einzige Sechs werfen – oder aber auch großes Glück und 3 Sechsen in drei Würfen.

- Wie groß ist die Wahrscheinlichkeit für 0 Sechsen oder eine Sechs bei maximal drei Würfen?

Eine Firma hat einen Spielautomaten so konstruiert, dass er pro Spiel in 25 % der Fälle kein Geld ausschüttet, in 40 % der Fälle 50 Cent, in 23 % der Fälle 1 €, in 10 % der Fälle 2 € und in 2 % der Fälle 5 €.
Der Einsatz pro Spiel beträgt 1 €.

- Welchen Gewinn oder Verlust kann man beim häufigen Spielen im Mittel erwarten?

In diesem Kapitel lernst du, was man unter Zufallsgrößen bei Zufallsversuchen versteht und wie man Wahrscheinlichkeiten von Zufallsgrößen sowie deren Erwartungswert bestimmt und zur Beurteilung von Spielen verwendet.

1.1 Zufallsgrößen und deren Wahrscheinlichkeitsverteilung

Aufgabe 1

Wahrscheinlichkeitsverteilung einer Zufallsgröße

Für einen Wettbewerb soll eine Familie mit drei Kindern zufällig ausgewählt werden.
Wie groß ist die Wahrscheinlichkeit, dass unter den drei Kindern kein Mädchen, ein Mädchen, zwei Mädchen oder drei Mädchen sind?
Nimm an, dass die Wahrscheinlichkeit für die Geburt eines Mädchens $\frac{1}{2}$ beträgt.
Stelle die Ergebnisse in einer Tabelle zusammen und veranschauliche diese durch ein Diagramm.

Lösung

Die drei Kinder einer Familie mit 1 Mädchen und 2 Jungen können zum Beispiel in der Reihenfolge Junge–Mädchen–Junge, kurz JMJ, geboren sein; JJM ist eine andere Möglichkeit.
Um einen Überblick über alle Möglichkeiten bei 3 Kindern zu erhalten, zeichnen wir ein Baumdiagramm.

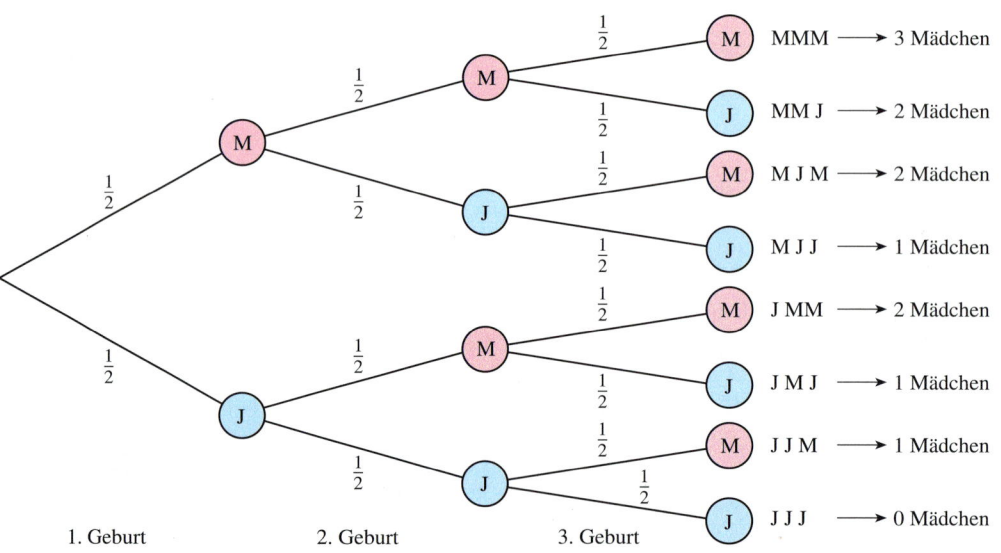

Berücksichtigt man die Reihenfolge, in der die drei Kinder geboren werden, so gibt es 2 · 2 · 2, also 8 mögliche Ergebnisse. Jedes Ergebnis besitzt nach der Pfadmultiplikationsregel die Wahrscheinlichkeit $\frac{1}{8}$. Jedes dieser Ergebnisse „befragen" wir nach dem quantitativen Merkmal *Anzahl der Mädchen*. Dabei treten die Ausprägungen (Merkmalswerte) 0, 1, 2, 3 auf.
Wir berechnen nun die Wahrscheinlichkeiten, mit der diese Merkmalswerte auftreten. Zu dem Merkmalswert 0 des Merkmals *Anzahl der Mädchen* gehört das Ereignis {JJJ}; die Wahrscheinlichkeit beträgt $\frac{1}{8}$: $P(0) = P(\{JJJ\}) = \frac{1}{8}$
Ebenso erhalten wir: $P(1) = P(\{MJJ; JMJ; JJM\}) = \frac{3}{8}$ (Pfadadditionsregel)
$P(2) = P(\{MMJ; MJM; JMM\}) = \frac{3}{8}$
$P(3) = P(\{MMM\}) = \frac{1}{8}$

Zufallsgrößen und deren Wahrscheinlichkeitsverteilung

Wir stellen die Ergebnisse in einer Tabelle zusammen und zeichnen dazu ein Histogramm.

Wahrscheinlichkeitstabelle:

Anzahl der Mädchen	0	1	2	3
Wahrscheinlichkeit	$\frac{1}{8}$	$\frac{3}{8}$	$\frac{3}{8}$	$\frac{1}{8}$

Histogramm:

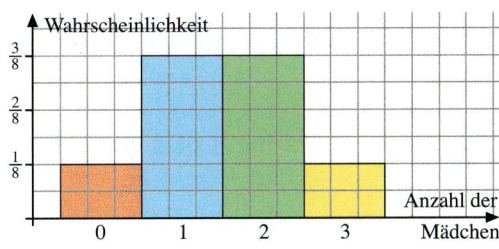

Information

(1) Zufallsgrößen eines Zufallsversuchs

In Aufgabe 1 haben wir das quantitative Merkmal *Anzahl der Mädchen* der 8 möglichen Ergebnisse des Zufallsversuchs „Auswahl einer Familie mit drei Kindern" betrachtet und dabei jedem Ergebnis eine Zahl (Größe) zugeordnet: Dem Ergebnis MMJ wurde die Zahl 2, dem Ergebnis JJJ die Zahl 0 zugeordnet.

Quantitative Merkmale bei Zufallsversuchen nennt man auch *Zufallsgrößen*; die Ausprägungen (Merkmalswerte) heißen *Werte der Zufallsgröße*.

Statt Zufallsgröße sagt man auch Zufallsvariable.

Zufallsversuche	Zufallsgröße	Werte der Zufallsgröße
Auswahl einer Familie mit drei Kindern	Anzahl der Mädchen	0, 1, 2, 3
Zweifaches Werfen einer Münze	Anzahl der Wappen	0, 1, 2
Werfen zweier Würfel	Augensumme	2, 3, 4, …, 12

Schreibweisen für Zufallsgrößen:
Zufallsgrößen werden im Allgemeinen mit Großbuchstaben X, Y, Z oder mit einem dem Problem angepassten Großbuchstaben bezeichnet.
Geben wir zum Beispiel mit X die Zufallsgröße *Anzahl der Mädchen* aus Aufgabe 1 an, so schreibt man für *Anzahl der Mädchen* = 2, kurz: X = 2.
Dieser Wert der Zufallsgröße ist den Ergebnissen MMJ, MJM und JMM zugeordnet. X = 2 beschreibt also auch ein Ereignis des Zufallsversuchs.

Zufallsgrößen sind quantitative Merkmale bei Zufallsversuchen. Zu jedem Ergebnis eines solchen Zufallsversuchs gehört ein **Wert der Zufallsgröße**.

(2) Wahrscheinlichkeitsverteilung einer Zufallsgröße

In Aufgabe 1 wurde zu jedem Wert der Zufallsgröße X = *Anzahl der Mädchen* die Wahrscheinlichkeit mithilfe der Pfadregeln berechnet:

$P(X = 0) = \frac{1}{8}$; $P(X = 1) = \frac{3}{8}$; $P(X = 2) = \frac{3}{8}$; $P(X = 3) = \frac{1}{8}$

Eine Funktion, die jedem Wert einer Zufallsgröße eine Wahrscheinlichkeit zuordnet, heißt **Wahrscheinlichkeitsverteilung** oder **Verteilung der Zufallsgröße**.
Die Verteilung einer Zufallsgröße kann man durch eine Tabelle oder ein Histogramm angeben.

Alle Funktionswerte einer Wahrscheinlichkeitsverteilung sind nicht negativ; ihre Summe ist 1.

STATISTISCHE ERHEBUNGEN

Aufgabe 2 *Berechnen von Wahrscheinlichkeiten von Ereignissen bei Zufallsgrößen*

Ein roter und ein blauer Würfel werden geworfen. Wir betrachten die Zufallsgröße X = *Augensumme*. Bestimme die Wahrscheinlichkeiten folgender Ereignisse:
(1) Augensumme liegt zwischen 4 und 9.
(2) Augensumme ist mindestens 8.
(3) Augensumme ist höchstens 10.

Lösung

Wir bestimmen zunächst die Wahrscheinlichkeitsverteilung der Zufallsgröße X = *Augensumme*. Wir verwenden hierzu statt eines Baumdiagramms ein Gitterdiagramm.
Dem Zufallsversuch liegt ein Laplace-Versuch mit 36 möglichen Ergebnissen zugrunde, z. B. (1;1), (1;2) usw.
Die Augensumme 2 tritt einmal auf; die Wahrscheinlichkeit dieses Wertes der Zufallsgröße ist also $\frac{1}{36}$. Entsprechend erhalten wir mit der Laplace-Regel die Wahrscheinlichkeiten der übrigen Augensummen.

	⚀	⚁	⚂	⚃	⚄	⚅
⚀	2	3	4	5	6	7
⚁	3	4	5	6	7	8
⚂	4	5	6	7	8	9
⚃	5	6	7	8	9	10
⚄	6	7	8	9	10	11
⚅	7	8	9	10	11	12

Wert der Zufallsgröße X = Augensumme	2	3	4	5	6	7	8	9	10	11	12
Wahrscheinlichkeit	$\frac{1}{36}$	$\frac{2}{36}$	$\frac{3}{36}$	$\frac{4}{36}$	$\frac{5}{36}$	$\frac{6}{36}$	$\frac{5}{36}$	$\frac{4}{36}$	$\frac{3}{36}$	$\frac{2}{36}$	$\frac{1}{36}$

Mithilfe der Summenregel erhalten wir die Wahrscheinlichkeiten der angegebenen Ereignisse:

(1) *Augensumme liegt zwischen 4 und 9*
$P(4 < X < 9) = P(X = 5) + P(X = 6) + P(X = 7) + P(X = 8)$
$P(4 < X < 9) = \frac{4}{36} + \frac{5}{36} + \frac{6}{36} + \frac{5}{36} = \frac{20}{36} = \frac{5}{9}$

(2) *Augensumme ist mindestens 8*
$P(X \geq 8) = P(X = 8) + P(X = 9) + P(X = 10) + P(X = 11) + P(X = 12)$
$P(X \geq 8) = \frac{5}{36} + \frac{4}{36} + \frac{3}{36} + \frac{2}{36} + \frac{1}{36} = \frac{15}{36} = \frac{5}{12}$

(3) *Augensumme ist höchstens 10*
$P(X \leq 10) = P(X = 2) + P(X = 3) + P(X = 4) + P(X = 5) + P(X = 6) + P(X = 7) +$
$\quad\quad\quad\quad\quad P(X = 8) + P(X = 9) + P(X = 10)$
$P(X \leq 10) = \frac{1}{36} + \frac{2}{36} + \frac{3}{36} + \frac{4}{36} + \frac{5}{36} + \frac{6}{36} + \frac{5}{36} + \frac{4}{36} + \frac{3}{36} = \frac{33}{36} = \frac{11}{12}$

Hier ist es günstiger, die Wahrscheinlichkeit mithilfe des Gegenereignisses zu berechnen:
$P(X \leq 10) = 1 - P(X > 10)$
$P(X \leq 10) = 1 - (P(X = 11) + P(X = 12))$
$\quad\quad\quad\quad = 1 - (\frac{2}{36} + \frac{1}{36}) = 1 - \frac{3}{36} = \frac{33}{36} = \frac{11}{12}$

Übungsaufgaben

3. Beim Zufallsversuch *dreimaliges Werfen einer Münze* zählen wir, wie oft Wappen fällt. Bestimme die Wahrscheinlichkeit dafür, dass beim dreimaligen Wurf keinmal, einmal, zweimal, dreimal Wappen auftritt. Stelle die Ergebnisse in einer Tabelle zusammen und zeichne ein Histogramm.

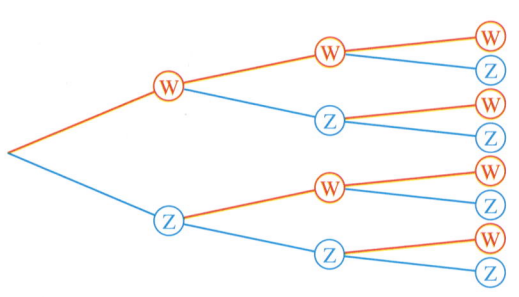

Zufallsgrößen und deren Wahrscheinlichkeitsverteilung

4. Gib an, welche Werte bei der folgenden Zufallsgröße auftreten können.

a) X = *Maximum der Augenzahlen beim Wurf zweier Würfel*

b) X = *Produkt der Augenzahlen beim 2fachen Würfeln*

> Maximum (❷; ❹) = 4
> Maximum (❸; ❸) = 3

c) X = *Augensumme beim 3fachen Würfeln*

d) X = *Anzahl der Würfe mit Augenzahl 6 beim 3fachen Würfeln*

e) X = *Anzahl der Wappen beim 5fachen Münzwurf*

5. Frau Kaiser unterrichtet Mathematik in der 5. Klasse. Damit ihre Schüler das Bestimmen von Teilern besser lernen, spielt sie mit ihnen das „Teilerspiel".
In einem Gefäß sind Zettel mit den natürlichen Zahlen 1, 2, 3, …, 50. Jeder Schüler darf einen Zettel ziehen. Wenn er alle Teiler der Zahl auf dem Zettel nennen kann, erhält er so viele Punkte wie die Teileranzahl ist.
Welche Fälle sind möglich? Gib eine geeignete Zufallsgröße an.

6. Bestimme die Wahrscheinlichkeitsverteilung der Zufallsgröße X. Zeichne das zugehörige Histogramm.

a) X = *Maximum der Augenzahlen beim Wurf von 2 Würfeln*

b) X = *Produkt der Augenzahlen beim 2fachen Würfeln*

c) X = *Augensumme beim 3fachen Würfeln*

7. Zeitgenossen von GALILEI glaubten, dass beim 3fachen Werfen eines Würfels die Chancen für das Auftreten der Augensumme 9 und der Augensumme 10 gleich groß sind, denn für die Augensumme 9 gibt es 6 verschiedene Möglichkeiten:

1 + 2 + 6;   1 + 3 + 5;   1 + 4 + 4;   2 + 2 + 5;   2 + 3 + 4;   3 + 3 + 3

und für die Augensumme 10 ebenfalls

1 + 3 + 6;   1 + 4 + 5;   2 + 2 + 6;   2 + 3 + 5;   2 + 4 + 4;   3 + 3 + 4

GALILEI erkannte den Denkfehler. Worin besteht er?

8. In einer Lostrommel befinden sich 20 Lose; darunter sind 5 Gewinnlose, der Rest sind Nieten. Es werden zwei Lose gezogen.

a) Betrachte die Zufallsgröße *Anzahl der Gewinnlose*. Welche Werte können auftreten?

b) Bestimme zu jedem Wert der Zufallsgröße *Anzahl der Gewinnlose* die Wahrscheinlichkeit. Stelle die Ergebnisse in einer Tabelle zusammen und zeichne ein Histogramm.

9. In einem Gefäß befinden sich zwei blaue und zwei gelbe Kugeln. Es wird nacheinander eine Kugel gezogen, ohne sie jedoch zurückzulegen. Betrachte die Zufallsgröße *Anzahl der notwendigen Ziehungen, bis beide blauen Kugeln gezogen sind.*

a) Welche Werte kann diese Zufallsgröße annehmen? Ein Baumdiagramm hilft dir.

b) Schreibe an die Pfade die Wahrscheinlichkeiten und berechne die Wahrscheinlichkeiten für die Werte der Zufallsgröße. Stelle die Ergebnisse in einer Tabelle zusammen und zeichne ein Histogramm.

10. Eine Familie mit 4 Kindern wird zufällig ausgewählt.
  a) Welche Werte kann die Zufallsgröße *Anzahl der Jungen* unter den vier Kindern einnehmen?
  b) Berechne die Wahrscheinlichkeit für jeden Wert dieser Zufallsgröße. Nimm dabei an, dass die Wahrscheinlichkeit für die Geburt eines Jungen 50% beträgt.
  c) Wie viele von 800 befragten Familien mit vier Kindern müssten 3 Jungen haben?

11. In einer Kiste sind viele Schrauben. 25 % davon sind nicht brauchbar. Jemand nimmt viermal hintereinander zufällig eine Schraube heraus und prüft sie.
Welche Wahrscheinlichkeitsverteilung hat die Zufallsgröße *Anzahl der brauchbaren Schrauben*? Zeichne dazu ein Histogramm.

12. Maria hat in ihrer Spardose vier 2-Euro-Stücke, sieben 1-Euro-Stücke und neun 50-Cent-Stücke. Durch kräftiges Schütteln gelingt es ihr 3 Münzen herauszubekommen.
Wie viel Geld könnte sie in der Hand haben? Welche Möglichkeiten gibt es? Bestimme die Wahrscheinlichkeitsverteilung der Zufallsgröße *Wert der herausgeschüttelten Münzen*.

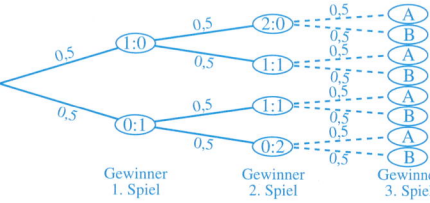

13. In einem Volleyballturnier treffen zwei gleich starke Mannschaften A und B aufeinander. Ein Spiel gilt als gewonnen, wenn eine Mannschaft drei [zwei] Sätze zu ihren Gunsten entscheidet.
Bestimme die Wahrscheinlichkeitsverteilung der Zufallsgröße.
X = *Anzahl der zum Sieg notwendigen Sätze*.

14. A und B vereinbaren ein Würfelspiel:
Zeigt der Würfel von Spieler A eine kleinere Augenzahl als der Würfel von Spieler B, dann muss A an B 1 € zahlen und umgekehrt. Zeigen beide Würfel gleiche Augenzahl, dann gewinnt keiner.
Betrachte die Zufallsgröße X = *Gewinn (in €) des Spielers A in einer Spielrunde*.
Bestimme die Wahrscheinlichkeitsverteilung der Zufallsgröße X.

15. Ein Autofahrer fährt in eine Durchgangsstraße mit 5 Ampelkreuzungen ein. Die Wahrscheinlichkeit, an einer Ampel ohne Stop durchfahren zu können, beträgt 0,6.
  a) Zufallsgröße soll X = *Anzahl der Ampeln vor dem ersten Stop* sein.
  Gib die zugehörige Wahrscheinlichkeitsverteilung an.
  b) Wie groß ist die Wahrscheinlichkeit, vor der 2., 3. oder 4. Ampel gestoppt zu werden?
  c) Wie groß ist die Wahrscheinlichkeit, spätestens an der 4. Ampel gestoppt zu werden?

16. Bei einem 400-m-Lauf starten für die beiden teilnehmenden Mannschaften je 3 Läuferinnen. Die Bahnen werden ausgelost. Die Innenbahn (Nr. 1) bleibt frei; die Lose enthalten die Nummern 2, 3, 4, 5, 6 und 7. Niedrige Nummern gelten als glückliches Los. Als Maß für das Losglück einer Mannschaft kann die Summe der drei Bahnnummern angesehen werden.
  a) Mit welchen Wahrscheinlichkeiten treten die verschiedenen Summen auf?
  b) Mit welcher Wahrscheinlichkeit ist die Summe der Bahnnummern
    (1) kleiner als 12; (2) größer als 7; (3) mindestens 14?

Zufallsgrößen und deren Wahrscheinlichkeitsverteilung

17. Betrachte die Zufallsgröße X = *Augensumme beim 2fachen Würfeln*. Beschreibe folgende Ereignisse mithilfe der Zufallsgröße. Bestimme die zugehörige Wahrscheinlichkeit.
  (1) höchstens 9
  (2) kleiner als 10
  (3) mindestens 5
  (4) mindestens 6, aber höchstens 10
  (5) größer als 9 oder kleiner als 5
  (6) kleiner als 10 oder größer als 11

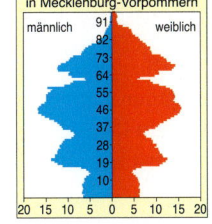

18. Die Zufallsgröße X = *Augensumme beim zweifachen Wurf* kann sowohl beim Werfen zweier regulärer Hexaeder als auch beim gemeinsamen Werfen eines regulären Tetraeders und Oktaeders die Werte k = 2, 3, 4, …, 12 annehmen.
  a) Stimmen die Wahrscheinlichkeitsverteilungen überein?
  Zeichne die Histogramme mit gleichen Einheiten auf der Wahrscheinlichkeitsachse.
  b) Welche Ereignisse sind bei welchen Polyedern eher wahrscheinlich?
    (1) Augensumme genau 4
    (2) Augensumme genau 7
    (3) Augensumme kleiner als 7
    (4) gerade Augensumme
  c) Beim Werfen zweier regulärer Oktaeder können die Augensummen k = 2, 3, 4, …, 16 auftreten. Bestimme die Verteilung der Zufallsgröße X = *Augensumme beim zweifachen Wurf* und zeichne Histogramme mit gleichen Einheiten auf der Wahrscheinlichkeitsachse.

19. Der Tabelle zum Altersaufbau der Bevölkerung in Mecklenburg-Vorpommern kann man die Wahrscheinlichkeitsverteilungen der beiden Zufallsgrößen
X = *Lebensalter einer zufällig ausgewählten Frau* und
Y = *Lebensalter eines zufällig ausgewählten Mannes*
aufgefasst werden.
Entnimm die Wahrscheinlichkeit der Tabelle:
$P(X \geq 10)$; $P(X \geq 60)$; $P(X < 60)$;
$P(20 \leq X < 50)$; $P(Y \geq 40)$; $P(Y < 20)$;
$P(50 \leq Y < 75)$

Alter (in Jahren)	Anteil unter allen Frauen	Anteil unter allen Männern
0 bis unter 10	7,6 %	7,2 %
10 bis unter 20	10,0 %	9,2 %
20 bis unter 30	14,3 %	11,9 %
30 bis unter 40	12,3 %	10,8 %
40 bis unter 50	18,8 %	17,2 %
50 bis unter 60	15,4 %	14,5 %
60 bis unter 75	16,7 %	19,0 %
75 und mehr	4,9 %	10,2 %

20. Entscheide, ob eine Wahrscheinlichkeitsverteilung vorliegt. Begründe.

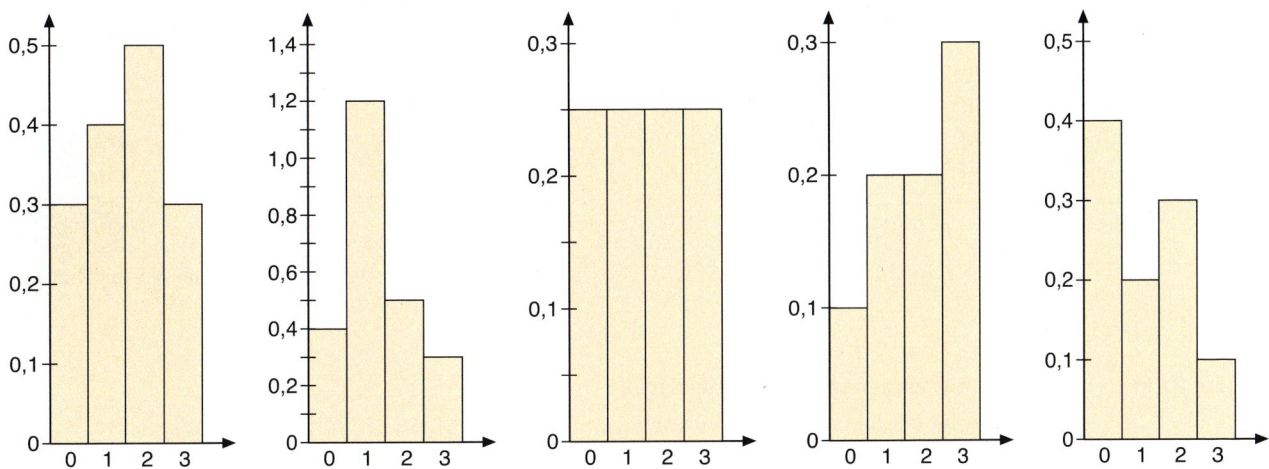

1.2 Erwartungswert einer Zufallsgröße

Aufgabe 1 Ein Spielautomat ist so konstruiert, dass pro Spiel die untenstehenden Beträge ausgeschüttet werden. Der Einsatz pro Spiel beträgt 0,50 €.

Ausgezahlter Betrag (in €)	zugehörige Wahrscheinlichkeit
0	0,25
0,20	0,40
0,50	0,20
1,00	0,10
2,00	0,05

Welchen Gewinn kann man im Mittel pro Spiel erwarten? Bestimme dazu zunächst den Mittelwert des Gewinns in 100 Spielen.

Lösung

1. Weg:
Bei 100 Spielen kann man erwarten, dass ungefähr 25-mal 0 €, 40-mal 0,20 €, 20-mal 0,50 €, 10-mal 1,00 € und 5-mal 2,00 € ausgezahlt werden, insgesamt also ein Auszahlungsbetrag von ungefähr
$25 \cdot 0$ € $+ 40 \cdot 0{,}20$ € $+ 20 \cdot 0{,}50$ € $+ 10 \cdot 1{,}00$ € $+ 5 \cdot 2{,}00$ €, also von 38 €.
In einem Spiel werden im Mittel pro Spiel 0,38 € ausgezahlt.
Da der Einsatz pro Spiel 0,50 € beträgt, hat man im Mittel einen Gewinn von $-0{,}12$ € pro Spiel, d. h. einen durchschnittlichen Verlust von 0,12 € pro Spiel.

2. Weg:
Analog zur Mittelwertbildung bei Häufigkeitsverteilungen bei statistischen Erhebungen kann die Berechnung des arithmetischen Mittels pro Spiel auch mithilfe der Tabelle der Wahrscheinlichkeitsverteilung erfolgen. Dabei ist es gleich, ob wir den Spieleinsatz von 0,50 € zunächst unberücksichtigt lassen oder von vornherein beachten, d. h. wir können die Zufallsgröße

$X = $ *Ausgezahlter Betrag (in €)*   oder $Y = $ *Gewinn (in €)*   betrachten:

a	$P(X = a)$	$a \cdot P(X = a)$
0	0,25	0
0,20	0,40	0,08
0,50	0,20	0,10
1,00	0,10	0,10
2,00	0,05	0,10
Mittelwert		0,38

b	$P(X = b)$	$b \cdot P(X = b)$
$-0{,}50$	0,25	$-0{,}125$
$-0{,}30$	0,40	$-0{,}120$
-0	0,20	0
$+0{,}50$	0,10	$+0{,}050$
$+1{,}50$	0,05	$+0{,}075$
Mittelwert		$-0{,}120$

Ergebnis: Im Mittel wird pro Spiel 0,38 € ausgezahlt, d. h. der durchschnittliche Verlust beträgt 0,12 €.

Information

(1) Erwartungswert einer Zufallsgröße

In Aufgabe 1 haben wir das zu erwartende arithmetische Mittel der Werte der Zufallsgröße $X = $ *Ausgezahlter Betrag (in €)* bzw. $Y = $ *Gewinn (in €)* berechnet. Man nennt diesen Wert den *Erwartungswert* der jeweiligen Zufallsgröße.

Erwartungswert einer Zufallsgröße

> **Definition:** *Erwartungswert einer Zufallsgröße*
>
> Eine Zufallsgröße X nehme die Werte $a_1, a_2, \ldots, a_m$ mit den Wahrscheinlichkeiten $P(X = a_1)$, $P(X = a_2), \ldots, P(X = a_m)$ an. Dann wird das zu erwartende arithmetische Mittel $E(X)$ der Verteilung **Erwartungswert der Zufallsgröße X** genannt. Es gilt:
>
> $$E(X) = a_1 \cdot P(X = a_1) + a_2 \cdot P(X = a_2) + \ldots + a_m \cdot P(X = a_m)$$
>
> Der Erwartungswert einer Zufallsgröße gibt an, welchen Wert der Zufallsgröße man bei häufiger Versuchsdurchführung im Mittel erhält.

Die Berechnung des Erwartungswerts $E(X)$ einer Wahrscheinlichkeitsverteilung kann man mithilfe einer Tabelle vornehmen – analog zur Berechnung des Mittelwerts einer empirischen Verteilung.

(2) Ausdrucksweisen in der beschreibenden Statistik und Wahrscheinlichkeitsrechnung

Die folgende Tabelle zeigt den Zusammenhang zwischen den Begriffen in der beschreibenden Statistik und in der Wahrscheinlichkeitsrechnung.

Statistische Erhebung	quantitatives Merkmal	Merkmalswert	relative Häufigkeit	arithmetisches Mittel
Zufallsexperiment	Zufallsgröße	Wert der Zufallsgröße	Wahrscheinlichkeit	Erwartungswert

(3) Erwartungswert mithilfe von Rechnern bestimmen

Beim Rechner wird der Befehl **mean** (im Menü **LIST** unter **MATH**) zur Berechnung des Erwartungswertes $E(X)$ einer Zufallsgröße X benutzt.

Beispiel: Die Zahlen 0; 0,5; 2 und 20 sind Werte einer Zufallsgröße X mit den zugehörigen Wahrscheinlichkeiten 0,45; 0,4; 0,14 und 0,01.
mean ({0, 0.5, 2, 20}, {0.45, 0.4, 0.14, 0.01})
ergibt $E(X) = 0{,}68$.

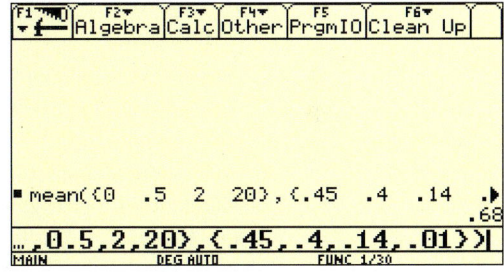

Weiterführende Aufgaben

2. *Vergleich von Gewinnchancen und Gewinnerwartungen*

Hier findest du die Beträge, die zwei unterschiedliche Automaten pro Spiel ausschütten. Der Einsatz pro Spiel beträgt 20 Cent.

Automat A

Betrag	Wahrscheinlichkeit
0,00 €	0,805
0,20 €	0,100
0,50 €	0,05
1,00 €	0,025
2,00 €	0,020

Automat B

Betrag	Wahrscheinlichkeit
0,00 €	0,63
0,10 €	0,20
0,20 €	0,10
0,50 €	0,04
1,00 €	0,02
2,00 €	0,01

An welchem Automaten würdest du spielen?

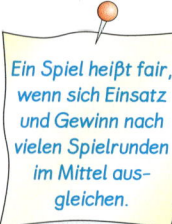

Ein Spiel heißt fair, wenn sich Einsatz und Gewinn nach vielen Spielrunden im Mittel ausgleichen.

3. *Faire Spiele*

Claudia und Eva vereinbaren ein Würfelspiel; Claudia soll doppelt so viele Cent an Eva zahlen, wie die Augenzahl des Würfels anzeigt.
Bestimme die Verteilung der Zufallsgröße *Betrag in Euro,* den Claudia an Eva zahlt, und deren Erwartungswert.
Wie groß muss der Spieleinsatz von Eva sein, dass beide nach vielen Spielrunden mit gleich hohem Gewinn und Verlust rechnen können? In einem solchen Fall nennt man die Spielregel *fair*.

Übungsaufgaben

 4. Die Klasse 9 b hat für das Schulfest ein Glücksrad mit 20 Zahlen von 1 bis 20 gebastelt. Ein Spiel kostet 2 €.
Als Gewinne sind vorgesehen:

10 € bei allen Zahlen, die eine Ziffer 7 enthalten;
 5 € bei allen Zahlen, die eine Ziffer 2 enthalten.

a) Mit welchem Gewinn kann ein Spieler im Mittel pro Spiel rechnen?

b) Was bringt das Rad pro Spiel im Mittel für die Klasse ein?

5. a) Ein Würfel wird geworfen. Bestimme den Erwartungswert der Zufallsgröße X = *Augenzahl*.

b) Zwei Würfel werden geworfen. Bestimme den Erwartungswert der Zufallsgröße Y = *Augensumme*.

6. a) Eine Münze wird geworfen. Bestimme den Erwartungswert der Zufallsgröße X = *Anzahl der Wappen*.

b) Eine Münze wird 2-mal [3-mal] hintereinander geworfen. Berechne den Erwartungswert der Zufallsgröße Y = *Anzahl der Wappen*.

7. Aus einem Skatspiel mit 32 Karten soll eine Karte zufällig gezogen werden.
Die Karten 7, 8, 9 zählen null, die Karte 10 zehn, ein As elf, Unter zwei, Ober drei und König vier Punkte.
Bestimme den Erwartungswert für die Zufallsgröße X = *Punktwert*.

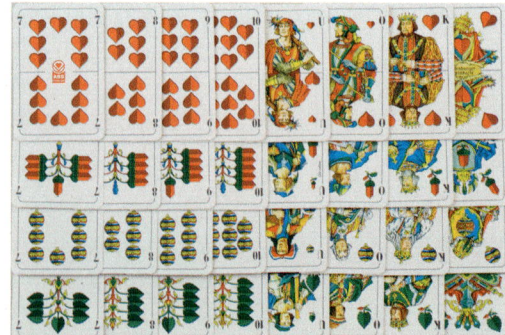

8. Auf drei Zetteln stehen verdeckt die Buchstaben A, B und C. Sie werden nacheinander gezogen. Man gibt einen Tipp ab, in welcher Reihenfolge die Zettel gezogen werden. Ein Treffer liegt vor, wenn man z. B. vorhersagt, dass der Zettel mit dem Buchstaben A als zweiter gezogen wird und dies wirklich der Fall ist.
Bestimme den Erwartungswert der Zufallsgröße X = *Anzahl der Treffer*.

9. In einer Urne sind 2 rote und 3 blaue Kugeln. Es wird so lange ohne Zurücklegen gezogen, bis die beiden roten Kugeln vorliegen.
Bestimme den Erwartungswert der Zufallsgröße X = *Anzahl der notwendigen Ziehungen*.

Erwartungswert einer Zufallsgröße

10. Ein Spielautomat wirft folgende Beträge aus:

Ausgezahlter Betrag	0,00 €	0,50 €	1,00 €	2,00 €	5,00 €
Wahrscheinlichkeit	25 %	40 %	18 %	12 %	5 %

a) Welchen Betrag zahlt der Automat im Mittel bei jedem Spiel aus?
Wie hoch muss also der Einsatz für ein Spiel sein, damit das Spiel fair ist?

b) Der Einsatz für ein Spiel beträgt 1 €. Welchen Gewinn kann der Betreiber des Spielautomaten bei jedem Spiel im Mittel erwarten, welchen Verlust der Spieler?

11. In einer Lostrommel mit sehr vielen Losen sind 20 % Gewinnlose und 80 % Nieten.
Jemand will so lange ein Los kaufen, bis er ein Gewinnlos gezogen hat, maximal jedoch 5 Stück.
Mit welcher Ausgabe muss er rechnen, wenn ein Los 2 € kostet?

12. Aus einer Urne mit 6 Kugeln (3-mal Nr. 1; 2-mal Nr. 2; 1-mal Nr. 3) werden drei Kugeln ohne Zurücklegen gezogen. Man bekommt die Summe der Kugelnummern ausgezahlt.
Wie hoch muss der Einsatz bei diesem Spiel sein, damit das Spiel *fair* ist?

13. A und B vereinbaren, eine Münze so lange zu werfen, bis Wappen erscheint, maximal jedoch 5-mal. A zahlt an B für jeden notwendigen Wurf 1 €. Ist nach dem 5. Wurf noch kein Wappen gefallen, muss A an B den Betrag von 7 € bezahlen.

a) Zeichne ein Baumdiagramm und bestimme die Verteilung der Zufallsgröße X = *Betrag (in €)*, den A an B zahlen muss, und deren Erwartungswert.

b) Wie groß muss der Einsatz von B sein, damit die Spielregel fair ist?

14. Beim Roulette braucht man nicht unbedingt auf eine der 37 Zahlen 0, 1, 2, ..., 36 zu setzen. Man kann z. B. auf die Farbe *Rot* oder die Farbe *Schwarz* setzen. Bleibt die Kugel auf einer der 18 roten Zahlen stehen, dann erhält man das Doppelte des Einsatzes zurückgezahlt.
Ist dies fair? Berechne den Erwartungswert der Zufallsgröße X = *Gewinn*.

15. Bei einem Wettspiel wird vereinbart, dass die Mannschaft gewonnen hat, die zuerst 5 Punkte errungen hat. Beim Stand von 3 : 2 muss das Spiel unterbrochen werden. Man einigt sich darauf, den Preis, den der Sieger erhalten sollte, entsprechend den Chancen zu verteilen, die sich ergeben, wenn die restlichen Spielrunden mithilfe eines Münzwurfs entschieden werden.

a) Bestimme die Wahrscheinlichkeit dafür, dass die erste bzw. die zweite Mannschaft gewonnen hätte. Zeichne dazu ein geeignetes Baumdiagramm.

b) Bestimme den Erwartungswert für die Anzahl der ausstehenden Spielrunden.

16. Ein Obsthändler hat eine Lieferung Weintrauben bekommen, das Kilogramm für 1,50 €. Er möchte die Weintrauben zum Kilogrammpreis von 2,50 € verkaufen. Da die Weintrauben leicht verderblich sind, geht der Händler nach seinen bisherigen Erfahrungen davon aus, dass er nur die Hälfte der Lieferung für 2,50 € pro kg verkaufen kann, 30 % der Lieferung zum Preis von 1,25 € pro kg verkaufen muss und die restlichen Weintrauben verderben werden.

a) Welchen Verkaufspreis kann der Händler im Mittel für 1 kg Weintrauben erwarten?

b) Mit welchem Gewinn pro Kilogramm kann der Händler im Mittel rechnen?

17. Gärtnermeisterin Krause bietet Rosen aus eigenem Anbau an. Sie liefert 65 % der Rosen an ein Blumenfachgeschäft, 25 % der Rosen verkauft sie an Privatkunden, 10 % der Rosen gibt sie zu Dekorationszwecken ab. Die Selbstkosten belaufen sich auf 0,60 € pro Rose.

Frau Krause erzielt folgende Preise:

Verkauf	Preis pro Stück
an Blumenfachgeschäft	0,70 €
an Privatkunden	1,00 €
für Dekoration	0,05 €

a) Mit welchem durchschnittlichen Verkaufspreis für eine Rose kann sie rechnen?

b) Welchen Gewinn kann sie für eine Rose im Durchschnitt erwarten?

18. Eine Haftpflichtversicherung stellt fest, dass 80 % der Versicherungsnehmer in den letzten drei Jahren keine Schadensmeldung abgegeben haben, 15 % eine, 3 % zwei und je 1 % drei bzw. vier Schadensmeldungen.
Mit wie vielen Schadensmeldungen pro Versicherungsnehmer wird die Versicherung in den nächsten drei Jahren rechnen können, wenn die Wahrscheinlichkeit für die Schadensmeldungen unverändert bleibt?

19. In einem Wintersportgebiet kann man erfahrungsgemäß nur an einem Tag des Monats Januar nicht Ski laufen. Wochenend-Skipässe (gültig von Freitag bis Sonntag) werden für 60 Euro angeboten – mit einer Rückerstattung von 15 Euro für jeden Tag, an dem aufgrund der Wetterlage nicht Ski gelaufen werden kann.

a) Für die folgende Rechnung nehmen wir an (Modellannahme), dass die Wetterbedingungen an den drei Tagen eines Wochenendes unabhängig voneinander sind, d. h. dass die Wahrscheinlichkeit für jeden der Tage jeweils $\frac{1}{31}$ dafür beträgt, dass die Wetterbedingungen das Skilaufen nicht zulassen. Mit welcher Wahrscheinlichkeit kann man dann an 0, 1, 2, 3 Tagen eines Januar-Wochenendes nicht Ski laufen?
(*Anleitung:* Stelle den 3-stufigen Zufallsversuch in einem Baumdiagramm dar.)

b) Mit welchen durchschnittlichen Einnahmen pro Skipass kann man rechnen?

20. Ein Büromaschinenhersteller bietet seinen Kunden einen Wartungsvertrag an, der für eine bestimmte Gebühr Reparatur- und Materialkosten einschließt. Vier Schäden S_1, S_2, S_3 und S_4 fallen besonders ins Gewicht, treten aber durchweg höchstens einmal während der Wartungsfrist auf. Sie verursachen dem Werk im Einzelnen folgende Kosten und kommen im Mittel in der angegebenen Zahl der Fälle vor:

Schaden	S_1	S_2	S_3	S_4
Vorkommen	5 %	8 %	10 %	11 %
Kosten	25 €	20 €	30 €	28 €

Welchen Kostensatz muss die Firma pro Wartungsvertrag erwarten und daher in die Kalkulation einbeziehen?

1.3 Bestimmen von Wahrscheinlichkeiten durch Simulation

Einführung

In einer Gruppe sind 10 Jungen und Mädchen. Zum Weihnachtsfest wird vereinbart, dass jeder ein kleines Geschenk bastelt und eingepackt in einen Sack legt. Bei einer Weihnachtsfeier soll sich dann jeder ein Geschenk blind aus dem Sack herausgreifen. Maria befürchtet, dass bei diesem Verfahren einige Kinder das Geschenk erhalten könnten, das sie selbst gebastelt haben.
Ist die Wahrscheinlichkeit, dass mindestens ein Kind sein eigenes Geschenk erhält, groß oder klein? Es ist schwierig, diese Wahrscheinlichkeit zu berechnen. Man kann sich dann damit behelfen, dass man das Zufallsexperiment sehr oft *simuliert*, d.h. nachspielt, um mithilfe der relativen Häufigkeit wenigstens näherungsweise herauszufinden, wie groß die gesuchte Wahrscheinlichkeit ist.

Wir vereinfachen das Simulieren des Zufallsexperiments schrittweise:

1. Schritt: Statt Geschenke zu nehmen, könnte jeder seinen Namen auf einen Zettel schreiben und diesen in einen Behälter legen. Dann könnten alle nacheinander einen Zettel herausgreifen und nachschauen, was auf dem Zettel steht.
2. Schritt: Dies könnte auch einer alleine machen: Man nimmt eine Namensliste aus der Gruppe und schreibt jeweils hinter den Namen auf, welcher Name auf dem gezogenen Zettel steht (siehe Tabelle rechts).
3. Schritt: Statt der Namen kann man auch Nummern auf Zettel schreiben. In einer Tabelle notiert man, welche Nummer bei welcher Ziehung gezogen wurde. Das geht schneller und ist übersichtlicher.

Gruppenliste	Namen auf den gezogenen Zetteln	
	1. Simulation	2. Simulation
1. Alexander	Laura	Katharina
2. Anna	Maria	Lukas
3. Leon	Anna	Leon STOP
4. Laura	Tim	
5. Katharina	Lukas	
6. Lukas	Alexander	
7. Maria	Leon	
8. Maximilian	Sophie	
9. Sophie	Katharina	
10. Tim	Maximilian	

Hier sind die Ergebnisse von acht Simulationen:

	Nummern auf den gezogenen Zetteln							
Ziehung Nr.	1. Simulation	2. Simulation	3. Simulation	4. Simulation	5. Simulation	6. Simulation	7. Simulation	8. Simulation
1	9	2	10	6	5	2	9	6
2	2	6	3	1	1	6	3	10
3		8	1	7	8	4	4	2
4		1	9	3	9	7	5	1
5		4	4	10	2	10	2	8
6		9	7	2	10	3	10	7
7		7	5	8	7	1	8	4
8			6	5		8	7	9
9			8	9			6	5
10			2				1	3

Bei 5 von 8 Simulationen gab es übereinstimmende Nummern; man kann bei dieser geringen Anzahl von Simulationen noch nicht entscheiden, ob es eher wahrscheinlich ist, dass irgendjemand sein eigenes Geschenk erhält. Simuliert man das Zufallsexperiment 100-mal, dann stellt man fest, dass ungefähr 63-mal der Fall „Es gibt mindestens eine Übereinstimmung" vorliegt.

Ergebnis: Die Wahrscheinlichkeit für das betrachtete Ereignis ist also ungefähr 63 %.

Weiterführende Aufgaben

1. Simulation mithilfe von Zufallszahlen

Für ein Fantasy-Spiel wird ein Oktaeder als Würfel benötigt. Anstatt zu würfeln kannst du auch einen Rechner verwenden, der *Zufallszahlen* erzeugt. Mit dem Befehl rand(8) erhältst du eine zufällig bestimmte natürliche Zahl zwischen 1 und 8. Führst du diesen Befehl mehrfach aus, erhältst du die Zahlen 1 bis 8 an annähernd gleicher Häufigkeit, so als ob du gewürfelt hast.

Erzeuge mit deinem Rechner oder einer Tabellenkalkulation 100 Zufallszahlen zwischen 1 und 8. Zähle dann aus, wie viele Einsen, Zweien, …, Achten du erhalten hast. Vergleiche mit deinem Nachbarn.

2. Simulation eines Zufallsexperiments mithilfe eines Zufallsgeräts

Im einführenden Beispiel wurden statt der gebastelten Geschenke nur Zettel mit Nummern verwendet, um das Zufallsexperiment zu simulieren.

a) Eine Münze soll geworfen werden. Angenommen, du hast keine Münze, aber einen Würfel. Wie kannst du mit diesem den Münzwurf simulieren?

b) Ein Würfel soll geworfen werden. Angenommen du hast keinen Würfel, aber ein Glücksrad mit 30 gleich großen Sektoren [20 gleich großen Sektoren]. Wie kannst du mit diesem das Würfeln simulieren?

c) Das Glücksrad rechts ist defekt. Du möchtest aber das Drehen des Glücksrades simulieren. Du besitzt eine Reihe von roten, blauen und grünen Kugeln (Murmeln). Wie kannst du mit diesen das Drehen des Glücksrads simulieren? Wie viele Kugeln musst du von den einzelnen Farben nehmen?

Information

(1) Simulation von Zufallsexperimenten

Zufallsexperimente kann man mit geeigneten Zufallsgeräten simulieren (nachspielen). Die Simulation eines Zufallsexperiments kann weniger aufwändig sein; oft spart man bei der Simulation auch Zeit. Es kann auch vorkommen, dass der betrachtete Vorgang so kompliziert ist, dass eine einfache Berechnung von Wahrscheinlichkeiten nicht gelingt. Dann ist eine Simulation von Zufallsexperimenten besonders sinnvoll.

Man führt das (simulierte) Zufallsexperiment oft durch und schätzt dann aus der berechneten relativen Häufigkeit, wie groß die gesamte Wahrscheinlichkeit ist.

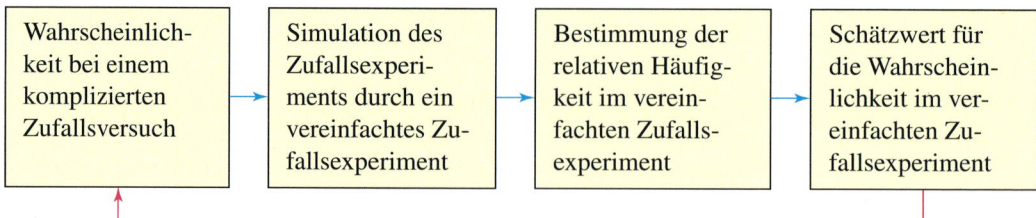

Bestimmen von Wahrscheinlichkeiten durch Simulation

(2) Zufallszahlen

Der Zufallszahlengenerator eines Rechners liefert Zahlenfolgen, die so aussehen, als wären sie beim Würfeln mit einem regelmäßigen Gegenstand entstanden. Mit ihrer Hilfe kann man Zufallsexperimente simulieren.

(3) Telefonnummern als Zufallszahlen

Man kann sogar das Telefonbuch als Zufallszahlengenerator benutzen. Dazu schlägt man das Telefonbuch auf einer beliebigen Seite auf und beginnt bei einer beliebigen Nummer. Man schreibt sich die letzten beiden Ziffern der Telefonnummer ab, genauso verfährt man bei den nachfolgenden Telefonnummern. Auf diese Weise erhält man nacheinander zufällig Zifferpaare zwischen 00 und 99, also 100 mögliche Zufallszahlen.

(4) Simulation mithilfe von Zufallszahlen

Viele Taschenrechner erzeugen auf Knopfdruck so genannte Zufallszahlen. Auch Tabellenkalkulationsprogramme können Zufallszahlen erzeugen. Der Befehl ZUFALLSBEREICH (1;6) liefert eine zufällig gewählte natürliche Zahl zwischen 1 und 6. Der Befehl ZUFALLSZAHL ( ) liefert einen Dezimalbruch zwischen 0 und 1. Multipliziert man diese Zahl mit 6, so erhält man entsprechend einen Dezimalbruch zwischen 0 und 6.
Mit dem Befehl GANZZAHL (6∗ ZUFALLSZAHL) ( )) werden die Stellen hinter dem Komma abgeschnitten, man erhält also eine der natürlichen Zahlen 0, 1, 2, 3, 4, 5. Addiert man noch die Zahl 1, dann sieht das Ergebnis so aus wie beim Würfeln eines Würfels.

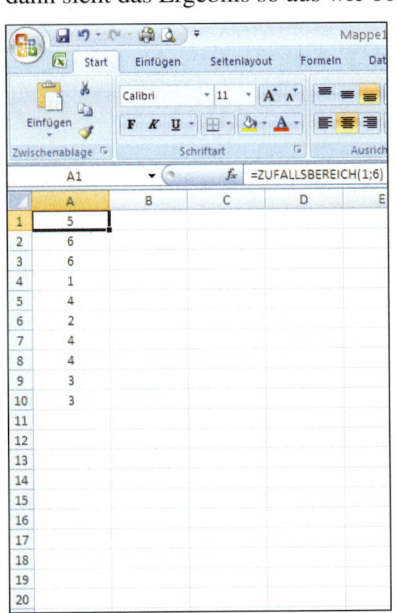
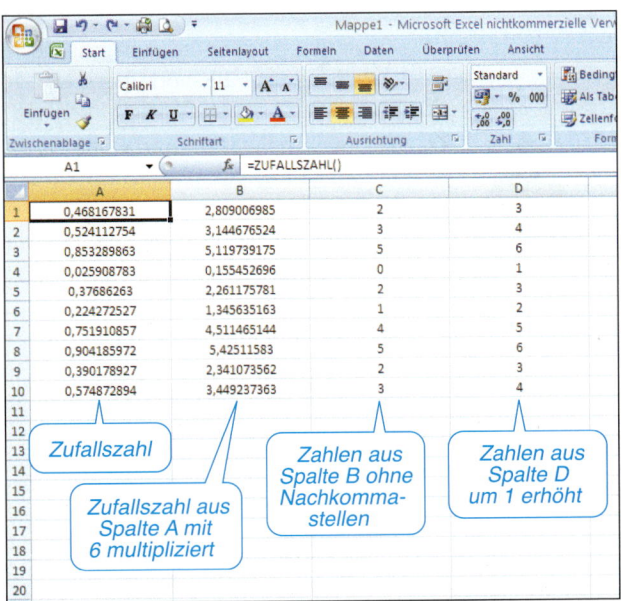

Auch die Auswertung, wie oft ein bestimmtes Ergebnis aufgetreten ist, kann man vom Tabellenkalkulationsprogramm durchführen lassen. Mithilfe des Befehls ZÄHLENWENN kann man auszählen, wie oft eine bestimmte Zahl in einem Bereich des Tabellenblattes steht.
Zum Beispiel liefert ZÄHLENWENN (D1 : D10; 3) wie oft die Zahl 3 unter den Zahlen in den Feldern D1 bis D10 vorkommt.

Übungsaufgaben

dodeka ⟨griech.⟩
zwölf

3. Mara, Leo und Lukas benötigen für ein besonderes Würfelspiel einen Dodekaeder. Das ist ein völlig regelmäßiger Körper mit 12 dreieckigen Seitenflächen. Da sie keinen Dodekaeder haben, wollen sie sich behelfen. Was hältst du von folgenden Vorschlägen:

Leo: „Wir nehmen zwei gewöhnliche Würfel und bilden die Augensumme."

Mara: „Wir basteln uns ein Glücksrad mit 12 Sektoren."

Lukas: „Wir würfeln mit einer Münze und einem gewöhnlichen Würfel. Erscheint Zahl, wird das Würfelergebnis verdoppelt, sonst nicht."

4. Auf einem Tisch stehen 6 gleichartig aussehende Pakete mit den Nummern 1 bis 6. Drei Personen schreiben auf, welches Paket sie gerne hätten. Wird ein Paket nur von einer Person gewünscht, dann darf sie es behalten. Wird eine Nummer mehrfach aufgeschrieben, dann gehen die betreffenden Personen leer aus.
Simuliere wie folgt das Spiel mithilfe von drei Würfeln:

Zeigen die 3 Würfel lauter verschiedene Augenzahlen, dann dürfen alle 3 Personen ihr Paket behalten.

Stimmen 2 der 3 Augenzahlen überein, dann erhält nur die Person ein Paket, deren Augenzahl nicht mit den übrigen übereinstimmt.

Zeigen alle 3 Würfel die gleiche Augenzahl, dann gehen alle leer aus.

Führe diese Simulation 100-mal durch und notiere, wie oft die einzelnen Fälle vorkommen.

5. Für ein Spiel soll mit einem Tetraeder gewürfelt werden. Du hast kein Tetraeder zur Hand, aber einen Rechner. Wie kannst du dir helfen?

6. Wie kannst du vorgehen, um die Güte der Zufälligkeit der Zufallszahlen deines Rechners zu überprüfen? Prüfe an einem selbst gewählten Beispiel.

7. Mit dem Glücksrad rechts sollten Gewinne bei einem Klassenfest ausgelost werden. Da es defekt ist, soll die Auslosung mit einem anderen Zufallsgerät erfolgen. Nenne mehrere Möglichkeiten.

8. Zu einer Serie von Sammelbildern in Cornflakes-Packungen gehören 8 verschiedene Bilder. Jede Packung enthält ein Sammelbild. Anna will 12 Cornflakes-Packungen kaufen, um möglichst viele verschiedene Bilder zu haben.
Simuliere dieses Zufallsexperiment. Nimm dazu 12 Zufallszahlen und zähle, wie viele verschiedene Zahlen dabei sind. Führe die Simulation insgesamt 10-mal durch.

1.4 Ziehen mit und ohne Zurücklegen

Aufgabe 1

Allgemeines Zählprinzip (Wiederholung)
In einer Klasse sind 30 Schülerinnen und Schüler. Für ein Konzert stehen 5 nummerierte Freikarten für verschiedene Preisklassen zur Verfügung. Die Klassenlehrerin will die Karten in ihrer Klasse gerecht verteilen. Als Hilfsmittel kann sie benutzen:
(1) Ein Glücksrad mit 30 gleich großen Sektoren.
(2) 30 Lose mit den Namen der Schülerinnen und Schüler ihrer Klasse.

a) Vergleiche das Losverfahren mit dem Glücksradverfahren. Beschreibe mögliche Unterschiede im Ergebnis der Kartenvergabe. Unter welcher Bedingung haben die beiden Verfahren dieselbe Wirkung?

b) Wie viele Möglichkeiten gibt es, die Karten mithilfe des Glücksrads bzw. der Lose zu verteilen? Überlege dazu, wie viele Verzweigungen das zugehörige Baumdiagramm hätte.

Lösung

a) Benutzt man das Glücksrad zur Verlosung, dann kann es vorkommen, dass eine Schülerin oder ein Schüler zwei (oder noch mehr) Freikarten erhält. Diese Situation könnte bei dem Losverfahren nur dann eintreten, wenn ein Los gezogen und anschließend wieder zurückgelegt wird.

Will man umgekehrt nicht zulassen, dass jemand mehr als eine Karte erhält, dann muss man das Glücksrad so oft drehen, bis es auf 5 verschiedenen Sektoren stehen geblieben ist.

b) An den folgenden Baumdiagrammen kann man (im Prinzip) die Anzahl der Möglichkeiten der Kartenvergabe ablesen:

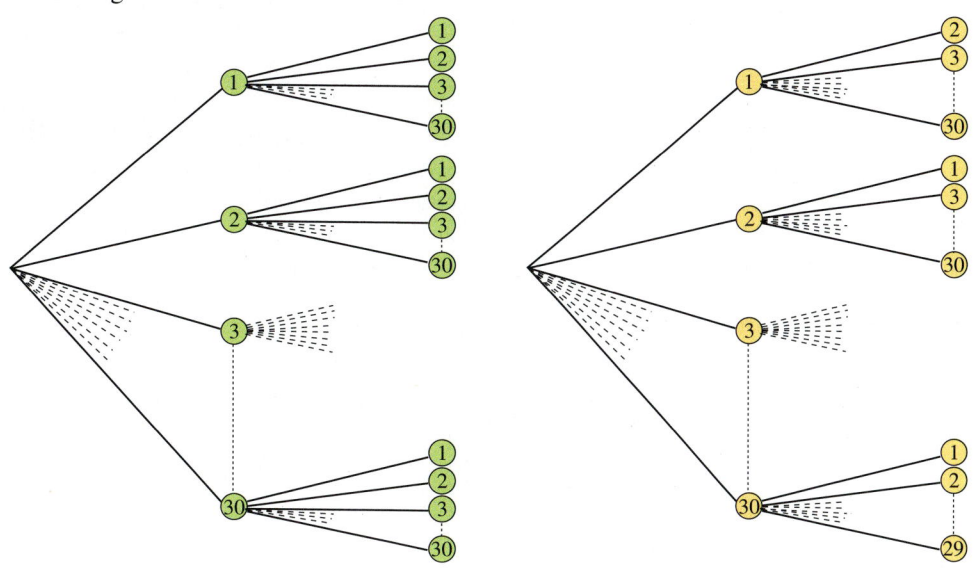

Denkt man sich die Baumdiagramme vollständig gezeichnet, so erkennt man für die beiden Verfahren die Anzahl der Möglichkeiten, die Karten zu verteilen.

Glücksrad (Ziehen *mit* Wiederholung)
Für die 1. Freikarte gibt es
  30 Möglichkeiten.
Für die 2. Freikarte gibt es jeweils wieder
  30 Möglichkeiten.
Für die 3. Freikarte gibt es jeweils wieder
  30 Möglichkeiten.
Für die 4. Freikarte gibt es jeweils wieder
  30 Möglichkeiten.
Für die 5. Freikarte gibt es jeweils wieder
  30 Möglichkeiten.

Los (Ziehen *ohne* Wiederholung)
Für die 1. Freikarte gibt es
  30 Möglichkeiten.
Für die 2. Freikarte gibt es jeweils noch
  29 Möglichkeiten.
Für die 3. Freikarte gibt es jeweils noch
  28 Möglichkeiten.
Für die 4. Freikarte gibt es jeweils noch
  27 Möglichkeiten.
Für die 5. Freikarte gibt es jeweils noch
  26 Möglichkeiten.

Ergebnis: Die Anzahl der Möglichkeiten, die Karten in der Klasse zu verteilen, beträgt

beim Glücksradverfahren:
$30 \cdot 30 \cdot 30 \cdot 30 \cdot 30$
$= 30^5 = 24\,300\,000$

beim Losverfahren:
$30 \cdot 29 \cdot 28 \cdot 27 \cdot 26$
$= 17\,100\,720$

Information

(1) Allgemeines Zählprinzip der Kombinatorik

In der Lösung der Aufgabe 1 wurde eine wichtige Regel der Kombinatorik angewandt:

> **Satz:** *Zählregel der Kombinatorik*
>
> Nacheinander sollen k Entscheidungen (Auswahlen) getroffen werden. Angenommen,
>
>   auf der ersten Stufe gibt es n_1 Möglichkeiten;
>   auf der zweiten Stufe gibt es n_2 Möglichkeiten;
>   ⋮   ⋮
>   auf der k. Stufe gibt es n_k Möglichkeiten.
>
> Dann gibt es *insgesamt* $n_1 \cdot n_2 \cdot \ldots \cdot n_k$ Möglichkeiten.
>
> Man erhält also die Anzahl *aller* Möglichkeiten bei einem mehrstufigen Auswahlvorgang, indem man die Anzahl der Möglichkeiten der einzelnen Stufen miteinander multipliziert.

(2) Typen von Urnenziehungen

In der Stochastik benutzt man verschiedene Geräte zur Durchführung von Ziehungen bzw. Verlosungen. Alle Geräte lassen sich durch das so genannte **Urnenmodell** beschreiben: Aus einem Gefäß, der Urne, werden Lose oder Kugeln gezogen.
Wir unterscheiden Ziehen *mit* Zurücklegen und Ziehen *ohne* Zurücklegen:

> **Satz:** *Ziehen mit Zurücklegen* (*Geordnete Auswahl mit Wiederholungen*)
>
> Gegeben ist eine Urne mit n unterscheidbaren Kugeln. Es wird k-mal nacheinander eine Kugel gezogen und wieder zurückgelegt.
> Dies ist auf $\underbrace{n \cdot n \cdot \ldots \cdot n}_{k \text{ Faktoren}}$, also n^k verschiedene Arten möglich.

Ziehen mit und ohne Zurücklegen

> **Satz:** *Ziehen ohne Zurücklegen* (*Geordnete Auswahl ohne Wiederholung*)
>
> Gegeben ist eine Urne mit n unterscheidbaren Kugeln. Es wird k-mal nacheinander eine Kugel gezogen und nicht wieder zurückgelegt (k ≤ n).
>
> Dies ist auf $\underbrace{n \cdot (n-1) \cdot \ldots \cdot (n-k+1)}_{\text{k Faktoren}}$ verschiedene Arten möglich.

Da beim Münzwurf, beim Würfeln, beim Drehen eines Glücksrades nach jedem Versuch wieder alle möglichen Ergebnisse auftreten können, kann man diese Zufallsexperimente auch als Ziehen *mit* Zurücklegen interpretieren. Mit diesen Zufallsgeräten lassen sich aber auch Ziehungen *ohne* Zurücklegen *simulieren:* Tritt bei einer Durchführung des Zufallsexperiments ein Ergebnis auf, das bereits vorher vorgekommen war, dann beachtet man dieses Ergebnis nicht und wiederholt den Versuch so lange, bis ein Ergebnis auftritt, das bis dahin noch nicht vorkam.

Aufgabe 2

Anzahl der möglichen Anordnungen von Dingen

Anna, Bert, Christina, David und Emma sitzen bei einer Klassenfahrt in einem Abteil mit fünf Plätzen. Sie wechseln oftmals ihre Plätze und überlegen, wie oft es möglich ist, stets eine neue Verteilung (Anordnung) zu erhalten.
Berechne, auf wie viele Weisen man 5 Schüler auf 5 Plätzen verteilen kann.

Lösung

Wir bestimmen die Anzahl der möglichen Anordnungen der Schüler(innen) mithilfe der Produktregel der Kombinatorik, indem wir die Schüler(innen) einen nach dem anderen Platz nehmen lassen. Setzt sich Anna als erste, so hat sie 5 Plätze zur Wahl. Für jede Wahl von Anna hat Bert als zweiter noch 4 Plätze zur Wahl, Christina dann noch jeweils 3 mögliche Plätze, David 2 und Emma als letzte muss sich auf den verbliebenen freien Platz setzen.
Insgesamt gibt es also $5 \cdot 4 \cdot 3 \cdot 2 \cdot 1 = 120$ verschiedene Möglichkeiten.

Information

(1) Sonderfall: Vollständiges Ziehen ohne Zurücklegen – n Fakultät

Zieht man z. B. Lose mit Namen aus einer Urne ohne Zurücklegen so lange, bis die Urne leer ist, dann hat man die Namen in eine *Reihenfolge* gebracht; die Namen sind jetzt *angeordnet*.
Bei 5 Losen gibt es dafür $5 \cdot 4 \cdot 3 \cdot 2 \cdot 1$ Möglichkeiten. Zur Abkürzung schreiben wir für dieses Produkt 5! (gelesen 5 *Fakultät*).

facultas ⟨lat.⟩
Möglichkeit

> **Definition**
>
> Für n ≥ 2 ist **n Fakultät**: $n! = n \cdot (n-1) \cdot (n-2) \cdot \ldots \cdot 3 \cdot 2 \cdot 1$
>
> Zusätzlich soll gelten: $1! = 1$ und $0! = 1$

Damit lässt sich das obige Ergebnis folgendermaßen formulieren:

> **Satz** (*Anordnen von Dingen*)
>
> Für n verschiedene Dinge gibt es n! verschiedene Anordnungen auf n Plätzen.

(2) Berechnen der Anzahl von Möglichkeiten mit einem Rechner

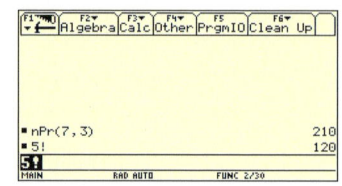

a) *Ziehen von k Dingen aus n Dingen mit Zurücklegen*
Die Potenz n^k ist bei den meisten Rechnern direkt mit den entsprechenden Tasten berechenbar.

b) *Ziehen von k Dingen aus n Dingen ohne Zurücklegen*
Das Produkt $n \cdot (n-1) \cdot \ldots \cdot (n-k+1)$ kann von vielen Rechnern direkt berechnet werden. Der entsprechende Befehl lautet **nPr**. Diese Abkürzung kommt daher, dass die Ergebnisse einer solchen Ziehung als *Permutationen* bezeichnet werden.

c) *Anordnen von n Dingen*
Die Fakultät $n!$ kann von den meisten Rechnern direkt berechnet werden.

Weiterführende Aufgaben

3. *Berechnung von Wahrscheinlichkeiten mithilfe von Abzählstrategien – Wiederholung*

An der Herder-Schule ist eine Sammelaktion für den Tierschutz geplant. Zur Vorbereitung wird ein Ausschuss gebildet, der aus je einem Schüler der Klassen 9a und 9b besteht. An der Wandtafel werden die Namen der möglichen Ausschussmitglieder notiert.
Da kein Schüler bevorzugt werden soll, wird die Auswahl nach dem Zufall getroffen.

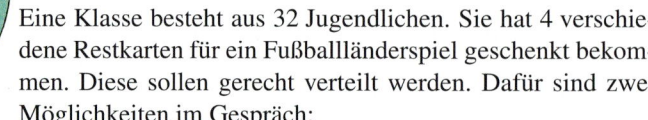

a) Wie viele Möglichkeiten der Zusammensetzung des Ausschusses gibt es? Zeichne ein Baumdiagramm; überprüfe dein Ergebnis mit der Produktregel.

b) Wie viele Möglichkeiten gibt es, dass der Ausschuss sich
(1) nur aus Mädchen,   (2) nur aus Jungen,   (3) aus einem Mädchen und einem Jungen zusammensetzt?

c) Wie groß ist die Wahrscheinlichkeit, dass der Ausschuss sich
(1) nur aus Mädchen,   (2) nur aus Jungen,   (3) aus einem Mädchen und einem Jungen zusammensetzt?

Übungsaufgaben

4. Eine Klasse besteht aus 32 Jugendlichen. Sie hat 4 verschiedene Restkarten für ein Fußballländerspiel geschenkt bekommen. Diese sollen gerecht verteilt werden. Dafür sind zwei Möglichkeiten im Gespräch:

(1) Es werden 32 Lose mit den Namen hergestellt und daraus gezogen.
(2) Es wird ein Rouletterad gedreht, das gleich große, von 0 bis 36 beschriftete Felder hat.

Beschreibe wie man bei beiden Verfahren vorgeht und vergleiche sie.

5. In einer Großküche werden nebenstehende Gerichte hergestellt. Wie viele verschiedene Menüs aus Vorspeise, Hauptgericht und Nachspeise sind möglich?

Vorspeisen
Rinderkraftbrühe, Zwiebelsuppe, Spargelsuppe, Fischsuppe, Lauchsuppe

Hauptgerichte
Kalbsbraten, Schnitzel, Gulasch, Lammkoteletts, Fischplatte, Schweinefilet

Nachspeisen
Vanillepudding, Himbeereis, Quarkspeise

6. In Florians Bücherregal stehen 12 Kriminalromane, 7 Reisebücher und 4 Tierbücher. Maren möchte von jeder Sorte ein Buch ausleihen. Wie viele Möglichkeiten der Zusammenstellung hat sie?

Ziehen mit und ohne Zurücklegen

7. Die Klassen 9a (mit 10 Mädchen und 9 Jungen), 9b (mit 14 Mädchen und 8 Jungen) und 9c (mit 9 Mädchen und 11 Jungen) sind zu einem Umwelt-Hearing eingeladen.
   Aus jeder Klasse soll je ein Schüler oder eine Schülerin an der Podiumsdiskussion teilnehmen.
   a) Wie viele Möglichkeiten der Auswahl dreier Mädchen gibt es?
   b) Wie viele Möglichkeiten der Auswahl dreier Jungen gibt es?
   c) Wie viele Möglichkeiten der Auswahl insgesamt gibt es?

8. Das Alphabet besteht aus 26 Buchstaben (21 Konsonanten und 5 Vokalen).
   a) Wie viele „Wörter" mit 4 [mit 6] Buchstaben können (theoretisch) gebildet werden?
   b) Wie viele „Wörter" könnte es mit 4 [mit 6] verschiedenen Buchstaben geben?
   c) Wie viele „Wörter" mit 4 Buchstaben sind denkbar, bei denen Konsonanten und Vokale in der Reihenfolge Konsonant-Vokal-Konsonant-Vokal vorkommen (z. B. Bodo, Tina, Xiru)?

9. a) Die Angestellte einer Versicherung muss nacheinander 6 Kunden aufsuchen.
      Auf wie viele Arten ist dies möglich?
   b) Auf wie viele Weisen können 8 Autos in einer Reihe auf einem Parkplatz aufgestellt werden?
   c) Ein Hotel hat 7 Einbettzimmer. Es kommen am Abend 7 Personen an.
      Auf wie viele Weisen können diese auf die Zimmer verteilt werden?
   d) Bei den Schülern der 9. Klasse wird eine Umfrage gemacht: 5 Popgruppen sollen nach ihrer Beliebtheit angeordnet werden. Wie viele Reihenfolgen sind möglich?

10. Klassenarbeiten lässt der Mathematiklehrer der Klasse 9a immer in einem Raum mit Einzeltischen schreiben. Im Raum sind 32 Einzeltische [28 Einzeltische].
    Auf wie viele Arten kann er den 28 Schülerinnen und Schülern der Klasse Plätze zuweisen?

11. Nacheinander kommen 5 Patienten in das Wartezimmer eines Arztes, in dem 12 Stühle stehen. Wie viele Möglichkeiten haben die Patienten, Platz zu nehmen?

12. Aus einer Urne mit drei Kugeln wird dreimal hintereinander eine Kugel gezogen.
    Nimm Stellung zu folgenden Erläuterungen von Lisa.

    > Es gibt 6 Möglichkeiten:
    > Bei der ersten Ziehung gibt es drei Möglichkeiten, bei der zweiten zwei und bei der dritten Ziehung eine Möglichkeit.
    > Insgesamt sind dies 3+2+1, also 6 Möglichkeiten.

13. In einem Gefäß sind eine blaue, eine rote und eine schwarze Kugel. In einem zweiten Gefäß sind ebenfalls eine blaue, eine rote, eine schwarze und außerdem eine gelbe und eine weiße Kugel.
    Aus beiden Gefäßen wird je eine Kugel gezogen.
    a) Wie viele Möglichkeiten der Ziehung gibt es?
    b) Wie groß ist die Wahrscheinlichkeit, dass
       (1) beide Kugeln blau sind;
       (2) die 1. Kugel rot, die 2. Kugel nicht rot ist;
       (3) beide Kugeln nicht schwarz sind;
       (4) beide Kugeln gleichfarbig sind?

14. Bei einem Grenzübergang versehen 4 Beamte die Passkontrolle und 5 Beamte die Zollkontrolle. Zwei der Passkontrolleure lassen die Reisenden ohne Formalitäten einreisen, drei der Zöllner verzichten auf eine Kontrolle. Mit welcher Wahrscheinlichkeit hat ein Reisender
 (1) keine Kontrolle, (2) genau zwei Kontrollen, (3) genau eine Kontrolle?

15. Gib an, um welches Urnenmodell (siehe Information (2) auf den Seiten 26 und 27) es sich handelt.

 (1) Beim *Spiel 77* werden nacheinander die 7 Ziffern einer 7-stelligen Gewinnzahl bestimmt.
 Wie viele mögliche Gewinnzahlen gibt es?
 (2) Wenn am Wochenende Fußballspiele ausfallen, muss das Ergebnis des Spiels für die Totowette ausgelost werden:
 1 = Sieg der Heimmannschaft; 2 = Sieg der Gastmannschaft; 0 = unentschieden.
 Angenommen, alle 11 Spiele der Fußballwette fallen aus:
 Wie viele verschiedene Toto-Gewinnreihen könnten ausgelost werden?

16. Wie viele dreistellige [fünfstellige] Zahlen kann man bilden aus
 a) den Ziffern 2, 4, 6; **b)** den Ziffern 1, 2, 3, 4; **c)** den ungeraden Ziffern?

17. a) Bei einer Sparkasse sollen alle Kontonummern von Girokonten mit der Ziffer 6 beginnen. Wie viele verschiedene Girokonten mit einer zehnstelligen Nummer können vergeben werden?
 b) Wie viele siebenstellige Telefonnummern ohne Vorwahl gibt es?

18. Tim möchte die Daten auf seinem Computer vor unberechtigtem Zugriff schützen. Er wählt ein Codewort, das aus vier aneinandergereihten Buchstaben besteht.
 a) Wie viele Möglichkeiten hat Tim, aus den 26 Buchstaben des Alphabetes ein solches Codewort, z. B. HUND, DXTR, AHHR, auszuwählen?
 b) Wie groß ist die Wahrscheinlichkeit, dass ein Unberechtigter, der weiß, dass das Codewort aus vier Buchstaben besteht, gleich auf „Anhieb" das richtige Codewort trifft?

19. Vor Beginn der Fußball-Weltmeisterschaft müssen die Namen von 23 Spielern einer Mannschaft an den Internationalen Fußballverband gemeldet werden. Dabei erhalten die Spieler eine feste Nummer zugeteilt, die sie während der Spiele des Turniers tragen müssen.
 a) Wie viele Möglichkeiten gibt es, die Nummern 1 bis 23 zu verteilen?
 b) Es werden 3 Torwarte gemeldet, die die Nummern 1, 2 oder 3 bekommen; die übrigen Nummern werden an die Feldspieler verteilt. Wie viele Möglichkeiten gibt es jetzt?

20. Probiere mit deinem Rechner aus:
 a) Wie viele Dinge muss man anordnen, damit es
  (1) ungefähr 1 Million, (2) ungefähr 1 Milliarde verschiedene Möglichkeiten gibt?
 b) Welches ist die größte Anzahl von Dingen, deren Anzahl von Anordnungen du mit dem Rechner direkt berechnen kannst?

21. Die fünf Besten eines Schreibwettbewerbs der 10. Klassen sollen einen Buchpreis erhalten. Die betreuende Lehrerin sucht aus der Jugendbuchliste 8 [3] mögliche Buchtitel aus.
 Wie viele Möglichkeiten der Preisverleihung gibt es?
 Ist die Fragestellung genau genug? Präzisiere gegebenenfalls das Verfahren der Auswahl.

1.5 Ziehen mit einem Griff

1.5.1 Anzahl der Möglichkeiten beim Ziehen mit einem Griff

Einführung

Die Gewinnzahlen beim Lotto *6 aus 49* werden *nacheinander* ohne Zurücklegen gezogen. Die Ziehung könnte auch so erfolgen, dass die 6 Kugeln mit den Gewinnzahlen *auf einmal* herausgegriffen werden. Das wäre aber sicherlich weniger spannend.

Bevor wir die große Anzahl der Möglichkeiten beim Spiel *6 aus 49* betrachten, beschäftigen wir uns mit einer überschaubareren Situation, dem Lottospiel *3 aus 5:* In einer Urne sind Kugeln, die die Nummern von 1 bis 5 tragen. Man greift in die Urne und zieht 3 Kugeln auf einmal heraus.
Wie viele Möglichkeiten gibt es hierfür?

Um systematisch alle Möglichkeiten aufzulisten, stellen wir uns den Vorgang so vor: Die drei Kugeln werden nacheinander ohne Zurücklegen gezogen; anschließend aber beachtet man nicht mehr, in welcher Reihenfolge die Kugeln gezogen wurden.

Für das dreifache Ziehen ohne Zurücklegen gibt es $5 \cdot 4 \cdot 3$, also 60 Möglichkeiten:

(1|2|3) (1|2|4) (1|2|5) (1|3|4) (1|3|5) (1|4|5) (2|3|4) (2|3|5) (2|4|5) (3|4|5)
(1|3|2) (1|4|2) (1|5|2) (1|4|3) (1|5|3) (1|5|4) (2|4|3) (2|5|3) (2|5|4) (3|5|4)
(2|1|3) (2|1|4) (2|1|5) (3|1|4) (3|1|5) (4|1|5) (3|2|4) (3|2|5) (4|2|5) (4|3|5)
(2|3|1) (2|4|1) (2|5|1) (3|4|1) (3|5|1) (4|5|1) (3|4|2) (3|5|2) (4|5|2) (4|5|3)
(3|1|2) (4|1|2) (5|1|2) (4|1|3) (5|1|3) (5|1|4) (4|2|3) (5|2|3) (5|2|4) (5|3|4)
(3|2|1) (4|2|1) (5|2|1) (4|3|1) (5|3|1) (5|4|1) (4|3|2) (5|3|2) (5|4|2) (5|4|3)

Mögliche Anordnungen der Zahlen 1, 2, 3   *Mögliche Anordnungen der Zahlen 3, 4, 5*

In jeder Spalte stehen dieselben Zahlen, nur jeweils in anderer Reihenfolge. Es gibt $3 \cdot 2 \cdot 1$, also 6 Reihenfolgen von 3 Zahlen. Somit gibt es (nur) $\frac{5 \cdot 4 \cdot 3}{3 \cdot 2 \cdot 1} = \frac{60}{6}$, also 10 Möglichkeiten, drei Kugeln mit einem Griff aus einer Urne mit 5 Kugeln zu entnehmen:

Ziehen nacheinander ohne Zurücklegen: $5 \cdot 4 \cdot 3 = 60$ Möglichkeiten

Anordnung der 3 gezogenen Zahlen: $3 \cdot 2 \cdot 1 = 6$ Möglichkeiten

Ziehungen mit einem Griff: $\frac{5 \cdot 4 \cdot 3}{3 \cdot 2 \cdot 1} = 10$ Möglichkeiten

Ergebnis: Es gibt 10 Möglichkeiten, 3 Kugeln mit einem Griff aus einer Urne zu ziehen.

Information

(1) Zerlegen von Mengen in Teilmengen

Wir betrachten das Beispiel aus der Einführung: Die Ziehung mit einem Griff zerlegt die Menge aller in der Urne befindlichen Kugeln in eine drei-elementige Teilmenge, die herausgegriffen wird, und eine zwei-elementige Teilmenge, die in der Urne bleibt.

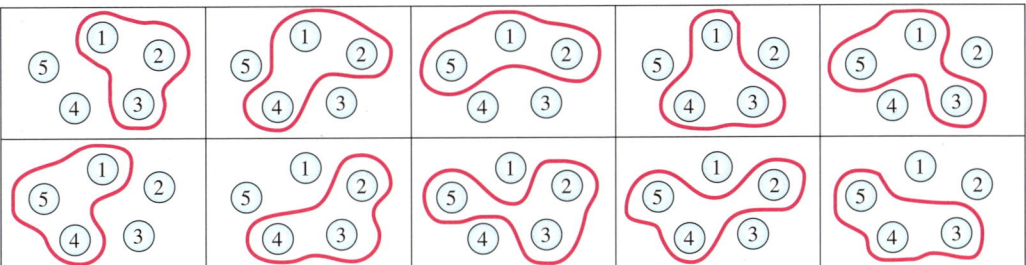

Nach dieser Überlegung müsste die Anzahl der Möglichkeiten, *drei* Kugeln mit einem Griff aus einer Urne mit fünf Kugeln zu ziehen, genauso groß sein wie die Anzahl der Möglichkeiten, *zwei* Kugeln mit einem Griff zu ziehen.

Das bestätigt auch die folgende Rechnung:

Ziehen nacheinander ohne Zurücklegen: $5 \cdot 4 = 20$ Möglichkeiten

Anordnung der 2 gezogenen Zahlen: $2 \cdot 1 = 2$ Möglichkeiten

Ziehungen mit einem Griff $\frac{5 \cdot 4}{2 \cdot 1} = 10$ Möglichkeiten

(2) Anzahl der Möglichkeiten beim Ziehen auf einen Griff

Wir verallgemeinern die Betrachtungen aus der Einführung von Seite 31:
Erfolgt eine Urnenziehung mit einem Griff oder kommt es bei der Ziehung ohne Wiederholung nicht auf die Reihenfolge an, mit der die Kugeln gezogen werden, dann spricht man von einer *ungeordneten Auswahl* oder einer *ungeordneten Stichprobe*.

Die Anzahl der möglichen Stichproben berechnet sich wie folgt:

k-faches Ziehen ohne Wiederholung
aus einer Urne mit n Kugeln: $n \cdot (n-1) \cdot \ldots \cdot (n-k+1)$ Möglichkeiten

Anordnen der k Kugeln: $k \cdot (k-1) \cdot \ldots \cdot 1$ Möglichkeiten

Weil jede der $n \cdot (n-1) \cdot \ldots \cdot (n-k+1)$ Möglichkeiten auf $k \cdot (k-1) \cdot \ldots \cdot 1$ Arten umgestellt werden kann, gibt es bei der Ziehung mit einem Griff $\frac{n \cdot (n-1) \cdot \ldots \cdot (n-k+1)}{k \cdot (k-1) \cdot \ldots \cdot 1}$ Möglichkeiten.

Für diesen Ausdruck führt man eine Abkürzung ein:

Definition

Für natürliche Zahlen n und k mit k ≤ n setzt man

$$\binom{n}{k} = \frac{n \cdot (n-1) \cdot (n-2) \cdot \ldots \cdot (n-(k-1))}{k \cdot (k-1) \cdot (k-2) \cdot \ldots \cdot 1}$$

$\binom{n}{k}$ wird gelesen als *n über k* und heißt **Binomialkoeffizient**.

Beispiele: $\binom{7}{3} = \frac{7 \cdot \cancel{6}^{\,2\,1} \cdot 5}{\cancel{3}_1 \cdot \cancel{2}_1 \cdot 1} = 35$ $\qquad \binom{10}{5} = \frac{\cancel{10}^{\,2} \cdot \cancel{9}^{\,3} \cdot \cancel{8}^{\,2\,1} \cdot 7 \cdot 6}{\cancel{5}_1 \cdot \cancel{4} \cdot \cancel{3}_1 \cdot \cancel{2}_1 \cdot 1} = 252$ $\qquad \binom{4}{1} = \frac{4}{1} = 4$

Der Bruchterm $\binom{n}{k} = \frac{n \cdot (n-1) \cdot \ldots \cdot (n-(k-1))}{k \cdot (k-1) \cdot \ldots \cdot 1}$ gibt eine Anzahl an; er ist also eine natürliche Zahl. Daraus ergibt sich, dass sich dieser Bruch stets kürzen lässt.

Zusammenfassend erhalten wir:

Satz: *Ziehen auf einen Griff (Ungeordnete Stichprobe)*

Gegeben ist eine Urne mit n unterscheidbaren Kugeln.
Es werden k Kugeln mit einem Griff entnommen, d.h. es wird eine k-elementige Teilmenge der n-elementigen Menge gebildet.

Dies ist auf $\binom{n}{k} = \frac{\underbrace{n \cdot (n-1) \cdot (n-2) \cdot \ldots \cdot (n-(k-1))}_{\text{je k Faktoren}}}{k \cdot (k-1) \cdot (k-2) \cdot \ldots \cdot 1}$ verschiedene Arten möglich.

Ziehen mit einem Griff

(3) Berechnen von Binomialkoeffizienten mit dem Rechner

Auch Binomialkoeffizienten können mit vielen Rechnern direkt berechnet werden. Im Englischen bezeichnet man die Ergebnisse beim Ziehen auf einen Griff als *combinations*. Von diesem Wort stammt der entsprechende Rechner-Befehl **nCr**.

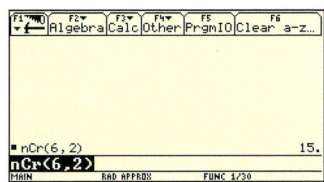

Weiterführende Aufgaben

1. *Lottoprobleme*

   Bei den Lottoziehungen am Mittwoch und am Samstag, die im Fernsehen zu sehen sind, werden nacheinander 6 Kugeln aus einer Lostrommel mit 49 nummerierten Kugeln gezogen. Anschließend werden die Gewinnzahlen der Größe nach geordnet. Diese Reihenfolge wird auch in der Zeitung abgedruckt.

   a) An einem Samstag wurden z. B. die Zahlen 11 – 14 – 24 – 32 – 36 – 42 gezogen. Auf wie viele Arten hätte dieses Ergebnis zustande kommen können?

   b) Zeige: Beim Lottospiel *6 aus 49* gibt es 13 983 816 mögliche Tipps.

   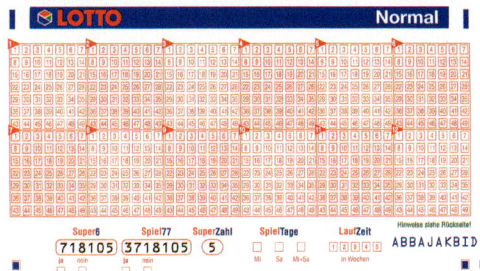

   c) Man könnte die Lottoziehungen spannender machen: Statt die 6 Gewinnzahlen auszulosen, könnte man nacheinander die 43 Zahlen herausgreifen, die *nicht* gewonnen haben.
   Begründe: Auch für diese Methode gäbe es 13 983 816 Möglichkeiten.

   d) Begründe: Die Wahrscheinlichkeit für 6 Richtige ist $\frac{1}{13\,983\,816}$.

2. *Angabe des Binomialkoeffizienten mithilfe von Fakultäten*

   Man kann Binomialkoeffizienten auch kürzer mithilfe von Fakultäten schreiben. Beweise:

   > **Satz**
   > Für natürliche Zahlen n und k mit k ≤ n gilt: $\binom{n}{k} = \dfrac{n!}{k! \cdot (n-k)!}$

Übungsaufgaben

3. a) Es sind 8 nummerierte Kugeln vorhanden. Auf wie viele Weisen lassen sich diese nebeneinander anordnen?

   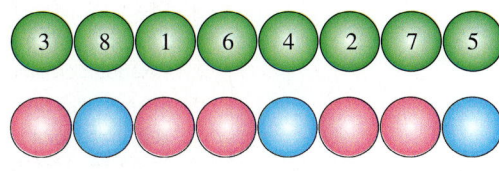

   b) Es sind 5 rote Kugeln und 3 blaue Kugeln vorhanden. Diese sind *nicht* nummeriert, daher kann man die drei blauen Kugeln bzw. die 5 roten Kugeln nicht voneinander unterscheiden. Auf wie viele Arten lassen sich diese Kugeln anordnen?

4. Bei einem Jugendherbergsaufenthalt werden 6 Schüler aus einer Klasse mit 28 Schülern für Arbeiten in der Küche benötigt.
Wie viele Auswahlmöglichkeiten gibt es? Ist die Aufgabenstellung eindeutig?
Sind die 6 Schüler nacheinander auszulosen oder genügt ein Ziehen auf einen Griff?

5. In welchen der folgenden Situationen gibt es die meisten Möglichkeiten? Schätze zuerst, berechne dann jeweils die Anzahl der Möglichkeiten.
   (1) In einer Eisdiele gibt es 10 Eissorten. Carsten möchte 3 verschiedene Eiskugeln.
   (2) Heike will in den Urlaub 4 von 12 Kriminalromanen mitnehmen.
   (3) Frau Struck hat einen Gutschein für 5 Theateraufführungen. In dieser Spielzeit werden 11 verschiedene Stücke gezeigt.
   (4) Im Schachklub sind 9 Spieler etwa gleich gut. Zu einem Turnier soll eine Mannschaft von 3 Spielern geschickt werden.
   (5) Für 4 gleichartige offene Stellen in derselben Firma gibt es 15 Bewerber.

6. Im Viertelfinale eines Fußballturniers sind noch acht Mannschaften. Wie viele verschiedene Endspielpaarungen sind zu diesem Zeitpunkt noch möglich?

7. Alexander will für sich und 5 seiner Freunde Theaterkarten kaufen. In Reihe 17 sind noch 8 Plätze frei. Wie viele Möglichkeiten der Platzbelegung gibt es?

8. Drei Leichtathletinnen aus Corinnas Verein gelang es bei der letzten Mehrkampfmeisterschaft, Plätze unter den ersten Zehn zu belegen. Wie viele Möglichkeiten der Platzierung lässt die Information zu? Ist die Frage eindeutig gestellt?

9. In einer Klasse sind 30 Schülerinnen und Schüler. Für ein Popkonzert stehen 5 Eintrittskarten für den Bereich vor der Bühne zur Verfügung. Der Lehrer verlost die 5 Freikarten, indem er aus einer Lostrommel, die 30 Lose mit den Namen aller Schülerinnen und Schüler der Klasse enthält, 5 Lose herausnimmt.
Auf wie viele Arten ist die Auswahl möglich? Kann man nachträglich immer erkennen, ob nacheinander oder mit einem Griff gezogen wurde?

10. Bei einem Multiple-Choice-Test gibt es zu einer Frage 5 Antworten, von denen 2 richtig sind. Wie groß ist die Wahrscheinlichkeit, dass man durch bloßes Raten genau die beiden richtigen Antworten ankreuzt?

1.5.2 Wahrscheinlichkeiten beim Ziehen mit einem Griff

Einführung

Beim Tippen markiert man auf dem Lottoschein 6 der 49 Zahlen (z. B. 12; 15; 16; 34; 38; 48, siehe erstes Bild).
Beim Ziehen der Lottozahlen werden 6 von 49 nummerierten Kugeln gezogen (z. B. 11; 12; 23; 34; 38; 46, siehe zweites Bild).
3 Richtige bedeutet dann, dass man 3 der 6 Gewinnzahlen (z. B. 12, 34 und 38, siehe zweites Bild) und 3 der 43 Nicht-Gewinnzahlen (z. B. 15, 16 und 48, siehe zweites Bild) angekreuzt hat.

Beispiel eines Tipps   *3 Richtige im Tipp*

(1) Wie viele Möglichkeiten gibt es insgesamt hierfür?

Wir berechnen zunächst die Anzahl der Möglichkeiten, irgendwelche 3 von den 6 Gewinnzahlen auszuwählen. Hierfür gibt es $\binom{6}{3} = \frac{6 \cdot 5 \cdot 4}{3 \cdot 2 \cdot 1} = 20$ Möglichkeiten.

Weiter berechnen wir die Anzahl der Möglichkeiten, irgendwelche 3 von den 43 Nicht-Gewinnzahlen zu wählen. Hierfür gibt es $\binom{43}{3} = \frac{43 \cdot 42 \cdot 41}{3 \cdot 2 \cdot 1} = 12\,341$ Möglichkeiten.

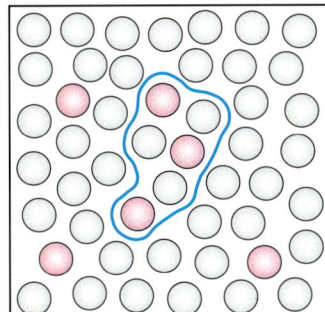
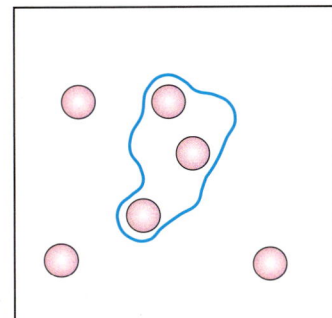
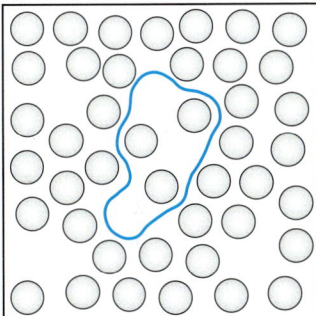

Da jede der 20 Möglichkeiten für *3 von 6 richtigen Zahlen* mit jeder der 12 341 Möglichkeiten für *3 von 43 falschen Zahlen* kombiniert werden kann (und damit zum Gewinn *3 Richtigen* führt), gibt es hierfür insgesamt $\binom{6}{3} \cdot \binom{43}{3} = 20 \cdot 12\,341 = 246\,820$ Möglichkeiten.

(2) Wie groß ist die Wahrscheinlichkeit für 3 Richtige?

Von den $\binom{49}{6} = 13\,983\,816$ möglichen Tipps (siehe Aufgabe 1, Seite 33) gibt es also 246 820 Tipps, mit denen man im Rang *3 Richtige* gewinnt.

Die Wahrscheinlichkeit für einen Gewinn in diesem Rang ist also:

$$\frac{\binom{6}{3}\binom{43}{3}}{\binom{49}{6}} = \frac{246\,820}{13\,983\,816} \approx 0{,}0177 = 1{,}77\,\%.$$

Das bedeutet: Nur ungefähr jeder 57. Tipp ist ein Tipp mit 3 Richtigen, denn $0{,}0177 \approx \frac{1}{57}$.
Man muss also über ein Jahr lang jede Woche einen Tipp abgeben, um – im Mittel – einmal im Rang *3 Richtige* zu gewinnen!
Wenn an einem Wochenende 140 Millionen Tipps abgegeben werden, dann sind etwa 1,77 % von 140 Millionen, das sind ungefähr 2,5 Millionen Tipps mit 3 Richtigen darunter zu erwarten.

STATISTISCHE ERHEBUNGEN

Aufgabe 1

Nachdem beim Lottospiel *6 aus 49* die sechste Zahl gezogen worden ist, wird auch noch eine weitere Zahl gezogen, die *Zusatzzahl*. Man hat *3 Richtige mit Zusatzzahl*, wenn man 3 der 6 Gewinnzahlen, 2 der 42 Nicht-Gewinnzahlen und die Zusatzzahl richtig hat.

a) Wie viele Möglichkeiten gibt es hierfür?

b) Wie groß ist die Wahrscheinlichkeit für *3 Richtige mit Zusatzzahl*?

c) Wie viele Wochen lang ungefähr muss man einen Tipp abgeben, um 3 Richtige mit Zusatzzahl zu haben? Wie viele Tipps in diesem Rang kann man unter den 140 Millionen Tipps eines Wochenendes erwarten?

Lösung

a) Es gibt $\binom{6}{3} = \frac{6 \cdot 5 \cdot 4}{3 \cdot 2 \cdot 1} = 20$ Möglichkeiten, 3 der 6 Gewinnzahlen auszuwählen;

es gibt $\binom{1}{1} = 1$ Möglichkeit, die eine Zusatzzahl zu haben;

es gibt $\binom{42}{2} = \frac{42 \cdot 41}{2 \cdot 1} = 861$ Möglichkeiten, 2 der 42 Nicht-Gewinnzahlen auszuwählen.

Demnach gibt es nach der Zählregel der Kombinatorik insgesamt $\binom{6}{3} \cdot \binom{1}{1} \cdot \binom{42}{2} = 20 \cdot 1 \cdot 861$, also 17 220 mögliche Tipps mit *3 Richtigen mit Zusatzzahl*.

b) Von den $\binom{49}{6} = 13\,983\,816$ insgesamt möglichen Tipps gibt es also 17 220 Tipps, mit denen man im Rang *3 Richtige mit Zusatzzahl* gewinnt. Die Wahrscheinlichkeit für einen Gewinn in diesem Rang ist also $\frac{\binom{6}{3}\binom{1}{1}\binom{42}{2}}{\binom{49}{6}} = \frac{17\,220}{13\,983\,816} \approx 0{,}00123 = 0{,}123\,\%$.

c) Es ist $0{,}00123 \approx \frac{1}{812}$. Gibt man also jede Woche einen Tipp ab, dann dauert es im Mittel 812 Wochen, d. h. mehr als 15 Jahre, bis man *3 Richtige mit Zusatzzahl* hat.

Unter 140 Millionen Tipps eines Wochenendes sind etwa $140\,000\,000 \cdot 0{,}00123$, also ungefähr 170 000 Gewinner mit *3 Richtigen mit Zusatzzahl* zu erwarten.

Information

Wahrscheinlichkeiten bei Stichprobennahmen

Sind in einer Urne unterschiedlich gefärbte Kugeln, dann kommt es vor, dass beim Ziehen mit einem Griff auch in der Stichprobe unterschiedlich gefärbte Kugeln auftreten.

Die Anzahl der möglichen Stichproben einer bestimmten Zusammensetzung erhält man, indem man *für jede Farbe getrennt* die Anzahl der möglichen Stichproben bestimmt und diese Anzahlen miteinander multipliziert.

Die Wahrscheinlichkeit für eine Stichprobe einer bestimmten Zusammensetzung erhält man, indem man die Anzahl der möglichen Stichproben dieser Zusammensetzung durch die Anzahl aller möglichen Stichproben vom selben Umfang teilt.

Beispiel: Gegeben ist eine Urne mit 7 roten, 5 blauen, 8 weißen, also insgesamt 20 Kugeln. Wir nehmen eine Stichprobe vom Umfang 6 (Ziehen mit einem Griff). Wie groß ist die Wahrscheinlichkeit, dass in der Stichprobe 1 rote, 2 blaue und 3 weiße Kugeln sind?

Es gibt $\binom{7}{1}$ Möglichkeiten, 1 von 7 roten Kugeln zu ziehen, $\binom{5}{2}$ Möglichkeiten, 2 von 5 blauen Kugeln zu ziehen und $\binom{8}{3}$ Möglichkeiten, 3 von 8 weißen Kugeln zu ziehen. Also beträgt die Anzahl der möglichen Stichproben mit 1 roten, 2 blauen und 3 weißen Kugeln: $\binom{7}{1} \cdot \binom{5}{2} \cdot \binom{8}{3}$

Ferner beträgt die Anzahl der möglichen Stichproben vom Umfang 6: $\binom{20}{6}$

Daraus ergibt sich die Wahrscheinlichkeit für eine Stichprobe mit 1 roten, 2 blauen, 3 weißen Kugeln: $\frac{\binom{7}{1}\binom{5}{2}\binom{8}{3}}{\binom{20}{6}} = \frac{7 \cdot 10 \cdot 56}{38\,760} \approx 0{,}101$

Ziehen mit einem Griff

Übungsaufgaben

2. Aus einem Skat-Kartenspiel mit 32 Karten werden vier Karten gezogen.
   a) Auf wie viele Arten ist dies möglich?
   b) Wie groß ist die Wahrscheinlichkeit, dass dies
      (1) zwei Asse und zwei Könige sind;
      (2) zwei Asse und zwei andere Karten sind?
   c) Wie oft ungefähr muss man vier Karten aus einem Kartenspiel mit 32 Karten ziehen, damit das in Teilaufgabe b) (1) bzw. (2) beschriebene Ereignis eintritt?

3. Beim Lottospiel *6 aus 49* wird neben den 6 Gewinnzahlen und der Zusatzzahl auch noch eine Superzahl ausgelost. Die Superzahl ist eine Zahl zwischen 0 und 9, die zusätzlich ausgelost wird. Damit werden dann acht verschiedene Gewinnklassen unterschieden. Bestimme deren Gewinnwahrscheinlichkeiten.

   Gewinnklasse
   I   (6 Richtige mit Superzahl)   V   4 Richtige mit Zusatzzahl
   II (6 Richtige ohne Superzahl)   VI   4 Richtige ohne Zusatzzahl
   III (5 Richtige mit Zusatzzahl)   VII 3 Richtige mit Zusatzzahl
   IV (5 Richtige ohne Zusatzzahl)   VIII 3 Richtige ohne Zusatzzahl

4. In einzelnen Ländern Europas werden auch andere Lottospiele angeboten
   Dänemark: *7 aus 36*
   Slowenien, Kroatien: *7 aus 39*
   Belgien, Irland: *6 aus 42*
   Österreich, Schweiz, Niederlande: *6 aus 45*
   Finnland, Norwegen, Schweden: *6 aus 48*
   Bestimme die Wahrscheinlichkeiten für die drei höchsten Gewinnklassen (ohne Berücksichtigung einer Zusatzzahl).

5. In einer Klasse sind 12 Schülerinnen und 16 Schüler; 5 werden durch Los für den Ordnungsdienst ausgewählt.
   Wie groß ist die Wahrscheinlichkeit, dass dies
   a) lauter Jungen sind;
   b) lauter Mädchen sind;
   c) 1 Junge und 4 Mädchen sind;
   d) 2 Jungen und 3 Mädchen sind;
   e) 3 Jungen und 2 Mädchen sind;
   f) 4 Jungen und 1 Mädchen sind?

6. In den vier Klassen der Jahrgangsstufe 9 soll eine Umfrage gemacht werden. Aus Zeitgründen beschränkt man sich darauf, einzelne Schülerinnen und Schüler nach dem Zufallsprinzip auszuwählen und zu befragen.
   Wie viele Möglichkeiten der Auswahl gibt es?

Klasse	Mädchen	Jungen
9 a	15	12
9 b	14	16
9 c	12	18
9 d	16	13

   a) Aus jeder Klasse sollen 3 Jugendliche ausgewählt werden.
   b) Aus jeder Klasse sollen 2 Jungen und 2 Mädchen ausgewählt werden.
   c) Aus der Jahrgangsstufe sollen 5 Jungen und 5 Mädchen ausgewählt werden.
   d) Wie groß ist die Wahrscheinlichkeit, dass die in den Teilaufgaben a), b) und c) beschriebenen Ereignisse zufällig eintreten?

7. Für die Teilnahme an einem Austauschprogramm mit einer ausländischen Partnerschule bewerben sich 24 Schülerinnen und Schüler der Jahrgangsstufe 9. Da nur 16 teilnehmen können, wird gelost.
   a) Unter den Bewerbern sind je 12 Mädchen und Jungen.
      Wie groß ist die Wahrscheinlichkeit, dass auch unter den ausgelosten Teilnehmern gleich viele Mädchen wie Jungen sind?
   b) Unter den Bewerbern sind 15 Mädchen und 9 Jungen [18 Jungen und 6 Mädchen].
      Wie groß ist die Wahrscheinlichkeit, dass Mädchen und Jungen mit entsprechendem Anteil unter den ausgelosten Teilnehmern sind?

8.

   Auf der Internetseite des Irischen Lottos (links) bzw. des Belgischen Lottos (rechts) findet man wöchentlich die jeweiligen Gewinneranzahlen für das Lottospiel „6 aus 42".
   Schätze, wie viele Tipps an dem betreffenden Wochenende abgegeben wurden.

9. Eine Eisdiele bietet ihren Kunden ein spezielles Eis-Lottospiel an: Wenn die Kunden ein Eis mit drei Kugeln bestellen und dabei die richtigen drei Sorten Eis nennen, müssen sie ihr Eis nicht bezahlen. Wenn jemand die richtigen drei Sorten geraten hat, werden die „Glückssorten" gewechselt.
   In der Eisdiele werden 10 Sorten Eis angeboten. Mit welcher Wahrscheinlichkeit rät man die Gewinn-Kombination?

10. Herr Kirst weiß aus den Fußballstatistiken, dass im Mittel 6 der 11 Spiele eines Totozettels von der Heimmannschaft gewonnen werden (Tipp: 1), 3 Spiele gehen Unentschieden aus (Tipp: 0) und 2 Spiele werden von der Gastmannschaft gewonnen (Tipp: 2). Deshalb verteilt er zufällig seine 11 Kreuzchen auf dem Tippzettel (6mal 1, 3mal 0, 2mal 2).
    Angenommen, an einem Wochenende gehen tatsächlich die 11 Spiele so aus wie durch den Mittelwert beschrieben.
    Mit welcher Wahrscheinlichkeit hat Herr Kirst alle Spiele richtig angekreuzt?

1.6 Vermischte Übungen zur Kombinatorik

1. Aus einem Skatspiel mit 32 Karten werden nacheinander fünf Karten gezogen.
   a) Wie viele Möglichkeiten der Ziehung gibt es?
   b) Wie viele mögliche Blätter mit fünf Karten gibt es?
   c) Wie viele Blätter mit fünf Karten gibt es, die
      (1) nur aus Herzkarten bestehen;
      (2) zwei Damen und zwei Könige enthalten;
      (3) zwei Damen, zwei Könige und ein Ass enthalten?

2. Eine Münze wird zehnmal geworfen.
   a) Wie viele mögliche Ergebnisse (z. B. W Z W W Z Z Z W Z Z) gibt es?
   b) Wie viele mögliche Ergebnisse gibt es mit zweimal Wappen und achtmal Zahl?
   (Das bedeutet: Wie viele Möglichkeiten gibt es, den Buchstaben W zweimal in das nebenstehende Schema einzutragen?)
   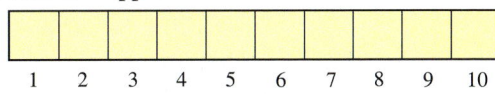
   c) Wie groß ist die Wahrscheinlichkeit für dreimal Wappen [viermal Zahl; fünfmal Wappen]?

3. An einem Pferderennen nehmen 10 Pferde teil.
   a) Wie viele Möglichkeiten gibt es für den Einlauf im Ziel?
   b) Wie viele Tipps sind möglich für den 1. Platz, 2. Platz und den 3. Platz?
   c) Man kann raten, welche Pferde unter den ersten drei sein werden.
   Wie viele Tipps sind möglich?

4. An einem Schachturnier nehmen 16 Spieler teil.
   a) Jeder Spieler soll einmal gegen jeden spielen. Wie viele Partien sind das insgesamt?
   b) Angenommen, bei dem Turnier würde nach K.-o.-System vorgegangen. Wie viele verschiedene Endspielpaarungen sind zu Beginn des Turniers noch denkbar?
   c) Die 8 Spielpaarungen der 1. Runde wurden so ausgelost: Der Turnierleiter greift aus einer Urne gleichzeitig je zwei Zettel heraus.
   Wie viele Möglichkeiten gibt es für die 8 Spiele der Eröffnungsrunde des Turniers?
   Gib einen Term an.

5. In einer Urne sind 26 Kugeln, die mit den Buchstaben des Alphabets bezeichnet sind.
   a) Man greift nacheinander viermal [fünfmal] eine Kugel
      (1) mit Zurücklegen, (2) ohne Zurücklegen
      heraus. Die Buchstaben werden in der Reihenfolge der Ziehung notiert.
      Wie viele Buchstabengebilde sind möglich?
   b) Man greift auf einmal vier Kugeln [fünf Kugeln] heraus. Die Buchstaben können auf verschiedene Weise angeordnet werden. Wie viele verschiedene Ziehungen *auf einen Griff* sind möglich? Wie viele „Wörter" können auf diese Weise hergestellt werden?

Bist du fit?

1. In Deutschland gab es im Jahr 2006 insgesamt 39,8 Millionen Haushalte, davon 38,8 % mit einer Person, 33,6 % mit zwei Personen, 13,5 % mit drei Personen, 10,3 % mit vier Personen.
   a) Bestimme mithilfe dieser Angaben die durchschnittliche Anzahl der Personen pro Haushalt.
   b) In den Veröffentlichungen des Statistischen Bundesamtes wird ein Durchschnittswert von 2,08 Personen pro Haushalt angegeben. Erkläre, warum sich diese Angabe von dem in Teilaufgabe a) erhaltenen Wert geringfügig unterscheidet.

2. Ein reguläres Oktaeder wird geworfen. Wir betrachten die Zufallsvariable
   X: *Anzahl der Würfe mit Augenzahl 1 beim 8-fachen Oktaederwurf.*
   Bestimme die Wahrscheinlichkeitsverteilung der Zufallsvariablen und stelle diese grafisch dar.

3. Bei einer Wohltätigkeitslotterie gewinnt man bei 10 % der Lose einen Büchergutschein im Wert von 10 €, bei 20 % der Lose einen Gutschein im Wert von 5 €. Ein Los kostet 2,50 €.
   Ist dieser Gewinnplan angemessen?

4. Beim Spiel „Monopoly" wird mit zwei Würfeln geworfen. Manchmal landet man während des Spiels im „Gefängnis". Man kann sich daraus selbst befreien, wenn man innerhalb der nächsten drei Spielrunden einen Pasch (zwei gleiche Augenzahlen) wirft, sonst muss man eine Strafe zahlen.
   Vergleiche die Wahrscheinlichkeiten von „Selbst befreien" und „Strafe zahlen".

5. Marc hat 32 Musik-CDs, 5 Hörbuch-CDs und 7 Spielfilm-DVDs. Nora möchte von jeder Sorte eine CD bzw. DVD ausleihen.
   Wie viele verschiedene Möglichkeiten der Zusammenstellung hat sie?

6. Anna, Laura, Lea, Julia und Michelle stellen sich in zufälliger Reihenfolge nebeneinander zu einem Gruppenfoto auf.
   a) Wie viele Möglichkeiten der Aufstellung gibt es?
   b) Wie groß ist bei zufälliger Reihenfolge die Wahrscheinlichkeit, dass Anna ganz links steht?
   c) Lea möchte genau in der Mitte stehen. Wie viele Möglichkeiten der Aufstellung gibt es nun?

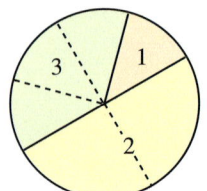

7. Bei einer Geburtstagsfeier wird für eine Verlosung eine Glückszahl bestimmt: Zunächst dreht man das Glücksrad links und erhält eine Zahl. Danach wirft man eine Münze; bei Zahl wird die Glücksradzahl verdoppelt, bei Wappen bleibt sie unverändert.
   Welche Glückszahlen sind möglich? Bestimme ihre Wahrscheinlichkeiten.

8. Wenn man viermal eine Münze wirft, so kann die Anzahl der Wappen 0, 1, 2, 3 oder 4 betragen.
   a) Schätze: Welche Wappenanzahl hat die höchste Wahrscheinlichkeit?
   b) Bestimme für alle Wappenanzahlen die zugehörigen Wahrscheinlichkeiten.

Bleib fit im Umgang mit linearen Funktionen

Zum Aufwärmen

1. Auf den dargestellten Zetteln sind lineare Funktionen auf verschiedene Weise beschrieben worden. Ordne begründet zu: Welche Zettel bzw. Graphen gehören jeweils zur selben Funktion?

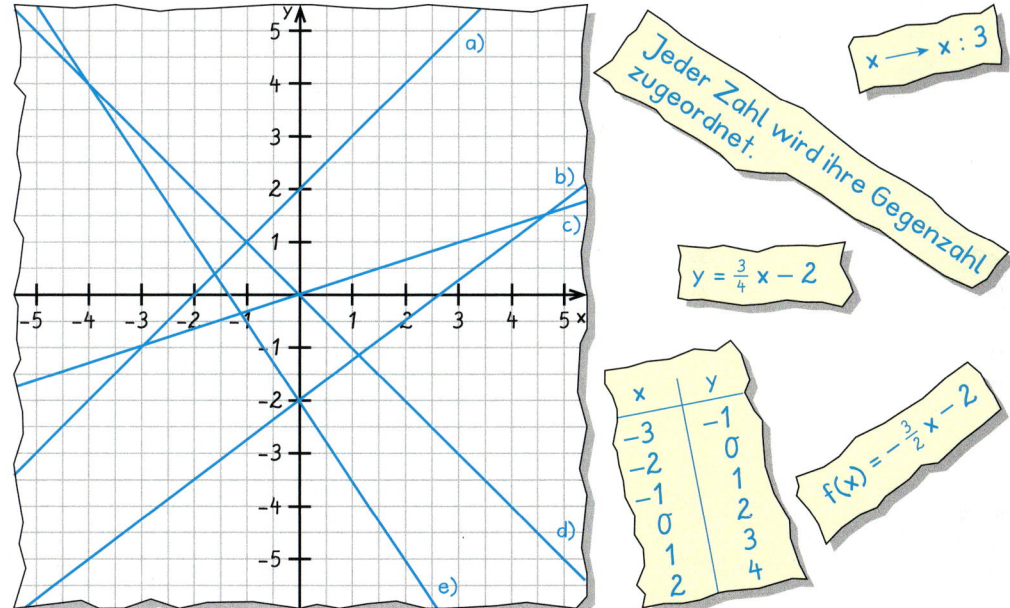

Zum Erinnern

Eine **lineare Funktion** besitzt die Funktionsgleichung:

y = m · x + n

Der Graph der Funktion ist eine Gerade mit dem *Anstieg* m und dem *Ordinatenabschnitt* n (dem *Achsenabschnitt* auf der y-Achse). Die Steigung m kann man mithilfe eines *Anstiegsdreiecks* berechnen:

$$m = \frac{y_2 - y_1}{x_2 - x_1}$$

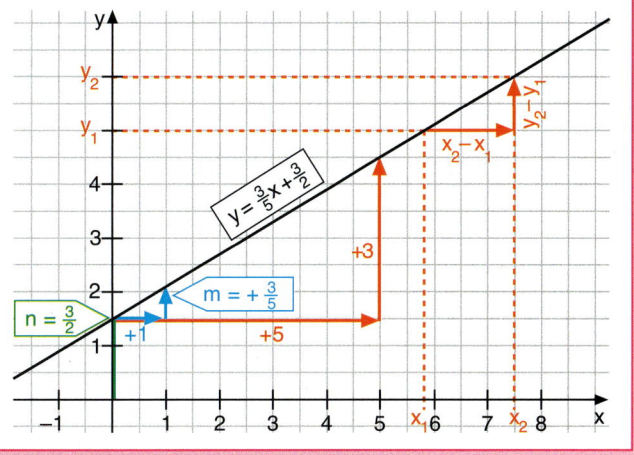

Zum Trainieren

2. Zeichne den Graphen der linearen Funktion.

a) $y = 2x + 1$
b) $y = \frac{3}{2}x - 2$
c) $y = \frac{3}{4}x + 5$
d) $f(x) = 3x + 2$
e) $f(x) = -0{,}4x$
f) $y = -x + 2$
g) $f(x) = x + 1$
h) $f(x) = \frac{2}{7}x - 3$
i) $y = 0{,}4x - 2$
j) $y = -\frac{5}{3}x + \frac{1}{3}$
k) $g(x) = x$
l) $h(s) = -s$

3. Bestimme zu den Geraden Funktionsgleichungen.

a) 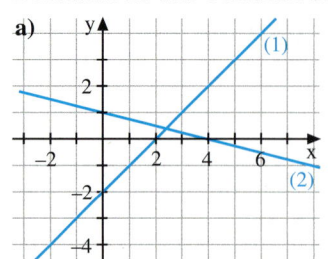 b) 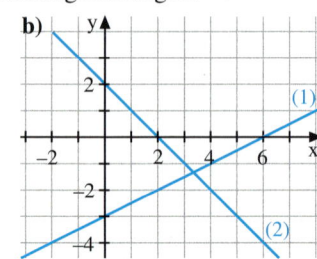 c)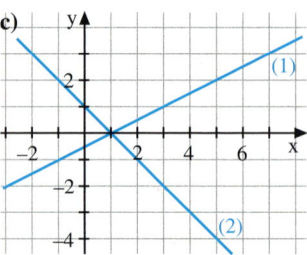

4. In einer Erzmine bewegt sich ein Förderkorb zwischen einer Höhe von 20 m im Förderturm und dem tiefsten Stollen, der sich 150 m unterhalb der Erdoberfläche befindet. Betrachte einen Förderkorb, der sich zu Beginn ganz oben befindet und dann pro Sekunde 3 m abwärts fährt.

   a) Zeichne den Graphen der Funktion *Zeit (in s)* → *Höhe (in m)*. Erstelle auch die Funktionsgleichung.

   b) Bestimme zeichnerisch und rechnerisch: Wann befindet sich der Förderkorb
      (1) auf der Höhe der Erdoberfläche;   (2) ganz unten?

5. Zeichne mit dem Rechner den Graphen der linearen Funktion zu $y = \frac{4}{7}x - 1$.

   a) Lies am Graphen die Nullstelle ab. Welche Möglichkeiten bietet der Rechner?

   b) Zeichne zu dieser Geraden jeweils eine Parallele, die
      (1) um 1 Einheit nach oben;   (2) um 3 Einheiten nach unten verschoben ist.
      Vergleiche dann die Wertetabellen aller drei Funktionen. Was fällt dir auf?

6. Entscheide zeichnerisch und rechnerisch, ob der Punkt A auf der Geraden PQ liegt.

   a) P(0|4); Q(7|0); A(10,5|−2)   b) P(0|0); Q(8|5); A(−3|−2)

7. Liegen die drei Punkte auf einer Geraden?

   a) P(−4|3); Q(2|6); R(8|9)   b) U(−4|1); V(1|3); W(8|−2)

8. Eine Gerade g geht durch die Punkte P und Q. Berechne die Steigung der Geraden und ermittle die Funktionsgleichung.

   a) P(2|3), Q(4|1)   b) P(0|−2), Q(5|−1)   c) P(−3|4), Q(5|−8)   d) P(−5|1,5), Q(1,5|1,5)

9. Bestimme die Stelle, an der die Funktion zu $f(x) = \frac{2}{3}x - 4$ den Funktionswert 5 annimmt.

10. Stelle die Gleichung $2x - 3 = 5$ grafisch mithilfe einer Geraden dar.

11. Schreibe eine kleine Zusammenfassung: Wie verläuft der Graph zu $y = mx + n$ in Abhängigkeit von m und n im Koordinatensystem?

12. Veranschauliche die Kosten einer Taxifahrt in Abhängigkeit von der Fahrstrecke grafisch. Warum beschreibt der Graph die zu zahlenden Preise nicht ganz genau?

Aus dem Stadtrat

... Abgesegnet wurden auch die neuen Taxigebühren, die zum 1. April in Kraft treten. Danach soll der Bereitstellungspreis unverändert bei zwei Euro bleiben. Das Entgeld pro Kilometer soll den Fahrgast dann 1,30 € statt 1,20 € kosten. ...

2. LINEARE GLEICHUNGEN MIT ZWEI VARIABLEN – SYSTEME LINEARER GLEICHUNGEN

- Kannst du die Knobelaufgabe lösen?
  Es kann hilfreich sein, wenn du dir zu jeder Waage im Gleichgewicht eine Gleichung notierst mit den unbekannten Massen des Buches und der Katze.

In diesem Kapitel wirst du lernen, wie man die Lösung von mehreren Gleichungen mit mehreren Variablen bestimmt, wenn alle Gleichungen zugleich erfüllt sein sollen.
Du wirst dies zeichnerisch und auch rechnerisch durchführen.

2.1 Lineare Gleichungen der Form a x + b y = c

2.1.1 Lösungen einer linearen Gleichung mit zwei Variablen – Graph

Aufgabe 1

Eine Baustoff-Firma hat zwei Ziegelwerke, in denen auch besondere Ziegelsteine hergestellt werden können. Das Werk in Xanten kann davon täglich 24 m³ produzieren, das Werk in Yburg täglich 60 m³.
Ein Kunde erteilt der Firma einen Auftrag über 300 m³ Ziegel und schätzt: „Wenn beide Werke daran arbeiten, müsste das doch innerhalb von $3\frac{1}{2}$ Tagen zu schaffen sein."
Die Produktionsleiterin der Firma dagegen meint: „Das ist Arbeit für 5 Tage in Xanten und 3 Tage in Yburg."

a) Wer hat Recht?

b) Welche anderen Möglichkeiten gibt es, diesen Auftrag auf die beiden Werke zu verteilen? Nimm dazu an, das Werk in Xanten arbeite an x Tagen für diesen Auftrag und das Werk in Yburg an y Tagen. Stelle eine Bedingung (Gleichung) dafür auf, dass auf diese Weise der Auftrag erledigt wird.
Forme die Gleichung so um, dass du leicht andere Möglichkeiten berechnen kannst. Stelle deine Ergebnisse in einer Tabelle dar. Begründe, dass durch diese Gleichung eine lineare Funktion gegeben ist.

c) Zeichne den Graphen der linearen Funktion, um alle Möglichkeiten der Auftragsaufteilung zu veranschaulichen. Lies weitere ab.

Lösung

a) Wird an dem Auftrag in jedem der beiden Ziegelwerke $3\frac{1}{2}$ Tage gearbeitet, so werden insgesamt $3\frac{1}{2} \cdot 24$ m³ + $3\frac{1}{2} \cdot 60$ m³ = 294 m³ Ziegel produziert. Das reicht noch nicht ganz.
Wird an dem Auftrag 5 Tage in Xanten und 3 Tage in Yburg gearbeitet, so erhält man
$5 \cdot 24$ m³ + $3 \cdot 60$ m³ = 300 m³, also genau die Auftragsmenge.
Die Produktionsleiterin hat folglich Recht.

b) *(1) Erstellen einer Gleichung*
An x Tagen in Xanten und y Tagen in Yburg werden zusammen x · 24 m³ + y · 60 m³ Ziegel gefertigt. Rechnen wir nur mit den Maßzahlen für das Volumen, so muss folgende Gleichung erfüllt sein:
24x + 60y = 300

(2) Berechnen anderer Möglichkeiten
Wir lösen die Gleichung nach y auf:
24x + 60y = 300
60y = −24x + 300
y = −0,4x + 5

Aus dieser Form der Gleichung lässt sich zu jeder Arbeitszeit x in Xanten sofort genau eine dazu gehörende Arbeitszeit y in Yburg berechnen (siehe Wertetabelle). Durch diese Gleichung der Form y = mx + n ist also eine lineare Funktion gegeben.

x	y = −0,4x + 5
0	5
1	4,6
2	4,2
3	3,8
4	3,4
5	3

Lineare Gleichungen der Form ax + by = c

c) Der Graph der linearen Funktion ist eine Gerade. Schneller als mit einer Wertetabelle lässt sich der Graph einer linearen Funktion mithilfe von y-Achsenabschnitt und Steigung zeichnen:
Die Gerade mit $y = -0{,}4x + 5$ hat den y-Achsenabschnitt $n = 5$, sie schneidet die y-Achse also im Punkt $P(0|5)$. Ihr Anstieg beträgt $m = -0{,}4 = -\frac{2}{5}$.

Geht man von dem Schnittpunkt P der Geraden mit der y-Achse 5 Schritte nach rechts und 2 nach unten, so erhält man einen weiteren Punkt der Geraden. Die Koordinaten eines jeden Punktes der Geraden liefern eine Lösung unseres Problems:
Der Punkt $P_1(2{,}5|4)$ auf der Geraden bedeutet, dass man 2,5 Tage in Xanten und 4 Tage in Yburg an dem Auftrag arbeiten könnte. Weitere Möglichkeiten ergeben sich aus Punkt $P_2(7{,}5|2)$ auf der Geraden, usw.

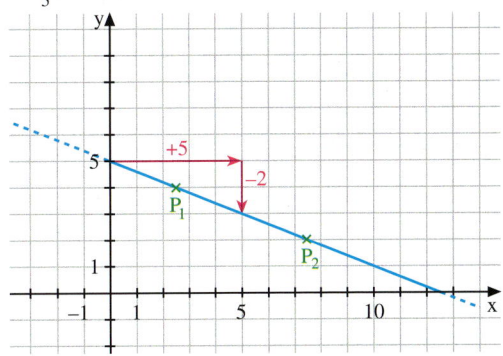

Für diese Aufgabe muss die einschränkende Bedingung beachtet werden, dass x und y nicht negativ sind. Also stellen nur die Punkte der Geraden, die im 1. Quadranten liegen, eine Lösung der Aufgabe dar.

Information

(1) Lineare Gleichung mit zwei Variablen

Eine Gleichung wie $24x + 60y = 300$ nennt man eine *lineare Gleichung mit zwei Variablen*.
Weitere Beispiele für lineare Gleichungen mit zwei Variablen sind:

$$0{,}5x + 6y = 8; \qquad 3s - 5t = 20; \qquad y = \frac{x}{2} - 1; \qquad -u + \frac{7}{4}v = 0; \qquad 2x + 7 = 3y.$$

(2) Geordnetes Zahlenpaar als Lösung einer Gleichung mit zwei Variablen

Lösungen einer Gleichung mit zwei Variablen sind nicht einzelne Zahlen, sondern stets *Paare von Zahlen*.

Beispiele:
Das Zahlenpaar $(5|3)$ ist eine Lösung der Gleichung $24x + 60y = 300$, denn wenn man 5 für x und 3 für y in die Gleichung einsetzt, erhält man die wahre Aussage $24 \cdot 5 + 60 \cdot 3 = 300$.
Man sagt auch: Das Zahlenpaar $(5|3)$ *erfüllt* die Gleichung.
$(-5|7)$ ist ebenfalls eine Lösung der Gleichung, da $24 \cdot (-5) + 60 \cdot 7 = 300$ eine wahre Aussage ist.
$(7|-5)$ ist dagegen keine Lösung der Gleichung, da $24 \cdot 7 + 60 \cdot (-5) = 300$ eine falsche Aussage ist; das Zahlenpaar $(7|-5)$ erfüllt *nicht* die Gleichung. Es kommt also auf die Reihenfolge der Zahlen in dem Zahlenpaar an; man spricht von einem *geordneten* Zahlenpaar.
Die Lösungsmenge einer linearen Gleichung mit zwei Variablen ist eine Menge geordneter Paare.
Die Grundmenge einer linearen Gleichung ist dementsprechend nicht $\mathbb{Q}$, sondern die Menge aller Paare, die man aus rationalen Zahlen bilden kann.

(−5|7) und (7|−5) sind verschiedene Paare.

> Eine Gleichung der Form $a \cdot x + b \cdot y = c$ sowie jede Gleichung, die durch Äquivalenzumformung auf diese Form gebracht werden kann, heißt **lineare Gleichung mit zwei Variablen**.
> Für x und für y werden Zahlen aus $\mathbb{Q}$ eingesetzt. Die Grundmenge einer linearen Gleichung mit zwei Variablen ist also die Menge aller Zahlenpaare, die man aus rationalen Zahlen bilden kann. Damit ist auch jede Lösung einer solchen Gleichung ein Zahlenpaar.
>
> *Beispiel:* $4x + 3y = 2$
> $(-1|2)$ ist eine Lösung der Gleichung, denn $4 \cdot (-1) + 3 \cdot 2 = 2$ ist wahr.
> $(2|3)$ ist keine Lösung der Gleichung, denn $4 \cdot 2 + 3 \cdot 3 = 2$ ist falsch.

(3) Graph einer Gleichung mit zwei Variablen

Wir fassen jede Lösung der Gleichung $24x + 60y = 300$ als Koordinatenpaar eines Punktes auf. Um solche Koordinatenpaare zu finden, ist es günstiger, diese Gleichung nach y aufzulösen:

$y = -0{,}4x + 5$

Dies ist die Funktionsgleichung einer linearen Funktion.

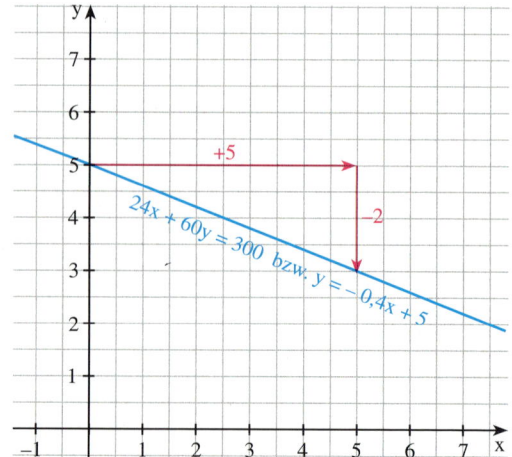

x	$-0{,}4x + 5$	Koordinatenpaar
-2	5,8	$(-2\mid 5{,}8)$
0	5	$(0\mid 5)$
2	4,2	$(2\mid 4{,}2)$

Die Menge aller Punkte, deren Koordinaten die Gleichung erfüllen, bildet den Graphen der Gleichung. Da es sich bei $y = -0{,}4x + 5$ um die Gleichung einer linearen Funktion handelt, ist der Graph eine Gerade.

Weiterführende Aufgabe

2. *Punktprobe*

Welche der Punkte $P_1(2\mid 1)$, $P_2(1\mid 4)$, $P_3(4\mid 2)$, $P_4(2\mid 3)$, $P_5(-2\mid -1)$, $P_6(-8\mid 10)$ gehören zum Graphen der linearen Gleichung?

a) $2x + 3y = 14$ b) $5x - 3y = -7$ c) $\dfrac{x}{4} - \dfrac{y}{2} = 0$ d) $y = -0{,}9x + 2{,}8$

Übungsaufgaben

 3. Jan will mit 10 m Maschendrahtzaun einen rechteckigen Auslauf für seine Kaninchen abgrenzen. Der Auslauf soll an das Haus grenzen. Eine Zaunseite soll in Verlängerung der Wand laufen. Finde mehrere Möglichkeiten.
Beschreibe den Zusammenhang zwischen Länge und Breite durch eine Gleichung.

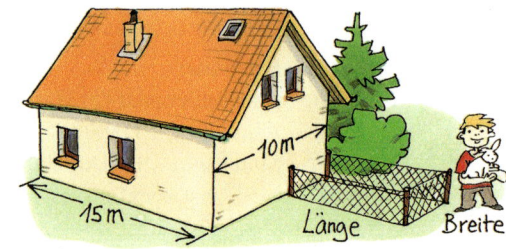

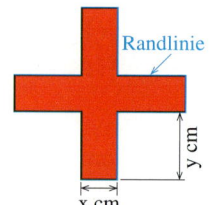

4. Ein Kreuz in der nebenstehenden (symmetrischen) Form soll gezeichnet werden. Dabei soll die gesamte Randlinie genau 40 cm lang sein. Sonst sind Länge und Breite der einzelnen Teile noch nicht festgelegt.

a) Gib die geforderte Bedingung für die Randlinie in Form einer Gleichung mit den beiden Variablen x und y an.

b) Welche der Zahlenpaare $(2\mid 4)$, $(6\mid 2)$, $(8\mid 3)$, $(4{,}5\mid 1)$, $(3\mid 3{,}5)$, $(\frac{1}{2}\mid \frac{19}{4})$ sind Lösungen dieser Gleichung mit zwei Variablen? Zeichne auch die zugehörigen Figuren.

c) Löse die Gleichung nach y auf. Zeichne den Graphen der Funktion $x \to y$.

d) Ermittle die einschränkende Bedingung:
Welcher Zahlenwert darf von x nicht überschritten [nicht unterschritten] werden; welcher y-Wert gehört dazu?
Welcher Zahlenwert darf von y nicht überschritten [nicht unterschritten] werden; welcher x-Wert gehört dazu?

Lineare Gleichungen der Form a x + b y = c

5. Welche der Zahlenpaare (4|4), (−1|1), (1|−6), (2|0), (−1|9), (0|$\frac{1}{4}$) sind Lösungen von

  a) x + y = 8;   **b)** 7x + 8y = 2;   **c)** −2s + $\frac{1}{3}$t = −4;   **d)** 2x + 2y = 16?

6. Nenne drei Zahlenpaare, die Lösung der Gleichung −2x + 5y = 3 sind. Nenne auch Zahlenpaare, die keine Lösung sind.

7. Gegeben ist eine Gleichung mit zwei Variablen. Löse die Gleichung nach y auf. Zeichne dann mithilfe der Funktionsgleichung den Graphen. Welche Steigung hat die Gerade?

  a) 4x + 2y = 10   **b)** 3x − 5y = 20   **c)** $\frac{x}{2}$ + y = −3,5   **d)** $\frac{x + y}{4}$ = 1

8. Zeichne den Graphen der linearen Gleichung ax + by = c mit:

  a) a = 18; b = 6; c = 9
  b) a = −1; b = 4; c = 8,8
  c) a = 5; b = −2; c = 7
  d) a = −3; b = −1; c = 0

9. Zur linearen Gleichung 3s − 2t = 12 gehören zwei Funktionen: s → t und auch t → s. Bestimme für beide die Funktionsgleichung. Zeichne die entsprechenden Geraden in zwei Koordinatensysteme nebeneinander. Vergleiche.

10. Welchen Anstieg hat die Gerade der linearen Gleichung? In welchem Punkt schneidet die Gerade die y-Achse, in welchem die x-Achse?

  a) 3y = 12x + 15   **b)** 4x + 5y = 5   **c)** x − 3y = 0   **d)** $\frac{x}{2} + \frac{y}{4} - \frac{3}{4} = 0$

11. Welche der Punkte P_1(1|1), P_2(0,5|1), P_3(1|−1), P_4(−1|1), P_5(−3|0), P_6(0,2|3,2) und P_7(3|6) gehören zum Graphen der linearen Gleichung?

  a) y − x = 3   **b)** 2y + 9x = 11   **c)** $\frac{u}{2}$ + 0,3v = $\frac{1}{5}$ **d)** $\frac{2x - y}{7}$ = 0

12. Ergänze die Koordinaten der Punkte P_1(0|□), P_2(□|0), P_3(1|□), P_4(□|6), P_5(−0,2|□) und P_6(□|−0,6) so, dass diese zum Graphen der angegebenen linearen Gleichung gehören.

  a) x + y = 1   **b)** 2x − 5y = 0   **c)** $\frac{x}{2} + \frac{y}{3}$ = 2   **d)** −1,2x + 0,4y = 4,8

13. Das Zahlenpaar (2|−3) ist die Lösung einer linearen Gleichung. Wie könnte diese lauten? Gib mindestens drei verschiedene Möglichkeiten an.

14. Miriam hat für ein Klassenfest Weizen- und Vollkornbrötchen eingekauft. Sie hat insgesamt 24 € bezahlt.

  a) Wie viele Brötchen könnte sie von jeder Sorte gekauft haben?
  Notiere dazu eine Gleichung mit zwei Variablen und gib mehrere Lösungen an.

  b) Zeichne den Graphen.

15. a) Nenne die zehn kleinsten Geldbeträge, die man mit 20-€- und 50-€-Scheinen zahlen kann.

  b) 430 € sollen mit 20-€-Scheinen und 50-€-Scheinen ausgezahlt werden. Erstelle eine Gleichung mit zwei Variablen, um alle Möglichkeiten zu finden.

  c) Gibt es Lösungen der Gleichung aus Teilaufgabe b), die nicht zum Auszahlungsbetrag gehören?

16. Patrick hat Lösungen einer linearen Gleichung grafisch ermittelt.
Kontrolliere seine Ergebnisse.

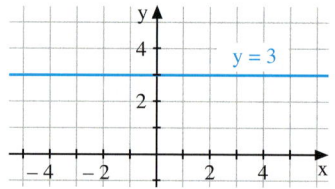

2.1.2 Sonderfälle bei linearen Gleichungen mit zwei Variablen

Aufgabe 1

Zeichne den Graphen der linearen Gleichung **a)** $0 \cdot x + 2 \cdot y = 6$; **b)** $3 \cdot x + 0 \cdot y = 12$.
Lege dazu eine Tabelle für die passenden Einsetzungen für x und für y an. Nach welcher Variablen kannst du die Gleichung auflösen? In welchem Fall liegt eine Funktion vor, in welchem nicht?

Lösung

a)

x	y
−2	3
−1	3
0	3
1	3
2	3

Ein Punkt gehört immer dann zu dem Graphen, wenn seine y-Koordinate 3 ist. Die x-Koordinate kann beliebig sein.

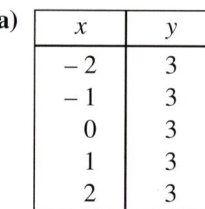

Die Gleichung $0 \cdot x + 2y = 6$ kann nach y aufgelöst werden. Man erhält: $y = 3$.
Da jedem Wert von x genau ein y-Wert zugeordnet ist, liegt eine Funktion vor.

b)

x	y
4	−2
4	−1
4	0
4	1
4	2

Ein Punkt gehört immer dann zu dem Graphen, wenn seine x-Koordinate 4 ist. Die y-Koordinate kann beliebig sein.

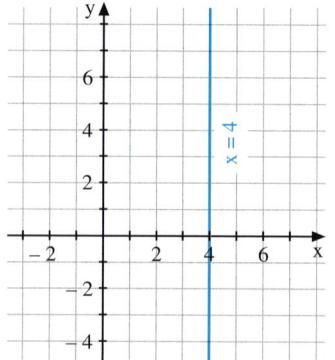

Die Gleichung $3x + 0 \cdot y = 12$ kann *nicht* nach y aufgelöst werden, da man durch 0 nicht dividieren kann. Sie kann aber nach x aufgelöst werden. Man erhält: $x = 4$.
Es liegt keine Funktion vor, weil der Stelle 4 mehrere y-Werte zugeordnet sind. Die Zuordnung $x \to y$ ist nicht eindeutig.

Weiterführende Aufgabe

2. *Sonderfall a = 0 und b = 0 bei der Gleichung $ax + by = c$*
Gegeben ist die Gleichung **a)** $0 \cdot x + 0 \cdot y = 1$; **b)** $0 \cdot x + 0 \cdot y = 0$.
Welcher der folgenden Fälle trifft zu?
(1) Es gibt keine Lösung.
(2) Es gibt genau eine Lösung.
(3) Es gibt mehrere, aber nur endlich viele Lösungen.
(4) Jedes beliebige Zahlenpaar ist eine Lösung.
(5) Der Graph ist eine Gerade.

Lineare Gleichungen der Form ax + by = c

Information

(1) Kurzform einer linearen Gleichung mit zwei Variablen

Eine Gleichung der Form y = 3 oder auch x = 4 kann man als *Kurzform* einer linearen Gleichung mit zwei Variablen auffassen, wenn man sich die zweite Variable wie folgt ergänzt denkt:
y = 3   ergänzt zu   0 · x + y = 3;   x = 4   ergänzt zu   x + 0 · y = 4.

(2) Ausschließen des Sonderfalles a = 0 und b = 0

Damit der Graph einer linearen Gleichung der Form ax + by = c eine Gerade ist, verlangt man häufig, dass bei einer linearen Gleichung a ≠ 0 *oder* b ≠ 0 ist. Man schließt also den Sonderfall a = 0 und b = 0 aus (vergleiche Aufgabe 2 auf Seite 48).

(3) Geraden als Graphen linearer Gleichungen mit zwei Variablen

Koeffizient, Vorfaktor der Variablen

Sind die Koeffizienten einer linearen Gleichung nicht beide zugleich null, so ist ihr Graph eine Gerade.

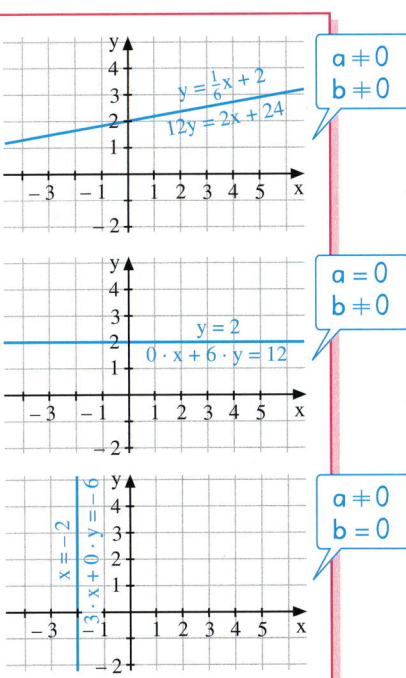

Eine lineare Gleichung der Form ax + by = c mit a ≠ 0 und b ≠ 0 kann durch Auflösen nach y auf die Form y = mx + n gebracht werden. Eine solche Gleichung ist eine Funktionsgleichung.
Der Graph ist eine steigende oder fallende Gerade.

Eine lineare Gleichung der Form 0 · x + by = c mit b ≠ 0 kann durch Auflösen nach y auf die Form y = r gebracht werden. Eine solche Gleichung ist eine Funktionsgleichung.
Der Graph einer Gleichung der Form y = r ist eine Parallele zur x-Achse.

Eine lineare Gleichung der Form ax + 0 · y = c mit a ≠ 0 kann durch Auflösen nach x auf die Form x = r gebracht werden. Eine solche Gleichung ist *keine* Funktionsgleichung.
Der Graph einer Gleichung der Form x = r ist eine Parallele zur y-Achse.

 Bei einer Funktion x → y gehört zu jeder Zahl für x genau eine Zahl für y.

Übungsaufgaben

 Statt der Kurzform zunächst die lineare Gleichung ausführlich schreiben.

3. Sind auch folgende Geraden Graphen linearer Gleichungen? Versuche eine lineare Gleichung dafür anzugeben.

  a) Parallele zur x-Achse durch P(2|3)   b) Parallele zur y-Achse durch P(2|3)

4. Zeichne mithilfe einer Wertetabelle den Graphen der linearen Gleichung:

  a) 0 · x + 5y = 10   b) 4x + 0 · y = 6   c) 0 · x − 2y = 4,8   d) −5x + 0 · y = −4,5

Notiere die Gleichung auch in der Kurzform. Löse dazu nach x oder y auf.

5. Gegeben ist eine lineare Gleichung in der vereinfachten Form (Kurzform).

  a) x = 5   b) y = −1   c) x = $\frac{1}{2}$ d) y = 5   e) x = −1

Welche der Zahlenpaare (1|5), ($\frac{1}{2}$|−1), (5|2), (5|−1) sind Lösungen der Gleichung?

6. Notiere zunächst die (in Kurzform gegebene) Gleichung in der ausführlichen Form, sodass beide Variablen x und y vorkommen. Zeichne dann den zugehörigen Graphen.

   a) $y = 6$ b) $x = 2$ c) $y = -1{,}5$ d) $x = -5{,}5$ e) $y = \frac{5}{2}$ f) $6x = 3$ g) $-2y = 1$

7. Welche der Punkte $P_1(-1|20)$, $P_2(12|-4{,}8)$, $P_3(0|-1)$, $P_4(12|4{,}8)$, $P_5(-3|0)$ und $P_6(0|0)$ gehören zum Graphen der linearen Gleichung?

   a) $x = 12$ b) $y = 20$ c) $x = -1$ d) $y = -4{,}8$ e) $x = 0$ f) $y = 0$ g) $7x = 84$

8. Gib zu der Geraden eine passende lineare Gleichung mit zwei Variablen an; notiere diese auch in der Kurzform. Gehört die Gerade zu einer linearen Funktion?

   a) 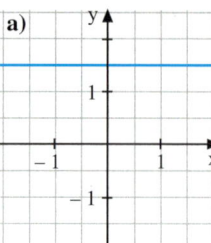   b) 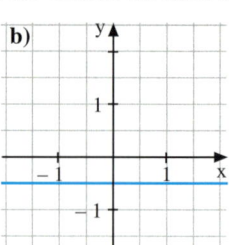   c) 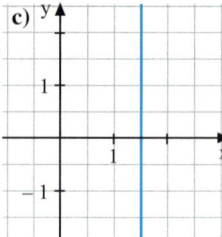   d)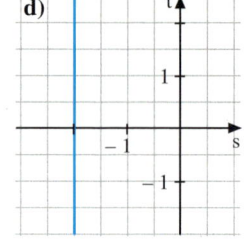

9. Notiere (auch in Kurzform) die Gleichungen der beiden Geraden, die vom Koordinatenursprung 4,2 Einheiten Abstand haben und parallel zur x-Achse [y-Achse] sind.

10. Welche lineare Gleichung hat die Gerade, die durch den Punkt $P(4|-7)$ [$P(-1{,}9|5{,}3)$] geht und

    a) parallel zur x-Achse ist;   b) parallel zur y-Achse ist?

11. Jede der beiden Koordinatenachsen kannst du als Graph einer linearen Gleichung mit zwei Variablen auffassen. Notiere für beide Achsen passende lineare Gleichungen mit zwei Variablen.

12. Kontrolliere Kevins Zusammenfassung.

    Jede lineare Gleichung mit den Variablen x und y hat als Graph eine Gerade. Hat eine der beiden Variablen oder beide den Koeffizienten null, so liegt der Sonderfall vor, dass die Gerade keine Steigung hat.

13. Lösungen einer linearen Gleichung wie z.B. $7x - 13y = -9$ kannst du auch mithilfe eines Rechners ermitteln. Dazu musst du zunächst die Gleichung nach y auflösen.

    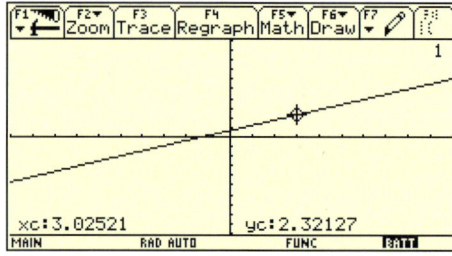

    a) Bestimme mit einem Rechner Lösungen der obigen Gleichung. Ist das stets möglich?

    b) Verfahre ebenso mit den folgenden Gleichungen.

    (1) $7 \cdot x + 9 \cdot y = -5$ (2) $0 \cdot x + 5 \cdot y = -7$ (3) $13 \cdot x + 0 \cdot y = -7$

2.2 Systeme linearer Gleichungen – Grafisches Lösungsverfahren

Aufgabe 1

Elektrische Energie wird in Kilowattstunden (kWh) gemessen. Ein Elektrizitätsunternehmen bietet seinen Kunden zwei Tarife an.
Patricks Mutter stellt fest:
„In diesem Monat habe ich im Wochenendhaus gerade so viel Strom verbraucht, dass ich nach beiden Tarifen gleich viel bezahlt hätte."

Tarif	AKZENT	BASIS
Monatlicher Grundpreis	4,00 €	7,50 €
Arbeitspreis je kWh	0,25 €	0,11 €

Wie viel Kilowattstunden hat Patricks Mutter verbraucht? Wie viel Euro hat sie zu zahlen?
Gehe zur Lösung der Aufgabe in zwei Schritten vor:
(1) Erstelle für jeden Tarif eine lineare Gleichung mit zwei Variablen. Welche Bedingung muss erfüllt sein?
(2) Zeichne die Graphen dieser linearen Gleichungen in ein gemeinsames Koordinatensystem. Beantworte die gestellten Fragen anhand der Zeichnung.

Lösung

(1) *(a) Einführen von Variablen für die gesuchten Größen*
Anzahl der monatlich verbrauchten Kilowattstunden: x
Monatliche Kosten in Euro: y

(b) Aufstellen der Gleichung für Tarif AKZENT
Nach Tarif AKZENT ist je kWh 0,25 € zu zahlen, also für x kWh zusammen $0{,}25 \cdot x$.
Zusammen mit dem Grundpreis von 4 € ergibt sich für die monatlichen Kosten in €:
$y = 0{,}25\,x + 4$

(c) Aufstellen der Gleichung für Tarif BASIS
Für die monatlichen Kosten y nach Tarif BASIS ergibt sich entsprechend: $y = 0{,}11\,x + 7{,}5$

(d) Verbinden beider Gleichungen
Es muss nun die Anzahl x von Kilowattstunden gefunden werden, für die sowohl Tarif AKZENT als auch Tarif BASIS die gleichen monatlichen Kosten y ergeben. Gesucht sind also Zahlen x und y, für die beide Gleichungen zugleich erfüllt sind:
$y = 0{,}25\,x + 4$ und $y = 0{,}11\,x + 7{,}5$

(2) *Zeichnen der Graphen*
Zu jeder dieser Gleichungen gehört eine Gerade im Koordinatensystem. Wir zeichnen sie mithilfe von Anstieg und y-Achsenabschnitt. Beide Geraden schneiden sich in einem Punkt. Dieser Schnittpunkt ist $S(25 | 10{,}25)$.
Die Koordinaten des Schnittpunktes, nämlich 25 und 10,25, erfüllen beide lineare Gleichungen zugleich:
$10{,}25 = 0{,}25 \cdot 25 + 4$ und
$10{,}25 = 0{,}11 \cdot 25 + 7{,}5$

Ergebnis: Patricks Mutter hat in diesem Monat 25 kWh Strom verbraucht; dafür sind sowohl nach dem Tarif AKZENT als auch nach dem Tarif BASIS 10,25 € zu zahlen.

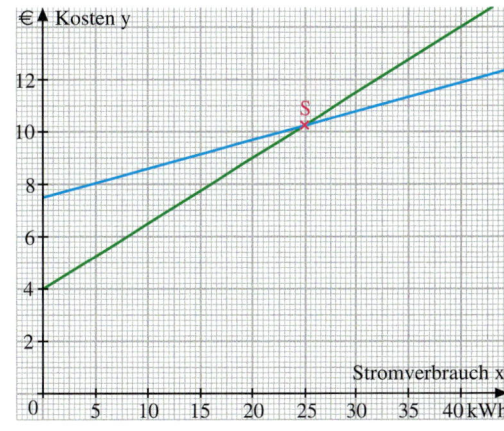

Information

(1) Lineares Gleichungssystem

Zur Lösung der Aufgabe 1 auf Seite 51 haben wir ein Zahlenpaar (x|y) gesucht, das zugleich die linearen Gleichungen $y = 0{,}25x + 4$ und $y = 0{,}11x + 7{,}5$ erfüllt. Die beiden durch „und" verbundenen Gleichungen

$y = 0{,}25x + 4$ und $y = 0{,}11x + 7{,}5$

bilden zusammen ein *lineares Gleichungssystem*. Um zu verdeutlichen, dass beide Gleichungen zusammen gehören, verwenden wir folgende Schreibweise:

$$\left| \begin{array}{l} y = 0{,}25x + 4 \\ y = 0{,}11x + 7{,}5 \end{array} \right|$$

Die Lösung dieses Gleichungssystems ist keine einzelne Zahl, sondern das Zahlenpaar (25|10,25).

Verknüpft man zwei lineare Gleichungen mit zwei Variablen durch **und**, so entsteht ein **lineares Gleichungssystem.**

Jedes Zahlenpaar, dessen Zahlen die erste *und* zugleich die zweite Gleichung des Gleichungssystems erfüllen, ist eine Lösung dieses Gleichungssystems.

Beispiel:

Beide Gleichungen sind durch „und" verbunden.

$$\left| \begin{array}{rl} x + y &= 5 \\ 2x - y &= 13 \end{array} \right|$$

Lösung: (6|−1)
Probe: $6 + (-1) = 5$ und $2 \cdot 6 - (-1) = 13$

---

(2) Grafisches Lösen eines Gleichungssystems

In Aufgabe 1 auf Seite 51 wurde die Lösung des linearen Gleichungssystems aus einer grafischen Darstellung im Koordinatensystem abgelesen.

Verfahren zur grafischen Lösung eines linearen Gleichungssystems

(a) Forme beide Gleichungen so um, dass du ihre Graphen gut zeichnen kannst. Zeichne die entsprechenden Geraden in ein gemeinsames Koordinatensystem.

(b) Das Koordinatenpaar jedes Punktes, der auf beiden Geraden zugleich liegt, ist eine Lösung des linearen Gleichungssystems.

(c) Führe eine Probe durch.

Anmerkung: Sowohl beim Zeichnen der Geraden als auch beim Ablesen der Koordinaten des Schnittpunktes aus der Zeichnung können Ungenauigkeiten auftreten. Daher ist es möglich, dass es sich bei den abgelesenen Werten nur um Näherungswerte für die Koordinaten des Schnittpunktes handelt. Du weißt also nicht, ob du die Lösung oder nur eine Näherungslösung erhalten hast. Mithilfe der Probe kannst du dies feststellen.

Eine Näherungslösung kannst du in der Form $x \approx \ldots$ und $y \approx \ldots$ schreiben.

Weiterführende Aufgaben

2. *Drei Fälle beim Lösen linearer Gleichungssysteme*

Bestimme die Lösungen folgender Gleichungssysteme grafisch. Was fällt dir auf?

(1) $\left| \begin{array}{l} 2x - 4y = -2 \\ 3x + y = 11 \end{array} \right|$ (2) $\left| \begin{array}{l} -x + 2y = 4 \\ 2x - 4y = 6 \end{array} \right|$ (3) $\left| \begin{array}{l} 2x + y = -4 \\ -6x - 3y = 12 \end{array} \right|$

Systeme linearer Gleichungen – Grafisches Lösungsverfahren

  3. *Grafisches Lösen linearer Gleichungssysteme mit einem Rechner*

Rechner können unbequeme Zeichenarbeit übernehmen, um lineare Gleichungssysteme zu lösen. Betrachte z. B.: $\left|\begin{array}{l} y = 0{,}3\,x - 25 \\ y = -0{,}25\,x + 63 \end{array}\right|$.

Es ist mühsam, ein geeignetes Koordinatensystem zu finden, sodass der Schnittpunkt der beiden Geraden gut ablesbar ist. Auf der y-Achse ist der Achsenabschnitte wegen ein Ausschnitt ungefähr von -30 bis $+70$ zu betrachten. Da die erste Gerade mit dem kleineren y-Achsenabschnitt ansteigt und die zweite Gerade mit dem größeren y-Achsenabschnitt ansteigt, liegt der Schnittpunkt sicher rechts von der y-Achse. Durch Probieren findest du ein geeignetes Fenster. Es gibt mehrere Möglichkeiten, die Koordinaten des Schnittpunktes mit dem Rechner zu ermitteln. Mithilfe von TRACE kannst du mit dem Cursor auf einer Geraden bis zum Schnittpunkt wandern und dessen Koordinaten ablesen.

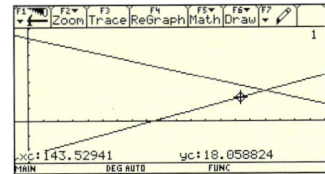

Erkunde weitere Möglichkeiten mit deinem Rechner.

Information

Einteilung linearer Gleichungssysteme mit zwei Variablen

Enthalten beide Gleichungen eines linearen Gleichungssystems zwei Variablen (kein Sonderfall einer Gleichung mit nur einer oder keiner Variablen), so gibt es folgende drei Fälle:

1. Fall: Beide Geraden haben verschiedene Anstiege. Sie schneiden sich dann in einem Punkt. Das Gleichungssystem hat also *genau eine* Lösung.
Die Lösungsmenge besteht aus einem einzigen Zahlenpaar.

2. Fall: Beide Geraden haben den gleichen Anstieg, aber verschiedene y-Achsenabschnitte. Beide Geraden sind dann parallel zueinander und schneiden sich nicht.
Das Gleichungssystem hat also *keine* Lösung.
Die Lösungsmenge ist leer.

3. Fall: Beide Geraden stimmen in dem Anstieg und im y-Achsenabschnitt überein. Sie fallen dann zusammen. Das Gleichungssystem hat *unendlich viele* Lösungen.
Die Lösungsmenge besteht aus allen Zahlenpaaren, die diese Geradengleichung erfüllen.

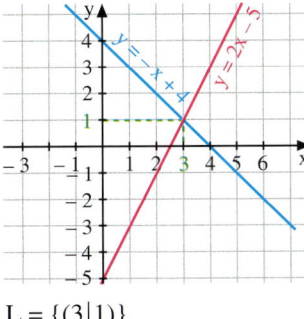

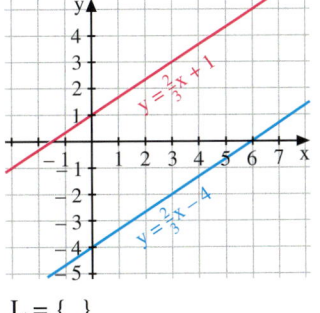

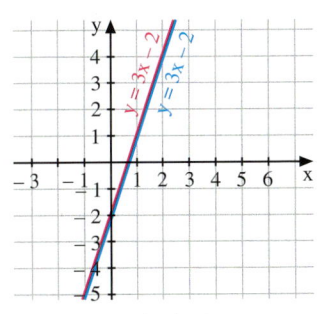

$L = \{(3|1)\}$

$L = \{\ \}$

$L = \{(x|y)\,|\,y = 3x - 2\}$
gelesen:
Menge aller Paare $(x|y)$, für die gilt: $y = 3x - 2$

Übungsaufgaben

 4. Zwei Kerzen sind 12 cm und 7 cm lang und werden gleichzeitig angesteckt. Die größere Kerze wird pro Stunde um 3,5 cm kürzer, die andere um 1,5 cm.
Nach welcher Zeit sind die Kerzen gleich lang? Wie lang sind sie dann?

5. Ein Gaswerk bietet den Kunden zwei Tarife an. Im Monat April hat Familie Siede so viel Gas verbraucht, dass der Gesamtpreis bei beiden Tarifen gleich ist. Wie viel Gas hat sie verbraucht; wie viel muss sie bezahlen? Stelle ein Gleichungssystem auf und löse die Aufgabe zeichnerisch.

6. Für eine Aufführung wurden insgesamt 100 Karten verkauft. Die Karten für Erwachsene kosteten 10 €. Ein Teil der Karten wurde an Jugendliche für 5 € abgegeben. Insgesamt wurden 700 € eingenommen. Wie viele Karten wurden an Jugendliche verkauft, wie viele an Erwachsene?

7. Welches der Zahlenpaare (2|2), (3|5), (0|1), (1|2), (4|0), (0|2), (−1|1) ist Lösung des Gleichungssystems $2x + y = 6$ *und* $3x − y = 4$?

8. Ermittle zeichnerisch die Lösungsmenge des Gleichungssystems. Führe eine Probe durch.

   a) $\begin{vmatrix} x = 1 - y \\ 6x + 24 = 4y \end{vmatrix}$
   b) $\begin{vmatrix} 6x = 2y - 8 \\ 8y - 12 = 4x \end{vmatrix}$
   c) $\begin{vmatrix} y + 2 = 1{,}5 \\ 2y = 10 \end{vmatrix}$
   d) $\begin{vmatrix} \frac{1}{2}x - \frac{3}{2} = 0 \\ 2y - x = 6 \end{vmatrix}$
   e) $\begin{vmatrix} 3p - 4q = 4 \\ 2p + q = 10 \end{vmatrix}$

9. Simon löst das Gleichungssystem $y = 2x − 5$ *und* $y = x − 3$. Er schreibt sogar einen Antwortsatz: „Das Gleichungssystem hat die Lösungen 2 und −1." Was sagst du dazu?

10. Kontrolliere Stefans Hausaufgaben.

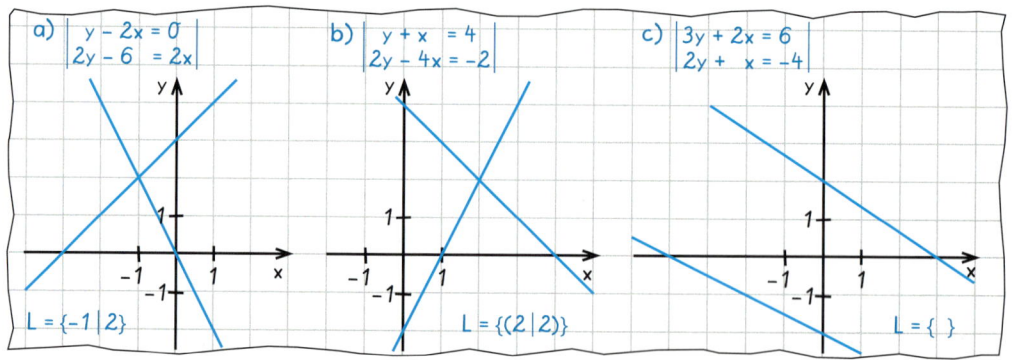

11. Bestimme zeichnerisch die Lösungsmenge des. Welcher der 3 Fälle (Seite 53) liegt vor?

    a) $\begin{vmatrix} 6y - 3x = 9 \\ -8y + 4x = -10 \end{vmatrix}$
    b) $\begin{vmatrix} 4x + 2y = 5 \\ -2x - y = -\frac{5}{2} \end{vmatrix}$
    c) $\begin{vmatrix} 3x - 6y = 2 \\ -1{,}5x + 3y = 1 \end{vmatrix}$
    d) $\begin{vmatrix} 3x - 6y = 9 \\ 4x - 9y = 12 \end{vmatrix}$

12. Gib jeweils ein Gleichungssystem und seine Lösungsmenge an.

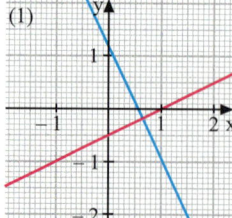
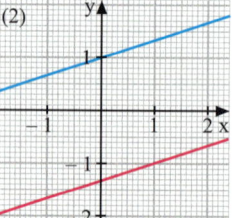
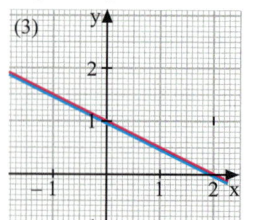
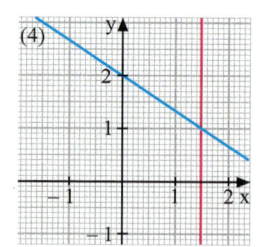

13. Gib zu der Gleichung $2x − 5y = 3$ $[-\frac{1}{2}x + y = -1]$ eine zweite an, sodass das entstehende Gleichungssystem (1) keine Lösung; (2) genau eine Lösung; (3) unendlich viele Lösungen hat.

2.3 Gleichsetzungsverfahren

Die zeichnerische Bestimmung der Lösung eines Gleichungssystems ist ohne Rechner oft ungenau und bei großen Zahlen platzaufwändig oder gar nicht möglich. Daher sollen jetzt Verfahren zur rechnerischen Ermittlung der Lösung entwickelt werden.

Aufgabe 1

Die (zeichnerische) Bestimmung der Lösungsmenge des linearen Gleichungssystems $\begin{vmatrix} 4x + 4y = 8 \\ -6x + 3y = -9 \end{vmatrix}$ führt auf das Gleichungssystem $\begin{vmatrix} y = -x + 2 \\ y = 2x - 3 \end{vmatrix}$.

Aus der Zeichnung lässt sich nur eine Näherungslösung ablesen. Bestimme die Koordinaten des Schnittpunktes der beiden Geraden rechnerisch.

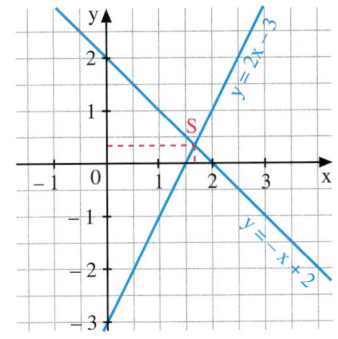

Lösung

Wenn x die erste Koordinate des Schnittpunktes S angibt, dann bezeichnen die rechten Seiten $-x + 2$ und $2x - 3$ des Gleichungssystems die zweite Koordinate des Schnittpunktes S, also dieselbe Zahl. Die rechten Seiten der beiden linearen Gleichungen müssen somit denselben Wert haben. Daraus erhalten wir folgende Gleichung:

$$-x + 2 = 2x - 3 \quad | -2x$$
$$-3x + 2 = -3 \quad | -2$$
$$-3x = -5 \quad | : (-3)$$
$$x = \tfrac{5}{3}$$

Gleichsetzen der rechten Seiten ergibt eine Gleichung, die nur noch eine Variable enthält: die x-Koordinate des gesuchten Lösungspaares.

Die x-Koordinate des Lösungspaares ist $\tfrac{5}{3}$.

$$y = -x + 2$$
$$y = -\tfrac{5}{3} + 2$$

Einsetzen von $\tfrac{5}{3}$ für x in der ersten Gleichung des Systems liefert eine Gleichung für die y-Koordinate des Lösungspaares.

$$y = \tfrac{1}{3}$$
$$L = \{(\tfrac{5}{3} | \tfrac{1}{3})\}$$

Die y-Koordinate ist $\tfrac{1}{3}$.
Lösungsmenge

Statt $\tfrac{5}{3}$ in die erste Gleichung, hätte man $\tfrac{5}{3}$ auch in die zweite Gleichung einsetzen können.

Probe: 1. Gleichung: $4 \cdot \tfrac{5}{3} + 4 \cdot \tfrac{1}{3} = 8$ (w);
2. Gleichung: $-6 \cdot \tfrac{5}{3} + 3 \cdot \tfrac{1}{3} = -9$ (w)

Ergebnis: Die Lösungsmenge des Gleichungssystems enthält nur das Paar $(\tfrac{5}{3} | \tfrac{1}{3})$.

Information

Dieses Lösungsverfahren für lineare Gleichungssysteme nennt man **Gleichsetzungsverfahren**, da die rechten Seiten der beiden Gleichungen des umgeformten Systems einander gleichgesetzt wurden. In der obigen Lösung haben wir zum Lösen des Gleichungssystems mit zwei Variablen zunächst eine Gleichung mit einer Variablen erzeugt und diese gelöst. Dann haben wir diese Lösung in eine der umgeformten Gleichungen eingesetzt.
Man kann den Lösungsweg so aufschreiben, dass stets Gleichungssysteme mit derselben Lösungsmenge untereinander stehen. Dadurch wird deutlich, dass ein Gleichungssystem als Ganzes zum Lösen umgeformt wird (siehe nächste Seite).

LINEARE GLEICHUNGEN MIT ZWEI VARIABLEN

$$\begin{vmatrix} 4x + 4y = 8 \\ -6x + 3y = -9 \end{vmatrix}$$ Wir lösen beide Gleichungen nach y auf.

$$\begin{vmatrix} y = -x + 2 \\ y = 2x - 3 \end{vmatrix}$$ Wir setzen die rechten Seiten der beiden Gleichungen gleich und behalten die zweite Gleichung bei (für spätere Berechnung von y).

$$\begin{vmatrix} 2x - 3 = -x + 2 \\ y = 2x - 3 \end{vmatrix}$$ Wir vereinfachen die erste Gleichung.

$$\begin{vmatrix} 3x = 5 \\ y = 2x - 3 \end{vmatrix}$$ Wir lösen die erste Gleichung nach x auf.

$$\begin{vmatrix} x = \tfrac{5}{3} \\ y = 2x - 3 \end{vmatrix}$$ Wir setzen den berechneten Wert in die zweite Gleichung ein.

$$\begin{vmatrix} x = \tfrac{5}{3} \\ y = 2 \cdot \tfrac{5}{3} - 3 \end{vmatrix}$$ Wir vereinfachen die zweite Gleichung.

$$\begin{vmatrix} x = \tfrac{5}{3} \\ y = \tfrac{1}{3} \end{vmatrix} \quad L = \{(\tfrac{5}{3} \mid \tfrac{1}{3})\}$$ Lösungsmenge

Die untereinander geschriebenen linearen Gleichungssysteme haben alle die gleiche Lösungsmenge. Man sagt auch, dass diese Gleichungssysteme zueinander **äquivalent** sind.

> **Gleichsetzungsverfahren zur rechnerischen Lösung von Gleichungssystemen**
>
> (1) Löse beide Gleichungen nach einer gemeinsamen Variablen auf.
> (2) Erzeuge dann durch Gleichsetzen eine Gleichung mit nur noch einer Variablen. Behalte eine der beiden Gleichungen mit zwei Variablen bei.
> (3) Berechne aus der Gleichung mit nur einer Variablen eine Koordinate des Lösungspaares.
> (4) Setze diesen Wert in die andere Gleichung ein und berechne daraus die andere Koordinate.
> (5) Gib die Lösungsmenge an. Du solltest zur Kontrolle eine Probe durchführen.

Übungsaufgaben

2. Bestimme die Lösungsmenge mithilfe des Gleichsetzungsverfahrens. Mache die Probe.

a) $\begin{vmatrix} y = 2x - 11 \\ y = 3x - 14 \end{vmatrix}$
b) $\begin{vmatrix} x = 3y + 14 \\ x = 5y + 22 \end{vmatrix}$
c) $\begin{vmatrix} x - 10y = 10 \\ 6x + 2y = 32 \end{vmatrix}$
d) $\begin{vmatrix} 3p - 2q = 11 \\ 2p - 6q = -12 \end{vmatrix}$

Man kann auch die Terme für 5y gleichsetzen.

3. Beim Gleichsetzungsverfahren ist es nicht unbedingt erforderlich, die Gleichungen nach x oder y aufzulösen. Bei den folgenden Gleichungssystemen ist es geschickter, für das Gleichsetzen andere Terme zu verwenden.

a) $\begin{vmatrix} 5y = 2x - 1 \\ 5y = 3x - 6 \end{vmatrix}$
b) $\begin{vmatrix} 16x = 13 - 21y \\ -16x = 15 + 25y \end{vmatrix}$
c) $\begin{vmatrix} -9y + 2x = 4 \\ 5y = 2x - 4 \end{vmatrix}$
d) $\begin{vmatrix} 2s = -t + 11 \\ s = 2t - 7 \end{vmatrix}$

4. Löse das Gleichungssystem möglichst günstig mit dem Gleichsetzungsverfahren.

a) $\begin{vmatrix} 4y = 3x - 4 \\ 4y = 5x - 20 \end{vmatrix}$
c) $\begin{vmatrix} 6x - 5y = 42 \\ 2x + 3y = 42 \end{vmatrix}$
e) $\begin{vmatrix} v = 3u - 4 \\ 2v = 5u + 3 \end{vmatrix}$
g) $\begin{vmatrix} 0,5x = 0,3y - 0,19 \\ 0,5x = 1,1y - 1,23 \end{vmatrix}$

b) $\begin{vmatrix} 1y = 4x - 6 \\ 11y = 9x - 41 \end{vmatrix}$
d) $\begin{vmatrix} 7x + 32y = 13 \\ 9x + 8y = 83 \end{vmatrix}$
f) $\begin{vmatrix} 6y = 3x - 2 \\ 2y = 2x + 2 \end{vmatrix}$
h) $\begin{vmatrix} 5y = \tfrac{1}{2}x + \tfrac{1}{3} \\ 5y = \tfrac{2}{3}x + \tfrac{1}{6} \end{vmatrix}$

Einsetzungsverfahren

2.4 Einsetzungsverfahren *Zum Selbstlernen*

Ziel

Rechts siehst du den Anfang des Lösens eines Gleichungssystems mit dem Gleichsetzungsverfahren. Wegen der Brüche ist das Lösen dieses Gleichungssystems etwas mühsam.

Du wirst in diesem Abschnitt ein weiteres rechnerisches Lösungsverfahren kennen lernen, das bei diesem Gleichungssystem einfacher und schneller zum Ziel führt als das Gleichsetzungsverfahren.

$$\begin{vmatrix} 7x + 3y = 14 \\ y = -2x + 3 \end{vmatrix}$$

$$\begin{vmatrix} 3y = 14 - 7x \\ y = -2x + 3 \end{vmatrix}$$

$$\begin{vmatrix} y = \frac{14}{3} - \frac{7}{3}x \\ y = -2x + 3 \end{vmatrix}$$

Zum Erarbeiten

A *Löse das obige Gleichungssystem, indem du für die Variable y der ersten Gleichung die rechte Seite der zweiten Gleichung einsetzt. Erläutere das Verfahren.*

$$\begin{vmatrix} 7x + 3y = 14 \\ y = -2x + 3 \end{vmatrix}$$

$$\begin{vmatrix} 7x + 3(-2x + 3) = 14 \\ y = -2x + 3 \end{vmatrix}$$

$$\begin{vmatrix} 7x - 6x + 9 = 14 \\ y = -2x + 3 \end{vmatrix}$$

$$\begin{vmatrix} x + 9 = 14 \\ y = -2x + 3 \end{vmatrix}$$

$$\begin{vmatrix} x = 5 \\ y = -2 \cdot 5 + 3 \end{vmatrix}$$

$$\begin{vmatrix} x = 5 \\ y = -7 \end{vmatrix}$$

$$L = \{(5|-7)\}$$

Die zweite Gleichung sagt, dass y und $-2x + 3$ denselben Wert haben sollen; deshalb darfst du das y der ersten Gleichung durch den Term $-2x + 3$ ersetzen.

In der ersten Gleichung kommt die Variable y nicht mehr vor. Die erste Gleichung kannst du jetzt wie gewohnt nach x auflösen und den erhaltenen Wert in die zweite Gleichung einsetzen.

Probe:
1. Gleichung: $7 \cdot 5 + 3 \cdot (-7) = 14$ (wahr)
2. Gleichung: $-7 = (-2) \cdot 5 + 3$ (wahr)

Einsetzungsverfahren zur rechnerischen Lösung von Gleichungssystemen

(1) Löse eine der beiden Gleichungen nach einer Variablen auf.
(2) Setze den erhaltenen Term in die andere Gleichung ein und löse die Gleichung.
(3) Setze die berechnete Koordinate in die andere, beibehaltene Gleichung ein und bestimme daraus die andere Koordinate des Lösungspaares.
(4) Gib die Lösungsmenge an.
(5) Du solltest zur Kontrolle eine Probe durchführen.

Zum Üben

1. Löse das lineare Gleichungssystem mithilfe des Einsetzungsverfahrens.

   a) $\begin{vmatrix} 5x + y = 2 \\ y = 7x - 22 \end{vmatrix}$
   b) $\begin{vmatrix} x = 5y + 11 \\ 10x - 6y = 0 \end{vmatrix}$
   c) $\begin{vmatrix} 7x - 3y = 17 \\ x = 4y + 6 \end{vmatrix}$
   d) $\begin{vmatrix} 13x - 9y = -41 \\ x - 5y = -1 \end{vmatrix}$

2. Löse vorteilhaft mithilfe des Einsetzungsverfahrens, indem du nicht für eine Variable, sondern für einen Term einsetzt.

   a) $\begin{vmatrix} -4x + 7y = -1 \\ 7y = -x + 19 \end{vmatrix}$
   b) $\begin{vmatrix} 13x - \frac{1}{6}y = -5 \\ \frac{1}{6}y = 5x + 9 \end{vmatrix}$
   c) $\begin{vmatrix} 2x + \frac{1}{3}y = -5 \\ -6x + y = 9 \end{vmatrix}$
   d) $\begin{vmatrix} -6x + 42y = 0 \\ 13x - 90y = -37 \end{vmatrix}$

2.5 Additionsverfahren

2.5.1 Subtraktion zweier Gleichungen eines Systems

Einführung

Laurin und Louisa haben bei demselben Internet-Anbieter Abzüge im Format 10×13 von ihren Fotos anfertigen lassen. Dieser Anbieter stellt neben den Kosten für die Abzüge eine feste Versandkostenpauschale in Rechnung.
Laurin hat für 45 Abzüge insgesamt 6,49 € bezahlt, Louisa hat für 34 Abzüge 5,39 € bezahlt. Wie viel kostet ein Abzug im Format 10×13 und wie hoch ist die Versandkostenpauschale?

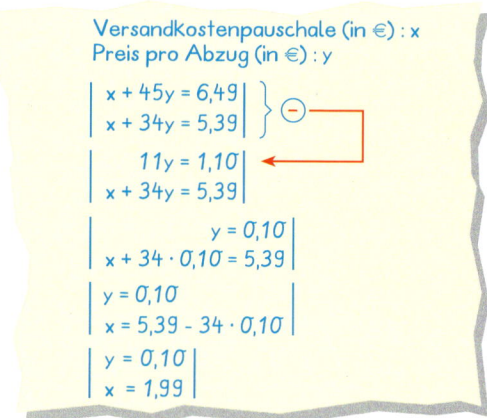

Laurin überlegt so:

```
45 Abzüge und Versand kosten 6,49 €
34 Abzüge und Versand kosten 5,39 €
Preisdifferenz: 11 Abzüge kosten 1,10 €

1 Abzug kostet 1,10 € : 11 = 0,10 €


Versand kostet 5,39 € − 34 · 0,10 €


Versand kostet 1,99 €
```

Louisa schreibt diese Überlegungen auf:

```
Versandkostenpauschale (in €) : x
Preis pro Abzug (in €) : y

| x + 45y = 6,49 |
| x + 34y = 5,39 |  ⊖

|    11y = 1,10 |
| x + 34y = 5,39 |

|        y = 0,10     |
| x + 34 · 0,10 = 5,39 |

| y = 0,10            |
| x = 5,39 − 34 · 0,10 |

| y = 0,10 |
| x = 1,99 |
```

Ergebnis: Die Versandkostenpauschale beträgt 1,99 €, ein 10×13-Abzug kostet 0,10 €.

Information

Subtraktionsverfahren

Bei dem obigen Lösungsverfahren werden die beiden Seiten zweier Gleichungen jeweils voneinander subtrahiert. Dafür sagen wir auch kürzer: Die beiden Gleichungen werden voneinander subtrahiert. Dadurch wird das Gleichungssystem gezielt so verändert, dass eine der beiden Gleichungen nur noch eine Variable enthält.

Übungsaufgaben

 Die Kosten für eine Taxifahrt setzen sich aus einer Grundgebühr und den Kosten für die gefahrenen Kilometer zusammen. Ein Fahrgast bezahlt für eine 7 km lange Taxifahrt 8,40 €. Die Rückfahrt ist wegen eines Umweges 10 km lang und kostet 11,25 €. Berechne die Kosten für 1 km und die Grundgebühr.

2. Bestimme die Lösungsmenge mit dem Subtraktionsverfahren.

a) $\begin{vmatrix} 2x + 5y = 23 \\ 2x - 3y = -1 \end{vmatrix}$
b) $\begin{vmatrix} 4x + 3y = 11 \\ 3x + 3y = 9 \end{vmatrix}$
c) $\begin{vmatrix} -5x + 6y = 16 \\ -5x + y = -14 \end{vmatrix}$
d) $\begin{vmatrix} 4x - 5y = 37 \\ 4x + y = 7 \end{vmatrix}$

Additionsverfahren

2.5.2 Lösen eines Gleichungssystems mit dem Additionsverfahren

Einführung

Das nebenstehende Gleichungssystem bietet sich nicht für das Subtraktionsverfahren an. Dagegen lässt es sich schnell vereinfachen, wenn man die linken Seiten der beiden Gleichungen und auch die rechten Seiten der beiden Gleichungen addiert:

$$\left|\begin{array}{r}3x + 7y = 24 \\ -3x + 2y = 3\end{array}\right|$$

Linke Seiten: $(3x + 7y) + (-3x + 2y) = 9y$ *Rechte Seiten:* $24 + 3 = 27$

Behält man eine der beiden Gleichungen bei, z. B. die zweite, so ergibt sich als neues Gleichungssystem:

$$\left|\begin{array}{r}9y = 27 \\ -3x + 2y = 3\end{array}\right|$$ Aus dieser Gleichung lässt sich y berechnen.

$$\left|\begin{array}{r}y = 3 \\ -3x + 2y = 3\end{array}\right|$$

$$\left|\begin{array}{r}y = 3 \\ -3x + 2 \cdot 3 = 3\end{array}\right|$$ Der Wert für y wird sofort in die 2. Gleichung eingesetzt.

$$\left|\begin{array}{r}y = 3 \\ -3x = -3\end{array}\right|$$ Aus dieser Gleichung lässt sich nun x berechnen.

$$\left|\begin{array}{l}y = 3 \\ x = 1\end{array}\right|$$ *Probe:* 1. Gleichung: $3 \cdot 1 + 7 \cdot 3 = 24$ (w)
2. Gleichung: $-3 \cdot 1 + 2 \cdot 3 = 3$ (w)

Ergebnis: $L = \{(1|3)\}$

Aufgabe 1

Bestimme die Lösungsmenge des linearen Gleichungssystems $\left|\begin{array}{r}2x + 9y = -1 \\ 3x + 2y = 10\end{array}\right|$.

Hinweis: Durch bloßes Addieren oder Subtrahieren der beiden Gleichungen lässt sich keine Gleichung mit nur einer Variablen erhalten. Forme zunächst die beiden Gleichungen des Gleichungssystems so um, dass durch das Additionsverfahren eine der beiden Variablen wegfällt.

Lösung

$$\left|\begin{array}{r}2x + 9y = -1 \\ 3x + 2y = 10\end{array}\right| \quad \begin{array}{l}| \cdot 3 \\ | \cdot (-2)\end{array}$$

Wir multiplizieren beide Gleichungen so, dass die Koeffizienten von x in den beiden Gleichungen Gegenzahlen voneinander sind.

$$\left.\left|\begin{array}{r}6x + 27y = -3 \\ -6x - 4y = -20\end{array}\right|\right\} \oplus$$

Wir behalten die zweite Gleichung bei, da sie kleinere Koeffizienten als die erste Gleichung besitzt.

$$\left|\begin{array}{r}23y = -23 \\ 3x + 2y = 10\end{array}\right|$$

Die Gleichung mit den kleineren Koeffizienten beibehalten.

$$\left|\begin{array}{r}y = -1 \\ 3x + 2y = 10\end{array}\right|$$

$$\left|\begin{array}{r}y = -1 \\ 3x + 2 \cdot (-1) = 10\end{array}\right|$$ Der Wert für y wird in die zweite Gleichung eingesetzt.

$$\left|\begin{array}{r}y = -1 \\ 3x = 12\end{array}\right|$$

$$\left|\begin{array}{r}y = -1 \\ x = 4\end{array}\right|$$

Probe:
1. Gleichung: $2 \cdot 4 + 9 \cdot (-1) = -1$ (wahr)
2. Gleichung: $3 \cdot 4 + 2 \cdot (-1) = 10$ (wahr)

$L = \{(4|-1)\}$

Information

Additionsverfahren zur Lösung eines linearen Gleichungssystems

(1) Mulipliziere (oder dividiere) eine oder beide Gleichungen mit von 0 verschiedenen Zahlen, sodass die Koeffizienten einer Variablen in den beiden Gleichungen Gegenzahlen voneinander sind.
(2) Addiere die beiden Gleichungen. Behalte als zweite Gleichung eine der beiden Gleichungen des Ausgangssystems bei.
(3) Eine der beiden Gleichungen enthält nur noch eine Variable. Berechne daraus eine Koordinate des Lösungspaares. Setze sie anschließend in die andere Gleichung ein und berechne daraus die andere Koordinate.
(4) Gib die Lösungsmenge an.
(5) Du solltest zur Kontrolle eine Probe durchführen.

Übungsaufgaben

2. Bestimme die Lösungsmenge des Gleichungssystems mit dem Additionsverfahren.

a) $\left| \begin{array}{l} -x + 7y = 5 \\ 3x + 5y = 11 \end{array} \right|$
d) $\left| \begin{array}{l} x + 7y = -17 \\ 4x + y = 13 \end{array} \right|$
g) $\left| \begin{array}{l} -5x + y = 18 \\ 2x - 6y = 4 \end{array} \right|$

b) $\left| \begin{array}{l} -4x + 6y = 14 \\ 4x + 3y = -5 \end{array} \right|$
e) $\left| \begin{array}{l} -u + 5v = 0 \\ -3u - 4v = -19 \end{array} \right|$
h) $\left| \begin{array}{l} 3x + 5y = 2 \\ -15x + 25y = -10 \end{array} \right|$

c) $\left| \begin{array}{l} -x - 5y = -17 \\ 7x + 5y = -1 \end{array} \right|$
f) $\left| \begin{array}{l} -2x + 5y = 19 \\ 3x - 4y = -18 \end{array} \right|$
i) $\left| \begin{array}{l} 6x - 3y = 3 \\ -4x + 2y = -2 \end{array} \right|$

3. Bestimme die Lösungsmenge.

a) $\left| \begin{array}{l} 2x - 3y = -13 \\ 5x + 2y = -4 \end{array} \right|$
c) $\left| \begin{array}{l} x - 4y = 5 \\ -3x - 4y = 5 \end{array} \right|$
e) $\left| \begin{array}{l} \frac{1}{2}x + \frac{1}{2}y = 0 \\ -x - y = 1 \end{array} \right|$

b) $\left| \begin{array}{l} -2p + 7q = 5 \\ 6p - 21q = 10 \end{array} \right|$
d) $\left| \begin{array}{l} 6x - 3y = -9 \\ 8x - y = 0 \end{array} \right|$
f) $\left| \begin{array}{l} \frac{1}{2}x + \frac{5}{3}y = 11 \\ 5x - \frac{1}{2}y = 7 \end{array} \right|$

4. Benutze das Additionsverfahren. Multipliziere so, dass keine Brüche auftreten.

a) $\left| \begin{array}{l} 2x + 3y = 9 \\ \frac{1}{3}x - \frac{1}{5}y = 12 \end{array} \right|$
f) $\left| \begin{array}{l} 2\frac{1}{4}x + 2\frac{1}{5}y = 29 \\ 1\frac{1}{2}x + 1\frac{2}{5}y = 19 \end{array} \right|$

b) $\left| \begin{array}{l} \frac{8}{11}x + \frac{3}{4}y = 14 \\ \frac{6}{11}x - \frac{1}{2}y = 2 \end{array} \right|$
g) $\left| \begin{array}{l} \frac{2}{3}w + \frac{1}{6}z = \frac{5}{8} \\ 5w + z = 3 \end{array} \right|$

c) $\left| \begin{array}{l} \frac{3}{4}u - 2v = 9 \\ \frac{2}{5}u + \frac{1}{3}v = 5 \end{array} \right|$
h) $\left| \begin{array}{l} \frac{2}{3}p - \frac{5}{7}q = \frac{2}{3} \\ p + q = 10\frac{2}{3} \end{array} \right|$

d) $\left| \begin{array}{l} \frac{3}{2}x + \frac{6}{7}y = 108 \\ \frac{1}{5}x - \frac{1}{8}y = 1 \end{array} \right|$
i) $\left| \begin{array}{l} \frac{7x + 4y}{5} = \frac{5x + 1}{2} \\ \frac{5x + 1}{3} = \frac{3y + 10}{8} \end{array} \right|$

e) $\left| \begin{array}{l} 1\frac{1}{5}x - 1\frac{1}{3}y = 5\frac{1}{3} \\ 2\frac{1}{2}x - \frac{1}{4}y = 12\frac{3}{8} \end{array} \right|$
j) $\left| \begin{array}{l} \frac{4x - 9y}{7} = \frac{7x + 38}{9} \\ \frac{6x - 5y}{19} = \frac{3x - 2}{11} \end{array} \right|$

$\left| \begin{array}{l} \frac{1}{4}x + \frac{1}{3}y = 3 \\ \frac{1}{8}x + \frac{1}{6}y = \frac{1}{2} \end{array} \right|$

Multipliziere die erste Gleichung mit dem Hauptnenner 12 und die zweite Gleichung mit dem Hauptnenner 24.

$\left| \begin{array}{l} 3x + 4y = 36 \\ 3x - 4y = 12 \end{array} \right|$
⋮
$L = \{(8|3)\}$

Additionsverfahren

5. Beim Additionsverfahren kann man oft die Zwischenschritte im Kopf ausrechnen. Dadurch spart man Zeit und Schreibarbeit.

Beispiel:

$$\begin{vmatrix} 2x + y = 4 \\ x - 2y = -3 \end{vmatrix} \begin{matrix} |\cdot 2 \\ |\cdot(-2) \end{matrix}$$

$$\begin{vmatrix} 5x = 5 \\ 5y = 10 \end{vmatrix}$$

$$\begin{vmatrix} x = 1 \\ y = 2 \end{vmatrix}$$

$$\begin{vmatrix} 2x + 3y = 9 \\ -3x + 2y = -7 \end{vmatrix} \begin{matrix} |\cdot 2 \\ |\cdot(-3) \end{matrix} \begin{matrix} |\cdot 3 \\ |\cdot 2 \end{matrix}$$

$$\begin{vmatrix} 13x = 39 \\ 13y = 13 \end{vmatrix}$$

$$\begin{vmatrix} x = 3 \\ y = 1 \end{vmatrix}$$

Löse entsprechend.

a) $\begin{vmatrix} 2x + 3y = 39 \\ 3x + 2y = 41 \end{vmatrix}$ b) $\begin{vmatrix} 7x + 6y = 10 \\ 5x + 2y = 6 \end{vmatrix}$ c) $\begin{vmatrix} 2x - 4y = -64 \\ x + 3y = 73 \end{vmatrix}$ d) $\begin{vmatrix} 2{,}2x + 0{,}9y = 4{,}4 \\ 2{,}6x + 2{,}7y = 8{,}8 \end{vmatrix}$

2.5.3 Sonderfälle beim rechnerischen Lösen

Aufgabe 1 Ermittle die Lösung des Gleichungssystems:

a) $\begin{vmatrix} 6x + 4y = 4 \\ 9x + 6y = 5 \end{vmatrix}$ b) $\begin{vmatrix} 4x - 2y = 14 \\ 6x - 3y = 21 \end{vmatrix}$

Lösung Wir lösen beide Gleichungssysteme mit dem Additionsverfahren.

a) (1) $\begin{vmatrix} 6x + 4y = 4 \\ 9x + 6y = 5 \end{vmatrix} \begin{matrix} |\cdot 3 \\ |\cdot(-2) \end{matrix}$

  (2) $\begin{vmatrix} 18x + 12y = 12 \\ -18x - 12y = -10 \end{vmatrix} \oplus$

  (3) $\begin{vmatrix} 0 = 2 \\ 9x + 6y = 5 \end{vmatrix}$

Die erste Gleichung des Systems (3) ist eine falsche Aussage. Man kann also kein Zahlenpaar (x|y) einsetzen, sodass die erste *und* die zweite Gleichung des Systems zu wahren Aussagen werden.
Folglich ist die Lösungsmenge leer:
L = { }

b) (1) $\begin{vmatrix} 4x - 2y = 14 \\ 6x - 3y = 21 \end{vmatrix} \begin{matrix} |\cdot 3 \\ |\cdot(-2) \end{matrix}$

  (2) $\begin{vmatrix} 12x - 6y = 42 \\ -12x + 6y = -42 \end{vmatrix} \oplus$

  (3) $\begin{vmatrix} 0 = 0 \\ 6x - 3y = 21 \end{vmatrix}$

Die erste Gleichung des Systems (3) ist eine wahre Aussage. Bei der Einsetzung von jedem Zahlenpaar (x|y), das die zweite Gleichung erfüllt, sind die erste *und* die zweite Gleichung des Systems wahre Aussagen.
Folglich enthält die Lösungsmenge unendlich viele Zahlenpaare:
L = {(x|y)|y = 2x − 7} *Obige Gleichung nach y aufgelöst*

Information Löst man die Aufgabe 1 zeichnerisch, so stellt man fest:
Bei Teilaufgabe a) sind die zugehörigen Geraden parallel zueinander (ohne gemeinsamen Punkt).
Bei Teilaufgabe b) fallen die beiden Geraden zusammen.
Vergleiche dazu auch die Information auf Seite 53.

LINEARE GLEICHUNGEN MIT ZWEI VARIABLEN

Entsteht beim Umformen einer Gleichung eines linearen Gleichungssystems eine falsche Aussage wie z. B. $-8 = 4$, so gibt es kein Zahlenpaar, das diese Aussage und die zweite Gleichung zugleich erfüllt. Die Lösungsmenge dieses linearen Gleichungssystems ist also die leere Menge:
L = { }
(Grafisch: Parallele Geraden ohne gemeinsamen Punkt.)

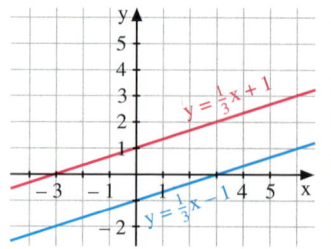

Entsteht dagegen beim Umformen einer Gleichung eines linearen Gleichungssystems eine wahre Aussage wie z. B. $12 = 12$, so erfüllen alle Zahlenpaare, die die zweite Gleichung erfüllen, auch das ganze Gleichungssystem. Seine Lösungsmenge enthält dann unendlich viele Elemente:
L = {(x|y) | y = mx + n}
(Grafisch: Zusammenfallende Geraden.)
Für das abgebildete Beispiel gilt:
L = {(x|y) | y = $-x + 1$}

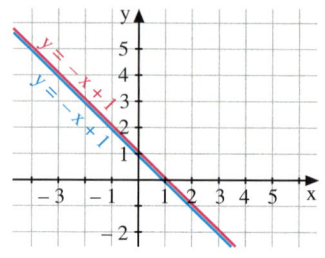

Übungsaufgaben

2. Bestimme die Lösungsmenge der Gleichungssysteme rechts. Zeichne zur Probe auch die zugehörigen Geraden.

(1) $\begin{vmatrix} 2y - 3x = 4 \\ -6y + 9x = 15 \end{vmatrix}$ (2) $\begin{vmatrix} 2x - 4y = 6 \\ -3x + 6y = -9 \end{vmatrix}$

3. Löse die Gleichungssysteme mithilfe des Additionsverfahrens. Gib bei unendlichen Lösungsmengen drei verschiedene Lösungspaare an.

(1) $\begin{vmatrix} 2x - 4y = -1 \\ -4x + 8y = 2 \end{vmatrix}$ (3) $\begin{vmatrix} 4x - 6y = 5 \\ -3x + 4{,}5y = 2{,}5 \end{vmatrix}$ (5) $\begin{vmatrix} \frac{1}{2}x - \frac{1}{3}y = 1 \\ 3x = 6 + 2y \end{vmatrix}$

(2) $\begin{vmatrix} 2x + 3y = 7 \\ -6x - 9y = 20 \end{vmatrix}$ (4) $\begin{vmatrix} 48x - 8y = 0 \\ 36x - 6y = 0 \end{vmatrix}$ (6) $\begin{vmatrix} 3x + 6y = 9 \\ -5x - 10y = -15 \end{vmatrix}$

4. Milan hat Gleichungssysteme gelöst. Kontrolliere seine Aufgaben.

a) $\begin{vmatrix} 6x - 4y = -3 \\ -9x + 6y = 4{,}5 \end{vmatrix} \begin{vmatrix} \cdot 3 \\ \cdot 2 \end{vmatrix}$
$\quad\;\; 0 = 0$
$\begin{vmatrix} -9x + 6y = 4{,}5 \end{vmatrix}$
$L = \{-9x + 6y = 4{,}5\}$

b) $\begin{vmatrix} 10x - 2y = 4 \\ 5x - y = -2 \end{vmatrix} \begin{vmatrix} \\ \cdot 2 \end{vmatrix}$
$\quad\;\; 0 = 0$
$\begin{vmatrix} y = 5x + 2 \end{vmatrix}$
$L = \{(x|y) | 5x + 2\}$

c) $\begin{vmatrix} u + 2v = 0 \\ u - 3v = 0 \end{vmatrix}$
$u + 2v \neq u - 3v$
also:
$L = \{\ \}$

5. Welche der Lösungsmengen L_a, L_b, L_c, L_d, L_e gehören zu den Gleichungssystemen (1) bis (5)?

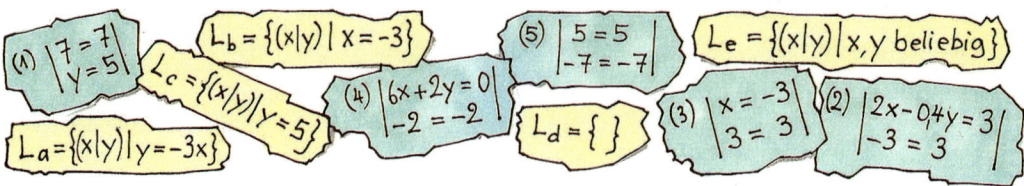

Additionsverfahren

2.5.4 Vermischte Übungen

1. Löse eines der folgenden Gleichungssysteme nach dem Gleichsetzungs-, eines nach dem Einsetzungs- und eines nach dem Additionsverfahren. Wähle möglichst geschickt.

(1) $\left|\begin{array}{l}\frac{1}{3}y = \frac{1}{2}x - 1\\ \frac{1}{4}y = \frac{2}{5}x - 1\end{array}\right|$ (2) $\left|\begin{array}{l}8x - 8y + 4 = 0\\ 2y = 2x + 1\end{array}\right|$ (3) $\left|\begin{array}{l}2x - 3y = -13\\ 5x + 2y = -4\end{array}\right|$

2. Julia hat lineare Gleichungssysteme gelöst. Kontrolliere ihre Aufgaben.

a) $\left|\begin{array}{l}4x - 2y = 3\\ y = 2x\end{array}\right|$ b) $\left|\begin{array}{l}6x + y = 3x\\ y = -2x\end{array}\right|$ c) $\left|\begin{array}{l}x - 4y = 3\\ x = 3 + 4y\end{array}\right|$

$\left|\begin{array}{l}4x - 4x = 3\\ y = 2x\end{array}\right|$ $\left|\begin{array}{l}6x - 2x = 3x\\ y = -2x\end{array}\right|$ $\left|\begin{array}{l}3 + 4y - 4y = 3\\ x = 3 + 4y\end{array}\right|$

$L = \{\ \}$ $L = \{\ \}$ $L = \{(x|y) \mid x = 3 + 4y\}$

3. Bestimme die Lösungsmenge mit einem geeigneten Verfahren. Gib nach möglichst wenigen Umformungsschritten an, ob das System eine, keine oder unendlich viele Lösungen hat.

a) $\left|\begin{array}{l}2x - 3y = 15\\ 3x - 2y = 15\end{array}\right|$ f) $\left|\begin{array}{l}x = 3 - y\\ 3x + 2y = 5\end{array}\right|$ k) $\left|\begin{array}{l}x = 4y - 5\\ 5 + 8y = x\end{array}\right|$

b) $\left|\begin{array}{l}2x + 3y = 5\\ 2x = -3y + 6\end{array}\right|$ g) $\left|\begin{array}{l}2y + 8x = 10\\ 3y + 12x = 15\end{array}\right|$ l) $\left|\begin{array}{l}\frac{y}{3} = \frac{5}{6} - \frac{x}{5}\\ \frac{x}{2} + \frac{y}{3} = 1\end{array}\right|$

c) $\left|\begin{array}{l}u = 3 - 2v\\ 5u + 10v = 15\end{array}\right|$ h) $\left|\begin{array}{l}6x + 2y = -10\\ 6x - 3y = 0\end{array}\right|$ m) $\left|\begin{array}{l}3x - 2y = 0\\ 9x - 6y = 0\end{array}\right|$

d) $\left|\begin{array}{l}y = -4x + 11\\ y = 3x\end{array}\right|$ i) $\left|\begin{array}{l}2w + 7z = 7z\\ 2w = 3,5\end{array}\right|$ n) $\left|\begin{array}{l}2x - 6y = -8\\ -3x + 9y = 12\end{array}\right|$

e) $\left|\begin{array}{l}r = 2s - 6\\ 3r + 6s = -2\end{array}\right|$ j) $\left|\begin{array}{l}-x + 4y = 5\\ 2x - 16y = 10\end{array}\right|$ o) $\left|\begin{array}{l}\frac{1}{2}x - 8y = 1\\ \frac{x}{2} = 8y + 1\end{array}\right|$

Geschickte Wahl des Verfahrens erspart Rechenarbeit.

4. Ermittle die Lösungsmenge.

a) $\left|\begin{array}{l}3x + 5y = 38\\ y = 6x + 1\end{array}\right|$ f) $\left|\begin{array}{l}q = 2p - 0,75\\ q = 7p - 3,25\end{array}\right|$ k) $\left|\begin{array}{l}x + \frac{10}{3}y = 11\\ 10x - y = 7\end{array}\right|$

b) $\left|\begin{array}{l}2x + 5y = 14\\ 2x - 6y = -30\end{array}\right|$ g) $\left|\begin{array}{l}2x + 3y = 1\\ 3x + 4,5y = 1,5\end{array}\right|$ l) $\left|\begin{array}{l}2,5w - 3,5z = 31\\ 1,5w + 4,5z = -21\end{array}\right|$

c) $\left|\begin{array}{l}y = -4x + 23\\ y = 3x - 12\end{array}\right|$ h) $\left|\begin{array}{l}15y = 33 - 9x\\ 2x = 14y - 10\end{array}\right|$ m) $\left|\begin{array}{l}\frac{1}{3}x - \frac{2}{9}y = 18\\ \frac{4}{9}x = \frac{2}{3}x - \frac{1}{3}\end{array}\right|$

d) $\left|\begin{array}{l}5x - 10y = 20\\ -3x + 6y = -10\end{array}\right|$ i) $\left|\begin{array}{l}s = 3t - 2\\ s = 8,5 - 4t\end{array}\right|$ n) $\left|\begin{array}{l}1\frac{1}{5}x - 1\frac{1}{3}y = 0\\ 2\frac{1}{2}x - 1\frac{1}{4}y = 0\end{array}\right|$

e) $\left|\begin{array}{l}3x - 5y = -14\\ x + y = 6\end{array}\right|$ j) $\left|\begin{array}{l}x = -2y + 6\frac{1}{6}\\ y = 2x - \frac{2}{3}\end{array}\right|$ o) $\left|\begin{array}{l}-2,2x + 5y = -8\\ 5,5x - 12,5y = 20\end{array}\right|$

5. *Partnerarbeit:* Gib ein Gleichungssystem an, das sich besonders geschickt mit dem Gleichsetzungsverfahren, dem Einsetzungsverfahren, dem Subtraktionsverfahren und dem Additionsverfahren lösen lässt. Dein Partner löst die Gleichungssysteme. Hat er jeweils das Verfahren gewählt, an das du gedacht hast?

PLOT **6.** Löse zeichnerisch. Gib bei den unendlichen Lösungsmengen 3 verschiedene Lösungspaare an. Setze den Rechner sinnvoll ein.

a) $\begin{vmatrix} 2x + y = 0 \\ x - y = -6 \end{vmatrix}$ c) $\begin{vmatrix} 13{,}8x = 4 + y \\ 27x - 2y = 59 \end{vmatrix}$

b) $\begin{vmatrix} y = 0{,}125x + 2 \\ 2x - 16y + 8 = 0 \end{vmatrix}$ d) $\begin{vmatrix} y = 0{,}036x \\ y + 0{,}03 = 0{,}01x \end{vmatrix}$

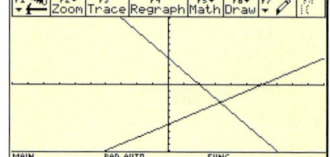

7. Vereinfache und ermittle die Lösung.

a) $\begin{vmatrix} 11x - 7y = 3x + 2y + 22 \\ 8x + 3y = 5x + 8y + 5 \end{vmatrix}$ g) $\begin{vmatrix} 2(x + 3y) - 6y = -4 \\ 15y - 3(x + 5y) = 6 \end{vmatrix}$

b) $\begin{vmatrix} 27u - 16 = 15u - 5v + 6 \\ 19u + 11v = u + 4v + 32 \end{vmatrix}$ h) $\begin{vmatrix} \frac{1}{2}y - x = 0{,}5(y - 2x) \\ 4(0{,}5x + y) - y = 3y + 2x \end{vmatrix}$

c) $\begin{vmatrix} 2(x + 3) + 3(x - 2y) = 6 \\ 6(2y - x) - 4(x + 3) = 12 \end{vmatrix}$ i) $\begin{vmatrix} 5(x - 1) + 4(y + 2) = 19 \\ 3(x + 4) + (y - 10) = 6 \end{vmatrix}$

d) $\begin{vmatrix} 3(y - 4x) + 6(x - 4y) = 0 \\ 9(4x - y) + 18(4y - x) = 0 \end{vmatrix}$ j) $\begin{vmatrix} 3(2x + 7y + 1) + 4(4x - 5y - 2) = 16 \\ 6(x + y - 5) - 5(3x + 2y - 8) = 5 \end{vmatrix}$

e) $\begin{vmatrix} -x + 9 = y \\ 4(x - 1) = 3 - 4y \end{vmatrix}$ k) $\begin{vmatrix} \frac{1}{2}(p - 1) + \frac{1}{3}(q + 1) = 2 \\ \frac{3}{4}(p + 1) + \frac{2}{5}(q + 3) = 5 \end{vmatrix}$

f) $\begin{vmatrix} 2(y - 3{,}5x) = 5 - 7x \\ y - 5 = x - 2y \end{vmatrix}$ l) $\begin{vmatrix} \frac{3}{8}(x + 4) + \frac{2}{3}(y - 3) = 1 \\ \frac{1}{4}(x - 4) - \frac{5}{6}(y + 6) = -5 \end{vmatrix}$

8. Addiert man zu einer Zahl das Doppelte einer zweiten Zahl, so erhält man 142. Dagegen ergibt sich 5, wenn man das Fünffache der ersten Zahl von der zweiten subtrahiert.

9. Gib jeweils ein lineares Gleichungssystem mit der angegebenen Lösungsmenge an.

a) $L = \{(0|4{,}7)\}$ c) $L = \{\ \}$ e) $L = \{(x|y) | y = -\frac{1}{2}x + 3\}$

b) $L = \{(x|y) | y = 13{,}7\}$ d) $L = \{(x|y) | x = -2{,}8\}$ f) $L = \{(0|0)\}$

So etwas nennt man einen mathematischen Aufsatz!

10. Stelle in einer gegliederten Zusammenstellung die verschiedenen Lösungsmethoden für lineare Gleichungssysteme zusammen.
Erläutere, in welchen Fällen du dich für welches Lösungsverfahren entscheidest.
Vergiss nicht, auf die unterschiedlichen Arten von Lösungsmengen hinzuweisen.

11. Ein Stromversorgungsunternehmen bietet nebenstehende Tarife an.
Untersuche, bei welchem monatlichen Verbrauch Tarif A bzw. B bzw. C am günstigsten ist. Fertige eine Zeichnung an.

Tarif	All	Basic	Classic
Monatlicher Grundpreis	2,50 €	4,50 €	10,50 €
Arbeitspreis je kWh	0,10 €	0,09 €	0,07 €

Im Blickpunkt

 Lösen linearer Gleichungssysteme mithilfe von CAS

Das Lösen linearer Gleichungssysteme wird schnell rechenaufwendig, wenn sich keine ganzzahligen Lösungen ergeben.
Heutzutage lassen sich hier vorteilhaft Computer-Algebra-Systeme einsetzen.
Möchte man z. B. das nebenstehende Gleichungssystem lösen, so kann man statt der ausführlichen Schreibweise nur die Koeffizienten der Variablen und die Zahlen der rechten Seiten notieren, um Schreibarbeit zu sparen:

$$\begin{vmatrix} 2x + 15y = 2 \\ 13x + 11y = 3 \end{vmatrix}$$

Ausführliche Schreibweise:

$$\begin{vmatrix} 7x + 15y = 2 & | \cdot 12 \\ 13x + 11y = 3 & | \cdot (-7) \end{vmatrix} \oplus$$

$$\begin{vmatrix} 7x + 15y = 2 \\ 118y = 5 \end{vmatrix}$$

Verkürzte Schreibweise der Koeffizienten:

$$\begin{vmatrix} 7 & 15 & 2 & | \cdot 12 \\ 13 & 11 & 3 & | \cdot (-7) \end{vmatrix} \oplus$$

$$\begin{vmatrix} 7 & 15 & 2 \\ 0 & 118 & 5 \end{vmatrix}$$

Nach mehreren Umformungsschritten gelangst du schließlich zu:

$$\begin{vmatrix} x = \frac{23}{118} \\ y = \frac{5}{118} \end{vmatrix} \qquad \begin{vmatrix} 1 & 0 & \frac{23}{118} \\ 0 & 1 & \frac{15}{118} \end{vmatrix}$$

1. Führe die Umformungsschritte parallel nebeneinander sowohl in ausführlichen als auch in der abgekürzten Schreibweise durch.

2. Die abgekürzte Schreibweise eines Gleichungssystems bezeichnet man auch als *erweiterte Koeffizientenmatrix*. Gibt man sie in ein Computer-Algebra-System ein, so kann man diese mithilfe des Befehles **rref** auf die Diagonalgestalt umformen, aus der man die Lösung sofort ablesen kann.
Löse das obige Gleichungssystem mit dem Computer-Algebra-System.

3. Bestimme die Lösungsmenge mithilfe eines CAS.

a) $\begin{vmatrix} 7x - 15y = -4 \\ 2x + 8y = 45 \end{vmatrix}$

b) $\begin{vmatrix} -9x + 11y = 13 \\ 7x + 9y = 15 \end{vmatrix}$

c) $\begin{vmatrix} -11x + 17y = 5 \\ 12x + 21y = 16 \end{vmatrix}$

d) $\begin{vmatrix} 2,2x + 2,25y = 29 \\ 1,4x + 1,5y = 19 \end{vmatrix}$

e) $\begin{vmatrix} 0,09x + 0,22y = 0,44 \\ 0,27x + 0,26y = 0,88 \end{vmatrix}$

f) $\begin{vmatrix} -3,5x + 2,5y = 31 \\ 4,5x + 1,5y = -21 \end{vmatrix}$

2.6 Modellieren mithilfe linearer Gleichungssysteme

Aufgabe 1

Algebraisches Lösungsverfahren

Jan möchte ein Kantenmodell eines Quaders mit quadratischer Grundfläche aus einem 120 cm langen Holzstab herstellen. Die Kante der Grundfläche und die Höhe sollen zusammen 25 cm lang sein.
Bestimme die Abmessungen des Quaders.

Lösung

Wir gehen in folgenden Schritten vor:

(1) Modellannahme

Wir berücksichtigen nicht, wie die Verbindung der einzelnen Holzstäbe an den Ecken erfolgt und welche Auswirkungen das auf die Kantenlängen hat. Wir modellieren die Kanten als Strecken.

(2) Anfertigen einer Skizze und Festlegen der Variablen

Länge der Kante der quadratischen Grundfläche (in cm): x
Länge der Höhe (in cm): y

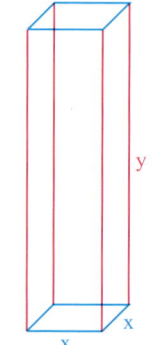

(3) Aufstellen der Bedingungen

Aus dem Holzstab der Länge 120 cm müssen insgesamt 8 Kanten der Länge x cm und 4 Kanten der Länge y cm hergestellt werden.
Also muss gelten: $8x + 4y = 120$
Die quadratische Kante und die Höhe sollen zusammen 25 cm lang sein.
Also muss gelten: $x + y = 25$

(4) Aufstellen und Lösen eines linearen Gleichungssystems

Aus den beiden Bedingungen, die zugleich erfüllt sein müssen, ergibt sich das folgende lineare Gleichungssystem:

$$\left| \begin{array}{l} 8x + 4y = 120 \\ x + y = 25 \end{array} \right.$$

Zum Lösen kannst du z.B. beide Seiten der ersten Gleichung durch 4 dividieren und dann das Subtraktionsverfahren anwenden. Du erhältst schließlich:

$$\left| \begin{array}{l} x = 5 \\ y = 20 \end{array} \right.$$

(5) Probe am Sachverhalt

Die Werte für x und y sind positiv, kommen also für Längen infrage. Der Gesamtmaterialbedarf ist dann $8 \cdot 5$ cm $+ 4 \cdot 20$ cm $= 40$ cm $+ 80$ cm $= 120$ cm; der 120 cm lange Holzstab reicht aus. Die Kante der quadratischen Grundfläche und die Höhe sind zusammen 5 cm + 20 cm = 25 cm lang – wie gefordert.

(6) Ergebnis

Der Quader hat als Grundfläche ein Quadrat der Seitenlänge 5 cm und eine Höhe von 20 cm. Jan muss also 8 Holzstäbe der Länge 5 cm zuschneiden und 4 Holzstäbe der Länge 20 cm.

Modellieren mithilfe linearer Gleichungssysteme

Aufgabe 2 *Vergleich verschiedener Lösungswege*

In Hannover startet ein Intercity-Express, der ohne Halt mit einer Geschwindigkeit von $150\,\frac{km}{h}$ über Wolfsburg nach Berlin fährt. Im 70 km von Hannover entfernten Wolfsburg fährt zur gleichen Zeit ein durchgehender Güterzug mit der Geschwindigkeit $50\,\frac{km}{h}$ nach Berlin ab.
Wann und in welcher Entfernung von Hannover holt der Intercity-Express den Güterzug ein?

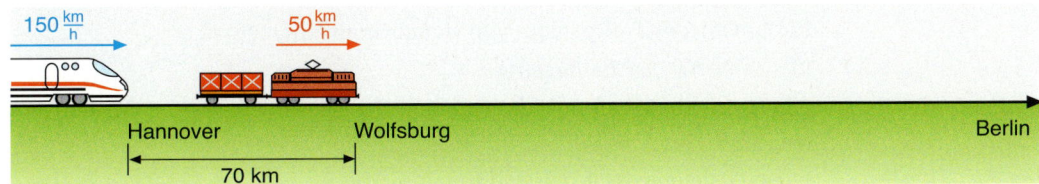

Lösung Wir betrachten die Entfernung der beiden Züge von Hannover. Gesucht ist dann der Zeitpunkt, an dem diese Entfernung für beide Züge übereinstimmt. Diesen können wir auf verschiedene Weise bestimmen:

(A) Tabellarisches Lösen

Wir berechnen die Entfernungen z.B. alle 10 Minuten und tragen diese in eine Tabelle ein. Der ICE legt in 10 Minuten ein Strecke von 150 km : 6 = 25 km zurück, der Güterzug nur eine Strecke von 50 km : 6 = $8\frac{1}{3}$ km. Damit erhalten wir die Tabelle rechts, wobei vorausgesetzt wurde, dass beide Züge mit gleichbleibender Geschwindigkeit fahren.

Nach 40 Minuten ist der ICE noch näher an Hannover als der Güterzug, nach 50 Minuten ist es jedoch umgekehrt. Also muss zu einem Zeitpunkt zwischen 40 und 50 Minuten der ICE den Güterzug überholt haben.

Zeit (in min)	Entfernung des ICE (in km)	Entfernung des Güterzuges (in km)
0	0	70
10	25	$78\frac{1}{3}$
20	25	$86\frac{2}{3}$
30	75	95
40	100	$103\frac{1}{3}$
50	125	$111\frac{2}{3}$

Diesen Zeitpunkt könnten wir noch genauer bestimmen, indem wir die Zeitpunkte, zu denen wir die Entfernungen berechnen, feiner einteilen als in 10-Minuten-Abständen, z.B. in 5-Minuten- oder sogar 1-Minuten-Abständen.

(B) Grafisches Lösen

Wir stellen die Entfernung der Züge von Hannover grafisch dar. Wenn wir davon ausgehen, dass die Züge mit gleich bleibender Geschwindigkeit fahren, sind die Graphen Geraden. Diese können wir jeweils mithilfe von zwei Punkten zeichnen: Der ICE hat zum Zeitpunkt 0 min eine Entfernung von 0 km von Hannover und zum Zeitpunkt 60 min eine Entfernung von 150 km. Diese beiden Punkte tragen wir ein und verbinden sie mit einer Geraden. Entsprechend verbinden wir für den Güterzug die Punkte zu (0 min | 70 km) und (60 min | 120 km). Aus dem Diagramm kann man ablesen, dass die beiden Züge nach ca. 42 Minuten gleich weit von Hannover entfernt sind.

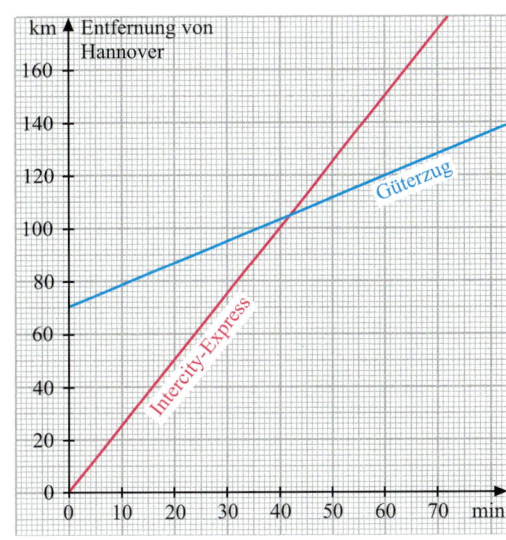

(C) Algebraisches Lösen

Wir gehen in den Schritten wie in Aufgabe 1 vor.

(1) Modellannahme

Wir gehen davon aus, dass beide Züge die ganze Zeit mit gleich bleibender Geschwindigkeit fahren.

(2) Festlegen der Bezeichnungen

Fahrzeit bis zum Treffpunkt der beiden Züge in Stunden: f

Entfernung des Treffpunktes von Hannover in Kilometern: e

(3) Aufstellen der Bedingungen

Die Geschwindigkeit v ist der Quotient aus der zurückgelegten Weglänge s und der dafür benötigten Zeit t, kurz $v = \frac{s}{t}$.

Diese Gleichung lässt sich umformen zu:

$s = v \cdot t$

Da der Intercity-Express f Stunden mit der Geschwindigkeit $150 \frac{km}{h}$ gefahren ist, ist seine Entfernung von Hannover in km:

$e = 150 \cdot f$

Der Güterzug hat nur $50 \cdot f$ km zurückgelegt, hatte aber 70 km Vorsprung:

$e = 50 \cdot f + 70$

Einschränkende Bedingung: $e \geq 0$ und $f \geq 0$.

(4) Aufstellen und Lösen des Gleichungssystems

$\left| \begin{array}{l} e = 150\,f \\ e = 50\,f + 70 \end{array} \right|$ ergibt umgeformt:

$\left| \begin{array}{l} e = 105 \\ f = 0{,}7 \end{array} \right|$

Die gefundene Lösung genügt der einschränkenden Bedingung.

(5) Probe: In 0,7 Stunden legt der Intercity-Express $150 \frac{km}{h} \cdot 0{,}7\,h = 105\,km$ zurück. Der Güterzug befindet sich in einer Entfernung von $50 \frac{km}{h} \cdot 0{,}7\,h + 70\,km = 105\,km$ von Hannover.

(6) Ergebnis: Nach 0,7 Stunden, also 42 Minuten, überholt der Intercity-Express den Güterzug in einer Entfernung von 105 km von Hannover.

Information

Schritte beim Modellieren mithilfe linearer Gleichungssysteme

(1) Stelle den Sachverhalt mit allen gegebenen Größen in einer Zeichnung, einem Diagramm, einer Tabelle o. ä. dar.

(2) Führe Variablen für die gesuchten Größen ein und ergänze damit die Zeichnung, das Diagramm o.ä.

(3) Stelle aus den Bedingungen Gleichungen auf.

(4) Löse das entstandene lineare Gleichungssystem.

(5) Kontrolliere, ob es noch einschränkende Bedingungen gibt. Lass alle Lösungen weg, die den einschränkenden Bedingungen nicht genügen.

(6) Führe mit den übrigen Lösungen eine Probe am Text durch.

(7) Formuliere einen Ergebnissatz.

Modellieren mithilfe linearer Gleichungssysteme

Übungsaufgaben

3. Ein Rechteck hat den Umfang 60 cm.
   Eine Seite ist 5 cm länger als die benachbarte Seite.
   Wie lang sind die Seiten des Rechtecks?

4. Aus einer 3 m langen Aluminiumwinkelleiste soll ein rechteckiger Rahmen angefertigt werden. Die längeren Seiten des Rahmens sollen doppelt [dreimal; viermal] so lang wie die kürzeren Seiten sein. Wie lang und wie breit wird der Rahmen?

5. Ein gleichschenkliges Dreieck hat den Umfang 40 cm.
   a) Jeder Schenkel ist 5 cm länger als die Basis. Wie lang ist die Basis? Wie lang sind die Schenkel?
   b) Jeder Schenkel ist 5 cm kürzer als die Basis. Bestimme die Länge jeder Seite.

6. Von zwei Strecken ist die eine 24 cm kürzer als die andere, während sie zusammen 44 cm lang sind. Bestimme ein gleichschenkliges Dreieck, dessen Basis die kürzere Strecke und dessen einer Schenkel die längere Strecke ist.

7. Gibt es Rechtecke mit folgenden Eigenschaften?
   a) Der Umfang ist um 10 cm länger als die kürzere und um 5 cm länger als die längere Seite.
   b) Der Umfang beträgt 20 cm. Verkürzt man die längere Seite um 5 cm, so beträgt der Umfang nur noch 10 cm.

8. Verlängert man bei einem rechtwinkligen Dreieck die Katheten um je 2 cm, vergrößert sich der Flächeninhalt um 14 cm². Verkürzt man sie dagegen um je 2 cm, so mindert sich der Flächeninhalt um 10 cm². Berechne die Länge aller Seiten des Dreiecks.

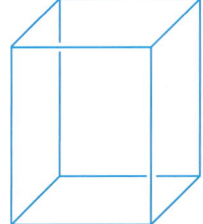

9. Zur Herstellung des Kantenmodells eines Quaders mit zwei einander gegenüberliegenden quadratischen Seitenflächen werden 88 cm Draht benötigt. Verdoppelt man die Seitenlänge der Quadrate und halbiert die übrigen Seitenlängen des Quaders, so werden 28 cm mehr Draht benötigt. Welche Kantenlängen haben die Quader?

10. Herr Meyer kauft jeden Tag Brötchen. Gestern kaufte er 6 Weizenbrötchen und 2 Roggenbrötchen und zahlte dafür 3,60 €. Heute zahlt er für 4 Weizenbrötchen und 4 Roggenbrötchen zusammen 4,00 €. Wie teuer ist ein Weizenbrötchen, wie teuer ein Roggenbrötchen?

11. Frau Witt hatte im Juli für 426 kWh eine Stromrechnung von 49,83 €; im Mai 52,39 € für 458 kWh. Wie hoch sind Arbeitspreis (kWh-Preis) und Grundgebühr?

12. Frau Schmidt legt zwei Geldbeträge zu $2\frac{3}{4}$ % bzw. zu $3\frac{3}{5}$ % an und erhält nach einem Jahr dafür 549 € Zinsen, die sie sofort abhebt. Im folgenden Jahr wird der niedrigere Zinssatz um 0,5 % erhöht, der höhere um 0,4 % gesenkt. Jetzt bekommt sie 14 € mehr an Jahreszinsen.
    Welche Geldbeträge hat sie angelegt?

13. Herr Soetbeer hat 12 000 € und 8 000 € auf zwei verschiedenen Konten mit verschiedenen Zinssätzen. Er erhält dafür 535 € Jahreszinsen, die er sofort abhebt. Dabei vermindert er gleichzeitig das 12 000-€-Konto um 4 000 € und überträgt diese 4 000 € auf das 8 000-€-Konto. Jetzt erhält er 540 € Jahreszinsen. Welche Zinssätze waren gültig?

14. Frau Ude hat für einen Hauskauf eine Hypothek aufgenommen. Am Ende des ersten Jahres zahlt sie 5 000 € zurück sowie 3 600 € Zinsen. Am Ende des zweiten Jahres zahlt sie nur noch 3 555 € Zinsen.
Berechne den anfangs geliehenen Geldbetrag (Kredithöhe) und den Zinssatz.

15. Von Lübz fährt ein Fahrradfahrer in Richtung Plau am See mit der Geschwindigkeit $14\,\frac{km}{h}$. Zur gleichen Zeit startet in Plau am See ein Radfahrer in Richtung Lübz mit der Geschwindigkeit $16\,\frac{km}{h}$. Lübz und Plau am See sind 20 km voneinander entfernt.
Wie lange dauert es, bis sich die beiden Radfahrer treffen?
Wie weit ist der Treffpunkt von Lübz bzw. von Plau am See entfernt?

Seemeile (Abk. sm)
Längenmaß in der Seefahrt:
1 sm = 1,852 km
Knoten (Abk. kn)
Maß für die Geschwindigkeit in der Seefahrt:
$1\,kn = 1\,\frac{sm}{h}$

16. Anderthalb Tage nach der Abfahrt eines Frachtschiffes mit der Geschwindigkeit 21 Knoten von New York nach Bremen folgt ein Schnelldampfer mit der Geschwindigkeit 28 Knoten.
Wie lange dauert es, bis der zweite Dampfer den ersten eingeholt hat?
Wie weit ist der Treffpunkt noch von New York entfernt?

17. Im Luftpostverkehr fliegt ein Flugzeug um 10 Uhr morgens von Hannover nach Berlin unter günstigem Wind mit der Geschwindigkeit $480\,\frac{km}{h}$ ab.
Um 10.10 Uhr fliegt ein Postflugzeug von Berlin mit dem Ziel London in der Richtung über Hannover. Da der Gegenwind seine Fahrt stark behindert, kann das Postflugzeug nur mit der Geschwindigkeit $320\,\frac{km}{h}$ vorwärts kommen.
Berlin und Hannover sind 240 km voneinander entfernt.
Um wie viel Uhr begegnen sich die beiden Flugzeuge?
Welche Streckenlänge hat jedes Flugzeug bis zu diesem Zeitpunkt zurückgelegt?

18. Die Bahnentfernung zwischen Schwerin und Greifswald beträgt 165 km. Um 9.07 Uhr fährt in Schwerin ein Sonderzug ab, der um 10.37 Uhr in Greifswald ankommt.
Schon um 8.57 Uhr ist in Schwerin ein Güterzug mit der Geschwindigkeit $60\,\frac{km}{h}$ in Richtung Greifswald abgefahren.
Wann überholt der Sonderzug den Güterzug?
Wie weit sind die beiden Züge dann noch von Greifswald entfernt?

19. Berlin und Gießen sind 500 km voneinander entfernt. Von Berlin fährt ein Auto in Richtung Gießen mit der Geschwindigkeit $80\,\frac{km}{h}$.
Zur gleichen Zeit fährt von Gießen aus ein Auto dem ersten Auto entgegen. Beide Autos treffen sich nach 4 Stunden.
Mit welcher Geschwindigkeit ist das zweite Auto gefahren?
Wie weit ist der Treffpunkt von Berlin bzw. von Gießen entfernt?

20. Neustrelitz und Penzlin sind 18 km voneinander entfernt. Von Neustrelitz fährt um 10.00 Uhr ein Radfahrer in Richtung Penzlin mit der Geschwindigkeit $20\,\frac{km}{h}$. Von Penzlin aus fährt ebenfalls ein Radfahrer in Richtung Neustrelitz mit der Geschwindigkeit $18\,\frac{km}{h}$. Beide treffen sich an einer Stelle, die 5 km von Neustrelitz entfernt ist.
Wann ist der Radfahrer in Penzlin abgefahren?
Wie lange ist der eine [der andere] Radfahrer gefahren?

Modellieren mithilfe linearer Gleichungssysteme

21. Zwei Schnecken sind 147 cm voneinander entfernt, sie kriechen in dieselbe Richtung, die eine legt 8,3 cm in der Minute zurück, die andere 4,9 cm. Wann treffen sich die Schnecken? Gib deine Modellannahme an.

22. Michael fährt um 15.00 Uhr mit seinem Fahrrad von Waren über Sietow in das 26 km entfernte Röbel, wo er um 17.00 Uhr ankommt.
Dort ist um 15.20 Uhr Anne gestartet und um 16.00 Uhr im 9 km entfernten Sietow angekommen.
Wann und wo haben sich beide getroffen?

23. a) Stralsund, Demmin und Malchin liegen an der deutschen Alleenstraße. Demmin ist 60 km von Stralsund und 36 km von Malchin entfernt. Von Stralsund fährt um 8.00 Uhr ein Mopedfahrer mit 35 $\frac{km}{h}$ nach Malchin. Um 8.40 Uhr fährt ein Radfahrer von Demmin mit der Geschwindigkeit 15 $\frac{km}{h}$ nach Malchin.
Wann und wo überholt der Mopedfahrer den Radfahrer, wenn der Mopedfahrer 20 Minuten früher als der Radfahrer startet?

    b) Der Mopedfahrer will den Radfahrer nach 80 km einholen. Wann muss er starten?

24. Fährt ein Schiff einen Fluss bergwärts, so ist seine Geschwindigkeit gegenüber dem Ufer die Differenz der Eigengeschwindigkeit des Schiffes in ruhendem Wasser und der Strömungsgeschwindigkeit des fließenden Wassers. Bei der Talfahrt dagegen werden die beiden Geschwindigkeiten addiert.
Die Motorschiffe der Schweizerischen Schifffahrtsgesellschaft Untersee und Rhein benötigen für die 10 km lange Strecke auf dem Hochrhein von Stein am Rhein nach Diessenhofen 35 Minuten und in umgekehrter Richtung 60 Minuten.
Berechne die Eigengeschwindigkeit der Schiffe und die Strömungsgeschwindigkeit des Rheins.

25. In der Reisezeit wird der Verkehr auf den Autobahnen von Flugzeugen überwacht. Auf einer Autobahn hat sich eine Autoschlange gebildet. Das Flugzeug überfliegt die Schlange in $3\frac{1}{2}$ Minuten in Fahrtrichtung und entgegen der Fahrtrichtung in $2\frac{1}{2}$ Minuten. Die Geschwindigkeit des Flugzeuges beträgt 200 $\frac{km}{h}$.
Wie lang ist die Autoschlange? Welche Geschwindigkeit hat sie?

26. Bei einem Übungsflug benötigt ein Kleinflugzeug, um 360 km zurückzulegen, bei Gegenwind 1 Stunde 40 Minuten und auf dem Heimflug bei Rückenwind 1 Stunde 30 Minuten.
Bestimme die Eigengeschwindigkeit und die Windgeschwindigkeit.

27. Ulrich und Anne lassen auf ihrer Modellrennbahn einen blauen und einen roten Rennwagen auf den jeweils getrennten, 8,00 m langen Fahrspuren fahren.
Fahren beide Autos in gleicher Richtung, so überholt der blaue den roten Wagen jeweils nach 60 Sekunden; fahren sie aber einander entgegen, so begegnen sie sich jeweils nach 5 Sekunden.
Mit welcher Durchschnittsgeschwindigkeit fahren die beiden Modellautos?

Aufgaben aus alter Zeit

28. Viertausend Jahre alt ist folgende Aufgabe aus Babylon:

„Ein Viertel der Breite und Länge zusammen sind 7 Handbreiten. Länge und Breite zusammen sind 10 Handbreiten." Berechne Länge und Breite.

29. Griechisches Epigramm:

SCHWER BEPACKT EIN ESELCHEN GING UND DES ESELEINS MUTTER; UND DIE ESELIN SEUFZTE SEHR; DA SAGTE DAS SÖHNLEIN: MUTTER, WAS KLAGST DU WIE EIN JAMMERNDES MÄGDLEIN? GIB EIN PFUND MIR AB, SO TRAG ICH DOPPELTE BÜRDE; NIMMST DU ES ABER VON MIR, GLEICH VIEL DANN HABEN WIR BEIDE. RECHNE MIR AUS, WENN DU KANNST, MEIN BESTER, WIE VIEL SIE GETRAGEN.

30. Aus Adam Rieses Rechenbüchlein von 1524:

Einer spricht zu dem anderen: Gib mir 1 Pfennig, so habe ich so viel wie du. Darauf spricht der andere zum ersten: Gib mit 1 Pfennig, so habe ich zweimal so viel als dir bleibt. Ich möchte wissen, wie viel jeder gehabt hat.

1 Florin ist der Name der alten holländischen Währung Gulden.

31. Aus der Coss des Christoph Rudolff von 1525:

Ein Kaufmann hat zwei silberne Becher mit einem goldenen Deckel, der 16 Florin wert ist. Legt man ihn auf den ersten Becher so ist er viermal so viel wert wie der andere. Legt man ihn aber auf den anderen Becher, so ist er dreimal soviel wert wie der erste. Wie teuer ist jeder Becher?

M ist die Abkürzung für die alte Währung Mark.

32. Aus dem 1620 erschienenen Buch „Wohlgegründt Kunst und artig Rechenbuch" des Kölner Rechenmeisters Henricus Roselen:

Einer kauft für 6 M 36 Pomeranzen und 24 Granatäpfel. In demselben Laden kauft ein anderer für 8 M 18 Pomeranzen samt 72 Granatäpfeln. Wie viel Pomeranzen und wie viel Granatäpfel erhielt man für 1 M?

33. Aus Leonhard Eulers „Vollständiger Anleitung zur Algebra":

a) Zwei Personen sind $\frac{2}{9}$ Rubel schuldig, nun hat zwar jeder Geld, doch nicht so viel, dass er diese gemeinschaftliche Schuld bezahlen könnte; darum sagt der erste zu dem anderen: „Gibst du mir $\frac{2}{4}$ deines Geldes, so könnte ich die Schuld sogleich allein bezahlen." Der andere antwortet dagegen: „Gibst du mir $\frac{3}{4}$ deines Geldes, so kann ich die Schuld allein bezahlen." Wie viel Geld hat jeder gehabt?

b) 20 Personen, Männer und Frauen, besuchen ein Gasthaus. Ein Mann gibt 8 Groschen, eine Frau 7 Groschen aus und die ganze Zeche beläuft sich auf 6 Reichsthaler. Nun ist die Frage, wie viele Männer und Frauen es sind.
Hinweis: Ein Reichsthaler war in 24 Groschen unterteilt.

34. Aus dem Buch „Die Wunder der Rechenkunst" von Johann Christoph Schäfer (1857):

Jemand wird gefragt, wie alt er und sein Bruder sei: dieser erwiderte: $\frac{5}{12}$ meines Alters beträgt gerade so viel, als $\frac{2}{3}$ von dem Alter meines Bruders, und ich bin im Ganzen 9 Jahre älter als mein Bruder. Wie alt war jeder von beiden?

Im Blickpunkt

Lineares Optimieren

1. Eine Fläche von höchstens 90 Ar soll mit Erbsen und Spargel bepflanzt werden, wobei folgende Bedingungen gelten sollen:

1 Ar = 1a = 100 m²

	Kosten pro Ar	Zeitaufwand pro Ar	Gewinn pro Ar
Erbsen	200 €	3 Stunden	80 €
Spargel	100 €	6 Stunden	100 €
Bedingungen	höchstens 16 000 € insgesamt	höchstens 420 Stunden insgesamt	**möglichst groß**

a) Erläutere, dass das markierte Gebiet der nebenstehenden Abbildung alle Punkte enthält, deren Zahlenpaare (x|y) die Bedingungen für die Kosten und für den Zeitaufwand erfüllen.

b) Für den Gewinn z (in €) kannst du eine Gleichung mit den drei Variablen x, y und z aufstellen. Setze $z = 5000$ und stelle alle Möglichkeiten für die Kosten und den Zeitaufwand grafisch dar. Verfahre ebenso mit den Gewinnen 6 000 € und 2 500 €. Begründe, warum kein Gewinn von 11 000 € erzielt werden kann.
Welche Eigenschaften haben die Graphen, die zu verschiedenen Gewinnen z gehören?

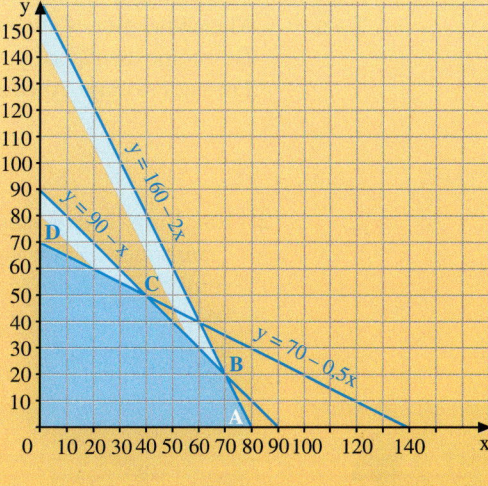

c) Ermittle aus der Überlegung von Teilaufgabe b) die Möglichkeit, die den maximalen Gewinn pro Ar ergibt. Zeichne dazu den entsprechenden Graphen in das Koordinatensystem ein. Bestimme geeignete Koordinaten und daraus den maximalen Gewinn.

d) Bestätige: Es gibt mehrere Lösungen, wenn der Gewinn pro Ar für die Erbsen 100 € (statt 80 €) beträgt. Gib vier Lösungen an.

Information

Das in Aufgabe 1 entwickelte Verfahren zur Lösung von Optimierungsproblemen heißt **lineares Optimieren**. Es lässt sich folgendermaßen zusammenfassen:

(1) Aufstellen des Ungleichungssystems
Führe für die gesuchten Größen die Variablen x und y ein.
Beachte die einschränkende Bedingung. Übersetze die Bedingungen in ein lineares Ungleichungssystem.

$$y \leq -\tfrac{1}{5}x + 4$$
$$2y - x \leq 18$$
$$y \leq 5x + 20$$

Einschränkende Bedingung
$x \in \mathbb{Q}_+; \; y \in \mathbb{Q}_+$

(2) Bestimmen des Planungsgebietes
Löse die Ungleichung nach y auf. Zeichne die Randgeraden. Markiere das Planungsgebiet.

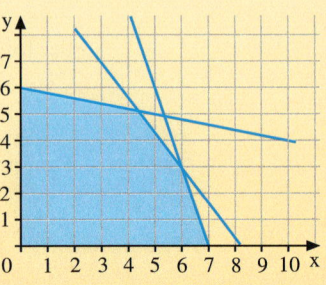

(3) Aufstellen der Zielwertgleichung
Ermittle die Zielwertgleichung für die zu optimierende Größe z. Löse sie nach y auf. Zeichne eine Zielgerade mit dem entsprechenden Anstieg an.

$$z = 5x + 4y$$
$$y = -\tfrac{5}{4}x + \tfrac{z}{4}$$

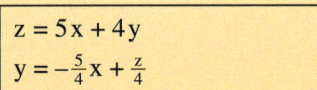

(4) Bestimmen von Maximum oder Minimum
Verschiebe diese Zielgerade so, dass sie nur noch den Punkt P des Planungsgebietes trifft, der zu dem günstigsten Ordinatenabschnitt gehört (möglichst groß oder möglichst klein). Manchmal gibt es auch mehrere solcher Punkte.
Bestimme die Koordinaten dieses Punktes (dieser Punkte).
Formuliere einen Antwortsatz.

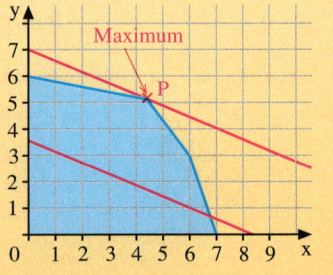

2. Eine Firma kann höchstens 500 CD-Player und 700 DVD-Recorder am Tag herstellen. Wegen des Transportes können täglich nicht mehr als 900 Geräte ausgeliefert werden. An einem CD-Player verdient die Firma 15 €, an einem DVD-Recorder 20 €.
Wie viele Geräte von jeder Sorte sollte die Firma täglich produzieren, damit der Gewinn möglichst groß wird?

3. Eine Hüttengesellschaft betreibt zwei Erzgruben, von denen die eine (mit 50 Arbeitern) täglich 9 t Groberz, 3 t Mittelerz und 6 t Feinerz (insgesamt 18 t) produziert, während die andere entsprechend pro Tag (mit 75 Arbeitern) 3 t, 3 t bzw. 18 t (insgesamt 24 t) fördert. Es bestehen Verhüttungsmöglichkeiten für wöchentlich mindestens 18 t Groberz, 12 t Mittelerz und 36 t Feinerz. Wie viele Tage in jeder Grube lässt die Gesellschaft fördern, wenn die Betriebskosten pro Tag und pro Tonne 300 € in Grube I und 240 € in Grube II betragen und diese so klein wie möglich werden sollen?

IM BLICKPUNKT: Lineares Optimieren

	10-Personen-Zelte	8-Personen-Zelte
noch auf Lager	5 Stück	7 Stück
Preis pro Stück	300 €	200 €

4. Die Schülerschaft beschließt, Zelte für die Durchführung von Ferienaufenthalten anzuschaffen. Sie kann höchstens 1 600 € dafür ausgeben. Im Ausverkauf werden zwei Sorten günstig angeboten. Die Angaben kannst du der Tabelle entnehmen. Wie viele Zelte von jeder Sorte müssen gekauft werden, damit möglichst viele Jugendliche darin untergebracht werden können? Wie viele Jugendliche sind das?

5. Ein Unternehmen stellt Benzin und Leichtöl her. Der tägliche Bedarf beträgt mindestens 20 t Benzin und 24 t Leichtöl. Geliefert wird der Rohstoff für diese Produktion von zwei Firmen A und B. Aus jeder Tanklastfüllung von Firma A lassen sich 4 t Benzin und 3 t Leichtöl, von Firma B 2 t Benzin und 6 t Leichtöl herstellen. Die Lieferverträge sehen vor, dass bei jeder Firma täglich mindestens eine Tankfüllung abgenommen werden muss und bei Firma A eine Lieferung 500 €, bei Firma B 700 € kostet. Wie viele Lieferungen der Firmen A und B sollte das Unternehmen bestellen, damit die Kosten möglichst gering sind?

6. Die Schule will einen Basar für Kinder in Entwicklungsländern durchführen. Die Klasse 9b will dazu Kaffee und Tee für die Besucher anbieten und den Gewinn für einen guten Zweck zur Verfügung stellen. Die Herstellungskosten für einen Becher Tee liegen bei 0,20 €, für Kaffee bei 0,30 €. Ein Becher Tee soll genauso wie ein Becher Kaffee für 1 € auf dem Basar verkauft werden.
Von früheren Basaren weiß die Klasse: Sie können während des Basars höchstens 500 Becher insgesamt verkaufen. Es wird mindestens genauso viel, aber höchstens die doppelte Menge Kaffee wie Tee getrunken.
Welche Vorbereitungen sollte die Klasse treffen, damit der Gewinn möglichst groß wird?

7. Eine Firma stellt Fahrräder der Typen Blizzard und Tourado her. In der Schweißabteilung werden für die Herstellung eines Blizzard-Rahmens 50 min und für die Herstellung eines Tourado-Rahmens 20 min benötigt. Insgesamt stehen pro Woche 400 Arbeitsstunden zur Verfügung. Wöchentlich können höchstens 500 Rahmen lackiert werden. Für die Montagearbeiten werden pro Blizzard 30 min und pro Tourado 60 min benötigt. Hierfür stehen pro Woche 500 Stunden zur Verfügung. Der Verdienst an einem Blizzard beträgt 40 €, der an einem Tourado 80 €.
Wie viele Räder sollten von beiden Typen wöchentlich hergestellt werden, damit sich der maximale Verdienst ergibt?

8. Ein landwirtschaftlicher Betrieb mit 14 ha Nutzfläche baut Kartoffeln und Möhren an. Des Bodens wegen können höchstens 6,5 ha Möhren angebaut werden. Für das Bestellen der Äcker sind im Frühjahr bei Kartoffeln 20 Arbeitsstunden und bei Möhren 60 Arbeitsstunden je ha erforderlich; insgesamt stehen dafür 450 Arbeitsstunden zur Verfügung. Die Erntearbeiten dauern bei Kartoffeln 30 und bei Möhren 50 Arbeitsstunden je ha. Es stehen wiederum 450 Arbeitsstunden zur Verfügung. Ein ha Möhren erbringt 20 000 € Einnahmen, ein ha Kartoffeln 11 000 €.
Wie viel ha Ackerland müssen mit Kartoffeln und wie viel mit Möhren bepflanzt werden, um die größtmöglichen Einnahmen zu erzielen?

9. Ermittle ein Ungleichungssystem, das zu dem Planungsgebiet rechts gehört.
Für welche Punkte des Planungsgebietes wird $z = 18x + 10y$ möglichst groß?
Erfinde eine Situation, die zu den Angaben passt.

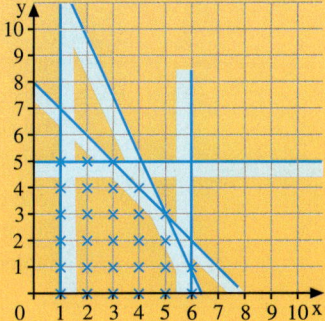

2.7 Aufgaben zur Vertiefung

1. Warum ist das Gleichungssystem rechts kein *lineares* Gleichungssystem?
   Trotzdem kannst du das Gleichungssystem lösen. Beschreibe, wie du vorgehst.

2. a) $\left| \begin{array}{l} 2 + y + (2x - 1)^2 = 3y + (4x - 1)(x + 1) \\ 5x + (6y + 2)^2 = (9y + 1)(4y - 2) + 82 \end{array} \right|$

   b) $\left| \begin{array}{l} y - (3x - 2)(3x + 2) = 3y - 9x(x - 1) \\ (5y + 1)^2 - (5y + 2)^2 = 45x - 23 \end{array} \right|$

3. Bernd und Anna wollen das Gleichungssystem $\left| \begin{array}{l} \frac{2}{7} = 3x + 4y \\ \frac{2}{7} = 2x + 2y \end{array} \right|$ lösen.

   Bernd möchte das Gleichsetzungsverfahren anwenden, weil beide Gleichungen nach $\frac{2}{7}$ aufgelöst sind. Anna ist skeptisch: „Das bringt keinen Vorteil." Was meinst du dazu? Kann man das Gleichungssystem überhaupt nach Bernds Vorstellung lösen?

4. Simon behauptet: „Gleichsetzungsverfahren, Einsetzungsverfahren, Subtraktionsverfahren und Additionsverfahren – nun kennen wir schon vier verschiedene Lösungsverfahren!"
   Anja entgegnet: „Eigentlich könnte man aber auch sagen, dass wir nur zwei verschiedene Verfahren kennen!"
   Was meinst du dazu?

5. Gegeben ist das lineare Gleichungssystem $\left| \begin{array}{l} x - 5y = a \\ 3x + by = 57 \end{array} \right|$ mit den Lösungsvariablen x und y.

   Gesucht sind Zahlen a und b, sodass das System

   a) die Lösung (2|1) hat; b) keine Lösung hat; c) unendlich viele Lösungen hat.

6. Gegeben ist das lineare Gleichungssystem $\left| \begin{array}{l} y = mx + 3 \\ y = -2x + t \end{array} \right|$ mit den Lösungsvariablen x und y.

   Welche Bedingungen müssen die Zahlen m und t erfüllen, damit das System eine, keine, unendlich viele Lösungen hat? Begründe jeweils deine Antwort.

7. Löse das Gleichungssystem mit drei Gleichungen und den drei Lösungsvariablen x, y und z.

   a) $\left| \begin{array}{r} x + y + z = -2 \\ -x + 2y + 2z = -7 \\ 2x + 3y + z = 1 \end{array} \right|$

   b) $\left| \begin{array}{r} x + y - z = 8 \\ x - y + z = -4 \\ -x + y + z = 0 \end{array} \right|$

   c) $\left| \begin{array}{r} x + 5y + 4z = -3 \\ -x + 5z = 6 \\ x + 3y + 4z = 3 \end{array} \right|$

8. Betrachte das Angebot rechts. Wie teuer ist ein Radiergummi, ein Bleistift, ein Buntstift aus dem Sortiment?

   Führe drei Variablen ein:
   Preis eines Radiergummis (in €):   x
   Preis eines Bleistiftes (in €):   y
   Preis eines Buntstiftes (in €):   z

   Löse das sich ergebende Gleichungssystem mit drei Gleichungen und drei Lösungsvariablen.

Aufgaben zur Vertiefung

9. Löse die nebenstehende Aufgabe aus dem 1857 erschienenen Buch „Die Wunder der Rechenkunst" von Johannes Christoph Schäfer.

> **Die sonderbare Antwort**
>
> Ein bejahrter Mann wurde gefragt: wie alt er, sein Sohn und Enkel seien? Er antwortete: „Ich und mein Sohn sind zusammen 109 Jahre, mein Sohn und mein Enkel zusammen 56 Jahre und ich und mein Enkel zusammen 85 Jahre."

10. Eine Mutter ist zweimal so alt wie ihre beiden Töchter zusammen. Die ältere Tochter ist zweimal so alt wie die jüngere. Nach 9 Jahren beträgt das Alter der Mutter das Dreifache des Alters der jüngsten Tochter.

11. Rechts siehst du, wie ein Gleichungssystem aus 3 Gleichungen mit 3 Variablen x, y, z mit einem CAS-Rechner gelöst wurde.
Notiere das Gleichungssystem ausführlich mit Variablen und löse es dann zur Kontrolle von Hand.

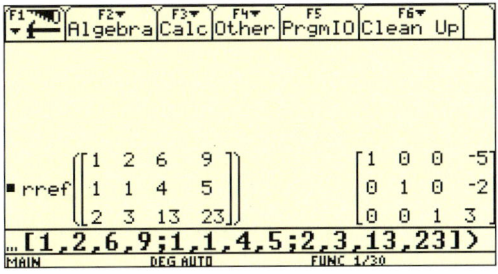

12. Vater, Mutter, Sophie und Jan sind heute zusammen 96 Jahre alt. Jan und Vater sind heute zusammen genauso alt wie Mutter und Sophie. Dagegen waren Vater und Sophie schon vor drei Jahren zusammen ebenso alt wie heute Mutter und Jan. Vor zwei Jahren waren Vater und Mutter zusammen dreimal so alt wie heute Sophie und Jan.
Wie alt sind die vier heute?

13. Eine dreiziffrige Zahl hat die Quersumme 15. Das Doppelte der mittleren Ziffer ist dreimal so groß wie die Summe der beiden anderen Ziffern. Streicht man die erste Ziffer, so entsteht eine Zahl, die fünfmal so groß ist wie die Zahl, die durch Streichen der letzten Ziffer entsteht. Welche Zahl ist es?

14. Aus dem Buch „Die Wunder der Rechenkunst" von Johann Christoph Schäfer (1857):

> „Die verschiedene Anzahl Schafe."
> Ein Landwirth sagt im Gasthof der drei Schellen:
> Ich habe 100 Stück Schafe in 5 Ställen,
> sie sind in jedem anders jährig,
> sind gross und stark und auch gut härig.
> Im ersten und zweiten Stalle sind 50 und 2;
> im zweiten und dritten stehen 40 und 3;
> im dritten und vierten stehen 30 und 4;
> im vierten und fünften nur 30. – Sagt mir,
> meine Freunde, nun aber gefälligst einmal,
> wie viel in jedem Stalle wohl sind an der Zahl?

15. Eine Kaffeerösterei stellt neue Kaffeemischungen zusammen und verwendet dazu drei Kaffeesorten. „Kaffeestunde" ist eine Mischung aus 65 kg Kenia-Kaffee und 35 kg Costa-Rica-Kaffee. 100 kg von dieser Mischung kosten 721,25 €. „Hanseat" ist eine Mischung aus 90 kg Mexiko-Kaffee und 10 kg Kenia-Kaffee. 100 kg von dieser Mischung kosten 569 €. „Indio" ist eine Mexiko-Costa-Rica-Kenia-Mischung (20 kg, 25 kg und 55 kg). 100 kg von dieser Mischung kosten 675,75 €.
Was kosten 100 kg Kenia-Kaffee, 100 kg Mexiko-Kaffee und 100 kg Costa-Rica-Kaffee?

Bist du fit?

1. Welche lineare Gleichung mit den Variablen x und y gehört zu dem Graphen?

   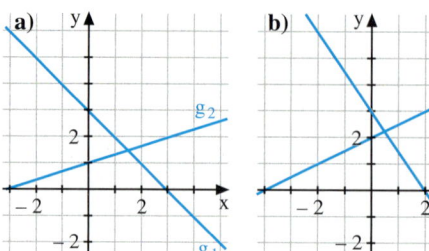
   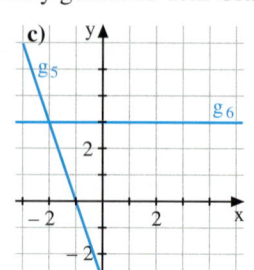
   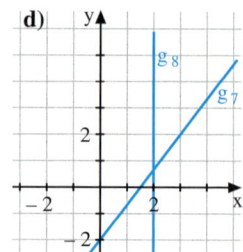

2. Welche der Punkte $P_1(1|-1)$, $P_2(9|-5)$, $P_3(-1|-3)$, $P_4(-0,2|-1)$, $P_5(9|8,2)$ gehören zu dem Graphen der linearen Gleichung?

   a) $x + y = 4$ b) $x - y = 0,8$ c) $2x + 3y = -1$ d) $5x - 4y - 7 = 0$ e) $y = -3$ f) $x = 9$

3. Löse a) und b) nach dem Gleichsetzungsverfahren, c) und d) nach dem Einsetzungsverfahren.

   a) $\begin{vmatrix} y = -x + 8 \\ y = x - 2 \end{vmatrix}$ b) $\begin{vmatrix} \frac{1}{2}x = 3y + 7 \\ \frac{1}{2}x - 5y = 15 \end{vmatrix}$ c) $\begin{vmatrix} 3x - 2y = 2 \\ 2y = 4x + 2 \end{vmatrix}$ d) $\begin{vmatrix} 11y - 15x = 4 \\ x = 3y - 15 \end{vmatrix}$

4. Löse nach dem Additionsverfahren.

   a) $\begin{vmatrix} 2x - y = 2 \\ y - x = 14 \end{vmatrix}$ b) $\begin{vmatrix} 5u + 9v - 42 = 0 \\ 10u + 3v - 39 = 0 \end{vmatrix}$ c) $\begin{vmatrix} \frac{1}{2}x = \frac{1}{3}y + 1 \\ \frac{1}{4}x = \frac{4}{3}y - 10 \end{vmatrix}$ d) $\begin{vmatrix} 3k - 6m = 15 \\ -\frac{1}{2}k + m = -\frac{5}{2} \end{vmatrix}$

5. Löse nach einem möglichst günstigen Verfahren.

   a) $\begin{vmatrix} 9x + 4y = 37 \\ y = 6x + 1 \end{vmatrix}$ c) $\begin{vmatrix} x = 2y - 4 \\ 4x + 7y = -1 \end{vmatrix}$ e) $\begin{vmatrix} 3r + 2s = 2 \\ 6r - 8s = -2 \end{vmatrix}$ g) $\begin{vmatrix} 3x + 4,5y = 1,5 \\ -2,5x - 3y = -1 \end{vmatrix}$

   b) $\begin{vmatrix} 6x + 4y = 9 \\ 6x - 5y = -18 \end{vmatrix}$ d) $\begin{vmatrix} 3x + 2y = 4 \\ 4x - 5y = -10 \end{vmatrix}$ f) $\begin{vmatrix} 2x = 2y - 4 \\ 3x - 3y = -5 \end{vmatrix}$ h) $\begin{vmatrix} y = 3x - 2 \\ 2y - 6x = -4 \end{vmatrix}$

6. a) $\begin{vmatrix} 2,2x + 0,9y = 4,4 \\ 2,6x + 2,7y = 8,8 \end{vmatrix}$ b) $\begin{vmatrix} -1,5x + 2,5y = 3,5 \\ 2,1x - 3,5y = -4,9 \end{vmatrix}$ c) $\begin{vmatrix} 10(x - 2) - 4(y + 1) = 26 \\ 9(x + 1) - 6(y - 2) = 54 \end{vmatrix}$

7. Auf einer Ferienreise suchte die Familie ein Gasthaus zur Übernachtung. Wie viele Einzelzimmer und wie viele Doppelzimmer hat das Gasthaus?

8. Der Umfang eines Rechtecks ist 28,8 cm lang. Der Flächeninhalt wird um 17,35 cm² kleiner, wenn die eine Seite um 4,5 cm verlängert und die andere um 3,5 cm verkürzt wird. Zeichne das Rechteck.

9. Ein Kajakfahrer, der eine Durchschnittsgeschwindigkeit von $4,5 \frac{km}{h}$ erreicht, braucht für die Hin- und Rückfahrt einer Trainingsstrecke insgesamt 4 Stunden. Das Wasser hat in Richtung der Hinfahrt eine Strömungsgeschwindigkeit von $1,5 \frac{km}{h}$.
   Wie lange dauern Hin- und Rückfahrt einzeln? Wie lang ist die Strecke?

3. REELLE ZAHLEN – TERMUMFORMUNGEN

Familie Müller und Familie Jess haben zwei Grundstücke, die an dieselbe Straße angrenzen. Am Jahresende bekommen beide Familien eine Rechnung von der Stadtverwaltung; die Kosten für Straßenreinigung sollen bezahlt werden.
Familie Jess wundert sich:
Obwohl ihr Grundstück kleiner ist als das der Familie Müller, soll sie einen höheren Betrag bezahlen! Wie ist das zu erklären?

Die Stadtverwaltung berechnet die Kosten nach der Länge der Grundstücksseite, die an die Straße angrenzt, also nach der Länge der „Straßenfront".
Man nennt dieses Abrechnungsverfahren „*Straßenfront-Maßstab*".
Im nächsten Jahr soll ein neues Berechnungsverfahren eingeführt werden, das für mehr Gerechtigkeit sorgen soll:
Man denkt sich jedes Grundstück in ein quadratisches Grundstück verwandelt, wobei der Flächeninhalt gleich bleiben soll.
Nach der Seitenlänge dieses quadratischen Grundstücks sollen dann die Gebühren berechnet werden.
Das neue Berechnungsverfahren heißt „*Quadratwurzel-Maßstab*".

- Welches der beiden Verfahren findest du gerechter? Denke z. B. auch an Eckgrundstücke.

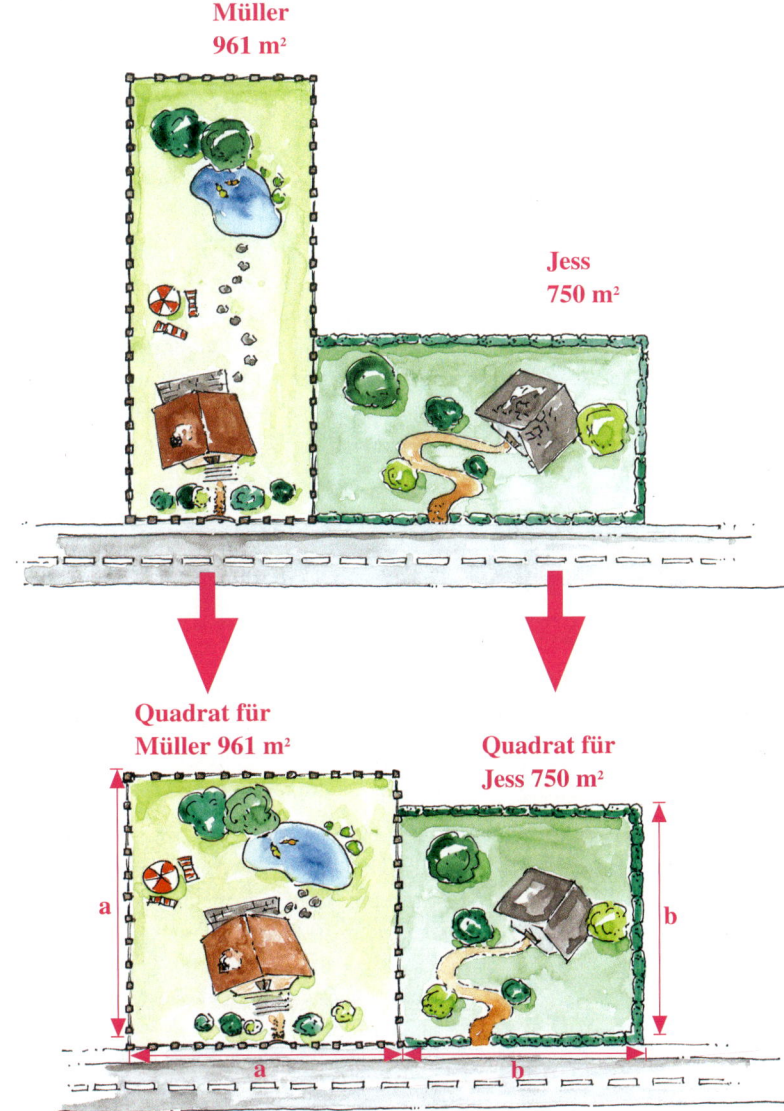

Was die Quadratwurzeln mit einem Quadrat zu tun haben und wie man mit Quadratwurzeln rechnet, lernst du in diesem Kapitel.

3.1 Quadratwurzeln

3.1.1 Einführung der Quadratwurzeln – Wiederholung

Aufgabe 1 Das Grundstück der Familie Müller aus dem Einführungsbeispiel auf Seite 79 ist 961 m² groß. Bestimme die Seitenlänge eines quadratischen Grundstücks gleicher Größe.

Lösung Man erhält den Flächeninhalt eines Quadrats, indem man die Seitenlänge a quadriert: $A = a^2$
Hier ist der Flächeninhalt 961 m² gegeben, gesucht ist die Seitenlänge.
Wir suchen also eine Maßzahl, für die gilt: $961 = a^2 = a \cdot a$
Die gesuchte Maßzahl muss etwas größer als 30 sein, denn $30 \cdot 30 = 900$ ist kleiner als 961.
Wir finden 31, denn $31 \cdot 31 = 961$.

Ergebnis: Die gesuchte Seitenlänge beträgt 31 m.

Information

Radix ⟨lat.⟩
Wurzel, Basis

Definition

Gegeben ist eine nichtnegative Zahl a.
Unter der **Quadratwurzel** aus a (kurz: *Wurzel* aus a) versteht man diejenige nichtnegative Zahl, die mit sich selbst multipliziert die Zahl a ergibt. Für die Quadratwurzel aus a schreibt man $\sqrt{a}$.
Die Zahl a unter dem Wurzelzeichen heißt **Radikand**. Das Bestimmen der Quadratwurzel heißt **Wurzelziehen** (**Radizieren**).

Beispiele: $\sqrt{961} = 31$, denn $31 \cdot 31 = 961$ und $31 \geq 0$
$\sqrt{0{,}09} = 0{,}3$, denn $0{,}3 \cdot 0{,}3 = 0{,}09$ und $0{,}3 \geq 0$
$\sqrt{\frac{4}{25}} = \frac{2}{5}$, denn $\frac{2}{5} \cdot \frac{2}{5} = \frac{4}{25}$ und $\frac{2}{5} \geq 0$
$\sqrt{0} = 0$, denn $0 \cdot 0 = 0$ und $0 \geq 0$

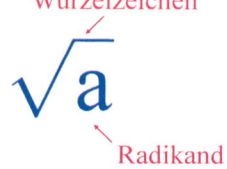

Wurzelzeichen

Radikand

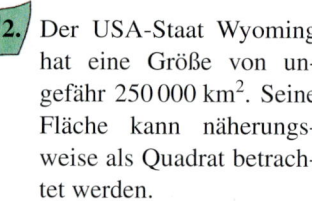

Nichtnegativ ist nicht dasselbe wie positiv.

Beachte:

(1) Eine Quadratwurzel ist stets nichtnegativ. Es ist also z. B. $\sqrt{9} = +3$, obwohl auch $(-3) \cdot (-3) = 9$ ist. Man möchte vermeiden, dass z. B. $\sqrt{9}$ zwei verschiedene Zahlen bezeichnet.
(2) Quadratwurzeln kann man nur aus nichtnegativen Zahlen bilden, denn das Produkt zweier gleicher Zahlen kann niemals negativ sein. $\sqrt{-4}$ ist oben nicht definiert.

Übungsaufgaben

2. Der USA-Staat Wyoming hat eine Größe von ungefähr 250 000 km². Seine Fläche kann näherungsweise als Quadrat betrachtet werden.
Wie lang ist die Grenze von Wyoming ungefähr?

Quadratwurzeln

Lerne die Quadratzahlen auswendig!

3. Berechne die Quadratzahlen $1^2; 2^2; 3^2; …; 24^2; 25^2$. Sie helfen dir bei den folgenden Aufgaben.

4. Gib die Seitenlänge eines Quadrats mit dem gegebenen Flächeninhalt an.
   a) $36\,cm^2$ c) $324\,cm^2$ e) $6{,}25\,cm^2$ g) $56{,}25\,cm^2$ i) $146{,}41\,dm^2$
   b) $144\,cm^2$ d) $196\,cm^2$ f) $12{,}25\,cm^2$ h) $7{,}84\,cm^2$ j) $182{,}25\,dm^2$

5. Berechne die Wurzeln im Kopf, wenn es sie gibt:
   a) $\sqrt{49}$ d) $\sqrt{81}$ g) $\sqrt{-64}$ j) $\sqrt{1}$ m) $\sqrt{169}$ p) $\sqrt{10\,000}$ s) $\sqrt{22\,500}$
   b) $\sqrt{225}$ e) $\sqrt{0}$ h) $\sqrt{289}$ k) $\sqrt{-196}$ n) $\sqrt{576}$ q) $\sqrt{6\,400}$ t) $\sqrt{1\,000\,000}$
   c) $\sqrt{144}$ f) $\sqrt{484}$ i) $\sqrt{121}$ l) $\sqrt{361}$ o) $\sqrt{-900}$ r) $\sqrt{14\,400}$ u) $\sqrt{1\,225}$

6. a) $\sqrt{\frac{1}{4}}$ c) $\sqrt{\frac{16}{100}}$ e) $\sqrt{\frac{81}{100}}$ g) $\sqrt{\frac{169}{196}}$ i) $\sqrt{\frac{361}{324}}$ k) $\sqrt{-\frac{4}{256}}$ m) $\sqrt{\frac{400}{441}}$
   b) $\sqrt{\frac{1}{9}}$ d) $\sqrt{\frac{81}{255}}$ f) $\sqrt{\frac{25}{144}}$ h) $\sqrt{\frac{49}{225}}$ j) $\sqrt{\frac{36}{289}}$ l) $\sqrt{\frac{324}{121}}$ n) $\sqrt{\frac{484}{64}}$

7. Nimm Stellung zu den Behauptungen rechts.

8. a) $\sqrt{0{,}25}$ e) $\sqrt{2{,}56}$ i) $\sqrt{0{,}0049}$
   b) $\sqrt{0{,}16}$ f) $\sqrt{6{,}25}$ j) $\sqrt{0{,}0004}$
   c) $\sqrt{0{,}01}$ g) $\sqrt{-3{,}24}$ k) $\sqrt{0{,}0576}$
   d) $\sqrt{0{,}09}$ h) $\sqrt{0{,}0225}$ l) $\sqrt{0{,}0289}$

9. Berechne. Was fällt dir auf?
   a) $\sqrt{144};\ \sqrt{14\,400};\ \sqrt{1{,}44};\ \sqrt{0{,}0144}$
   b) $\sqrt{324};\ \sqrt{3{,}24};\ \sqrt{32\,400};\ \sqrt{0{,}0324}$

10. Schreibe als Quadratwurzel, falls möglich.
    a) 12   b) 17   c) −32   d) 300   e) 0,7   f) $\frac{5}{7}$

    $4 = \sqrt{16}$

11. Berechne. Was fällt dir auf?
    a) $\sqrt{10^6};\ \sqrt{10^{10}};\ \sqrt{10^{26}};\ \sqrt{2^6}\ \sqrt{2^{10}}$
    b) $\sqrt{\frac{1}{10^4}};\ \sqrt{\frac{1}{10^6}};\ \sqrt{\frac{1}{10^{14}}};\ \sqrt{\frac{1}{2^6}};\ \sqrt{\frac{1}{2^{16}}}$

    $\sqrt{3^8} = 3^4$
    denn $3^4 \cdot 3^4 = 3^8$

12. a) Welche Zahl ist größer: $\sqrt{25}$ oder $\sqrt{36}$?
    b) Begründe an der Figur rechts:
       (1) Wenn a größer wird, wird $\sqrt{a}$ auch größer.
           Wenn a kleiner wird, wird $\sqrt{a}$ auch kleiner.
       (2) Wenn $\sqrt{a}$ größer wird, wird a auch größer.
           Wenn $\sqrt{a}$ kleiner wird, wird a auch kleiner.

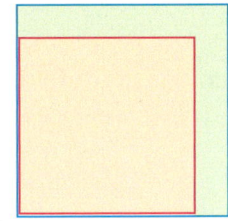

13. Kontrolliere die Hausaufgaben.

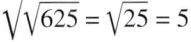

a) $\sqrt{256} = 16$ b) $\sqrt{-1024} = 32$ c) $\sqrt{1024} = 32$ d) $\sqrt{1000} = 33{,}4$ e) $\sqrt{0{,}04} = -0{,}2$

14. a) $\sqrt{\sqrt{81}}$ b) $\sqrt{\sqrt{16}}$ c) $\sqrt{\sqrt{256}}$ d) $\sqrt{\sqrt{1\,296}}$ e) $\sqrt{\sqrt{1}}$

    $\sqrt{\sqrt{625}} = \sqrt{25} = 5$

15. Welche der Zahlen sind gleich? Schreibe als Gleichungsketten.
    a) 16; 2^2; $4 \cdot 4$; $\sqrt{4}$; 2; $\sqrt{16}$; $2 \cdot 2$; $\sqrt{\sqrt{16}}$
    b) 0,1; $\frac{1}{100}$; $\frac{1}{10}$; 0,01; $\sqrt{\frac{1}{100}}$; $(\frac{1}{10})^2$; $\frac{10}{100}$; $\sqrt{0,01}$

16. Ein quadratischer Bauplatz ist 841 m² groß. Er soll mit einem Bauzaun umgeben werden. Für die Einfahrt sollen 4 m frei bleiben. Wie viel m Zaun benötigt man?

17. Die Oberfläche eines Würfels ist 54 dm² [150 dm²; 16 224 cm²] groß. Wie groß ist sein Volumen?

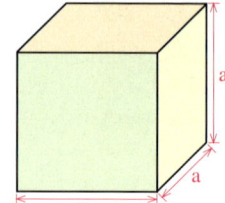

18. Berechne im Kopf.
    a) $3 \cdot \sqrt{100}$
    b) $\sqrt{6 + 19}$
    c) $\sqrt{100 - 51}$
    d) $\sqrt{30 + \frac{1}{2} \cdot 12}$
    e) $\sqrt{9 \cdot \sqrt{16}}$
    f) $\sqrt{0,1 : \sqrt{\frac{1}{100}}}$

3.1.2 Näherungsweises Berechnen von Quadratwurzeln

Einführung

Für die Straßenreinigungsgebühren nach dem Quadratwurzelmaßstab denkt man sich das 750 m² große Grundstück von Familie Jess auf Seite 79 in ein Quadrat verwandelt. Welche Seitenlänge hat dieses Quadrat dann? Es ist also $\sqrt{750}$ gesucht.

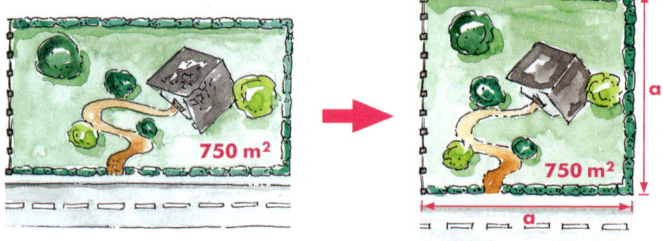

Durch Probieren finden wir, dass die Seitenlänge a des Quadrats zwischen 27 m und 28 m liegen muss, denn $27^2 = 729$ und $28^2 = 784$.
Um die Seitenlänge in der Einheit dm genau anzugeben, probieren wir, zwischen welchen der Zahlen $27,1^2$; $27,2^2$; ...; $27,9^2$ die Zahl 750 liegt.
Wir finden: $27,3 < \sqrt{750} < 27,4$, denn $27,3^2 = 745,29 < 750 < 750,76 = 27,4^2$.
Auch auf volle cm genau können wir die Seitenlänge angeben:
$27,38 < \sqrt{750} < 27,39$, denn $27,38^2 = 749,6644 < 750 < 750,2121 = 27,39^2$.
Die gesuchte Seitenlänge liegt zwischen 27,38 m und 27,39 m. Der Fehler beträgt höchstens 1 cm.
Man könnte die gesuchte Seitenlänge noch genauer bestimmen.

Information

(1) Dezimalbruch-Darstellung von Wurzeln

Bei dem Grundstück von Familie Müller auf Seite 79 konnten wir die Seitenlänge ganz genau angeben. Können wir dies auch bei dem obigen Grundstück der Familie Jess tun? Wir betrachten dazu in jedem Schritt eine weitere Dezimalstelle:

Zu kleine Zahl x	Begründung x²	Zu große Zahl y	Begründung y²	Differenz (Genauigkeit)
27,386	749,992996	27,387	750,047769	0,001
27,3861	749,99847321	27,3862	750,00395044	0,0001
27,38612	749,9995 … 4	27,38613	750,0001 … 9	0,00001
⋮	⋮	⋮	⋮	⋮

Quadratwurzeln

Mit dem in der Tabelle benutzten Verfahren können wir immer weitere Dezimalstellen für $\sqrt{750}$ berechnen. Aber auch der Taschenrechnerwert 27,38612788 ist nicht genau $\sqrt{750}$. Das kann man nachweisen, indem man 27,38612788 mit sich selbst multipliziert. Dabei reicht es aus, die letzte Stelle zu betrachten:

Kann es sein, dass man irgendwann auf einen endlichen Dezimalbruch a stößt, dessen Quadrat exakt 750 ergibt?
Da man Endnullen weglässt, sind die möglichen Endziffern von a dann 1, 2, …, 9. Beim Quadrieren erhält man die Endziffern 1, 4, 9, 6, 5, 6, 9, 4, 1. Wir erhalten für a^2 nie 750,0.
Allgemein gilt:

> Die Wurzel aus einer natürlichen Zahl n ist entweder eine natürliche Zahl (falls n eine Quadratzahl ist) oder ein nicht endlicher Dezimalbruch.

(2) Intervallschachtelung für Wurzeln

Ziel eines Verfahrens wie oben ist es, den Wert für die Wurzel immer genauer zwischen zwei Zahlen einzuschachteln. Auf diese Weise gelingt es, immer weitere Stellen der Dezimalbruchdarstellung für die Wurzel zu ermitteln.
Will man ausdrücken, dass z. B. $\sqrt{750}$ zwischen 27 und 28 liegt, so sagt man:
$\sqrt{750}$ liegt im **Intervall** von 27 bis 28; geschrieben [27; 28].
Ein Intervall ist also eine Zahlenmenge der Form $[27; 28] = \{x \mid 27 \leq x \leq 28\}$.

Zahlengerade	Intervall
27 — 28	[27; 28]
27,3 — 27,4	[27,3; 27,4]
$\sqrt{750}$	[27,38; 27,39]
⋮	⋮

(3) Bestimmen von Wurzeln mit dem Taschenrechner

Bei Taschenrechnern verschiedenen Typs gibt es unterschiedliche Tastenfolgen zum Wurzelziehen. Probiere mit deinem Taschenrechner, wie du Quadratwurzeln ermitteln kannst. Kontrolliere deine Ergebnisse durch Quadrieren.

Weiterführende Aufgabe

1. *Gesicherte Ziffern einer Zahl*

   In der Einführung auf Seite 82 hast du ermittelt, dass die gesuchte Seitenlänge des Quadrats zwischen 27,38 m und 27,39 m liegen muss. Die Dezimalbruchdarstellung der Maßzahl muss daher mit 27,38 beginnen. Diese Ziffern sind gesichert.
   Bestimme anhand der Tabelle der Information (1) weitere gesicherte Ziffern für $\sqrt{750}$.

   > $27,38 < \sqrt{750} < 27,39$
   > liefert $\sqrt{750} = 27,38…$

Übungsaufgaben

2. Zeichne ein Quadrat mit der Seitenlänge 1 dm. Zeichne wie im Bild rechts ein Quadrat mit einem doppelt so großen Flächeninhalt 2 dm².
Miss die Seitenlänge des neuen Quadrats. Versuche, diese Seitenlänge noch genauer anzugeben.

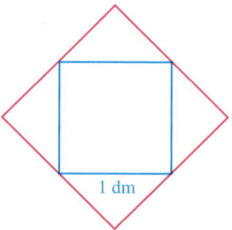

3. Bestimme im Kopf, zwischen welchen natürlichen Zahlen die Quadratwurzel liegt.

a) $\sqrt{10}$ c) $\sqrt{60}$ e) $\sqrt{102}$ g) $\sqrt{143}$

b) $\sqrt{40}$ d) $\sqrt{200}$ f) $\sqrt{29}$ h) $\sqrt{390}$

$$4 < \sqrt{20} < 5$$

4. Bestimme mit der Wurzeltaste die Quadratwurzeln. Runde auf Tausendstel.

$\sqrt{53}$; $\sqrt{105}$; $\sqrt{363}$; $\sqrt{66{,}4}$; $\sqrt{5{,}396}$; $\sqrt{\tfrac{56}{13}}$; $\sqrt{82\tfrac{4}{7}}$; $\sqrt{\tfrac{6-\tfrac{1}{3}}{5}}$

5. Bestimme mithilfe des Taschenrechners $\sqrt{2000}$. Begründe, warum der angezeigte Wert nicht der exakte Wert sein kann.

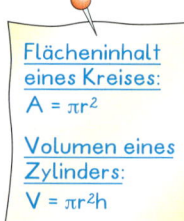

Flächeninhalt eines Kreises:
$A = \pi r^2$

Volumen eines Zylinders:
$V = \pi r^2 h$

6. Die Querschnittsfläche eines Kupferdrahtes beträgt 12,8 mm² [26,1 mm²; 47,5 mm²]. Wie groß sind der Radius r und der Durchmesser d der Querschnittsfläche? Überschlage zunächst.

7. Lies den Ausschnitt aus dem nebenstehenden Zeitungsbericht über einen Tankerunfall. Nimm an, dass die Ölfläche kreisförmig ist.
Wie groß ist dann der Durchmesser des Ölteppichs am ersten Tag, am zweiten Tag?

Tanker verliert weiter Öl

Bei dem Tankerunfall hatte sich nach allen Seiten schnell ein Ölteppich ausgebreitet. Der Ölteppich hatte am ersten Tag die Größe von 4 km², am zweiten Tag war er bereits auf 6 km² angewachsen.

8. Verschiedene zylinderförmige Verpackungen für Konfekt sollen alle das Volumen 150 cm³ haben. Die Höhen sind 6 cm, 10 cm und 12 cm. Welchen Radius haben die Grundflächen?

9. a) Beweise wie in der Information auf Seite 83, dass kein endlicher Dezimalbruch gleich $\sqrt{2}$ sein kann.

b) Warum versagt der Beweis aus Teilaufgabe a) bei $\sqrt{4}$?

10. Erläutere den folgenden Satz: Die Quadratwurzel aus einer natürlichen Zahl n ist eine natürliche Zahl, wenn n eine Quadratzahl ist. Andernfalls ist $\sqrt{n}$ kein endlicher Dezimalbruch.

Primzahl: Natürliche Zahl mit genau zwei Teilern.

11. Begründe: Die Wurzel aus einer Primzahl ist nie eine natürliche Zahl.

12. Nimm auf deinem Taschenrechner die kleinste verfügbare Zahl größer als 9 (zum Beispiel 9,000000001). Berechne dann deren Wurzel.
Erkläre das Ergebnis und begründe erneut, dass der Taschenrechner nicht alle Quadratwurzeln genau angeben kann.

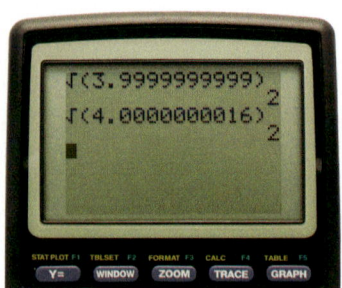

13. *Partnerarbeit:* Findet mehrere verschiedene Zahlen, die auf eurem Taschenrechner die gleiche Anzeige für ihre Wurzel bewirken.

Quadratwurzeln

3.1.3 Irrationale Wurzeln

Einführung

Aus Abschnitt 3.1.2 wissen wir, dass $\sqrt{2}$ nicht durch einen endlichen Dezimalbruch darstellbar ist. Kann aber irgendwann einmal wie z.B. bei der Umwandlung von $\frac{5}{6}$ in einen Dezimalbruch eine Periode auftreten? Wir versuchen also $\sqrt{2}$ als Bruch $\frac{m}{n}$ zu schreiben, wobei m eine ganze Zahl und n eine von null verschiedene natürliche Zahl ist. Ein vollständig gekürzter Bruch kann nur dann eine ganze Zahl darstellen, wenn der Nenner n gleich 1 ist (z.B. $\frac{51}{17} = \frac{3}{1} = 3$). Quadriert man einen gekürzten Bruch, dann ist das Ergebnis auch nicht weiter kürzbar (z.B. $\left(\frac{5}{18}\right)^2 = \frac{5 \cdot 5}{18 \cdot 18} = \frac{25}{324}$).

Wenn $\sqrt{2}$ eine rationale Zahl ist, dann müsste sie sich als vollständig gekürzter Bruch $\frac{m}{n}$ darstellen lassen. Da $\sqrt{2}$ zwischen 1 und 2 liegt, ist $\sqrt{2}$ sicherlich keine natürliche Zahl. Folglich ist n ungleich 1. Nimmt man $\frac{m}{n} = \sqrt{2}$ an und quadriert beide Seiten der Gleichung, so ergibt sich $\frac{m \cdot m}{n \cdot n} = 2$. Da der Nenner n · n ungleich 1 ist und der Bruch bereits gekürzt ist, kann $\frac{m \cdot m}{n \cdot n}$ nicht gleich der natürlichen Zahl 2 sein. Also ergibt sich:

> $\sqrt{2}$ kann nicht als Bruch dargestellt werden.

Aufgabe 1

Wir wissen einerseits, dass $\sqrt{2}$ nicht als endlicher Dezimalbruch geschrieben werden kann. Andererseits haben wir auch gezeigt, dass $\sqrt{2}$ nicht als Bruch geschrieben werden kann.
Daher soll im Folgenden der Zusammenhang zwischen Brüchen und Dezimalbrüchen genauer untersucht werden.

a) Verwandle die Brüche $\frac{53}{40}$ und $\frac{20}{7}$ in Dezimalbrüche.

b) Begründe, warum jeder Bruch $\frac{m}{n}$ mit m, n ∈ ℕ* entweder einen endlichen oder einen periodischen Dezimalbruch liefert.

c) Verwandle nun umgekehrt den abbrechenden Dezimalbruch 23,68 zurück in einen gemeinen Bruch.

d) Verwandle den periodischen Dezimalbruch $0{,}0\overline{18}$ zurück in einen gemeinen Bruch.
Anleitung: Vergleiche $1\,000 \cdot 0{,}0\overline{18}$ und $10 \cdot 0{,}0\overline{18}$.

Lösung

Bruchstrich ist ein Divisionszeichen!

a) (1) 53 : 40 = 1,325
    40
   130
   120
   100
    80
   200
   200
     0

Der Rest ist Null.
Ergebnis: $\frac{53}{40} = 1{,}325$. Dies ist ein **endlicher** Dezimalbruch.

(2) 20 : 7 = $2{,}8\overline{57142}$
  14
  60
  56
  40
  35
  50
  49
  10
   7
  30
  28
  20
  14
   6

Der Rest 6 wiederholt sich. Folglich wiederholt sich auch die Rechnung in dem roten Feld und damit die Ziffernfolge 857142.

Ergebnis: $\frac{20}{7} = 2{,}8\overline{57142}$. Dies ist ein **periodischer** (nicht endlicher) Dezimalbruch.

b) Die möglichen Reste, die bei der Division m : n auftreten können, sind die Zahlen 0, 1, 2, 3, ..., n – 2 und n – 1. Also muss spätestens im n-ten Schritt der Rest 0 erscheinen oder aber es muss ein Rest erscheinen, der schon vorher vorgekommen ist, da es nur n mögliche Reste gibt.

Das bedeutet aber, dass der Dezimalbruch nach spätestens n – 1 Nachkommastellen abbricht oder aber eine Periode hat, die aus höchstens n – 1 Ziffern besteht.

c) An der 1. Stelle nach dem Komma stehen die Zehntel, an der 2. die Hundertstel, usw.
Also gilt:
$23{,}68 = 23 + \frac{6}{10} + \frac{8}{100} = \frac{2300 + 60 + 8}{100} = \frac{2386}{100} = \frac{592}{25}$

d) Es ist $1000 \cdot 0{,}0\overline{18} = 18{,}\overline{18}$
und $10 \cdot 0{,}0\overline{18} = 0{,}\overline{18}$
Diese beiden Ergebnisse stimmen in allen Nachkommastellen überein. Also erhalten wir durch Subtraktion

$1000 \cdot 0{,}0\overline{18} = 18{,}\overline{18}$
$10 \cdot 0{,}0\overline{18} = 0{,}\overline{18}$ | –
$\overline{990 \cdot 0{,}0\overline{18} = 18\phantom{,\overline{00}}}$

Daraus ergibt sich $0{,}0\overline{18} = \frac{18}{990} = \frac{1}{55}$.

Information

(1) Charakterisierung rationaler Zahlen

In Aufgabe 1 haben wir an Beispielen gesehen:

(a) Wandelt man einen gemeinen Bruch in einen Dezimalbruch um, so ist dieser entweder endlich, oder er wird periodisch.

(b) Umgekehrt lässt sich jeder endliche aber auch jeder periodische Dezimalbruch in einen gemeinen Bruch umwandeln.

Folglich gilt:

> Rationale Zahlen sind die Zahlen, die sich mit gemeinen Brüchen angeben lassen. Gibt man sie mit Dezimalbrüchen an, so sind diese endlich oder periodisch.
> *Beispiele:* $\frac{13}{4} = 3{,}75$ endlicher Dezimalbruch
> $-\frac{2}{3} = -0{,}66666\ldots = -0{,}\overline{6}$ sofortperiodischer Dezimalbruch
> $\frac{7}{45} = 0{,}15555\ldots = 0{,}1\overline{5}$ nicht sofortperiodischer Dezimalbruch

(2) Unzulänglichkeit der rationalen Zahlen zum Wurzelziehen

In der Einführung auf Seite 85 haben wir eine erstaunliche Entdeckung gemacht:

> $\sqrt{2}$ ist nicht als gemeiner Bruch darstellbar; $\sqrt{2}$ ist keine rationale Zahl.

In der gleichen Weise lässt sich zeigen, dass alle Wurzeln aus natürlichen Zahlen, die keine Quadratzahlen sind, keine rationalen Zahlen sein können (siehe Aufgabe 10 auf Seite 84).
Auf Seite 88 werden wir deshalb einen erweiterten Zahlbereich einführen. Ein derartiges Vorgehen (Zahlbereichserweiterung) hast du schon zweimal kennen gelernt: von den natürlichen Zahlen zu den gebrochenen Zahlen (positiven rationalen Zahlen) und von den positiven rationalen Zahlen zu den rationalen Zahlen.

Quadratwurzeln

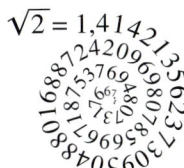
$\sqrt{2} = 1{,}4142135623...$

$\sqrt{2}, \sqrt{3}, \sqrt{5}$ sind Beispiele für **irrationale Zahlen** *(nichtrationale Zahlen)*. Sie lassen sich nicht als gemeine Brüche darstellen. Als Dezimalbruch geschrieben sind solche Zahlen nicht endlich und auch nichtperiodisch: $\sqrt{2} = 1{,}4142135623...$
Beachte: $\sqrt{4}$ und $\sqrt{\frac{25}{9}}$ sind keine irrationalen Zahlen, sondern rationale, denn $\sqrt{4} = 2$ und $\sqrt{\frac{25}{9}} = \frac{5}{3}$.

Weiterführende Aufgabe

2. *Neunerperioden*
   Verwandle den periodischen Dezimalbruch $0{,}\overline{9}$ in einen gemeinen Bruch. Du erhältst ein Ergebnis, das zunächst unglaublich erscheint. Überlege, dass es dennoch korrekt ist.

Übungsaufgaben

3. Beweise: $\sqrt{10}$ ist nicht als gemeinen Bruch darstellbar.
   Tipp: Nimm an: $\sqrt{10} = \frac{m}{n}$; folgere daraus $10 \cdot n \cdot n = m \cdot m$ und überlege, wie viele Endnullen eine Zahl auf den beiden Seiten dieser Gleichung haben kann.

4. Beweise wie in der Einführung, dass es keine gebrochene Zahl gibt, die genau $\sqrt{8}$ [$\sqrt{18}$; $\sqrt{1000}$] ist.

5. Wende die Schritte des Beweises für die Irrationalität von $\sqrt{2}$ aus der Einführung auf Seite 85 auf $\sqrt{25}$ [$\sqrt{100}$; $\sqrt{1024}$] an. Was stellst du fest?

6. Bestimme (mit dem Taschenrechner) die Dezimalbruchdarstellung der Zahlen. Gib dann die ersten vier Intervalle einer Schachtelung für die Zahl wie in den Beispielen an.

   a) $\sqrt{23}$ e) $12{,}1$
   b) $\sqrt{110}$ f) $\frac{125}{16}$
   c) $\sqrt{1{,}3}$ g) $0{,}\overline{9}$
   d) $\frac{8}{3}$ h) $\sqrt{\sqrt{10}}$

   > $\sqrt{56} = 7{,}48331...$
   > $[7; 8]$; $[7{,}4; 7{,}5]$; $[7{,}48; 7{,}49]$; $[7{,}483; 7{,}484]$
   > $\frac{5}{4} = 1{,}25$
   > $[1; 2]$; $[1{,}2; 1{,}3]$; $[1{,}24; 1{,}25]$; $[1{,}249; 1{,}250]$

7. Schreibe als Dezimalbruch: $\frac{2}{22}$; $-\frac{7}{25}$; $\frac{19}{22}$; $\frac{100}{999}$; $-\frac{2}{3}$; $-\frac{5}{14}$
   > $\frac{8}{11} = 8 : 11 = 0{,}7272... = 0{,}\overline{72}$

8. Schreibe als gemeinen Bruch: $14{,}75$; $0{,}033$; $-17{,}05$; $-8{,}290$

> Annahme: $\sqrt{2} = \frac{52378280}{37037037}$
> $2 = \left(\frac{52378280}{37037037}\right)^2$
> $2 = \frac{52378280^2}{37037037^2}$
> $2 \cdot 37037037^2 = 52378280^2$
> $2 \cdot \ldots 9 = \ldots 0$
> $\ldots 8 = \ldots 0$
> Widerspruch
> also $\sqrt{2} \neq \frac{52378280}{37037037}$

9. Wandle den periodischen Dezimalbruch in einen gemeinen Bruch um; kürze:
   a) $2{,}\overline{7}$ c) $22{,}\overline{35}$ e) $0{,}2\overline{40}$ g) $0{,}\overline{19}$
   b) $0{,}\overline{24}$ d) $2{,}0\overline{7}$ f) $19{,}19\overline{1}$ h) $7{,}24\overline{9}$

10. a) Tobias betrachtet den von seinem Taschenrechner angezeigten Wert $1{,}414213561$ für $\sqrt{2}$ und überlegt, ob $\sqrt{2} = 1{,}\overline{414213561}$ gilt.
    Erläutere seine Überlegungen links.
    b) Nimm an, $\sqrt{2}$ könnte als ungekürzter Bruch $\sqrt{2} = \frac{m}{n}$ mit $m, n \in \mathbb{N}^*$ geschrieben werden. Folgere daraus eine Gleichung und beweise deren Unlösbarkeit durch Endziffernbetrachtungen.

3.2 Reelle Zahlen

Aufgabe 1

Erläutere, warum an der markierten Stelle x auf der Zahlengeraden die irrationale Zahl $\sqrt{2}$ liegt.

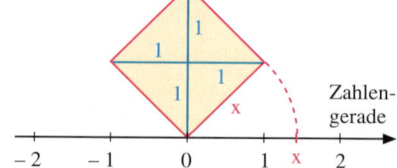

Lösung

Der Flächeninhalt des Quadrates hat die Maßzahl 2, denn es setzt sich zusammen aus vier zueinander kongruenten Dreiecken, die jeweils den Flächeninhalt $\frac{1}{2} \cdot 1 \cdot 1$, also $\frac{1}{2}$ haben.
Die Seitenlänge hat demnach die Maßzahl $\sqrt{2}$.
Sie wurde mithilfe eines Zirkels auf die Zahlengerade übertragen.

Information

(1) Reelle Zahlen

In früheren Schuljahren haben wir nur Punkte auf der Zahlengeraden betrachtet, die rationalen Zahlen zugeordnet waren. In Aufgabe 1 haben wir gesehen, dass man der irrationalen Zahl $\sqrt{2}$ genau einen Punkt auf der Zahlengeraden zuordnen kann. Es gibt also Punkte auf der Zahlengeraden, denen keine rationale Zahl zugeordnet ist. Will man jeden Punkt der Zahlengeraden durch eine Zahl erfassen, so muss man eine neue Zahlenmenge betrachten; die rationalen Zahlen reichen nicht mehr aus.
Rationale und irrationale Zahlen fasst man zur **Menge ℝ der reellen Zahlen** zusammen.

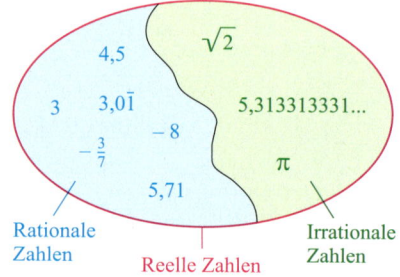

> Jeder Punkt auf der Zahlengeraden stellt eine reelle Zahl dar. Umgekehrt gehört zu jeder reellen Zahl ein Punkt auf der Zahlengeraden.

(2) Vom Punkt auf der Zahlengeraden zur Dezimalbruchentwicklung

Betrachten wir einen beliebigen Punkt P auf der Zahlengeraden, so können wir zur zugehörigen Zahl x die Dezimalbruchentwicklung angeben. Wir betrachten dazu eine Folge von Intervallen.
Für das erste Intervall wählen wir ganze Zahlen als Grenzen. Fällt x mit einer solchen Grenze zusammen, dann ist x eine ganze Zahl. Andernfalls teilen wir das Intervall in 10 gleiche Teile.
Auch nun kann x mit einem dieser Teilungspunkte übereinstimmen oder nicht. Dieses Verfahren führen wir weiter durch.
Wenn x irgendeinmal mit einem solchen Teilungspunkt übereinstimmt, handelt es sich um den entsprechenden endlichen Dezimalbruch. Andernfalls erhält man eine Intervallschachtelung, die sich auf eine bestimmte Zahl mit einer nicht endlichen Dezimalbruchentwicklung „zusammenzieht".

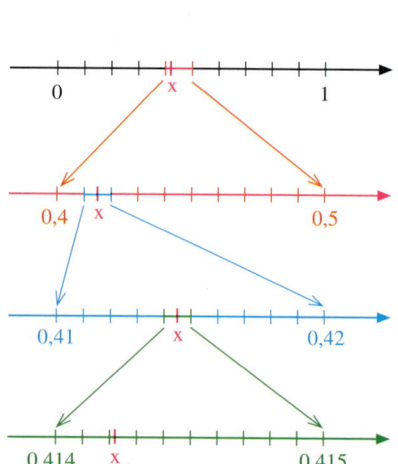

Reelle Zahlen

(3) Von der Dezimalbruchentwicklung zum Punkt auf der Zahlengeraden

Auch umgekehrt können wir zu jeder Dezimalbruchentwicklung (z. B. $\sqrt{2}$) einen Punkt auf der Zahlengeraden finden. Bisher kannten wir nur Punkte, die rationalen Zahlen zugeordnet waren. Statt der geometrischen Konstruktion kann man auch eine Intervallschachtelung für die genaue Festlegung des Punktes nutzen. Diese Methode kann man bei jeder Zahl anwenden, deren Dezimalbruchentwicklung bekannt ist, egal ob sie endlich, nicht endlich periodisch oder nicht endlich und nicht periodisch ist, wie z. B. 5,313313331 … Die Intervallgrenzen sind rationale Zahlen, die wir markieren können. Da die Intervalle ineinander geschachtelt sind und die Intervallgrenzen beliebig klein werden, ziehen sich diese Intervalle auf einen Punkt zusammen.

Wir können also eine irrationale Zahl beliebig genau durch rationale Zahlen annähern. Wichtig ist, dass durch eine solche Intervallschachtelung die entsprechende Zahl eindeutig bestimmt ist.

Es können nie zwei verschiedene Zahlen a und b zu allen Intervallen einer Intervallschachtelung gehören. Das Intervall zwischen den beiden Zahlen hat immer die Länge b – a. Diese Länge wird aber bei einer Invervallschachtelung irgendwann unterschritten, da die Intervalllängen beliebig klein werden.

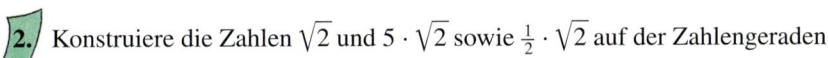

> Jede Intervallschachtelung erfasst genau eine reelle Zahl. Diese ist irrational, wenn die Dezimalbruchentwicklung nicht endlich und nicht periodisch ist, oder rational, wenn die Dezimalbruchentwicklung endlich oder periodisch ist.

Merke: Du kannst eine irrationale Zahl beliebig genau durch eine Dezimalbruchentwicklung darstellen. Der Taschenrechner zeigt nur den Anfang einer solchen Entwicklung an.

Übungsaufgaben

2. Konstruiere die Zahlen $\sqrt{2}$ und $5 \cdot \sqrt{2}$ sowie $\frac{1}{2} \cdot \sqrt{2}$ auf der Zahlengeraden.

3. a) Zeige, dass man mit der Figur rechts $\sqrt{50}$ konstruieren kann.
   b) Konstruiere ebenso: $\sqrt{8}$.
   c) Gib drei weitere Radikanden an, deren Wurzeln man ebenso ermitteln kann. Konstruiere ebenso.
   d) Warum kannst du $\sqrt{14}$ nicht auf diese Weise konstruieren?

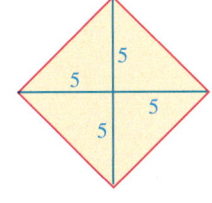

4. a) Setze 0,12233344445 … zu einem nicht endlichen Dezimalbruch fort, sodass er
   (1) eine rationale Zahl darstellt;   (2) eine irrationale Zahl darstellt.
   Formuliere jeweils mehrere geeignete Anweisungen zur Fortsetzung; gib Begründungen an.

   b) Formuliere eine nahe liegende Vorschrift zur Fortsetzung des Dezimalbruchs. Entscheide dann, ob er eine rationale oder eine irrationale Zahl darstellt.
   (1) 3,181811111 …   (3) 3,1881818181 …   (5) 0,5152152152 …
   (2) 3,181881888 …   (4) 0,414243444546 … (6) 0,1515251525152 …

5. *Teamarbeit:* Die Pythagoreer waren der Meinung, dass man alle Maße mit Verhältnissen natürlicher Zahlen ausdrücken könnte. Der griechische Mathematiker Hipposos widerlegte dies am Fünfeck. Recherchiert im Internet nach der Bedeutung der Irrationalität in der griechischen Mathematik.
Erstellt ein Plakat mit euren Ergebnissen und bereitet einen kleinen Vortrag darüber vor.

3.3 Zusammenhang zwischen Wurzelziehen und Quadrieren

Aufgabe 1

a) Führe für die Zahlen 9; 6,25; 2; $\frac{1}{4}$; 0; -1; -4; $-\frac{25}{4}$ folgende Anweisungsfolge durch, sofern möglich.
(1) Ziehe zuerst die Wurzel aus der Zahl und quadriere dann dieses Ergebnis.
(2) Quadriere zuerst die Zahl und ziehe dann die Wurzel aus dem Ergebnis.
Notiere deine Ergebnisse jeweils in Form einer Tabelle.

b) Was fällt auf? Formuliere sowohl für (1) als auch für (2) eine Regel.

Lösung

a) (1) Wurzelziehen → Quadrieren

a	$\sqrt{a}$	$(\sqrt{a})^2$
9	3	9
6,25	2,5	6,25
2	$\sqrt{2}$	2
$\frac{1}{4}$	$\frac{1}{2}$	$\frac{1}{4}$
0	0	0
-1	nicht möglich	–
-4	nicht möglich	–
$-\frac{25}{4}$	nicht möglich	–

(2) Quadrieren → Wurzelziehen

a	a^2	$\sqrt{a^2}$
9	81	9
6,25	39,0625	6,25
2	4	2
$\frac{1}{4}$	$\frac{1}{16}$	$\frac{1}{4}$
0	0	0
-1	1	1
-4	16	4
$-\frac{25}{4}$	$\frac{625}{16}$	$\frac{25}{4}$

b) (1) Diese Anweisungsfolge ist nur für positive Zahlen und die Zahl 0 durchführbar. Sie liefert als Endergebnis wieder die Ausgangszahl.
Für negative Zahlen ist die Wurzel nicht definiert, daher ist die Anweisungsfolge nicht durchführbar.

(2) Diese Anweisungsfolge ist dagegen für *alle* Zahlen durchführbar. Für nichtnegative Zahlen liefert sie als Endergebnis wieder die Ausgangszahl.
Für negative Zahlen liefert sie deren Gegenzahl. Zusammengefasst kann man sagen, dass diese Anweisungsfolge als Ergebnis den Betrag der Zahl liefert.

> $\sqrt{(-4)^2} = |-4|$

Information

Die Lösung der Aufgabe 1 zeigt:

$a \in \mathbb{R}$ bedeutet: a ist eine reelle Zahl.

Satz

(1) Für alle $a \in \mathbb{R}$ gilt: $\sqrt{a^2} = |a|$

(2) Für alle $a \in \mathbb{R}$ mit $a \geq 0$ gilt:

(a) $\sqrt{a^2} = a$

(b) $(\sqrt{a})^2 = a$

> *Für a < 0 ist $\sqrt{a}$ nicht definiert*

Das Quadrieren wird durch das Wurzelziehen rückgängig gemacht:

Quadrieren

Wurzelziehen

Das Wurzelziehen wird durch das Quadrieren rückgängig gemacht:

Wurzelziehen

Quadrieren

Zusammenhang zwischen Wurzelziehen und Quadrieren

Beweis:

(1) $\sqrt{a^2}$ ist definiert als diejenige nichtnegative Zahl, die quadriert a^2 ergibt.
$|a|$ ist nichtnegativ.
Um $\sqrt{a^2} = |a|$ zu beweisen, müssen wir noch zeigen, dass $|a|^2 = a^2$ ist.
Für $a \geq 0$ gilt: $|a| = a$, also $|a|^2 = a^2$.
Für $a < 0$ gilt: $|a| = -a$, also $|a|^2 = (-a)^2 = a^2$.

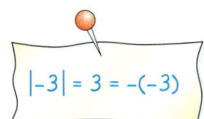
$|-3| = 3 = -(-3)$

Für $a < 0$ ist $|a| = -a$

(2a) Ist ein Spezialfall von (1): Für alle $a \geq 0$ ist $|a| = a$.

(2b) Für nichtnegative Zahlen a ist $\sqrt{a}$ definiert als die Zahl, die quadriert a ergibt.

Weiterführende Aufgaben

2. *Definitionsbereich von Wurzeltermen*

   a) Jonas hat im **y =** -Editor eines CAS-Rechners den Term $\sqrt{8x-12}$ eingegeben. Als er sich die Wertetabelle anschaut, wundert er sich. Was meinst du dazu?

   b) Für welche reellen Zahlen x ist die Wurzel definiert?
   Bestimme den Definitionsbereich wie im Beispiel.

   (1) $\sqrt{3x+12}$ (3) $\sqrt{-|x|}$
   (2) $\sqrt{x^2+1}$ (4) $\sqrt{-2-x^2}$

   $\sqrt{5x-12}$ ist nur definiert, falls: $5x - 12 \geq 0$
   Umgeformt: $5x \geq 12$, also $x \geq 2{,}4$
   Definitionsbereich: $D = \{x \in \mathbb{R} \mid x \geq 2{,}4\}$

3. *Vereinfachen von Wurzeltermen*

   Bestimme den Definitionsbereich des Terms. Vereinfache dann den Wurzelterm.

   a) $(\sqrt{2a+1})^2$ c) $\sqrt{4z^2}$
   b) $(-\sqrt{2x+4})^2$ d) $\sqrt{(-(a+1))^2}$

   $\sqrt{25(x+3)^2}, \quad D = \mathbb{R}$
   $= \sqrt{(5(x+3))^2}$
   $= |5(x+3)|$
   $= 5|x+3|, \quad$ da $5 > 0$

4. *Lösungsmenge der Gleichung $x^2 = a$*

   Bestimme die Lösungsmenge der Gleichung.

   a) $x^2 = 16$ c) $x^2 = 0$
   b) $x^2 = 5$ d) $x^2 = -25$

   $x^2 = 7 \quad |$ Wurzelziehen
   $|x| = \sqrt{7}$
   $x = \sqrt{7}$ oder $x = -\sqrt{7}$
   $L = \{-\sqrt{7}; \sqrt{7}\}$

Information

(1) Lösungsmenge einer Gleichung der Form $x^2 = a$

Die Gleichung $x^2 = 2$ hat in dem Variablengrundbereich $\mathbb{Q}$ keine Lösung, da $\sqrt{2}$ irrational ist. In dem Variablengrundbereich $\mathbb{R}$ hat die Gleichung $x^2 = 2$ dagegen zwei Lösungen: $\sqrt{2}$ und $-\sqrt{2}$.
Ab jetzt wählen wir $\mathbb{R}$ als Variablengrundbereich für Gleichungen und Terme, sofern es nicht anders vereinbart wird.

Satz: *Lösungsmenge der Gleichung $x^2 = a$*

(1) Für $a > 0$ hat diese Gleichung genau zwei Lösungen, die sich nur durch das Vorzeichen unterscheiden, nämlich $\sqrt{a}$ und $-\sqrt{a}$, also $L = \{-\sqrt{a}; \sqrt{a}\}$.

(2) Für $a = 0$ hat diese Gleichung genau eine Lösung, nämlich 0, also $L = \{0\}$.

(3) Für $a < 0$ hat diese Gleichung keine Lösung, also $L = \{\ \}$.

(2) Unterschied zwischen dem Bestimmen der Lösungsmenge einer Gleichung der Form $x^2 = a$ und dem Wurzelziehen

Beachte: $\sqrt{4} = 2$, aber $\sqrt{4} \neq -2$.

$\sqrt{7}$ ist ein Name für eine Zahl, nämlich für diejenige nichtnegative Zahl, die quadriert 7 ergibt. Bei Bedarf kann man diese irrationale Zahl näherungsweise angeben: $\sqrt{7} \approx 2{,}646$.
Beim Lösen der Gleichung $x^2 = 7$ sucht man alle Zahlen, die diese Gleichung erfüllen.
$\sqrt{7}$ ist eine solche Zahl, denn $(\sqrt{7})^2 = 7$.
Aber auch $-\sqrt{7}$ ist eine solche Zahl, denn auch $(-\sqrt{7})^2 = 7$.
Da dies die beiden einzigen Zahlen sind, die quadriert 7 ergeben, ist die Lösungsmenge der obigen Gleichung $L = \{-\sqrt{7}; \sqrt{7}\}$.
Das Bestimmen der Lösungsmenge der Gleichung $x^2 = a$ und das Wurzelziehen aus a sind also verschiedene Tätigkeiten, die man nicht verwechseln darf.

Übungsaufgaben

5. Marina hat einen längeren Term mit einem einfachen Taschenrechner berechnet. Nachdem das Ergebnis schon in der Anzeige erschienen war, ist sie versehentlich auf die x^2-Taste gekommen. Muss sie den ganzen Term noch einmal neu berechnen?

6. Bestimme ohne Taschenrechner.

a) $(\sqrt{125})^2$ d) $\left(\sqrt{\tfrac{1}{168}}\right)^2$ g) $-\sqrt{17{,}5^2}$ j) $(\sqrt{2^2})^2$ m) $\sqrt{\sqrt{2^2}}$

b) $(\sqrt{0{,}0016})^2$ e) $\sqrt{325^2}$ h) $\sqrt{\left(-\tfrac{25}{144}\right)^2}$ k) $(\sqrt{(-3)^2})^2$ n) $-(\sqrt{\sqrt{3}})^2$

c) $(-\sqrt{33})^2$ f) $\sqrt{17{,}5^2}$ i) $(\sqrt{2})^2$ l) $\sqrt{(\sqrt{2})^2}$ o) $\sqrt{(-\sqrt{3})^2}$

7. Bestimme den Definitionsbereich des Wurzelterms.

a) $\sqrt{x+5}$ d) $\sqrt{7+p}$ g) $\sqrt{2x+18}$ j) $\sqrt{(x-3)^2-(x^2+1)}$

b) $\sqrt{a-3}$ e) $\sqrt{4+2x}$ h) $\sqrt{\tfrac{3}{4}x-18}$ k) $\sqrt{(x-1)\cdot 4 + (x+2)\cdot 5}$

c) $\sqrt{5-a}$ f) $\sqrt{7-5x}$ i) $\sqrt{3v+7-8v}$ l) $\sqrt{z^2+1-(z-1)^2}$

8. Bestimme den Definitionsbereich des Wurzelterms.

a) $\sqrt{x^2-4}$ c) $\sqrt{x^2+4}$ e) $\sqrt{\sqrt{x+3}}$ g) $\sqrt{\sqrt{x}-3}$ i) $\sqrt{|x|}$

b) $\sqrt{4-x^2}$ d) $\sqrt{x^3+1}$ f) $\sqrt{\sqrt{x}+3}$ h) $\sqrt{3-\sqrt{x}}$ j) $\sqrt{|x|-2}$

9. Bestimme zunächst den Definitionsbereich des Terms. Vereinfache dann.

a) $\sqrt{c^2}$ c) $-(\sqrt{c})^2$ e) $-(\sqrt{(-c)^2})^2$ g) $\sqrt{(-3r)^2}$ i) $\sqrt{(2-a)^2}$

b) $\sqrt{(-c)^2}$ d) $(-\sqrt{c})^2$ f) $\sqrt{(3r)^2}$ h) $-\sqrt{(3r)^2}$ j) $(\sqrt{1-a})^2$

Zusammenhang zwischen Wurzelziehen und Quadrieren

10. Prüfe die folgende Behauptung.
Für alle $x \in \mathbb{R}$ gilt:

a) $\sqrt{x^2} = x$ c) $\sqrt{(-x)^2} = x$ e) $\sqrt{(-x)^2} = -|x|$ g) $\sqrt{x^2} = -x$

b) $\sqrt{(-x)^2} = -x$ d) $\sqrt{x^2} = |x|$ f) $\sqrt{(-x)^2} = |-x|$ h) $\sqrt{x^2} = |-x|$

11. Bestimme die Lösungsmenge (ohne Taschenrechner).

a) $x^2 = 1\,600$ d) $x^2 = 196$ g) $x^2 = 8\,100$ j) $x^2 = 4{,}84$ m) $x^2 = 0$

b) $x^2 = -256$ e) $x^2 = 3$ h) $x^2 = 10\,000$ k) $x^2 = -12{,}25$ n) $x^2 = \frac{9}{100}$

c) $x^2 = -3$ f) $x^2 = 625$ i) $x^2 = 6{,}25$ l) $x^2 = 2$ o) $x^2 = \frac{49}{81}$

12. Kontrolliere folgende Hausaufgaben.

Robert: $x^2 = 2$; $x = 1{,}414$; $L = \{1{,}414\}$

Sarah: $x^2 = -6{,}25$; $x = -2{,}5$; $L = \{-2{,}5\}$

Urs: $x^2 = 7$; $x = \sqrt{7}$; $L = \{\sqrt{7}\}$

Valentina: $x^2 = 10$; $x = \sqrt{10}$ oder $x = -\sqrt{10}$; $L = \{\sqrt{10};\ -\sqrt{10}\}$

Tom: $x^2 = 3$; $x = 1{,}73$ oder $x = -1{,}73$; $L = \{1{,}73;\ -1{,}73\}$

13. Bestimme die Lösungsmenge (ohne Taschenrechner).

a) $x^2 = 3^2$ c) $x^2 = -3^2$ e) $x^2 = -\sqrt{3}$ g) $x^2 = 3^4$

b) $x^2 = (-3)^2$ d) $x^2 = \sqrt{3}$ f) $x^2 = (\sqrt{3})^2$ h) $x^2 = 3^3$

14. Bestimme die Lösungsmenge.

a) $\sqrt{x^2} = |x|$ b) $\sqrt{x^2} = x$ c) $\sqrt{x^2} = -|x|$ d) $\sqrt{-x^2} = |x|$

15. Bestimme die Lösungsmenge.

a) $x^2 - 9 = 0$ c) $2u^2 - 50 = 0$ e) $3x^2 + 12 = 0$ g) $3x^2 = 2x^2 + 4$

b) $z^2 + 4 = 0$ d) $-3x^2 = -27$ f) $2x^2 - 13 = 9$ h) $5p^2 = 7p^2 - 18$

16. Gib eine Gleichung der Form $x^2 = a$ an, welche die folgende Lösungsmenge hat.

a) $\{-7;\ 7\}$ b) $\{-\sqrt{5};\ \sqrt{5}\}$ c) $\{\ \}$ d) $\{-\tfrac{3}{4};\ \tfrac{3}{4}\}$ e) $\{-1{,}2;\ 1{,}2\}$ f) $\{0\}$

17. Gibt es eine Gleichung $x^2 = a$ mit $a \in \mathbb{N}$, deren Lösungsmenge aus

a) zwei ganzen Zahlen besteht;

b) zwei nichtganzen rationalen Zahlen besteht;

c) zwei irrationalen Zahlen besteht;

d) einer rationalen und einer irrationalen Zahl besteht;

e) einer reellen Zahl besteht?

Wenn ja, nenne eine solche Gleichung. Wenn nein, begründe dies.

3.4 Rechenregeln für Quadratwurzeln und ihre Anwendung

Einführung

Michael hat die nebenstehenden Aufgaben im Kopf gerechnet, Nora hat mithilfe des Taschenrechners kontrolliert.

Nora überlegt: „Die ersten beiden Rechnungen von Michael können gar nicht stimmen: $\sqrt{20}$ ist nämlich kleiner als 5; ebenso ist 4 nicht gleich 2,8…

Aufgabe	Michael	Nora
$\sqrt{18} + \sqrt{2}$	$\sqrt{20}$	5,6568542449
$\sqrt{18} - \sqrt{2}$	$\sqrt{16} = 4$	2,828427125
$\sqrt{18} \cdot \sqrt{2}$	$\sqrt{36} = 6$	6
$\sqrt{18} : \sqrt{2}$	$\sqrt{9} = 3$	3

Die anderen Ergebnisse sind erstaunlich: Die Faktoren $\sqrt{18}$ und $\sqrt{2}$ haben unendlich viele Stellen nach dem Komma, das Produkt jedoch keine einzige. Ebenso ist es beim Quotienten. Sind diese Ergebnisse genau oder Näherungswerte?"
Michael schlägt vor: „Machen wir doch die Probe bei der dritten Aufgabe. Wenn ihr Ergebnis wirklich $\sqrt{36}$ ist, muss das Quadrat von $\sqrt{18} \cdot \sqrt{2}$ genau 36 sein.
$(\sqrt{18} \cdot \sqrt{2})^2 = (\sqrt{18} \cdot \sqrt{2}) \cdot (\sqrt{18} \cdot \sqrt{2}) = \sqrt{18} \cdot \sqrt{18} \cdot \sqrt{2} \cdot \sqrt{2} = 18 \cdot 2 = 36$
$\sqrt{18} \cdot \sqrt{2}$ ergibt quadriert 36 und ist auch nichtnegativ.
Daher muss es die Wurzel von 36, also 6 sein."

Aufgabe 1

a) Begründe, dass $\frac{\sqrt{18}}{\sqrt{2}}$ genau $\sqrt{9}$, also gleich 3 ist.

b) Formuliere einfache Regeln für die Berechnung des Produktes und des Quotienten zweier Wurzeln. Welche Ergebnisse erwartest du für (1) $\sqrt{80} \cdot \sqrt{5}$; (2) $\frac{\sqrt{5}}{\sqrt{80}}$; (3) $\sqrt{80} : \sqrt{5}$?
Kontrolliere anschließend mit dem Taschenrechner.

c) Bestätige an den Beispielen von $\sqrt{9} + \sqrt{16}$ und $\sqrt{100} - \sqrt{36}$, dass keine ähnlich einfachen Regeln für die Summe und die Differenz von Wurzeln gelten.

Lösung

a) Um zu überprüfen, ob $\frac{\sqrt{18}}{\sqrt{2}}$ die Wurzel aus 9 ist, berechnen wir das Quadrat von $\frac{\sqrt{18}}{\sqrt{2}}$:

$\left(\frac{\sqrt{18}}{\sqrt{2}}\right)^2 = \frac{\sqrt{18}}{\sqrt{2}} \cdot \frac{\sqrt{18}}{\sqrt{2}} = \frac{\sqrt{18} \cdot \sqrt{18}}{\sqrt{2} \cdot \sqrt{2}} = \frac{18}{2} = 9$. Das Quadrat von $\frac{\sqrt{18}}{\sqrt{2}}$ ist also 9.

Da $\frac{\sqrt{18}}{\sqrt{2}}$ ferner nichtnegativ ist, ist $\frac{\sqrt{18}}{\sqrt{2}}$ die Wurzel aus 9, also tatsächlich $\frac{\sqrt{18}}{\sqrt{2}} = \sqrt{9} = 3$.

b) Wenn zwei Wurzeln multipliziert werden sollen, kann man zunächst nur die Radikanden multiplizieren und aus diesem Ergebnis die Wurzel ziehen.
Wenn zwei Wurzeln dividiert werden sollen, kann man zunächst nur die Radikanden dividieren und aus diesem Ergebnis die Wurzel ziehen.

(1) $\sqrt{80} \cdot \sqrt{5} = \sqrt{80 \cdot 5} = \sqrt{400} = 20$

(2) $\frac{\sqrt{5}}{\sqrt{80}} = \sqrt{\frac{5}{80}} = \sqrt{\frac{1}{16}} = \frac{1}{4}$

(3) $\sqrt{80} : \sqrt{5} = \sqrt{80 : 5} = \sqrt{16} = 4$

Der Taschenrechner liefert genau diese Ergebnisse.

c) $\sqrt{9} + \sqrt{16} = 3 + 4 = 7$, aber $\sqrt{9 + 16} = \sqrt{25} = 5$.
$\sqrt{100} - \sqrt{36} = 10 - 6 = 4$, aber $\sqrt{100 - 36} = \sqrt{64} = 8$.

Beachte also: Für die Summe und die Differenz von Wurzeln gelten *keine* einfachen Regeln.

Rechenregeln für Quadratwurzeln und ihre Anwendung

Information

> **Wurzelgesetze für Produkte und Quotienten**
>
> **(W1)** Man kann zwei Wurzeln multiplizieren, indem man die Radikanden multipliziert und dann die Wurzel zieht.
>
> Für alle $a \geq 0$, $b \geq 0$ gilt: $\sqrt{a} \cdot \sqrt{b} = \sqrt{a \cdot b}$
>
> **(W2)** Man kann zwei Wurzeln dividieren, indem man die Radikanden dividiert und dann die Wurzel zieht.
>
> Für alle $a \geq 0$, $b > 0$ gilt: $\dfrac{\sqrt{a}}{\sqrt{b}} = \sqrt{\dfrac{a}{b}}$

Beweis von (W1):

Die Behauptung $\sqrt{a} \cdot \sqrt{b} = \sqrt{a \cdot b}$ bedeutet: $\sqrt{a} \cdot \sqrt{b}$ ist die Wurzel aus dem Produkt $a \cdot b$.
Dazu müssen wir zeigen:

(a) Das Quadrat von $\sqrt{a} \cdot \sqrt{b}$ ist $a \cdot b$.

(b) $\sqrt{a} \cdot \sqrt{b}$ ist nichtnegativ.

Zu (a):

$(\sqrt{a} \cdot \sqrt{b})^2 = (\sqrt{a} \cdot \sqrt{b}) \cdot (\sqrt{a} \cdot \sqrt{b}) = \sqrt{a} \cdot \sqrt{a} \cdot \sqrt{b} \cdot \sqrt{b} = a \cdot b$

> *Assoziativ- und Kommutativgesetz angewandt*

Zu (b):

Da $\sqrt{a}$ und $\sqrt{b}$ nichtnegativ sind, ist auch das Produkt $\sqrt{a} \cdot \sqrt{b}$ nichtnegativ.

Aus (a) und (b) folgt: $\sqrt{a} \cdot \sqrt{b} = \sqrt{ab}$

Beweis von (W2):

Die Behauptung $\dfrac{\sqrt{a}}{\sqrt{b}} = \sqrt{\dfrac{a}{b}}$ bedeutet: $\dfrac{\sqrt{a}}{\sqrt{b}}$ ist die Wurzel aus dem Quotienten $\dfrac{a}{b}$.

Dazu müssen wir zeigen:

(a) Das Quadrat von $\dfrac{\sqrt{a}}{\sqrt{b}}$ ist $\dfrac{a}{b}$.

(b) $\dfrac{\sqrt{a}}{\sqrt{b}}$ ist nichtnegativ.

Zu (a):

$\left(\dfrac{\sqrt{a}}{\sqrt{b}}\right)^2 = \dfrac{\sqrt{a}}{\sqrt{b}} \cdot \dfrac{\sqrt{a}}{\sqrt{b}} = \dfrac{\sqrt{a} \cdot \sqrt{a}}{\sqrt{b} \cdot \sqrt{b}} = \dfrac{a}{b}$.

Zu (b):

Da $\sqrt{a}$ und $\sqrt{b}$ nichtnegativ sind, ist auch der Quotient $\dfrac{\sqrt{a}}{\sqrt{b}}$ nichtnegativ.

Aus (a) und (b) folgt: $\dfrac{\sqrt{a}}{\sqrt{b}} = \sqrt{\dfrac{a}{b}}$

Weiterführende Aufgaben

2. *Vereinfachen von Wurzeltermen mit den Wurzelgesetzen*

Bestimme zunächst den Definitionsbereich des Terms. Vereinfache ihn dann.

a) $\sqrt{5a} \cdot \sqrt{20a^3}$

b) $\dfrac{\sqrt{3b^3}}{\sqrt{27b}}$

c) $\dfrac{\sqrt{8(x-1)^3}}{\sqrt{2(x-1)}}$

d) $\sqrt{15b} \cdot \dfrac{\sqrt{5}}{\sqrt{3b^3}}$

> $\sqrt{3(x-1)} \cdot \sqrt{27 \cdot (x-1)^3}$ (für $x \geq 1$)
> $= \sqrt{3(x-1) \cdot 27 \cdot (x-1)^3}$ (W1)
> $= \sqrt{81(x-1)^4}$
> $= \sqrt{81} \cdot \sqrt{(x-1)^4}$ (W1)
> $= 9 \cdot (x-1)^2$

pars ⟨lat.⟩
Teil

3. *Teilweises (partielles) Wurzelziehen*

a) Die Lehrerin zeigt der Klasse die nebenstehende Anzeige eines CAS-Rechners. Sie meint: „Ihr könnt die vom Computer-Algebra-System vorgenommenen Umformungen sogar beweisen."

b) Beweise die folgenden Gesetze für teilweises Wurzelziehen.

(1) $\sqrt{a^2 b} = |a| \cdot \sqrt{b}$
(für $b \geq 0$)

(2) $\sqrt{\dfrac{a}{b^2}} = \dfrac{\sqrt{a}}{|b|}$
(für $a \geq 0$, $b \neq 0$)

(3) $\sqrt{\dfrac{a^2}{b}} = \dfrac{|a|}{\sqrt{b}}$
(für $b > 0$)

c) Ziehe teilweise die Wurzel.

(1) $\sqrt{50}$ (3) $\sqrt{4b}$ (5) $\sqrt{ab^2 c^3}$

(2) $\sqrt{\dfrac{3}{16}}$ (4) $\sqrt{\dfrac{a}{9}}$ (6) $\sqrt{\dfrac{2u^2 v}{9w^3}}$

$\sqrt{\dfrac{2x^2 y^3}{9z^4}} = \sqrt{\dfrac{x^2 \cdot y^2 \cdot 2y}{9z^4}} = \dfrac{|x| \cdot y}{3z^2} \sqrt{2y}$

(für $y \geq 0$, $z \neq 0$)

4. *Addition und Subtraktion von Termen mit Wurzeln*

Es gibt keine allgemeinen einfachen Gesetze für die Summe und die Differenz von Wurzeln. In einigen besonderen Fällen kann man aber doch vereinfachen.

a) Erläutere die Rechnungen. Was für eine Umformung wurde vorgenommen?

(1) $5 \cdot \sqrt{6} + 7 \cdot \sqrt{6} = 12 \cdot \sqrt{6}$ (2) $7 \cdot \sqrt{5} - 2 \cdot \sqrt{5} = 5 \cdot \sqrt{5}$ (3) $5 \cdot \sqrt{6} - \sqrt{6} = 4 \cdot \sqrt{6}$

b) Beweise die folgenden Behauptungen durch teilweises Wurzelziehen.

(1) $\sqrt{3} + \sqrt{12} = \sqrt{27}$ (2) $\sqrt{12} - \sqrt{3} = \sqrt{3}$ (3) $|a| \cdot \sqrt{b} - \sqrt{4a^2 b} + \sqrt{a^2 b} = 0$

Übungsaufgaben

5. Lucas hat mit dem CAS-Rechner seiner großen Schwester Marie Aufgaben mit Wurzeln berechnet.
Marie sagt: „Guck doch mal genau hin. Das kannst du doch genauso gut im Kopf!"
Kannst du Regeln für das Rechnen mit Wurzeln erkennen und begründen?

6. Berechne mithilfe des Wurzelgesetzes (W1).

a) $\sqrt{8} \cdot \sqrt{18}$ d) $\sqrt{5} \cdot \sqrt{20}$ g) $\sqrt{2,4} \cdot \sqrt{0,6}$

b) $\sqrt{2} \cdot \sqrt{32}$ e) $\sqrt{10} \cdot \sqrt{16,9}$ h) $\sqrt{\dfrac{1}{3}} \cdot \sqrt{48}$

c) $\sqrt{60} \cdot \sqrt{15}$ f) $\sqrt{1,6} \cdot \sqrt{1\,000}$ i) $\sqrt{\dfrac{4}{5}} \cdot \sqrt{80}$

$\sqrt{3} \cdot \sqrt{27} = \sqrt{3 \cdot 27}$
$= \sqrt{81}$
$= 9$

7. a) $\sqrt{25 \cdot 9}$ d) $\sqrt{169 \cdot 144}$ g) $\sqrt{9 \cdot 16 \cdot 49}$

b) $\sqrt{36 \cdot 16}$ e) $\sqrt{0,16 \cdot 49}$ h) $\sqrt{(-4) \cdot (-16)}$

c) $\sqrt{4 \cdot 225}$ f) $\sqrt{0,81 \cdot 121}$ i) $\sqrt{(-36) \cdot (-81)}$

$\sqrt{49 \cdot 81} = \sqrt{49} \cdot \sqrt{81}$
$= 7 \cdot 9$
$= 63$

Rechenregeln für Quadratwurzeln und ihre Anwendung

8. Zerlege zuerst den Radikanden in kleine Quadratzahlen.
a) $\sqrt{676}$ c) $\sqrt{1521}$ e) $\sqrt{1089}$ g) $\sqrt{2025}$
b) $\sqrt{1296}$ d) $\sqrt{6084}$ f) $\sqrt{1764}$ h) $\sqrt{784}$

$\sqrt{1444} = \sqrt{4 \cdot 361} = \ldots$

9. Berechne mithilfe des Wurzelgesetzes (W2).
a) $\sqrt{20} : \sqrt{5}$ d) $\sqrt{147} : \sqrt{3}$ g) $\sqrt{0{,}8} : \sqrt{0{,}2}$
b) $\sqrt{75} : \sqrt{3}$ e) $\sqrt{40} : \sqrt{2{,}5}$ h) $\sqrt{7{,}2} : \sqrt{0{,}05}$
c) $\sqrt{360} : \sqrt{10}$ f) $\sqrt{30} : \sqrt{1{,}2}$ i) $\sqrt{10{,}8} : \sqrt{1{,}2}$

$\sqrt{125} : \sqrt{5} = \sqrt{125 : 5}$
$= \sqrt{25}$
$= 5$

10. Berechne die Wurzel durch Anwenden des Wurzelgesetzes (W2) von rechts nach links.
a) $\sqrt{\frac{49}{9}}$ c) $\sqrt{6\frac{1}{4}}$ e) $\sqrt{\frac{0{,}25}{0{,}49}}$ g) $\sqrt{\frac{1{,}69}{2{,}56}}$
b) $\sqrt{\frac{625}{4}}$ d) $\sqrt{\frac{1{,}44}{25}}$ f) $\sqrt{\frac{6{,}25}{2{,}25}}$ h) $\sqrt{\frac{0{,}0025}{0{,}0049}}$

$\sqrt{\frac{4}{25}} = \frac{\sqrt{4}}{\sqrt{25}} = \frac{2}{5} = 0{,}4$

11. Vereinfache.
a) $\sqrt{y} \cdot \sqrt{y}$ c) $\sqrt{x} \cdot \sqrt{xy^2}$ e) $\sqrt{3b} \cdot \sqrt{3a^2b}$ g) $\sqrt{0{,}2u} \cdot \sqrt{0{,}05u}$
b) $\sqrt{y} \cdot \sqrt{y^3}$ d) $\sqrt{5y} \cdot \sqrt{20y}$ f) $\sqrt{45z} \cdot \sqrt{\frac{16}{5}z}$ h) $\sqrt{0{,}9x^2} \cdot \sqrt{0{,}4x^2}$

12. a) $\sqrt{x^3} : \sqrt{x}$ b) $\sqrt{x^2y} : \sqrt{y}$ c) $\sqrt{a} : \sqrt{ab^2}$ d) $\sqrt{uv} : \sqrt{u^3}$

13. a) $\sqrt{9x^2}$ c) $\sqrt{36a^4}$ e) $\sqrt{p^2q^2r^2}$ g) $\sqrt{1{,}96x^2y^4}$
b) $\sqrt{x^2y^2}$ d) $\sqrt{81m^2n^2}$ f) $\sqrt{9m^4n^4}$ h) $\sqrt{25u^2v^4w^6}$

14. Für welche Zahlen a und b gilt: (1) $\sqrt{a} - \sqrt{b} = \sqrt{a-b}$; (2) $\sqrt{a} + \sqrt{b} = \sqrt{a+b}$?

15. Vereinfache durch teilweises Wurzelziehen.
a) $\sqrt{12}$ c) $\sqrt{72}$ e) $\sqrt{125}$ g) $\sqrt{360}$ i) $\sqrt{720}$ k) $\sqrt{1331}$ m) $\sqrt{\frac{7}{25}}$
b) $\sqrt{32}$ d) $\sqrt{180}$ f) $\sqrt{192}$ h) $\sqrt{525}$ j) $\sqrt{980}$ l) $\sqrt{\frac{3}{16}}$ n) $\sqrt{\frac{3}{400}}$

16. a) $\sqrt{7a^2}$ d) $\sqrt{12c^2}$ g) $\sqrt{z^5}$ j) $\sqrt{3a^2b^4}$ m) $\sqrt{\frac{30}{a^2}}$ o) $\sqrt{\frac{2a^2}{b^2}}$ q) $\sqrt{\frac{a^3}{b^4}}$
b) $\sqrt{2b^2}$ e) $\sqrt{x^2y}$ h) $\sqrt{25x^3}$ k) $\sqrt{10a^3b^2}$ n) $\sqrt{\frac{a}{49}}$ p) $\sqrt{\frac{a}{b^4}}$ r) $\sqrt{\frac{8r^4}{s^3}}$
c) $\sqrt{4x}$ f) $\sqrt{cd^2}$ i) $\sqrt{18ab^2}$ l) $\sqrt{0{,}81xz^3}$

17. *Partnerarbeit:* Jeder denkt sich fünf Terme aus, bei denen teilweises Wurzelziehen möglich ist. Der Partner formt die Terme entsprechend um.

18. Bringe den Vorfaktor unter das Wurzelzeichen.
a) $2 \cdot \sqrt{17}$ c) $0{,}5 \cdot \sqrt{28}$ e) $\frac{11}{6} \cdot \sqrt{\frac{6}{11}}$ g) $10 \cdot \sqrt{17{,}33}$
b) $7 \cdot \sqrt{10}$ d) $\frac{3}{4} \cdot \sqrt{11}$ f) $2 \cdot \sqrt{3{,}25}$ h) $2{,}5 \cdot \sqrt{\frac{1}{50}}$

$2 \cdot \sqrt{3} = \sqrt{4} \cdot \sqrt{3} = \sqrt{12}$

19. Bringe den Vorfaktor unter das Wurzelzeichen.
a) $a \cdot \sqrt{b}$ b) $2c \cdot \sqrt{d^2}$ c) $uv \cdot \sqrt{\frac{u}{v}}$ d) $abc \cdot \sqrt{\frac{a}{bc}}$ e) $x^2y \cdot \sqrt{\frac{x}{y}}$ f) $\frac{p}{q} \cdot \sqrt{\frac{q}{p}}$

20. a) Berechne – soweit möglich – ohne Taschenrechner. Was fällt auf?
$\sqrt{0{,}09}$; $\sqrt{0{,}9}$; $\sqrt{9}$; $\sqrt{90}$; $\sqrt{900}$; $\sqrt{9\,000}$; $\sqrt{90\,000}$

b) Begründe: Wird der Radikand verhundertfacht [durch 100 dividiert], so wird die Quadratwurzel verzehnfacht [durch 10 dividiert].

c) Formuliere die Regel aus Teilaufgabe b) als Kommaverschiebungsregel.

21. Berechne im Kopf.

a) $\sqrt{62\,500}$
b) $\sqrt{810\,000}$
c) $\sqrt{49\,000\,000}$
d) $\sqrt{48\,400}$
e) $\sqrt{0{,}0025}$
f) $\sqrt{0{,}0121}$
g) $\sqrt{0{,}000036}$
h) $\sqrt{0{,}000625}$
i) $\sqrt{0{,}000004}$

$$\sqrt{14\,400} = \sqrt{144 \cdot 100} = 12 \cdot 10 = 120$$

22. Setze das Komma so, dass eine wahre Aussage entsteht. Ergänze gegebenenfalls Nullen.

a) $\sqrt{1{,}5129} = 123$
b) $\sqrt{605{,}16} = 246$
c) $\sqrt{980100} = 99$
d) $\sqrt{0{,}3025} = 55$
e) $\sqrt{200} \approx 14\,142$
f) $\sqrt{0{,}03} \approx 1\,732$

23. Kontrolliere Julians Hausaufgaben.

a) $\sqrt{p^2 + q^2} = \sqrt{p^2} + \sqrt{q^2} = |p| + |q|$

b) $\sqrt{p^2 \cdot q^2} = \sqrt{p^2} \cdot \sqrt{q^2} = p \cdot q$

c) $\sqrt{\dfrac{p^2}{16}} = \dfrac{\sqrt{p^2}}{\sqrt{16}} = \dfrac{|p|}{4}$

d) $\sqrt{p^2 - 1} = \sqrt{p^2} - \sqrt{1} = p - 1$

24. Vereinfache durch Zusammenfassen gleichartiger Glieder.

a) $3\sqrt{5} + 8\sqrt{5}$
b) $5\sqrt{7} - 9\sqrt{7}$
c) $6\sqrt{5} - \sqrt{5}$
d) $3{,}5\sqrt{6} - 1{,}4\sqrt{6}$
e) $\frac{3}{4}\sqrt{7} + \frac{1}{2}\sqrt{7}$
f) $\frac{5}{6}\sqrt{2} - \frac{7}{8}\sqrt{2}$
g) $3\sqrt{3} - 6\sqrt{3} + \sqrt{3} + 9\sqrt{3}$
h) $\sqrt{10} - 6\sqrt{10} + 10\sqrt{10}$
i) $7{,}2\sqrt{2} - 9{,}1\sqrt{3} + 4{,}3\sqrt{2} - 4{,}4\sqrt{3}$

25. Vereinfache wie im Beispiel.

a) $\sqrt{2} + \sqrt{32}$
b) $\sqrt{27} - \sqrt{3}$
c) $\sqrt{45} - \sqrt{20}$
d) $3\sqrt{2} - 2\sqrt{8}$
e) $6\sqrt{3} + \sqrt{12}$
f) $-8\sqrt{5} + 3\sqrt{20}$
g) $7\sqrt{27} + 4\sqrt{48}$
h) $8\sqrt{63} - 6\sqrt{28}$
i) $3\sqrt{44} - 7\sqrt{99}$

$$\sqrt{27} + \sqrt{147} = \sqrt{9 \cdot 3} + \sqrt{49 \cdot 3} = 3\sqrt{3} + 7\sqrt{3} = 10\sqrt{3}$$

26. Überprüfe die Rechnungen.

a) $\sqrt{3} + \sqrt{27} = \sqrt{48}$
b) $\sqrt{50} - \sqrt{2} = \sqrt{32}$
c) $\sqrt{5} + \sqrt{20} = \sqrt{45}$
d) $\sqrt{28} - \sqrt{7} = \sqrt{7}$
e) $\sqrt{28} + \sqrt{63} = \sqrt{175}$
f) $\sqrt{147} - \sqrt{75} = \sqrt{12}$
g) $\sqrt{2} - \sqrt{18} = -\sqrt{2}$
h) $\sqrt{3} - \sqrt{27} = -2\sqrt{3}$
i) $\sqrt{0{,}5} - \sqrt{2} = -\sqrt{0{,}5}$

27. a) $\sqrt{2} - \sqrt{18} + \sqrt{50}$
b) $\sqrt{27} + \sqrt{75} - \sqrt{108}$
c) $\sqrt{3} + \sqrt{12} + \sqrt{27} + \sqrt{48}$
d) $4\sqrt{28} + 5\sqrt{112} - 9\sqrt{175}$
e) $\sqrt{1\,200} - \sqrt{800} + \sqrt{400}$
f) $7\sqrt{45} - 8\sqrt{405} + 3\sqrt{605}$

28. a) $7\sqrt{x} + 4\sqrt{x}$
b) $5\sqrt{a} - 7\sqrt{a}$
c) $-\sqrt{b} + 3\sqrt{b}$
d) $3{,}5\sqrt{z} - 1{,}3\sqrt{z}$
e) $\sqrt{25a} + \sqrt{a}$
f) $\sqrt{36x} - \sqrt{49x}$
g) $7\sqrt{4y} - 5\sqrt{9y}$
h) $5\sqrt{r} - 7\sqrt{s} + 4\sqrt{r} + 4\sqrt{s}$
i) $\sqrt{121a} - \sqrt{9b} + \sqrt{49b} - \sqrt{25a}$

3.5 Umformen von Wurzeltermen *Zum Selbstlernen*

Ziel Du kannst schon mithilfe des Distributivgesetzes Terme umformen, in denen Summen multipliziert werden. Hier erweiterst du dein Wissen auf solche Terme, in denen auch Wurzeln vorkommen.

Anwenden des Distributivgesetzes

Forme folgende Terme in Summen um:

(1) $(10 + \sqrt{2})\sqrt{2}$ (2) $\sqrt{a}(\sqrt{a} - b)$ (3) $(\sqrt{3x} - \sqrt{x} + 1)\sqrt{x}$

Durch Anwenden des Distributivgesetzes erhältst du:

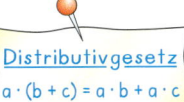

(1) $(10 + \sqrt{2}) \cdot \sqrt{2} = 10 \cdot \sqrt{2} + \sqrt{2} \cdot \sqrt{2} = 10\sqrt{2} + 2$

(2) $\sqrt{a}(\sqrt{a} - b) = \sqrt{a} \cdot \sqrt{a} - \sqrt{a} \cdot b = a - b\sqrt{a}$

(3) $(\sqrt{3x} - \sqrt{x} + 1) \cdot \sqrt{x} = \sqrt{3x} \cdot \sqrt{x} - \sqrt{x} \cdot \sqrt{x} + 1 \cdot \sqrt{x} = \sqrt{3x^2} - x + \sqrt{x}$
$= \sqrt{3}x - x + \sqrt{x}$
$= (\sqrt{3} - 1)x + \sqrt{x}$

Anwenden der binomischen Formeln

Forme folgende Terme in Summen um:

(1) $(\sqrt{2} + \sqrt{18})^2$ (2) $(\sqrt{a} - \sqrt{b})^2$ (3) $(\sqrt{a} + \sqrt{b}) \cdot (\sqrt{a} - \sqrt{b})$

Durch Anwenden der binomischen Formeln erhältst du:

(1) $(\sqrt{2} + \sqrt{18})^2 = \sqrt{2}^2 + 2\sqrt{2}\sqrt{18} + \sqrt{18}^2 = 2 + 2\sqrt{36} + 18 = 2 + 2 \cdot 6 + 18 = 32$

(2) $(\sqrt{a} - \sqrt{b})^2 = \sqrt{a}^2 + 2\sqrt{a}\sqrt{b} + \sqrt{b}^2 = a - 2\sqrt{ab} + b$

(3) $(\sqrt{a} + \sqrt{b})(\sqrt{a} - \sqrt{b}) = \sqrt{a}^2 - \sqrt{b}^2 = a - b$

Beseitigen von Wurzeln im Nenner

Marc hat in einen CAS-Rechner Terme mit Wurzeln im Nenner eingegeben (linke Spalte). Die Ausgaben in der rechten Spalte überraschen ihn zunächst.
Welche Umformungen hat der CAS-Rechner vorgenommen?

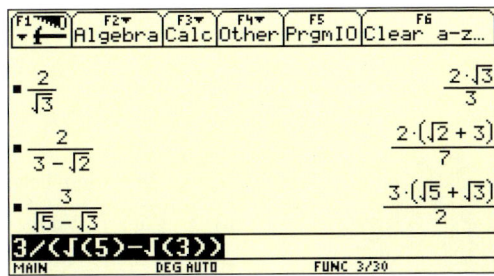

Der CAS-Rechner hat die Brüche so erweitert, dass keine Wurzeln mehr im Nenner erscheinen:

(1) $\dfrac{2}{\sqrt{3}} = \dfrac{2 \cdot \sqrt{3}}{\sqrt{3} \cdot \sqrt{3}} = \dfrac{2\sqrt{3}}{3}$

(2) $\dfrac{2}{3 - \sqrt{2}} = \dfrac{2(3 + \sqrt{2})}{(3 - \sqrt{2})(3 + \sqrt{2})} = \dfrac{2(3 + \sqrt{2})}{3^2 - \sqrt{2}^2} = \dfrac{2(\sqrt{2} + 3)}{9 - 2} = \dfrac{2(\sqrt{2} + 3)}{7}$

(3) $\dfrac{3}{\sqrt{5} - \sqrt{3}} = \dfrac{3(\sqrt{5} + \sqrt{3})}{(\sqrt{5} - \sqrt{3})(\sqrt{5} + \sqrt{3})} = \dfrac{3(\sqrt{5} + \sqrt{3})}{\sqrt{5}^2 - \sqrt{3}^2} = \dfrac{3(\sqrt{5} + \sqrt{3})}{5 - 3} = \dfrac{3(\sqrt{5} + \sqrt{3})}{2}$

Zum Üben

1. Vereinfache durch Ausmultiplizieren bzw. Dividieren.
- **a)** $\sqrt{7} \cdot (1 + \sqrt{7})$
- **b)** $3 \cdot \sqrt{5} \cdot (3 + \sqrt{20})$
- **c)** $\sqrt{6} \cdot (6 \cdot \sqrt{6} - 5 \cdot \sqrt{24})$
- **d)** $(2 \cdot \sqrt{6} + 0{,}5) \cdot \sqrt{6}$
- **e)** $(0{,}5 \cdot \sqrt{44} - 1{,}5) \cdot 2 \cdot \sqrt{11}$
- **f)** $(\sqrt{5} + \sqrt{7}) \cdot (-\sqrt{7})$
- **g)** $(\sqrt{50} + \sqrt{20}) : \sqrt{2}$
- **h)** $(3 \cdot \sqrt{75} - \sqrt{30}) : (-\sqrt{3})$
- **i)** $(5 \cdot \sqrt{55} + 7 \cdot \sqrt{77}) : \sqrt{11}$

2. Klammere aus.
- **a)** $a\sqrt{5} - b\sqrt{5}$
- **b)** $x\sqrt{7} + y\sqrt{7}$
- **c)** $a\sqrt{b} + 2\sqrt{b}$
- **d)** $x\sqrt{z} - y\sqrt{z}$
- **e)** $5\sqrt{a} - a^2\sqrt{a}$
- **f)** $3\sqrt{x^3} - a\sqrt{x^3}$
- **g)** $\sqrt{7x^3} - \sqrt{28x^5}$
- **h)** $\sqrt{ab^3} - \sqrt{a^3b}$
- **i)** $\sqrt{7a} + \sqrt{4a}$
- **j)** $\sqrt{r} + \sqrt{rs}$
- **k)** $\sqrt{ab^2} - \sqrt{ac^2}$
- **l)** $\sqrt{7xy^2} + \sqrt{7x^2y}$

3. a) $x\sqrt{5} - 5\sqrt{x} + 3x\sqrt{5} - 7\sqrt{x}$
b) $a\sqrt{b} - 4a\sqrt{b} + b\sqrt{a} + 2a\sqrt{b}$
c) $(x+1)\sqrt{y} - (x-1)\sqrt{y}$
d) $w\sqrt{uv^3} - v\sqrt{u^3v} + u\sqrt{uv}$
e) $\sqrt{u^3vw} - \sqrt{uv^3} - \sqrt{uvw^3}$
f) $a\sqrt{c^5} + bc\sqrt{c^3} + c^2\sqrt{c}$

4. Frau Lindemann verblüfft ihre Klasse mit einem Rechentrick. Sie ist in der Lage, aus dem Ergebnis sofort die gedachte Zahl anzugeben.
Wie geht sie vor? Begründe ihr Vorgehen.

Denke dir eine Zahl. Ziehe daraus die Wurzel. Subtrahiere davon den Kehrwert der Wurzel. Multipliziere das Ergebnis mit der Wurzel.

5. Vereinfache durch Ausmultiplizieren.
- **a)** $(\sqrt{4c} + \sqrt{81c}) \cdot \sqrt{c}$
- **b)** $(\sqrt{9a} + 3) \cdot \sqrt{9a}$
- **c)** $\sqrt{x} \cdot (\sqrt{x} + \sqrt{x^3} + \sqrt{x^5})$
- **d)** $(\sqrt{uv} - v) \cdot \sqrt{u}$
- **e)** $\sqrt{x} \cdot (\sqrt{xyz} + \sqrt{xy})$
- **f)** $(3\sqrt{a} - 7\sqrt{b})(5\sqrt{b} + 8\sqrt{a})$

6. Vereinfache.
- **a)** $(\sqrt{25b} + \sqrt{25c}) - (\sqrt{16b} + \sqrt{16c})$
- **b)** $(\sqrt{ab^3} - \sqrt{a^3b}) + (\sqrt{ab^5} - \sqrt{a^5b})$
- **c)** $\sqrt{x} + \sqrt{x^2} + \sqrt{x^3} + \sqrt{x^4} + \sqrt{x^5} + \sqrt{x^6}$
- **d)** $\sqrt{u}(\sqrt{v} - \sqrt{u}) - \sqrt{v}(\sqrt{u} - \sqrt{v})$
- **e)** $\sqrt{ac}(\sqrt{a} - \sqrt{b}) + \sqrt{ac}(\sqrt{b} - \sqrt{a})$
- **f)** $(\sqrt{a} + \sqrt{b})\sqrt{ab^2} + (\sqrt{a} - \sqrt{b})\sqrt{a^2b}$

7. Vereinfache den Term.
- **a)** $5 \cdot \sqrt{a} + 7 \cdot \sqrt{a}$
- **b)** $3 \cdot \sqrt{z-1} - 5 \cdot \sqrt{z-1} + \sqrt{z-1}$
- **c)** $a^2 \cdot \sqrt{c} + ab \cdot \sqrt{c} + ac \cdot \sqrt{c}$
- **d)** $a^2 \cdot \sqrt{b} - \sqrt{b}$
- **e)** $(v + \sqrt{7}) \cdot \sqrt{7}$
- **f)** $(r - \sqrt{rs}) \cdot \sqrt{s}$
- **g)** $(\sqrt{3} + \sqrt{2q}) \cdot \sqrt{2q}$
- **h)** $(\sqrt{uv} + \sqrt{uw}) \cdot \sqrt{u}$
- **i)** $\sqrt{x}(\sqrt{x^3} + \sqrt{x})$

8. Vereinfache zunächst; berechne dann im Kopf.
- **a)** $(5 + \sqrt{13}) \cdot (5 - \sqrt{13})$
- **b)** $(\sqrt{6} - \sqrt{5}) \cdot (\sqrt{6} + \sqrt{5})$
- **c)** $(5\sqrt{7} + \sqrt{10}) \cdot (5\sqrt{7} - \sqrt{10})$
- **d)** $(\sqrt{20} + \sqrt{5})^2$
- **e)** $(\sqrt{6} - \sqrt{24})^2$
- **f)** $(5\sqrt{8} - 3\sqrt{2})^2$

9. Berechne im Kopf.
- **a)** $(\sqrt{3} - \sqrt{27})^2$
- **b)** $(\sqrt{7} - \sqrt{13}) \cdot (\sqrt{7} - \sqrt{13})$
- **c)** $\sqrt{169 - 2 \cdot 13 \cdot 17 + 289}$

Umformen von Wurzeltermen

10. Vereinfache.

a) $(\sqrt{a} - \sqrt{b})^2$ b) $(\sqrt{h+1} + \sqrt{h-1})^2$ c) $(v + \sqrt{w}) \cdot (v - \sqrt{w})$ d) $(\sqrt{a+b} + \sqrt{a-b})^2$

11. a) $\left(\frac{\sqrt{t}}{2} + 3\right)^2$ b) $\left(\sqrt{r} - \frac{1}{\sqrt{r}}\right)^2$ c) $\left(\frac{a}{\sqrt{b}} + \frac{b}{\sqrt{a}}\right)^2$ d) $\left(\sqrt{s} + \frac{1}{\sqrt{s}}\right) \cdot \left(\sqrt{s} - \frac{1}{\sqrt{s}}\right)$

12. a) $(\sqrt{p+1} + \sqrt{p-1}) \cdot (\sqrt{p+1} - \sqrt{p-1})$ b) $(\sqrt{\sqrt{a}} + \sqrt{\sqrt{b}}) \cdot (\sqrt{\sqrt{a}} - \sqrt{\sqrt{b}})$

13. a) $\sqrt{1 + 2a + a^2}$ c) $\sqrt{4t^2 + 4tr + r^2}$ e) $\sqrt{v + 2\sqrt{vw} + w}$ g) $\sqrt{x^3z + 2x^2z^2 + xz^3}$

b) $\sqrt{x^2 + 14x + 49}$ d) $\sqrt{u^4 + 4u^2 + 4}$ f) $\sqrt{e^2 - 6ec + 9c^2}$ h) $\sqrt{a^3 - 2a^2b + ab^2}$

14. Kontrolliere Sarahs Hausaufgaben.

a) $(\sqrt{p} + \sqrt{q})^2$
$= (\sqrt{p})^2 + (\sqrt{q})^2$
$= p + q$

b) $(\sqrt{r} - \sqrt{s})^2$
$= (\sqrt{r})^2 - \sqrt{r}\sqrt{s} - \sqrt{s}^2$
$= r - \sqrt{rs} - s^2$

c) $\sqrt{1 + 2r + r^2}$
$= \sqrt{1} + \sqrt{2r} + \sqrt{r^2}$
$= 1 + \sqrt{2}\sqrt{r} + |r|$

15. Beseitige zuerst die Wurzel im Nenner.
Verwende dann $\sqrt{3} \approx 1{,}7$ und $\sqrt{5} \approx 2{,}2$ für die Berechnung von Näherungswerten.
Was ist einfacher, die umgeformten Terme zu berechnen oder die gegebenen?

a) $\frac{10}{\sqrt{5}}$ b) $\frac{1}{3 + \sqrt{5}}$ c) $\frac{1}{\sqrt{3} + \sqrt{5}}$ d) $\frac{2}{3 - \sqrt{5}}$ e) $\frac{1}{\sqrt{5} - \sqrt{3}}$ f) $\frac{2}{\sqrt{3} - \sqrt{5}}$

16. a) $\frac{7}{\sqrt{30}}$ c) $\frac{\sqrt{2}}{\sqrt{10}}$ e) $\frac{\sqrt{10} - \sqrt{20}}{\sqrt{2}}$ g) $\frac{\sqrt{5}}{3 + \sqrt{5}}$ i) $\frac{6}{\sqrt{7} + \sqrt{2}}$ k) $\frac{\sqrt{7} - \sqrt{2}}{\sqrt{7} + \sqrt{2}}$

b) $\frac{1}{3\sqrt{6}}$ d) $\frac{1 + \sqrt{20}}{\sqrt{20}}$ f) $\frac{2}{3 + \sqrt{5}}$ h) $\frac{3 + \sqrt{5}}{3 - \sqrt{5}}$ j) $\frac{\sqrt{7}}{\sqrt{7} - \sqrt{2}}$ l) $\frac{3}{\sqrt{6} - \sqrt{5}}$

17. Beseitige die Wurzeln im Nenner.

a) $\frac{a}{\sqrt{a}}$ d) $\frac{a\sqrt{b} - b\sqrt{a}}{\sqrt{ab}}$ g) $\frac{1}{a - \sqrt{b}}$ j) $\frac{\sqrt{a} + \sqrt{b}}{\sqrt{a} - \sqrt{b}}$ m) $\frac{3\sqrt{a} + 5\sqrt{b}}{3\sqrt{a} - 5\sqrt{b}}$

b) $\frac{a^2}{\sqrt{a}}$ e) $\frac{a^2\sqrt{b} + b^2\sqrt{a}}{\sqrt{ab}}$ h) $\frac{1}{\sqrt{a} - \sqrt{b}}$ k) $\frac{a - b}{\sqrt{a} - \sqrt{b}}$ n) $\frac{a}{\sqrt{3} - \sqrt{a}}$

c) $\frac{a^3}{\sqrt{a}}$ f) $\frac{a^3\sqrt{b} - b^3\sqrt{a}}{\sqrt{ab}}$ i) $\frac{\sqrt{a} - \sqrt{b}}{\sqrt{a} + \sqrt{b}}$ l) $\frac{a - b}{\sqrt{a} + \sqrt{b}}$ o) $\sqrt{\frac{a}{\sqrt{a} - \sqrt{b}}}$

18. Untersuche die Wirkung der Umformung $\frac{1}{\sqrt{a} - \sqrt{b}} = \frac{\sqrt{a} + \sqrt{b}}{a - b}$ im Fall $a \approx b$, $a \neq b$ für das Rechnen mit dem Taschenrechner. Setze dazu etwa $a = 456{,}78$; $b = 456{,}77$.
Welche Form des Terms ist für genaues Rechnen günstiger?
Denke an die Ungenauigkeit beim Dividieren durch sehr kleine gerundete Zahlen.

19. Beweise: a) $\sqrt{3 - 2\sqrt{2}} = \sqrt{2} - 1$ b) $\sqrt{7 + 4\sqrt{3}} = 2 + \sqrt{3}$ c) $\sqrt{5 + 2\sqrt{6}} = \sqrt{2} + \sqrt{3}$

20. Bilde alle Produkte, bei denen ein Faktor aus der linken und der andere aus der rechten Schale stammt.

3.6 Überblick über die reellen Zahlen

3.6.1 Rechnen mit reellen Zahlen

Aufgabe 1

a) Vereinfache den Term $3 \cdot (\sqrt{8} + 4) + 7 + 5 \cdot \sqrt{8}$. Notiere, welche Rechengesetze du anwendest.

b) Welches Rechengesetz wurde rechts benutzt?

$7 \cdot 0{,}1234\ldots + 3 \cdot 0{,}1234\ldots$
$= 10 \cdot 0{,}1234\ldots = 1{,}234\ldots$

Lösung

a) $\quad 3 \cdot (\sqrt{8} + 4) + 7 + 5 \cdot \sqrt{8}$
$= 3 \cdot \sqrt{8} + 12 + 7 + 5 \cdot \sqrt{8}$ Distributivgesetz
$= 3 \cdot \sqrt{8} + 19 + 5 \cdot \sqrt{8}$ Assoziativgesetz
$= 3 \cdot \sqrt{8} + 5 \cdot \sqrt{8} + 19$ Kommutativgesetz
$= 8 \cdot \sqrt{8} + 19$ Distributivgesetz

b) Es wurde das Distributivgesetz verwendet.

Information

In der Aufgabe 1 wurde so gerechnet, wie du es bei den **rationalen Zahlen** kennen gelernt hast. Nachstehend sind die Rechengesetze noch einmal aufgeführt.

> **Rechengesetze:** Für alle rationalen Zahlen a, b und c gilt:
> *Kommutativgesetze:*   **a + b = b + a**   **a · b = b · a**
> *Assoziativgesetze:*   **(a + b) + c = a + (b + c)**   **(a · b) · c = a · (b · c)**
> *Distributivgesetze:*   **a · (b + c) = a · b + a · c**

Die **reellen Zahlen** haben wir als Punkte auf der Zahlengeraden kennen gelernt. Ebenso hatten wir die rationalen Zahlen auf der Zahlengeraden gekennzeichnet.

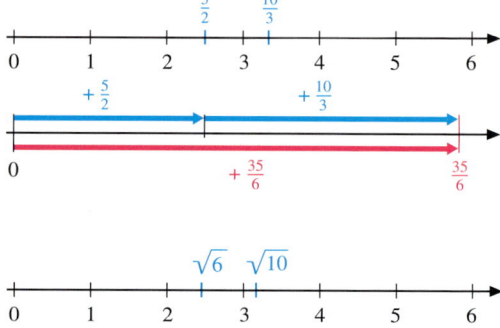

Die Addition rationaler Zahlen wurde als das Hintereinanderlegen der entsprechenden Pfeile veranschaulicht. Der Summe $\frac{5}{2} + \frac{10}{3}$ konnten wir dann die Zahl $\frac{35}{6}$ zuordnen.

Auch für die Summe von $\sqrt{6}$ und $\sqrt{10}$ ergibt sich auf dieselbe Weise eine Stelle auf der Zahlengeraden. Für sie können wir aber keine vereinfachte Schreibweise angeben. Der Name dieser Zahl ist $\sqrt{6} + \sqrt{10}$.

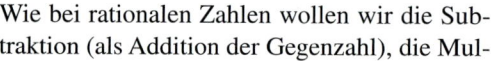

Wie bei rationalen Zahlen wollen wir die Subtraktion (als Addition der Gegenzahl), die Multiplikation (als Streckung eines Pfeils) und die Division (als Multiplikation mit dem Kehrwert) auf reelle Zahlen übertragen. Wegen der gleichartigen Darstellung auf der Zahlengeraden gilt:

> **Satz**
> Mit reellen Zahlen kann man nach denselben Gesetzen rechnen wie mit den rationalen Zahlen.

Überblick über die reellen Zahlen

Übungsaufgaben

2. Vereinfache den Term $(7 + x) \cdot \sqrt{2} - \sqrt{2} \cdot x$. Notiere, welche Rechengesetze du anwendest.

3. Vereinfache. Notiere die Rechengesetze, die du anwendest.
- a) $\sqrt{5} + \sqrt{5} + \sqrt{5}$
- b) $\sqrt{11} - 8 \cdot \sqrt{11}$
- c) $\sqrt{5} \cdot (a - 3) - a \cdot \sqrt{5}$
- d) $(\sqrt{2} \cdot b) \cdot (a \cdot \sqrt{2})$
- e) $\sqrt{14} + \sqrt{14} - 3\sqrt{14}$
- f) $z \cdot (\sqrt{20} + 4) - 12 - \sqrt{20} \cdot z$

4. Stelle durch Pfeile dar, wie man den Punkt zur angegebenen Zahl auf der Zahlengeraden findet.
- a) $\frac{3}{2} - 4$
- b) $4{,}383883883\ldots - \sqrt{12}$
- c) $1{,}5 \cdot 2{,}4414441\ldots$

5. a) Auch die Umformungsregeln für Gleichungen gelten in $\mathbb{R}$. Nenne sie.

b) Isoliere x. Welche Umformungsregeln wendest du an?
(1) $\sqrt{7} + 6x = \sqrt{10}$
(2) $\sqrt{20} \cdot x - 4 = -\sqrt{6}$
(3) $\sqrt{45} - \sqrt{5} \cdot x = 0$
(4) $x - 0{,}202002000\ldots = 10$

$$\sqrt{3} \cdot x = 4 + \sqrt{5} \cdot x \quad | -\sqrt{5} \cdot x$$
$$\sqrt{3} \cdot x - \sqrt{5} \cdot x = 4$$
$$x \cdot (\sqrt{3} - \sqrt{5}) = 4 \quad | : (\sqrt{3} - \sqrt{5})$$
$$x = \frac{4}{\sqrt{3} - \sqrt{5}} \quad \text{Erweitern mit } \sqrt{3} + \sqrt{5}$$
$$x = -2(\sqrt{3} + \sqrt{5})$$

3.6.2 Vergleich der Zahlbereiche $\mathbb{N}$, $\mathbb{Q}_+$, $\mathbb{Q}$ und $\mathbb{R}$

Einführung

Du hast bereits verschiedene Zahlbereiche kennen gelernt:
Menge $\mathbb{N}$ der natürlichen Zahlen (einschließlich 0);
Menge $\mathbb{Q}_+$ der gebrochenen Zahlen (das sind die nichtnegativen rationalen Zahlen);
Menge $\mathbb{Q}$ der rationalen Zahlen;
Menge $\mathbb{R}$ der reellen Zahlen.

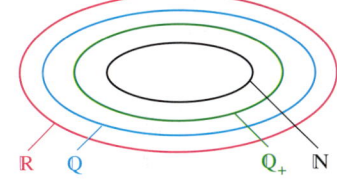

Schrittweise hast du den dir jeweils bekannten Zahlbereich erweitert: $\mathbb{N}$ ist in $\mathbb{Q}_+$ enthalten; $\mathbb{Q}_+$ ist in $\mathbb{Q}$ enthalten und $\mathbb{Q}$ ist schließlich in $\mathbb{R}$ enthalten.

Wir wollen nun rückblickend gemeinsame und unterschiedliche Eigenschaften dieser Zahlbereiche zusammenstellen:

(1) Gemeinsame Eigenschaften der Zahlbereiche

(a) In der Menge $\mathbb{N}$ erhält man beim Addieren und Multiplizieren stets wieder eine natürliche Zahl. Man sagt: Die Addition und die Multiplikation sind in $\mathbb{N}$ *stets ausführbar*.
Entsprechendes gilt für die Addition und die Multiplikation jeweils in $\mathbb{Q}_+$, $\mathbb{Q}$ und $\mathbb{R}$.

(b) Es gelten folgende Rechengesetze:

Kommutativgesetze	**Assoziativgesetze**	**Distributivgesetz**
(Vertauschungsgesetze)	*(Verbindungsgesetze)*	*(Verteilungsgesetz)*
$a + b = b + a$	$a + (b + c) = (a + b) + c$	$a \cdot (b + c) = a \cdot b + a \cdot c$
$a \cdot b = b \cdot a$	$a \cdot (b \cdot c) = (a \cdot b) \cdot c$	

(2) Unterschiedliche Eigenschaften der Zahlbereiche

(a) In der Menge $\mathbb{N}$ erhält man beim Dividieren nicht immer eine natürliche Zahl:
$12 : 4 \in \mathbb{N}$, aber $12 : 5 \notin \mathbb{N}$. Die Division ist in $\mathbb{N}$ *nicht immer* ausführbar.
Dagegen ist in $\mathbb{Q}_+$, $\mathbb{Q}$ und $\mathbb{R}$ die Division durch eine von 0 verschiedene Zahl immer ausführbar.

(b) In den Mengen $\mathbb{N}$ und $\mathbb{Q}_+$ erhält man beim Subtrahieren nicht immer eine natürliche Zahl bzw. eine gebrochene Zahl:
$7 - 3 \in \mathbb{N}$, aber $3 - 7 \notin \mathbb{N}$ bzw. $\frac{3}{4} - \frac{1}{2} \in \mathbb{Q}_+$, aber $\frac{1}{2} - \frac{3}{4} \notin \mathbb{Q}_+$.
Die Subtraktion ist in $\mathbb{N}$ bzw. $\mathbb{Q}_+$ *nicht immer* ausführbar.
Dagegen ist die Subtraktion in $\mathbb{Q}$ und $\mathbb{R}$ *immer* ausführbar.

(c) Bei $\mathbb{N}$ ist auf der Zahlengeraden links von 0 keinem Punkt eine Zahl zugeordnet; ferner liegt zwischen zwei natürlichen Zahlen *nicht immer* eine natürliche Zahl, z. B. nicht zwischen 2 und 3.
Bei $\mathbb{Q}_+$ ist ebenfalls links von 0 keinem Punkt eine Zahl zugeordnet; aber zwischen zwei gebrochenen Zahlen liegt immer wieder eine gebrochene Zahl, dort liegen sogar unendlich viele gebrochene Zahlen.
Bei $\mathbb{Q}$ sind auch Punkte links von 0 Zahlen zugeordnet, und zwischen zwei rationalen Zahlen liegen unendlich viele solcher Zahlen.
Jedoch gibt es unendlich viele Punkte auf der Zahlengeraden, denen keine rationale Zahl zugeordnet ist (siehe dazu Seite 88).

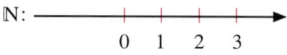

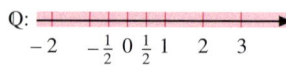

Bei $\mathbb{R}$ ist jedem Punkt auf der Zahlengeraden eine reelle Zahl zugeordnet und umgekehrt. Die Zahlen aus $\mathbb{R} \setminus \mathbb{Q}$, die irrationalen Zahlen, sind nicht nur die Quadratwurzeln aus positiven rationalen Zahlen.

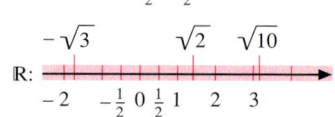

Der deutsche Mathematiker Richard **Dedekind** (1831–1916) hat als Erster eine befriedigende mathematische Theorie der reellen Zahlen entwickelt. Berühmt sind seine Schriften „Stetigkeit und irrationale Zahlen" (1872) und „Was sind und was sollen die Zahlen?" (1888).
Dedekind lehrte als Professor zunächst in Göttingen, später in seiner Heimatstadt Braunschweig.

Übungsaufgaben

1. Ergänze das Diagramm so, dass es auch die Mengen $\mathbb{Z}$ (der ganzen Zahlen) und $\mathbb{R}_+$ (der nichtnegativen reellen Zahlen) enthält. Das vervollständigte Diagramm hat sechs getrennte Gebiete. Beschreibe jedes dieser Gebiete mit Worten. Nenne aus jedem drei Zahlen.

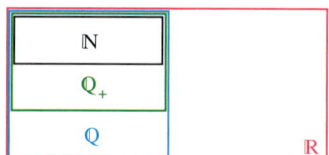

2. Begründe an der Zahlengeraden das Rechengesetz: Für alle $a \in \mathbb{R}$, $b \in \mathbb{R}$, $c \in \mathbb{R}$ gilt:
   a) Wenn $a < b$, dann $a + c < b + c$.
   b) Wenn $a < b$ und $c < 0$, dann $a \cdot c > b \cdot c$.

3. a) Gib eine rationale Zahl an, die zwischen den irrationalen Zahlen $a = 3{,}525225222\ldots$ und $b = 3{,}52552555\ldots$ liegt.
   b) Kann man zu zwei verschiedenen reellen Zahlen immer eine rationale [irrationale] Zahl angeben, die dazwischen liegt? Begründe deine Aussage.

4. Beweise: a) $\sqrt{\sqrt{2}}$ ist irrational. b) Wenn a irrational und positiv ist, dann ist $\sqrt{a}$ irrational.

5. Begründe: Das Reziproke einer irrationalen Zahl ist auch irrational.

6. Du hast ausgehend von der Menge $\mathbb{N}$ der natürlichen Zahlen die Menge $\mathbb{Q}_+$ der gebrochenen Zahlen, die Menge $\mathbb{Q}$ der rationalen Zahlen und schließlich die Menge $\mathbb{R}$ der reellen Zahlen kennen gelernt. Nenne Gründe für jede dieser Erweiterungen.

Im Blickpunkt

Wie viele rationale und irrationale Zahlen gibt es?

Rationale Zahlen kennst du seit Klasse 7. Du hast damals gedacht, dass die Zahlengerade lückenlos mit rationalen Zahlen gefüllt ist. Mit den Wurzeln aus natürlichen Zahlen, die keine Quadratzahlen sind, hast du erste Lücken auf der Zahlengeraden entdeckt. Als nichtperiodische Dezimalbrüche hast du weitere irrationale Zahlen kennen gelernt. Wir wollen untersuchen, ob die rationalen Zahlen auf der Zahlengeraden mehr Platz einnehmen als die irrationalen Zahlen.

1. a) Zu jeder ganzen Zahl kannst du eine unmittelbar darauf folgende nächstgrößere angeben. Untersuche, ob das auch bei den rationalen Zahlen möglich ist. Begründe deine Behauptung.

   b) Man kann die rationalen Zahlen dennoch in einer Reihenfolge aufzählend angeben. Der deutsche Mathematiker Georg Cantor (1845 – 1918) hat hierfür einen Trick gefunden.

Georg Cantor

(1) Übertrage das Zahlenschema in dein Heft; erweitere es dabei um zwei Spalten und zwei Zeilen. Erläutere, warum es für jede rationale Zahl mindestens einen Platz in diesem Zahlenschema gibt.

IM BLICKPUNKT: Wie viele rationale und irrationale Zahlen gibt es?

(2) Durch diagonales Abzählen in diesem Schema kann man nun eine eindeutige Reihenfolge aller rationalen Zahlen festlegen, dabei müssen aber die Brüche, die man kürzen kann, übersprungen werden. Dadurch wird jedoch jede rationale Zahl genau einmal erfasst. Jede rationale Zahl hat dann einen eindeutigen Platz in der mit dem *Cantor'schen Diagonalverfahren* bestimmten Reihenfolge:

$$0;\ 1;\ -1;\ \tfrac{1}{2};\ \tfrac{1}{3};\ -\tfrac{1}{2};\ 2;\ -2;\ -\tfrac{1}{3};\ \tfrac{1}{4};\ \tfrac{1}{5};\ -\tfrac{1}{4};\ \tfrac{2}{3};\ 3;\ -3;\ \tfrac{3}{2};\ -\tfrac{2}{3};\ -\tfrac{1}{5};\ \tfrac{1}{6};\ \ldots$$

In dieser Reihenfolge sind die rationalen Zahlen allerdings nicht nach ihrer Größe geordnet; eine solche Reihenfolge gibt es nicht.
Setze diese Reihenfolge so weit fort, wie es dein Zahlenschema im Heft ermöglicht.

(3) Kinder, die noch nicht zählen können, entscheiden, ob eine Anzahl von Bonbons mit einer Anzahl von Kindern übereinstimmt so: Sie geben jedem Kind einen Bonbon und stellen fest, ob Bonbons oder Kinder ohne Bonbons übrig bleiben. Über solch eine umkehrbar eindeutige Zuordnung wird entschieden, ob die Anzahlen der Elemente zweier Mengen übereinstimmen.
Bei Mengen mit unendlich vielen Elementen wie $\mathbb{N}$ oder $\mathbb{Q}$ kann man die Anzahl der Elemente nicht mit einer Zahl angeben. Erläutere, dass das Cantor'sche Diagonalverfahren eine umkehrbar eindeutige Zuordnung der natürlichen Zahlen zu den rationalen Zahlen liefert.
Was ergibt sich daraus für die „Anzahl" der natürlichen Zahlen im Vergleich zur „Anzahl" der rationalen Zahlen? Dieses Ergebnis erscheint paradox. Erläutere, warum.

2. a) Zeichne eine Zahlengerade, bei der die Strecke von 0 bis 1 die Länge 1 dm hat. Benutze dann für die rationalen Zahlen die Reihenfolge, die sich aus dem Cantor'schen Diagonalverfahren ergibt. Lege um die erste rationale Zahl (die 0) ein Intervall der Länge 1 dm, um die zweite (die 1) ein Intervall der Länge 0,1 dm, um die dritte (die –1) ein Intervall der Länge 0,01 dm usw.

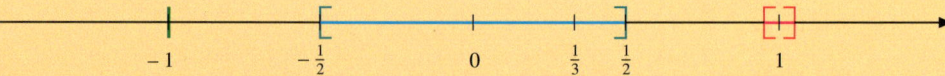

(1) Begründe, dass auf diese Weise alle rationalen Zahlen von den Intervallen überdeckt werden. Zeige auch an Beispielen, dass sich diese Intervalle überschneiden.
(2) Fertige eine neue Zeichnung an, indem du die Intervalle so verschiebst, dass sie nur noch aneinanderstoßen.

Begründe: Alle Intervalle, mit denen sämtliche rationale Zahlen (und natürlich auch noch etliche irrationale) erfasst wurden, decken dann auf der Zahlengeraden eine Strecke der Länge 1 dm + 0,1 dm + 0,01 dm + 0,001 dm + … = $1,\overline{1}$ dm ab.

b) Dieses Verfahren lässt sich natürlich noch verbessern, wenn man für das erste Intervall eine Länge von 0,1 dm wählt.
Welche Gesamtlänge ergibt sich nun für alle Intervalle?

c) Denke dir dieses Verkleinern der Länge des ersten Intervalles fortgesetzt.
Welchen Anteil nehmen die rationalen Zahlen, welchen Anteil die irrationalen Zahlen an der Zahlengeraden ein?

3.7 Aufgaben zur Vertiefung

1. Beweise zunächst die angegebenen Formeln. Setze dann die Folge um zwei Formeln fort und formuliere eine Gesetzmäßigkeit.

    a) Für alle $a \geq 0$ gilt: (1) $\sqrt{a^3} = a \cdot \sqrt{a}$ (2) $\sqrt{a^5} = a^2 \cdot \sqrt{a}$ (3) $\sqrt{a^7} = a^3 \cdot \sqrt{a}$

    b) Für alle $a \in \mathbb{R}$ gilt: (1) $\sqrt{a^4} = a^2$ (2) $\sqrt{a^6} = |a| \cdot a^2$ (3) $\sqrt{a^8} = a^4$

2. a) Bestätige an Beispielen mit dem Taschenrechner und beweise dann für $a > b > 0$: Wenn b klein gegenüber a ist, gilt die Näherungsaussage $\sqrt{a+b} \cdot \sqrt{a-b} \approx a$.

    b) Berechne mit dem Ergebnis aus Teilaufgabe a) näherungsweise im Kopf.

    (1) $\sqrt{81} \cdot \sqrt{79}$ (2) $\sqrt{20} \cdot \sqrt{21}$ (3) $\sqrt{1{,}99} \cdot \sqrt{2{,}01}$ (4) $\sqrt{250} \cdot \sqrt{260}$

3. Begründe die Näherungsrechnung. Berechne dann näherungsweise im Kopf und prüfe das Ergebnis mit Taschenrechner.

    $$\frac{1}{\sqrt{101} - \sqrt{99}} = \frac{\sqrt{101} + \sqrt{99}}{2} \approx \sqrt{100} = 10$$

    a) $\dfrac{1}{\sqrt{65} - \sqrt{63}}$ b) $\dfrac{1}{\sqrt{37} - \sqrt{35}}$ c) $\dfrac{1}{\sqrt{26} - \sqrt{24}}$ d) $\dfrac{1}{\sqrt{17} - \sqrt{15}}$ e) $\dfrac{1}{\sqrt{10} - \sqrt{8}}$

4. Prüfe die Gleichungen des historischen Rechenbuchs (Leonardo von Pisa, um 1220):

    (1) $\dfrac{20 - \sqrt{96}}{\sqrt{8}} = \sqrt{50} - \sqrt{12}$ (2) $\dfrac{100}{4 + \sqrt{7}} = 44\tfrac{4}{9} - 11\tfrac{1}{9} \cdot \sqrt{7}$

5. Berechne den Term $\dfrac{1}{\sqrt{a}-1} - \dfrac{\sqrt{a}}{a-1}$ [den Term $\dfrac{1}{\sqrt{a}+1} - \dfrac{\sqrt{a}}{a-1}$] für verschiedene Werte von $a > 1$. Was fällt auf? Beweise deine Vermutung.

6. a) Gegeben sind die reellen Zahlen $a = 0{,}408\ldots$; $b = 0{,}2931\ldots$ Begründe die beiden Einschachtelungen rechts.

    b) Erläutere, warum für die Summe $a + b$ die Darstellung rechts gilt. Gib die Summe mit möglichst vielen gesicherten Dezimalstellen an.

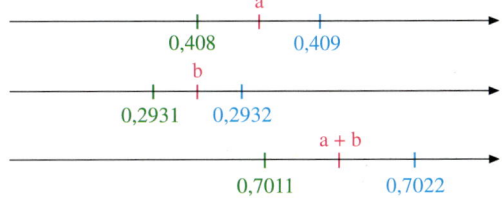

   c) Erläutere die Darstellung rechts für das Produkt $a \cdot b$. Zwischen welchen Werten liegt folglich das Produkt $a \cdot b$? Gib das Produkt $a \cdot b$ mit möglichst vielen gesicherten Dezimalstellen an.

   d) Begründe, warum $a - b$ zwischen $0{,}1148$ und $0{,}1159$ liegt. Gib $a - b$ mit möglichst vielen gesicherten Dezimalstellen an.

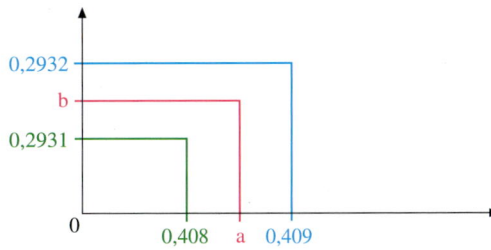

   e) Gib den Quotienten $a : b$ mit möglichst vielen gesicherten Dezimalstellen an.

7. Die Länge a und die Breite b eines Rechtecks sind auf Millimeter gerundet angegeben: $a \approx 32{,}7$ cm; $b \approx 18{,}9$ cm [$a \approx 29{,}7$ cm; $b \approx 21{,}0$ cm]. Berechne so genau wie möglich

   a) den Umfang;   b) den Flächeninhalt;   c) das Seitenverhältnis $a : b$.

Bist du fit?

1. Berechne im Kopf: a) $\sqrt{81}$ b) $\sqrt{0{,}25}$ c) $\sqrt{\dfrac{64}{121}}$ d) $\sqrt{40\,000}$ e) $\sqrt{6{,}25}$

2. Gib die Seitenlänge eines Quadrates mit dem angegebenen Flächeninhalt an.
   a) $49\,\text{cm}^2$ b) $169\,\text{cm}^2$ c) $7{,}29\,\text{dm}^2$ d) $8\,\text{m}^2$ e) $150\,\text{ha}$

3. Berechne Kantenlänge und Volumen des Würfels im Kaufhaus Kastens.

Kaufhaus Kastens in Oberstadt neu eröffnet
Blickfang für die Käufer ist ein im Treppenhaus an einer Ecke aufgehängter Würfel, der mit 3 m² echtem Blattgold beschichtet wurde.

4. a) Bestimme ohne Verwendung der Wurzeltaste des Taschenrechners einen Näherungswert für $\sqrt{7}$, der auf 2 Nachkommastellen genau ist.
   b) Begründe, dass $\sqrt{7}$ kein abbrechender Dezimalbruch ist.
   c) Beweise, dass $\sqrt{7}$ irrational ist.

5. Welche der Zahlen sind rational? Gib für sie eine Darstellung als gemeinen Bruch an.
   a) $3{,}4$ c) $3{,}404004000\ldots$ e) $3{,}\overline{40}$ g) $\sqrt{4}$ i) $3 \cdot \sqrt{4}$ k) $3{,}04$
   b) $3{,}\overline{4}$ d) $3{,}39$ f) $\sqrt{3}$ h) $4 \cdot \sqrt{3}$ j) $3{,}040440404404044\ldots$ l) $3{,}040$

6. Beschreibe: Woran erkennt man rationale [irrationale] Zahlen in der Dezimalbruchdarstellung?

7. Bestimme die Lösungsmenge der Gleichung.
   a) $x^2 = 144$ b) $z^2 = 1{,}69$ c) $x^2 = -4$ d) $u^2 = 0$

8. Bestimme den Definitionsbereich des Wurzelterms.
   a) $\sqrt{2x-6}$ b) $\sqrt{x^2+4}$ c) $\sqrt{9-x^2}$ d) $\sqrt{\dfrac{1}{x+1}}$

9. Vereinfache.
   a) $\sqrt{20} \cdot \sqrt{5}$ b) $\sqrt{20} : \sqrt{5}$ c) $(\sqrt{20} + \sqrt{5})^2$ d) $\sqrt{20} + \sqrt{5}$

10. a) $\sqrt{9a^2}$ d) $\sqrt{6uv} \cdot \sqrt{3v} \cdot \sqrt{8u}$ g) $\sqrt{y^2} \cdot \sqrt{y}$ j) $(1+\sqrt{a}) \cdot \sqrt{a}$
    b) $(\sqrt{5x})^2$ e) $\sqrt{0{,}81\,x^2\,y^4}$ h) $\sqrt{\dfrac{169\,a^2}{4\,b^2\,c^2}}$ k) $(\sqrt{a} + \sqrt{3b})^2$
    c) $\sqrt{360} : \sqrt{10}$ f) $\sqrt{x^9} \cdot \sqrt{x^3}$ i) $\sqrt{a} + \sqrt{4a} - \sqrt{9a^3}$ l) $\sqrt{25 - 10z + z^2}$

    Denke an die einschränkende Bedingung!

11. Ziehe teilweise die Wurzel.
    a) $\sqrt{12}$ b) $\sqrt{45}$ c) $\sqrt{5a^2}$ d) $\sqrt{169\,a^4\,b^2\,c}$ e) $\sqrt{1{,}44\,x^2\,y}$

12. Beseitige die Wurzel im Nenner.
    a) $\dfrac{5}{\sqrt{3}}$ b) $\dfrac{6}{\sqrt{2}}$ c) $\dfrac{a}{\sqrt{z}}$ d) $\dfrac{7}{4-\sqrt{2}}$ e) $\dfrac{a}{b-\sqrt{c}}$ f) $\dfrac{\sqrt{2}}{\sqrt{3}-\sqrt{5}}$

4. QUADRATISCHE FUNKTIONEN UND GLEICHUNGEN

Geraden kannst du schon durch Gleichungen beschreiben. Im Alltag kommen aber auch viele Linien vor, die nicht gerade sind. Häufig siehst du Kurven wie in den folgenden Bildern.

- Erläutere, worum es sich bei den Bildern handelt. Beschreibe auch die Form der enthaltenen Kurven.
- Kurven wie auf diesen Fotos nennt man Parabeln. Bestimmt hast du auch noch an anderen Stellen in deiner Umgebung Parabeln gesehen. Wo?

 In diesem Kapitel wirst du die Eigenschaften von Parabeln untersuchen und erfahren, wie man Parabeln in einem Koordinatensystem mit Gleichungen beschreiben kann.

4.1 Quadratfunktion – Eigenschaften der Normalparabel

Aufgabe 1

Um Kurven wie in den Bildern auf Seite 109 beschreiben zu können, beginnen wir mit der einfachsten Funktion, die einen solchen Graphen liefert.

a) Rechts siehst du den Graphen der Quadratfunktion mit der Gleichung $y = x^2$. Beschreibe Eigenschaften der *Normalparabel*.

b) Bei proportionalen Funktionen gilt: Verdoppelt (verdreifacht, …) man den x-Wert, so verdoppelt (verdreifacht …) sich der zugeordnete y-Wert. Gibt es auch für die Quadratfunktion eine derartige Regelmäßigkeit?

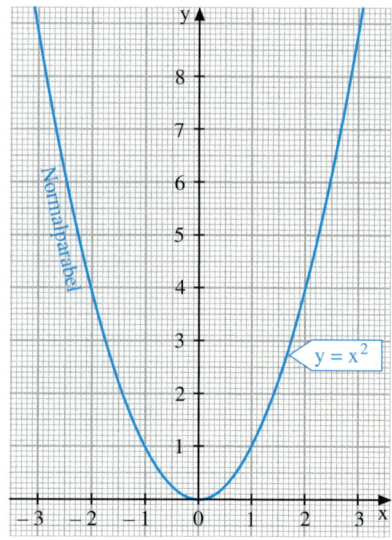

Lösung

a) Von links nach rechts fällt die Normalparabel im 2. Quadranten (geht bergab). An der Stelle 0 hat sie ihren tiefsten Punkt (Scheitelpunkt), in dem sie die x-Achse berührt. Danach steigt die Normalparabel im 1. Quadranten von links nach rechts an (geht bergauf).
Der Graph ist symmetrisch zur y-Achse.

b) Wir erstellen eine Wertetabelle.

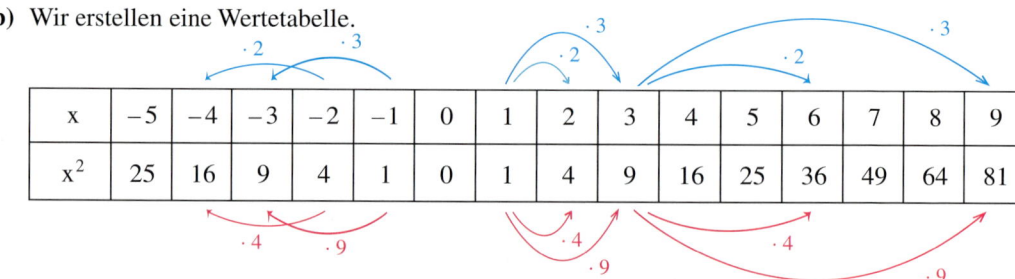

Die zugeordneten y-Werte sind nicht proportional zu den x-Werten. Aber es gilt z.B.:

- Verdoppelt man den x-Wert, so vervierfacht sich der zugeordnete Funktionswert.
- Verdreifacht man den x-Wert, so verneunfacht sich der zugeordnete Funktionswert.

Information

(1) Quadratfunktion – Normalparabel

Definition

Die Funktion mit der Gleichung $y = x^2$ und dem Definitionsbereich $\mathbb{R}$ heißt **Quadratfunktion**. Ihr Graph heißt *Normalparabel*.

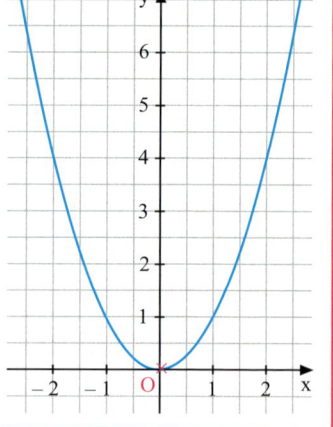

Quadratfunktion – Eigenschaften der Normalparabel

(1) Symmetrie der Normalparabel

Symmetrie zur y-Achse bedeutet, dass die Funktionswerte für Zahl und zugehörige Gegenzahl übereinstimmen.
Für die Funktion f mit $f(x) = x^2$ gilt z. B.: $f(-2) = 4$ und auch $f(2) = 4$. Die entsprechenden Punkte $P'(-2|4)$ und $P(2|4)$ unterscheiden sich nur im Vorzeichen der x-Koordinate, die y-Koordinate ist die gleiche.
Dies gilt für beliebiges x: $f(-x) = (-x)^2 = x^2 = f(x)$

Das bedeutet: Die gesamte Normalparabel ist symmetrisch zur y-Achse.
Der Ursprung des Koordinatensystems ist der einzige Punkt, der auf der Symmetrieachse liegt.

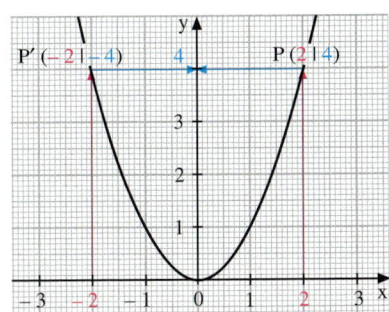

(2) Scheitelpunkt der Normalparabel

Der Ursprung des Koordinatensystems ist der tiefste Punkt der Normalparabel, denn für $x \neq 0$ ist $x^2 > 0$. Man nennt ihn auch den *Scheitelpunkt* (oder kurz *Scheitel*).
Alle anderen Punkte der Normalparabel liegen oberhalb der x-Achse. Der Wertebereich der Quadratfunktion ist somit die Menge $\mathbb{R}_+$ der nichtnegativen reellen Zahlen.

(3) Fallen und Steigen der Normalparabel

1. Fall: $x > 0$
Wir betrachten zunächst den Teil der Normalparabel, der im 1. Quadranten liegt. Hier steigt der Graph von links nach rechts an. Das bedeutet: Wenn man von einer positiven Stelle x zu einer größeren übergeht, so wird auch der Funktionswert größer. Das liegt daran, dass zur größeren Zahl auch die größere Quadratzahl gehört.

2. Fall: $x < 0$
Wir betrachten nun den Teil der Normalparabel, der im 2. Quadranten liegt. Hier fällt der Graph von links nach rechts. Das bedeutet: Wenn man von einer negativen Stelle x nach rechts zu einer anderen negativen Stelle geht, wird der Funktionswert kleiner. Das liegt daran, dass der Betrag einer negativen Zahl nach rechts kleiner wird. Das Quadrat der Zahl wird also auch kleiner.
Das bedeutet: Der Graph fällt im 2. Quadranten von links nach rechts.

Nummerierung der Quadranten.

> **Satz**
> Die Quadratfunktion f mit $f(x) = x^2$ hat folgende Eigenschaften:
> - Der Graph ist symmetrisch zur y-Achse.
> - Der Koordinatenursprung ist als Scheitelpunkt der tiefste Punkt des Graphen.
> - Der Graph fällt im 2. Quadranten und steigt im 1. Quadranten.

(4) Quadratisches Wachstum

In Aufgabe 1 haben wir gesehen, dass eine Verdoppelung (Verdreifachung) eines x-Wertes bei der Quadratfunktion zu einer Vervierfachung (Verneunfachung) des zugeordneten y-Wertes führt.

> Für die Quadratfunktion gilt:
> Vervielfacht man einen x-Wert mit dem Faktor k, so wird der zugehörige y-Wert mit dem Quadrat des Vervielfachungsfaktors, also mit k^2 vervielfacht.

Begründung: Für den Vervielfachungsfaktor k und die Stelle x gilt für die Quadratfunktion f:
$$f(kx) = (kx)^2 = k^2 x^2 = k^2 \cdot f(x)$$

Weiterführende Aufgabe

2. *Grafisches Lösen einer Gleichung der Form $x^2 = r$*

Lies an der Normalparabel die Lösungsmenge der Gleichung ab. Veranschauliche dein Vorgehen in der Zeichnung.
(1) $x^2 = 6{,}25$ (2) $x^2 = 0$ (3) $x^2 = -1$

Grafisches Bestimmen der Lösungsmenge zu $x^2 = r$

Grafisch bedeutet das Bestimmen der Lösungsmenge der Gleichung $x^2 = r$ das Ermitteln der Schnittpunkte des Graphen der Quadratfunktion zu $y = x^2$ mit der durch $y = r$ gegebenen Parallelen zur x-Achse.
- Für $r > 0$ gibt es zwei Schnittpunkte, d. h. die Gleichung hat *zwei* Lösungen.
- Für $r = 0$ trifft die Gerade die Normalparabel in ihrem Scheitelpunkt, d. h. die Gleichung hat *eine* Lösung.
- Für $r < 0$ schneiden sich die Graphen nicht, d. h. die Gleichung $x^2 = r$ hat *keine* Lösung.

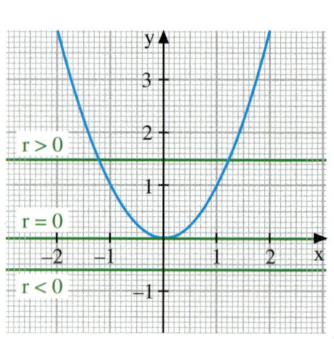

Übungsaufgaben

3. **a)** Zeichne mit einem grafikfähigen Taschenrechner oder einem Programm den Graphen der Funktion f mit der Funktionsgleichung $y = x^2$. Wähle auch Fenster, die den Verlauf in der Nähe des Ursprungs deutlich zeigen.
Beschreibe Eigenschaften des Graphen. Versuche auch, Begründungen dafür anzugeben.

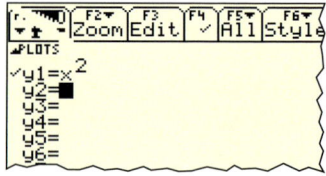

b) Lies am Graphen ab: $f(0{,}7)$; $f(1{,}3)$; $f(2{,}6)$; $f(-0{,}4)$; $f(-1{,}7)$; $f(-2{,}1)$.

c) Kontrolliere die abgelesenen Werte durch Rechnung.

4. Fertige eine sorgfältige Zeichnung der Normalparabel für $-3 \leq x \leq 3$ an.
Lies folgende Werte ab: $0{,}7^2$; $1{,}3^2$; $2{,}6^2$; $(-0{,}4)^2$; $(-1{,}7)^2$; $(-2{,}1)^2$. Kontrolliere rechnerisch.

5. Ohne weitere Hilfsmittel kannst du eine Normalparabel mit wenigen Punkten zeichnen:
(1) Zeichne den Scheitelpunkt.
(2) Gehe von dort 1 nach rechts [links] und 1 nach oben.
(3) Gehe nun vom Scheitelpunkt 2 nach rechts [links] und 4 nach oben.
Führe das Verfahren fort und zeichne so eine Normalparabel.

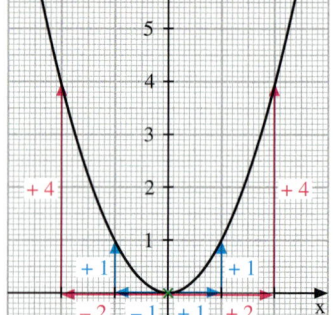

6. Die Punkte P_1, P_2, P_3, P_4, P_5 und P_6 liegen auf einer Normalparabel. Bestimme jeweils die fehlende Koordinate.

$P_1(1{,}2 | \ )$ $P_2(2{,}6 | \ )$ $P_3(\ | 2{,}25)$
$P_4(\ | 0)$ $P_5(-1{,}4 | \ )$ $P_6(\ | 0{,}81)$

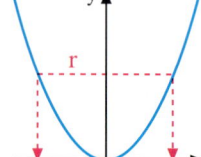

7. a) Bestimme, an welchen Stellen die Quadratfunktion den Wert
(1) 4; (2) $\tfrac{1}{4}$; (3) 12,25; (4) 0; (5) -4 annimmt.

b) Gib allgemein für eine reelle Zahl r an, an welchen Stellen die Quadratfunktion den Wert r annimmt.

Quadratfunktion – Eigenschaften der Normalparabel

8. Lukas hat die Normalparabel gezeichnet. Kontrolliere.

9. Untersuche zeichnerisch, für welche Werte für x gilt: $x^2 < x$.

10. Die Quadratfunktion nimmt an der Stelle 0,5 den Funktionswert 0,25 an.
    a) Der Wert für die Stelle wird mit (–2) multipliziert. Wie wirkt sich das auf den Funktionswert aus? Kontrolliere deine Behauptung auch an anderen Stellen.
    b) Wie wirkt sich ein Multiplizieren mit (–3), (–4), … des Wertes für die Stelle auf die Funktionswerte aus? Formuliere eine allgemeine Behauptung und beweise diese.

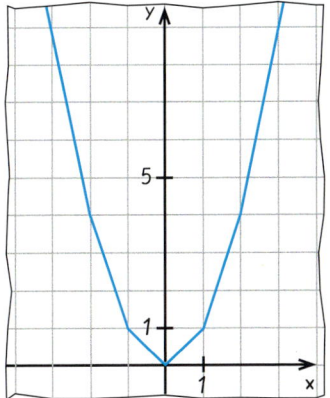

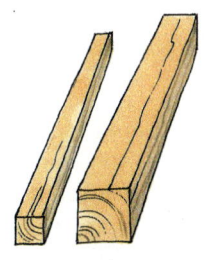

11. a) Die Seitenlänge eines Quadrats wird verdoppelt. Wie ändert sich der Flächeninhalt?
    b) Wie müssen die Seitenlängen verändert werden, damit sich der Flächeninhalt verdoppelt?

12. Ein Baumarkt bietet 2,40 m lange Leisten mit quadratischem Querschnitt an. Die Leisten mit der Seitenlänge 2,5 cm kosten 7,98 €.
    Wie viel könnte eine Leiste mit der Seitenlänge 5 cm kosten?

13. a) Bei der angegebenen linearen Funktion wird der x-Wert um 1 erhöht. Wie ändert sich der y-Wert? Untersuche das an mehreren x-Werten.

    (1) $y = 2x + 1$ (2) $y = -3x - 2$ (3) $y = -\frac{1}{4}x - 2$

    b) Formuliere deine Beobachtung aus Teilaufgabe a) allgemein für die lineare Funktion f mit dem Funktionsterm $f(x) = mx + n$.
    c) Untersuche nun die Quadratfunktion: Erhöhe an mehreren Stellen den x-Wert um 1. Wie ändert sich der zugehörige y-Wert? Formuliere eine Vermutung.
    d) Begründe deine Vermutungen aus Teilaufgabe c).

PLOT 14. Beschreibe, auf welche verschiedene Weisen du mithilfe eines grafikfähigen Taschenrechners eine Gleichung der Form $x^2 = r$ lösen kannst.

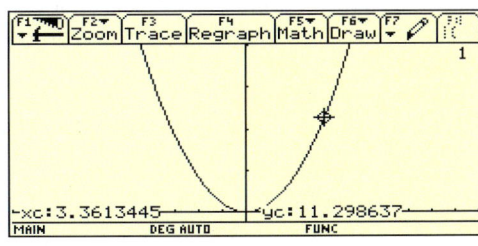

15. Gib anhand der Normalparabel die Lösungsmenge der Gleichung an.
    a) $x^2 = 1$ b) $x^2 = 6{,}25$ c) $x^2 = 2{,}25$ d) $x^2 = -4$ e) $x^2 = 0$

16. Bestimme die Lösungsmenge der Gleichung:
    a) $x^2 = 9$ b) $x^2 = 11$ c) $x^2 = -9$ d) $0 = x^2$ e) $5 = x^2$

17. Gib eine Gleichung an, die folgende Lösungsmenge hat:
    a) $\{-9;\ 9\}$ b) $\{-1{,}5;\ 1{,}5\}$ c) $\{-\sqrt{11};\ \sqrt{11}\}$ d) $\{-2\sqrt{3};\ 2\sqrt{3}\}$ e) $\{0\}$

4.2 Quadratische Gleichungen – Grafisches Lösungsverfahren

4.2.1 Lösen einer quadratischen Gleichung durch planmäßiges Probieren

Einführung

Kevin stellt ein Zahlenrätsel.

Wir wollen versuchen, diese Zahlen mithilfe einer Tabelle durch planmäßiges Probieren zu finden.

Ich kenne Zahlen, deren Quadrat genauso groß ist wie das $1\frac{1}{2}$-fache einer solchen Zahl vermehrt um 10.

(1) Aufstellen einer Gleichung

Für die gesuchten Zahlen führen wir die Variable x ein.

Das Quadrat der Zahl ist dann:	x^2
Das $1\frac{1}{2}$-fache der Zahl, vermehrt um 10 ist:	$1,5x + 10$
Kevins Rätsel liefert die Gleichung:	$x^2 = 1,5x + 10$

(2) Bestimmen der Lösungsmenge

Es handelt sich hier um eine Gleichung, in der auch das Quadrat der Variablen (hier x^2) vorkommt. Eine solche *quadratische Gleichung* können wir mithilfe unserer bisherigen rechnerischen Verfahren nicht lösen. Wir wenden daher ein Probierverfahren an.

Wir suchen mithilfe einer Tabelle Einsetzungen für x, für welche die Werte für x^2 und für $1,5x + 10$ übereinstimmen.

Die Zahl 4 ist *eine* Lösung der Gleichung.

x	0	1	2	3	4	5
x^2	0	1	4	9	16	25
$1,5x + 10$	10	11,5	13	14,5	16	17,5

Wir wissen (siehe Seite 112): Eine Gleichung der Form $x^2 = r$ kann keine Lösung, eine Lösung oder zwei Lösungen besitzen.

Wir wollen daher prüfen, ob die quadratische Gleichung $x^2 = 1,5x + 10$ außer der Zahl 4 noch eine weitere Lösung hat.

Wir überlegen: Größere Zahlen als 5 kommen für x nicht in Betracht, da die Werte von $1,5x + 10$ von Schritt zu Schritt um 1,5 anwachsen, die Werte von x^2 aber um größere Zahlen als 1,5.

Ebenso erkennen wir, dass außer 4 keine anderen Zahlen zwischen 0 und 5 als Lösung infrage kommen.

Wir überprüfen nun den Bereich der negativen Zahlen:

Eine kleinere Zahl als -3 kommt nicht in Betracht, da für $x = -4; -5; -6; \ldots$ die Werte für x^2 größer werden und die für $1,5x + 10$ aber kleiner.

x	-1	-2	-3	-4	-5
x^2	1	4	9	16	25
$1,5x + 10$	8,5	7	5,5	4	2,5

Für -2 ist der Wert von x^2 kleiner als der für $1,5x + 10$; für -3 ist es aber umgekehrt. Also wird es noch eine Zahl zwischen -2 und -3 geben, für die die Werte für x^2 und für $1,5x + 10$ übereinstimmen.

Probieren ergibt:
Bei der Einsetzung von $-2,5$ für x haben x^2 und $1,5x + 10$ den gleichen Wert 6,25.

Ergebnis: Kevin denkt an die Zahlen 4 und $-2,5$.

Quadratische Gleichungen – Grafisches Lösungsverfahren

Information

In der Einführung haben wir Lösungen der Gleichung $x^2 = 1{,}5\,x + 10$ bestimmt. Diese Gleichung kann man auch in der Form $x^2 - 1{,}5\,x - 10 = 0$ schreiben.

absolut ⟨lat.⟩
völlig; ganz und gar uneingeschränkt

> **Definition**
>
> Gleichungen, die man auf die Form $ax^2 + bx + c = 0$ $(a \ne 0)$ bringen kann, heißen **quadratische Gleichungen**.
>
> Man nennt ax^2 das *quadratische Glied*, bx das *lineare Glied* und c das *absolute Glied* der Gleichung.
>
> Eine quadratische Gleichung, bei der das lineare Glied fehlt, heißt **reinquadratisch**.
> Eine quadratische Gleichung mit linearem Glied heißt **gemischtquadratisch**.
>
> *Beispiele für reinquadratische Gleichungen:* $x^2 = 9;\quad x^2 = 0;\quad x^2 - 3 = 8$
> *Beispiele für gemischtquadratische Gleichungen:* $3x^2 + 21x = -30;\quad x^2 - 5x = 0$

Weiterführende Aufgabe TAB

1. *Planmäßiges Probieren mithilfe einer Tabellenkalkulation oder eines grafikfähigen Rechners*

   Rechts soll eine quadratische Gleichung mithilfe eines Tabellen-Kalkulations-Programms gelöst werden.

   a) Notiere die quadratische Gleichung. Erstelle dann zum Lösen geeignete Wertetabellen mithilfe eines Programmes.
   Beachte: Für x^2 schreibt man x^2.

   b) Untersuche auch, wie du mit einem grafikfähigen Taschenrechner vorgehen kannst, um diese quadratische Gleichung zu lösen.

Übungsaufgaben

2. Bei einem Rechteck ist eine Seite 3 cm länger als die eines Quadrats und die andere 4 cm kürzer als die des Quadrats. Der Flächeninhalt dieses Rechtecks ist nur halb so groß wie der Flächeninhalt des Quadrats. Zeichne beide.

3. Suche mithilfe einer Tabelle Zahlen mit folgender Eigenschaft:

   a) Das Quadrat soll genauso groß wie das Sechsfache der Zahl, vermindert um 8, sein.
   b) Das Quadrat soll gleich der Differenz aus 16 und dem 1,8-fachen der Zahl sein.
   c) Das Quadrat soll halb so groß wie das Dreifache der Zahl, vermehrt um 20, sein.

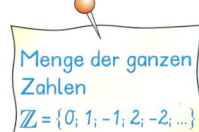
Menge der ganzen Zahlen
$\mathbb{Z} = \{0;\ 1;\ -1;\ 2;\ -2;\ \ldots\}$

4. Bestimme mithilfe einer Tabelle die Lösungsmenge. Der Grundbereich soll $\mathbb{Z}$ sein. Forme die Gleichung wie im Beispiel zunächst geeignet um.

   $3x^2 + 21x + 30 = 0 \quad |:3$
   $x^2 + 7x + 10 = 0$
   $x^2 \qquad\qquad = -7x - 10$

   a) $x^2 - 2x - 15 = 0$
   b) $2x^2 + 16x + 32 = 0$
   c) $\tfrac{1}{2}x^2 + x = 0$
   d) $\tfrac{1}{2}y^2 - \tfrac{3}{2}y - 2 = 0$

5. Liegt eine quadratische Gleichung vor? Falls ja, ist sie rein- oder gemischtquadratisch?

   a) $x^2 = 7x$
   b) $4 = y^2$
   c) $y^2 - 9 = 9$
   d) $z - z^2 = 5$
   e) $x^2 - x + 5x^3 = 4$
   f) $8 - x^2 + 3x = 2$
   g) $z - 3 = 4z^2$
   h) $0{,}3^2 = 16y$
   i) $9x - 7 = 2x$
   j) $(3z + 2)^2 = 49$

4.2.2 Grafisches Lösen bei quadratischen Gleichungen

Die Suche von Lösungen einer quadratischen Gleichung durch planmäßiges Probieren führt nicht immer zu einem Erfolg. Hat man durch Probieren z. B. keine Lösung gefunden, so weiß man nicht, ob die Gleichung wirklich keine Lösung besitzt, oder ob man sie nur noch nicht gefunden hat.
Wir wollen ein weiteres Lösungsverfahren, das Lösen mithilfe von Graphen, entwickeln. Die Tabellen im Einführungsbeispiel (siehe Seite 114) fassen wir dabei als Wertetabellen für zwei Funktionen auf.

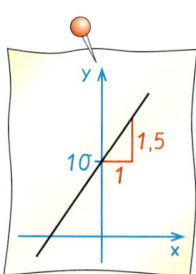

$1,5x + 10$ ist der Term einer linearen Funktion mit der Gleichung $y = 1,5x + 10$. Der Graph zu $y = 1,5x + 10$ ist eine Gerade mit der Steigung 1,5 und dem y-Achsenabschnitt 10.
x^2 ist der Term der Quadratfunktion mit der Gleichung $y = x^2$. Ihr Graph ist die Normalparabel.
Die Lösungen der Gleichung $x^2 = 1,5x + 10$ sind die Stellen, an denen die Quadratfunktion mit $y = x^2$ und die lineare Funktion mit der Gleichung $y = 1,5x + 10$ denselben Wert annehmen.

Aufgabe 1

Bestimme grafisch mithilfe der Normalparabel und einer geeigneten Geraden die Lösungsmenge der quadratischen Gleichung $x^2 - 1,9x - 1,5 = 0$.

Lösung

Wir formen die Gleichung um in $x^2 = 1,9x + 1,5$.
Wir suchen Zahlen für x, für die die Werte von x^2 und von $1,9x + 1,5$ übereinstimmen.
Dazu zeichnen wir die Graphen zu den Funktionsgleichungen

$y = x^2$ (*Normalparabel*) und

$y = 1,9x + 1,5$

(*Gerade* mit der Steigung 1,9 und dem y-Achsenabschnitt 1,5).

> Statt y-Achsenabschnitt sagt man auch Ordinatenabschnitt.

Bei den gemeinsamen Punkten P_1 und P_2 von Parabel und Gerade stimmen die Werte von x^2 und von $1,9x + 1,5$ überein.
Aus der grafischen Darstellung lesen wir ab:

Die beiden gemeinsamen Punkte liegen an den Stellen −0,6 und 2,5.

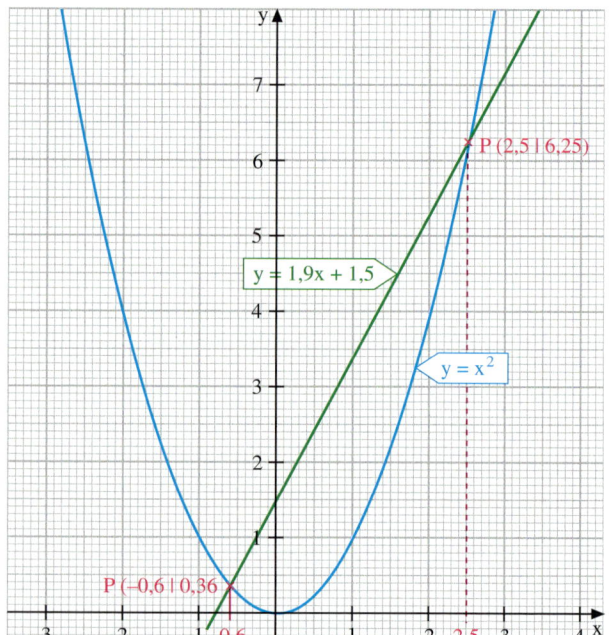

Probe:

Für die Zahl −0,6:

$(-0,6)^2 = 1,9 \cdot (-0,6) + 1,5$ (w?)	
LS: $(-0,6)^2$ $= 0,36$	RS: $1,9 \cdot (-0,6) + 1,5$ $= -1,14 + 1,5$ $= 0,36$

Für die Zahl 2,5:

$2,5^2 = 1,9 \cdot 2,5 + 1,5$ (w?)	
LS: $2,5^2$ $= 6,25$	RS: $1,9 \cdot 2,5 + 1,5$ $= 4,75 + 1,5$ $= 6,25$

Ergebnis: Die Gleichung $x^2 - 1,9x - 1,5$ hat die Lösungsmenge L = {−0,6; 2,5}.

Quadratische Gleichungen – Grafisches Lösungsverfahren

Weiterführende Aufgaben

2. *Lösen einer quadratischen Gleichung mit dem Rechner*

   a) Wie bei linearen Gleichungen kann man auch quadratische Gleichungen auf verschiedene Weisen mit dem grafikfähigen Taschenrechner lösen. Untersuche am Beispiel der Gleichung $x^2 = 2x + 1$, wie du bei deinem Rechner vorgehen musst.

   (1) Mit dem TRACE-Befehl kannst du die Koordinaten einzelner Punkte der Graphen ablesen. Dabei kannst du mit den Cursortasten ▲ und ▼ zwischen den Graphen wechseln.

   (2) Du kannst die Schnittpunkt-Koordinaten vom Rechner bestimmen lassen, indem du den Befehl *Intersection* aus dem Menü *Math* verwendest.

   (3) Du kannst auch mit TBLSET eine geeignete Wertetabelle festlegen und diese mit TABLE anzeigen. In ihr kannst du die Koordinaten der Schnittpunkte näherungsweise ablesen.

   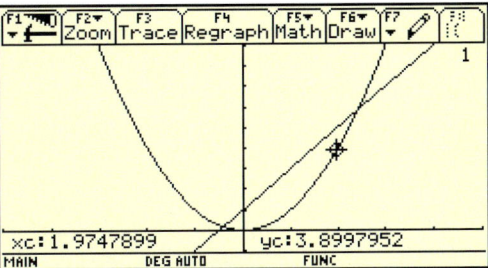
   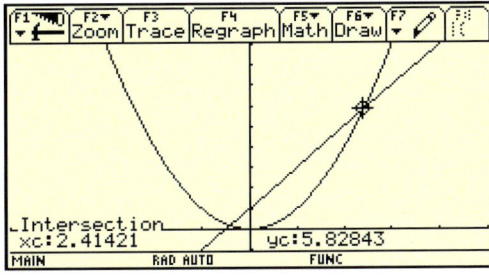

   b) Bestimme entsprechend mit dem Rechner grafisch die Lösungsmenge der quadratischen Gleichung
   (1) $3 - x = x^2$ (2) $x^2 + 3x - 2 = 0$ (3) $x^2 = 4x - 4$ (4) $x^2 + 2 = x$

3. *Anzahl der Lösungen einer quadratischen Gleichung – Fallunterscheidung*

   a) Bestimme die Lösungsmenge grafisch. Vergleiche.
   (1) $x^2 = \frac{5}{2}x - 1$ (2) $x^2 = x - 1$ (3) $x^2 = -2x - 1$

   b) Lies jeweils die Lösungsmenge ab.
   (1) $x^2 - x - \frac{3}{4} = 0$ (2) $x^2 - x + \frac{1}{4} = 0$ (3) $x^2 - x + \frac{3}{4} = 0$
   $\quad\ x^2 = x + \frac{3}{4}$ $\quad\ x^2 = x - \frac{1}{4}$ $\quad\ x^2 = x - \frac{3}{4}$

   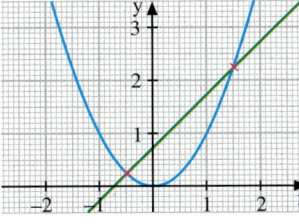 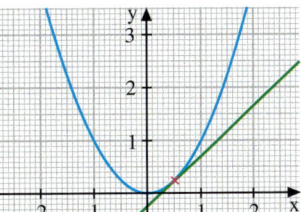 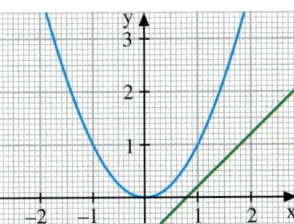

   Sekante Tangente Passante

   c) Wie liegen in Teilaufgabe b) die Geraden zueinander? Wie gehen sie auseinander hervor?

   > **Satz**
   > Eine quadratische Gleichung hat *zwei* Lösungen oder *eine* Lösung oder *keine* Lösung.

Übungsaufgaben

4. Bestimme die Stellen, an denen die Quadratfunktion denselben Wert annimmt wie die lineare Funktion mit der Gleichung $y = 7 - 1{,}5\,x$. Gib auch eine Gleichung an, deren Lösungen diese Stellen sind.

5. Bestimme mithilfe einer Zeichnung die Lösungsmenge. Forme – wenn nötig – die Gleichung zunächst geeignet um.

   a) $x^2 = 1{,}5x + 1$ c) $x^2 = 6{,}25$ e) $2x^2 - x + 2 = 0$ g) $\frac{1}{2}z^2 - z = 0$
   b) $2x^2 = 1{,}8x - 1$ d) $10x^2 = 9x + 36$ f) $4x^2 + 20x + 25 = 0$ h) $0{,}2x^2 + x + 1{,}4 = 0$

6. Gib eine Gleichung an, deren Lösungsmenge man aus dem Bild ablesen kann.
   Notiere die quadratische Gleichung in der Form $x^2 + px + q = 0$.

   a) 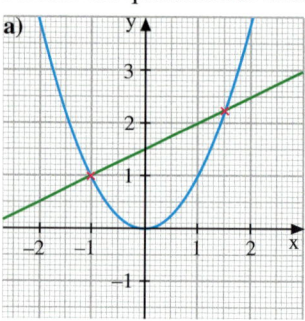   b) 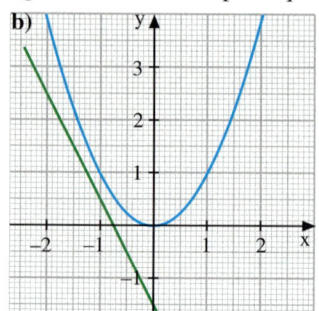   c)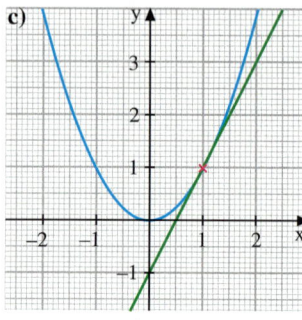

7. Bestimme die Lösungsmenge der vier Gleichungen in einem gemeinsamen Koordinatensystem. Vergleiche.

   (1) $x^2 = 3x$ (2) $x^2 = 3x - 2{,}25$ (3) $x^2 = 3x - 4{,}5$ (4) $x^2 = 3x - 1{,}25$

PLOT

8. a) Untersuche mithilfe eines grafikfähigen Taschenrechners: Wie ändert sich die Lösungsmenge der quadratischen Gleichung, wenn man den y-Achsenabschnitt der Geraden ändert?

   b) Untersuche mithilfe eines grafikfähigen Taschenrechners, wie viele Lösungen die Gleichung $x^2 = mx + 2$ hat, wenn man verschiedene Zahlen für m wählt.
   Beschreibe, wie sich das Ändern von m auf den Graphen und auf die Lösungsmenge auswirkt.

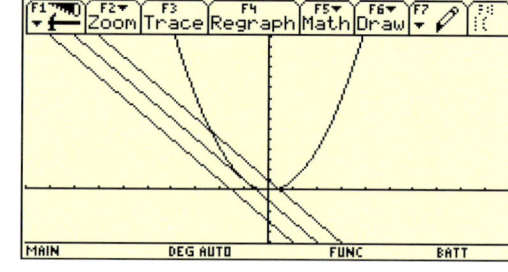

9. Bestimme mithilfe eines Graphen die Anzahl der Lösungen der Gleichung.

   a) $x^2 - 2 = 0$ c) $x^2 = 0$ e) $x^2 - 2x = 0$ g) $x^2 - 2x + 3 = 0$
   b) $x^2 + 1 = 0$ d) $x^2 + 2x = 0$ f) $x^2 - 2x + 1 = 0$ h) $x^2 - 2x - 8 = 0$

10. Setze – soweit möglich – für □ eine Zahl so ein, dass die Gleichung
    (1) zwei Lösungen,   (2) genau eine Lösung,   (3) keine Lösung   besitzt.
    Zeichne hierzu jeweils die Normalparabel und eine geeignete Gerade.

    a) $x^2 = \square$ b) $x^2 = \square \cdot x$ c) $x^2 = \square \cdot x - 2{,}25$ d) $x^2 = -4x + \square$

11. a) Begründe den folgenden Satz:
    Eine quadratische Gleichung $x^2 + px + q = 0$ hat für $q < 0$ stets zwei Lösungen; eine Lösung ist positiv, die andere negativ.

    b) Überprüfe, ob der folgende Kehrsatz des Satzes aus Teilaufgabe a) gilt:
    Wenn eine quadratische Gleichung $x^2 + px + q = 0$ zwei Lösungen besitzt, dann gilt $q < 0$.

Verschieben der Normalparabel

4.3 Verschieben der Normalparabel

Durch Verschieben der Normalparabel erhältst du weitere Parabeln. Du lernst hier, wie man Eigenschaften und Lage von Parabeln an ihren Termen erkennen und sie schnell zeichnen kann.

4.3.1 Verschieben der Normalparabel parallel zur y-Achse

Aufgabe 1

Wir gehen von dem Graphen der Quadratfunktion mit der Funktionsgleichung $y = x^2$ aus. Verschiebe die Normalparabel parallel zur y-Achse um 2 Einheiten nach oben. Die verschobene Parabel ist Graph einer neuen Funktion f. Welchen Term hat die neue Funktion? Überlege dazu, wie die neuen Funktionswerte aus den alten hervorgehen.
Wie wirkt sich die Verschiebung auf die Lage der Symmetrieachse des Graphen aus?
Welchen Scheitelpunkt hat der Graph von f?
Gib auch den Wertebereich der Funktion f an.

Lösung

x	x^2	f(x)
−2	4	6
−1	1	3
0	0	2
1	1	3
2	4	6

+2

$f(x)$ ist an jeder Stelle x um 2 größer als x^2.
Das bedeutet: $f(x) = x^2 + 2$. Durch die Verschiebung ändert sich die Lage der Symmetrieachse nicht.
Die y-Achse bleibt Symmetrieachse.
Der Scheitelpunkt des Graphen von f ist der Punkt $S(0|2)$.

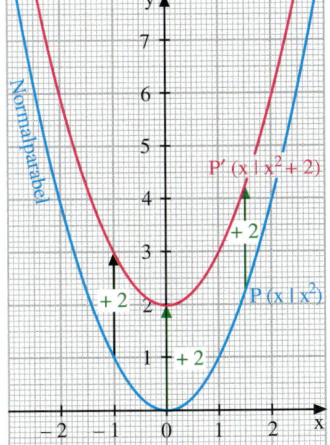

Der Wertebereich der Funktion f ist die Menge aller reellen Zahlen größergleich 2: $\{x \in \mathbb{R} \mid x \geq 2\}$.

Weiterführende Aufgaben

2. *Verschieben nach unten*

   Zeichne die Normalparabel. Verschiebe diese so parallel zur y-Achse, dass der Punkt $S(0|-3)$ Scheitelpunkt des neuen Graphen ist.
   Wie lautet der Term der neuen Funktion f?

Satz

Den Graphen einer Funktion f mit $f(x) = x^2 + e$ erhält man durch Verschieben der Normalparabel um $|e|$ Einheiten parallel zur y-Achse, und zwar durch
− Verschieben nach oben, falls $e > 0$;
− Verschieben nach unten, falls $e < 0$.
Der Graph der Funktion f ist kongruent zur Normalparabel. Er hat die y-Achse als Symmetrieachse und den Scheitelpunkt $S(0|e)$.

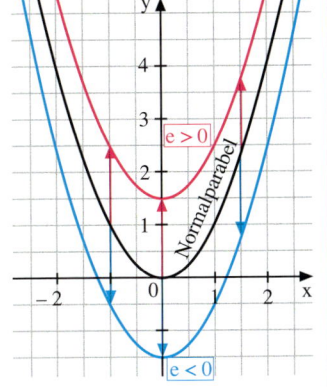

3. *Bestimmen von Stellen zu vorgegebenen Funktionswerten – Nullstellen*

a) Lies die Nullstellen der Funktionen am Graphen ab. Kontrolliere dann rechnerisch.
(1) $f(x) = x^2 - 4$ (2) $g(x) = x^2 - 6$ (3) $h(x) = x^2 + 1$

b) Bestimme grafisch, an welchen Stellen die Funktionen f, g und h den Wert 3 haben. Kontrolliere rechnerisch.

c) Bearbeite die Teilaufgaben a) und b) mithilfe des grafikfähigen Taschenrechners. Du kannst mit den Befehlen TRACE und ZEROS arbeiten.

CAS d) Bearbeite die Teilaufgaben a) und b) mithilfe eines Computer-Algebra-Systems.

Information

(1) Wiederholung: Nullstellen

Die Funktion g zu $g(x) = x^2 - 6$ nimmt an den Stellen $-\sqrt{6}$ und $\sqrt{6}$ den Wert 0 an. Diese besonderen Stellen nennt man – wie bei den linearen Funktionen auch – *Nullstellen* der Funktion. Als Näherungswerte dieser Nullstellen kann man $-2{,}45$ und $2{,}45$ angeben.
Die Nullstellen der Funktion g sind die Lösungen der Gleichung $g(x) = 0$.

Statt Stelle sagt man auch Argument.

Definition

Eine Stelle x_0, an der eine Funktion f den Wert 0 annimmt, heißt **Nullstelle** der Funktion.
Für eine Nullstelle x_0 gilt: $f(x_0) = 0$.
Die Nullstellen einer Funktion sind die x-Koordinaten der gemeinsamen Punkte von Graph und x-Achse.

Nullstellen

PLOT **(2) Bestimmen von Nullstellen mit einem grafikfähigen Rechner**

Mit einem grafikfähigen Rechner kann man Nullstellen einer Funktion näherungsweise mithilfe des Befehls *Zero* aus dem Menü *Math* ermitteln. Dazu muss man ein Intervall angeben, in dem die zu bestimmende Nullstelle liegt: *Lower Bound* und *Upper Bound* dienen zur Eingabe der Intervallgrenzen.

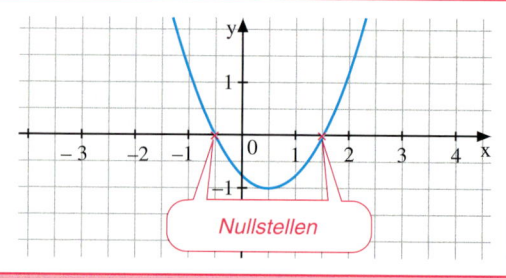
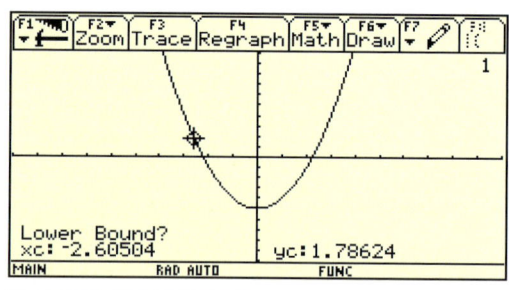
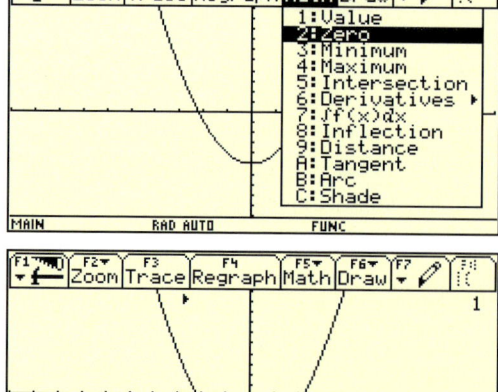
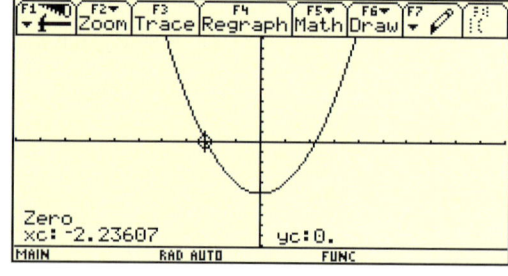

Verschieben der Normalparabel

 (3) Bestimmen von Nullstellen mithilfe eines Computer-Algebra-Systems

Rechner mit CAS ermitteln die Menge der Nullstellen einer Funktion mithilfe des Befehles **zeros**.
Die auf diese Weise erhaltenen Werte sind algebraisch ermittelt worden; also handelt es sich um exakte Werte.

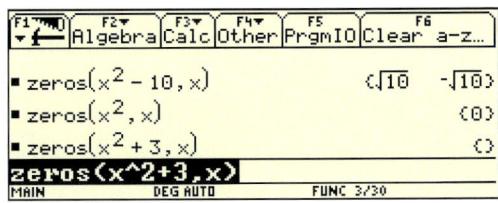

Übungsaufgaben

 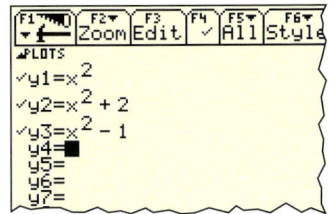

4. Skizziere mit einem grafikfähigen Rechner den Graphen zur Funktion f mit $f(x) = x^2 + e$ für verschiedene Werte von e. Was fällt auf? Beschreibe auch, wie man die Graphen aus der Normalparabel erhalten kann.

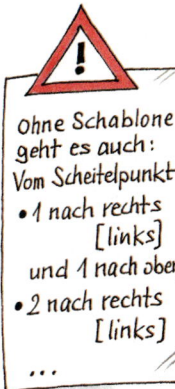

5. Verschiebe die Normalparabel
   a) um 4 Einheiten nach oben;
   b) um 4 Einheiten nach unten;
   c) um 2,5 Einheiten nach oben.

   Zu welcher Funktion gehört der neue Graph? Notiere die Koordinaten des Scheitelpunktes.

6. Zeichne den Graphen der Funktion f. Gib die Lage des Scheitelpunktes an. Welche gemeinsamen Punkte hat der Graph mit den Koordinatenachsen? Gib auch den Wertebereich von f an.

   a) $f(x) = x^2 - 6$ c) $f(x) = x^2 + 3,5$ e) $f(x) = x^2 - \frac{1}{4}$ g) $f(x) = x^2 - \frac{36}{25}$
   b) $f(x) = x^2 + 1,2$ d) $f(x) = x^2 + 8,25$ f) $f(x) = x^2 - 1,44$ h) $g(s) = s^2 - 3$

7. Beschreibe in Worten den Graphen der Funktion f. Welcher Graph schneidet die x-Achse?

   a) $f(x) = x^2 - 6$ b) $f(x) = x^2 + 32$ c) $f(x) = x^2 - 100$

   Woran kannst du bei der Funktion f mit $f(x) = x^2 + e$ erkennen, ob sie Nullstellen hat?

8. Gib eine Wertetabelle an für $f(x) = x^2 - 3,5$. An welcher Stelle x wird der Funktionswert 0 erreicht? Für welche Werte von x steigt der Graph?

9. Verschiebe die Normalparabel so parallel zur y-Achse, dass der Punkt P auf der verschobenen Parabel liegt. Notiere den Funktionsterm, den Scheitelpunkt und den Wertebereich.

   a) $P(0|8)$ b) $P(0|-4,41)$ c) $P(1|2)$ d) $P(-1|-5)$

10. Verschiebe die Normalparabel so parallel zur y-Achse, dass die Schnittpunkte der neuen Parabel mit der x-Achse 5 Einheiten Abstand voneinander haben.
    In welchem Punkt schneidet die neue Parabel die y-Achse?

11. Der Graph einer parallel zur y-Achse verschobenen Normalparabel soll folgende Eigenschaft haben. Gib die Funktionsgleichung an und kontrolliere mit dem Rechner.

    a) Der Scheitelpunkt liegt bei $S(0|65,8)$.
    b) Die Schnittpunkte mit der x-Achse liegen bei $N_1(-7|0)$ und $N_2(7|0)$.

12. Bestimme die Nullstellen der Funktion f mit der Funktionsgleichung
    (1) $y = x^2 - 7$,   (2) $y = x^2 - 3,5$,   (3) $y = x^2$,   (4) $y = x^2 + 0,25$

    a) grafisch;   b) rechnerisch.

13. Bestimme grafisch die Stellen, an denen die Funktion f mit der Gleichung
    (1) $y = x^2 + 1$,   (2) $y = x^2 - 3$,   (3) $y = x^2 - 4$
    den Funktionswert -3 annimmt. Kontrolliere durch Rechnung.

14. Bestimme die Lösungsmenge der Gleichung.

    a) $x^2 - 9 = 0$ c) $x^2 - 10 = 0$ e) $x^2 + 5 = -2$ g) $x^2 - 1 = -5$

    b) $x^2 - 12{,}25 = 0$ d) $x^2 - 4 = 3$ f) $x^2 - 3 = -1$ h) $x^2 - 2 = -2$

4.3.2 Verschieben der Normalparabel parallel zur x-Achse

Einführung

Wir gehen von der Normalparabel aus und verschieben diese parallel zur x-Achse um 3 Einheiten nach rechts. Die verschobene Parabel ist Graph einer neuen Funktion f. Welche Eigenschaften hat diese neue Funktion?
Der Funktionswert der Quadratfunktion mit der Funktionsgleichung $y = x^2$ an einer beliebigen Stelle stimmt überein mit dem Funktionswert der neuen Funktion an einer Stelle, die um 3 Einheiten weiter rechts liegt.
Wir suchen nun den Funktionswert der Funktion f an einer beliebigen Stelle x.
Um dabei die Quadratfunktion zu verwenden, müssen wir um 3 Einheiten nach links gehen.
Der Funktionswert der neuen Funktion f an der Stelle x stimmt überein mit dem Funktionswert der Quadratfunktion an der Stelle $x - 3$:
$f(x) = (x - 3)^2$

Mithilfe der 2. binomischen Formel kann man diesen Funktionsterm umformen zu:
$f(x) = x^2 - 6x + 9$

Bei der Verschiebung um 3 Einheiten nach rechts werden auch die Symmetrieachse und der Scheitelpunkt verschoben.
Das bedeutet:

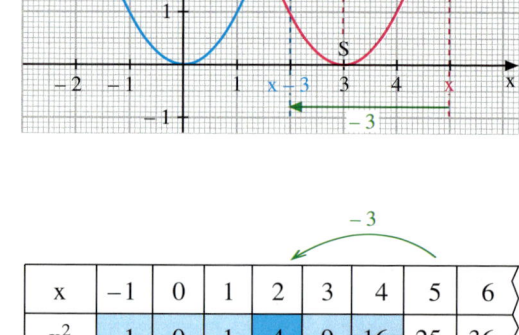

x	−1	0	1	2	3	4	5	6
x^2	1	0	1	4	9	16	25	36
f(x)	16	9	4	1	0	1	4	9

Der Graph von f hat die Gerade mit der Gleichung $x = 3$ als Symmetrieachse und den Scheitelpunkt $S(3|0)$. Links vom Scheitelpunkt S (für $x < 3$) fällt der Graph, rechts von S (für $x > 3$) steigt er an.

Weiterführende Aufgaben

1. *Verschieben nach links*

    Zeichne die Normalparabel. Verschiebe diese so, dass der Punkt $S(-4|0)$ Scheitelpunkt des neuen Graphen ist.
    (1) Wie lautet der Term der zugehörigen neuen Funktion f?
    (2) Notiere die Gleichung der Symmetrieachse des Graphen von f.
    (3) In welchem Bereich für x fällt der Graph, in welchem Bereich steigt er?
    (4) Notiere den Funktionsterm auch in der Form $x^2 + px + q$.

Verschieben der Normalparabel

2. *Bestimmen der Verschiebung*

Gib an, um wie viele Einheiten die Normalparabel nach rechts bzw. nach links verschoben werden muss, damit die verschobene Parabel Graph der Funktion f ist mit:

a) $f(x) = x^2 - 4{,}8x + 5{,}76$

b) $f(x) = x^2 + \frac{4}{7}x + \frac{4}{49}$

$f(x) = x^2 + 7x + 12{,}25$
$ = (x + 3{,}5)^2$

Die Normalparabel muss um 3,5 Einheiten nach links verschoben werden.

Satz

Der Graph einer Funktion f mit $f(x) = (x + d)^2$ erhält man durch Verschieben der Normalparabel um $|d|$ Einheiten parallel zur x-Achse. Wenn $d < 0$, wird nach rechts verschoben; wenn $d > 0$, wird nach links verschoben.
Der Graph der Funktion f ist kongruent zur Normalparabel und hat $S(-d\,|\,0)$ als Scheitelpunkt.
Die Parallele zur y-Achse mit der Gleichung $x = -d$ ist Symmetrieachse des Graphen von f.

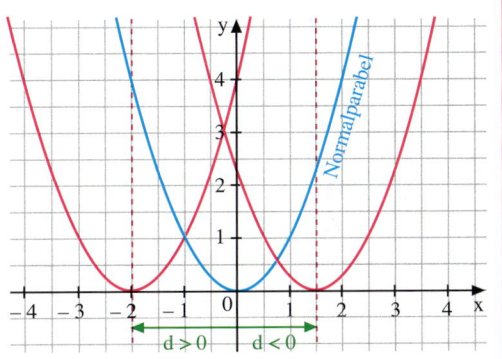

Beachte: Bei $f(x) = (x + 3)^2$ ist die Normalparabel *nach links* verschoben.
Bei $f(x) = (x - 3)^2$ ist die Normalparabel *nach rechts* verschoben. $\;\;\triangleleft\;(x - 3)^2 = (x + (-3))^2$

3. *Lösen einer quadratischen Gleichung der Form* $(x + d)^2 = r$

a) Bestimme die Nullstellen der Funktion f mit der Funktionsgleichung $y = (x - 3)^2$ grafisch. Kontrolliere rechnerisch.

b) Bestimme grafisch, an welchen Stellen die Funktion zu $y = (x + 3)^2$ den Wert 5 annimmt. Überprüfe durch Rechnung.

c) Bestimme die Lösungsmenge der Gleichung.
(1) $(x + 4)^2 = 5$ (2) $(x - 2)^2 = 9$ (3) $(x - 1)^2 = 0$ (4) $(x + 5)^2 = -2$

Lösen einer Gleichung der Form $(x + d)^2 = r$

Das Lösen einer Gleichung der Form $(x + d)^2 = r$ kann zurückgeführt werden auf das Lösen einer Gleichung der Form $x^2 = r$.

Beispiel:
$(x + 2)^2 = 9$
$x + 2 = 3$ *oder* $x + 2 = -3$
$x = 1$ *oder* $x = -5$
$L = \{-5;\,1\}$

($x + 2$) ergibt mit sich selbst multipliziert 9.

Übungsaufgaben

4. Zeichne mit einem Rechner den Graphen der Funktion zu $f(x) = (x + d)^2$ für verschiedene Werte von d.

a) Skizziere die Graphen und beschreibe, wie man sie aus der Normalparabel erhalten kann.

b) Versuche, eine Begründung anzugeben.

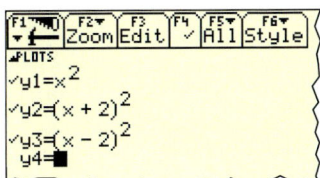

5. Verschiebe die Normalparabel und gib den Funktionsterm in der Form $x^2 + px + q$ an.
   a) um 5 Einheiten nach rechts;
   b) um 2 Einheiten nach links;
   c) um 0,8 Einheiten nach rechts;
   d) um $\frac{3}{8}$ Einheiten nach links.

6. Zeichne den Graphen der Funktion f. Gib die Lage des Scheitelpunktes an. Notiere die Gleichung der Symmetrieachse. Gib auch den Wertebereich von f an.
   a) $f(x) = (x + 5)^2$
   b) $f(x) = (x - 2)^2$
   c) $f(x) = (x - 1,2)^2$
   d) $f(x) = (x + 2,5)^2$
   e) $f(x) = (x + 1)^2$
   f) $f(x) = (x - 0,5)^2$
   g) $f(x) = \left(x + \frac{4}{5}\right)^2$
   h) $g(z) = (z - 3)^2$

7. Marina sollte Graphen zu den angegebenen Funktionsgleichungen zeichnen. Kontrolliere ihre Hausaufgabe.
   (1) $y = x^2$
   (2) $y = (x + 4)^2$
   (3) $y = (x - 2)^2$
   (4) $y = (x + 1)^2$

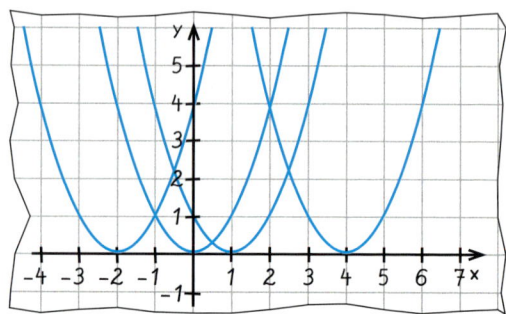

8. Der Graph einer in Richtung der x-Achse verschobenen Normalparabel hat folgende Eigenschaft. Gib die Funktionsgleichung an und kontrolliere mit dem Rechner.
   (1) Der Graph ist fallend für $x < -87$ und steigend für $x > -87$.
   (2) Die Symmetrieachse besitzt die Gleichung $x = 37,5$.
   (3) Der Scheitelpunkt liegt bei $S(-250 | 0)$.
   (4) Der Graph ist nach links verschoben und schneidet die y-Achse in $P(0 | 100)$.

9. Gegeben ist der Funktionsterm einer Funktion. Gib die Eigenschaften des Graphen an (Scheitelpunkt, Steigen und Fallen, Gleichung der Symmetrieachse, Schnittpunkte mit der x-Achse).
   a) $f(x) = (x + 34)^2$
   b) $f(x) = (x - 65)^2$
   c) $f(x) = (x + d)^2$

10. Für eine quadratische Funktion f mit $f(x) = (x + d)^2$ gilt $f(-2) = f(5)$. Bestimme den Scheitelpunkt des Graphen.

11. Verschiebe die Normalparabel so in Richtung der x-Achse, dass die verschobene Parabel durch den Punkt $P(1 | 4)$ geht.
    Wie viele Lösungen gibt es? Notiere jeweils den Term der Funktion.

12. Eine Normalparabel wird so parallel zur x-Achse verschoben, dass der Punkt P auf der verschobenen Parabel liegt. Gib – wenn möglich – den Funktionsterm und den Scheitelpunkt an.
    a) $P(0 | 4)$
    b) $P(0 | -4)$
    c) $P(1 | 16)$

13. Max Schlaule behauptet, dass auch die Gleichung $y = x^2 - 10x + 25$ zu einer nur in Richtung der x-Achse verschobenen Parabel gehört. Begründe, warum er Recht hat.

14. Gib an, um wie viele Einheiten die Normalparabel nach rechts bzw. nach links verschoben werden muss, damit die verschobene Parabel Graph der Funktion ist mit der Gleichung:
    a) $y = x^2 + 9x + 20,25$
    b) $y = x^2 - 11x + 30,25$
    c) $y = x^2 - 0,2x + 0,01$
    d) $y = x^2 - x + \frac{1}{4}$
    e) $y = x^2 + \frac{1}{3}x + \frac{1}{36}$
    f) $y = x^2 + \frac{12}{5}x + \frac{36}{25}$

Verschieben der Normalparabel

15. Jede Spalte der folgenden Tabelle gehört zu einer Funktion. Ergänze die Tabelle.

Graph	(Parabel, Scheitel bei 1)			(Parabel, Scheitel bei −3)	(Parabel, Scheitel bei 3 auf y-Achse)
Term		$y = (x-2)^2$			
Tabelle			x: −2, −1, 0, 1, 2, 3 ; y: 4, 1, 0, 1, 4, 9	x: −3, −2, −1, 0, 1, 2, 3 ; y: 5, 0, −3, −4, −3, 0, 5	

16. Bestimme die Lösungsmenge. Mache – soweit möglich – die Probe.

a) $(x+2)^2 = 25$
b) $(x-3)^2 = 16$
c) $(x+7)^2 = 36$
d) $(x-4)^2 = 1$
e) $(x+2)^2 = 0$
f) $(x-5)^2 = 4$
g) $(x-5)^2 = -49$
h) $(x-0,6)^2 = 2,25$
i) $(x+1,2)^2 = 0,81$
j) $(z-2)^2 = \frac{16}{25}$
k) $(y+3)^2 = 2$
l) $(y-2)^2 = 12$

17. a) Für welche Werte von r hat die Lösungsmenge von $(x-3)^2 = r$ kein, ein, zwei Elemente?

b) Wie viele Elemente hat die Lösungsmenge von $(x+d)^2 = 3$ für die verschiedenen Werte von d?

18. Rechts siehst du, wie für die Funktion mit der Gleichung $y = x^2 + 6x + 9$ die Stellen bestimmt wurden, an denen sie den Wert 25 annimmt.
Erläutere das Vorgehen.

$x^2 + 6x + 9 = 25$
$(x+3)^2 = 25$
$x + 3 = \sqrt{25}$ oder $x + 3 = -\sqrt{25}$
$x + 3 = 5$ oder $x + 3 = -5$
$x = 2$ oder $x = -8$
$L = \{-8; 2\}$

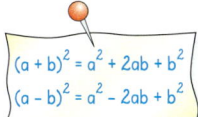

19. a) Schreibe als algebraische Summe; wende eine binomische Formel an.
(1) $(x+4)^2$ (2) $(x-7)^2$ (3) $(x+\frac{5}{2})^2$ (4) $(z-\frac{7}{4})^2$

b) Schreibe mithilfe der 1. oder der 2. binomischen Formel als Quadrat.
(1) $x^2 + 12x + 36$ (2) $x^2 - 5x + 6,25$ (3) $y^2 - 7y + 12,25$ (4) $z^2 - \frac{4}{5}z + \frac{4}{25}$

c) Setze für □ einen passenden Term ein, sodass du die entstandene algebraische Summe als Quadrat schreiben kannst.
(1) $x^2 + 6x + \square$ (2) $x^2 - 8x + \square$ (3) $y^2 + 3y + \square$ (4) $z^2 - \frac{2}{3}z + \square$

20. Bestimme die Lösungsmenge. Mache die Probe.

a) $x^2 - 6x + 9 = 36$
b) $x^2 + 8x + 16 = 49$
c) $x^2 - 8x + 16 = 0$
d) $x^2 - 1,8x + 0,81 = 0,25$
e) $x^2 + 5x + \frac{25}{4} = \frac{81}{4}$
f) $x^2 - x + 0,25 = 1,44$
g) $z^2 + 16z + 64 = 7$
h) $y^2 - 3y + 2,25 = 5$
i) $y^2 - 5y + 6,25 = 8$

21. a) Um die geforderte Mindestgröße von 625 m² zu erreichen, muss die Seitenlänge eines quadratischen Spielplatzes um 6 m verlängert werden.
Welche Seitenlänge hatte er vorher?

b) Erfinde eine ähnliche Sachaufgabe zu der Gleichung $x^2 - 8x + 16 = 225$ und löse sie.

4.3.3 Verschieben der Normalparabel in beliebiger Richtung

Aufgabe 1

Funktionsterm einer verschobenen Normalparabel

Verschiebe die Normalparabel um 3 Einheiten nach links und dann um 2 Einheiten nach oben.
Wie lautet der Term der neuen Funktion f?
Gib den Term auch in der Form $x^2 + px + q$ an.
Notiere die Gleichung der Symmetrieachse und gib den Scheitelpunkt des neuen Graphen an.
Gib auch den Wertebereich von f an.

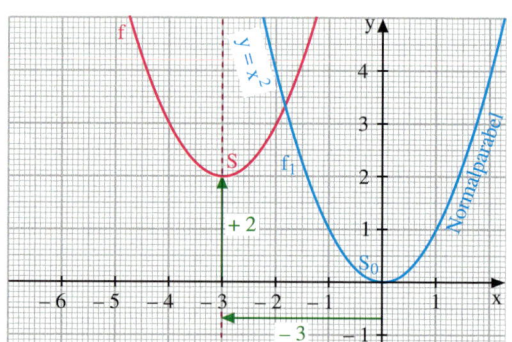

Lösung

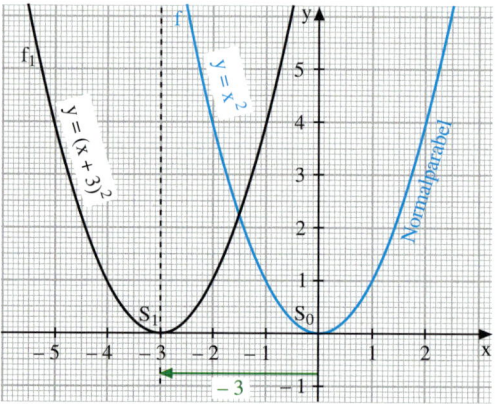 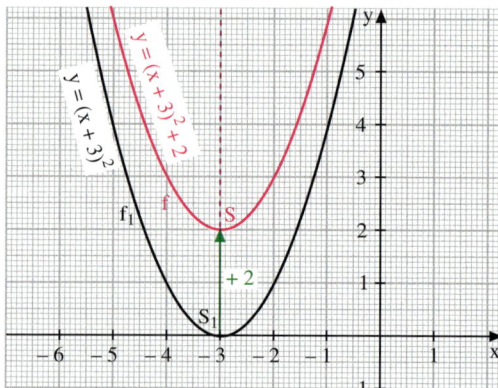

Durch die Verschiebung der Normalparabel um 3 Einheiten nach links erhält man zunächst einen Graphen, der zu der Funktion f_1 mit $f_1(x) = (x + 3)^2$ gehört.

Die anschließende Verschiebung des Graphen von f_1 um 2 Einheiten nach oben führt zu dem Graphen von f mit
$f(x) = (x + 3)^2 + 2$.

Aus dem Funktionsterm lassen sich die Koordinaten des Scheitelpunktes ablesen: $S(-3|2)$.
Die Symmetrieachse hat die Gleichung $x = -3$.

Den Funktionsterm kann man umformen: $f(x) = (x + 3)^2 + 2 = x^2 + 6x + 9 + 2 = x^2 + 6x + 11$.

Der Wertebereich von f ist die Menge aller reellen Zahlen, die größergleich 2 sind:
$\{x \in \mathbb{R} \mid x \geq 2\}$.

Verschieben der Normalparabel

Aufgabe 2

Gewinnen der Scheitelpunktform am Beispiel

Eine Funktion f hat den Term $f(x) = x^2 - 4x + 3$. Kann man die Normalparabel so verschieben, dass die verschobene Parabel Graph der Funktion f ist?

Lösung

Wir formen den Funktionsterm so um, dass man wie im Beispiel von Aufgabe 1 eine binomische Formel anwenden kann.

$f(x) = x^2 - 4x + 3$
$\quad\ = x^2 - 4x + 2^2 - 2^2 + 3$
$\quad\ = (x - 2)^2 - 1$

Geschicktes Addieren von null: $2^2 - 2^2 = 0$

Die *quadratische Ergänzung* 2^2 ermöglicht die Anwendung einer binomischen Formel.
Aus dieser Form des Funktionsterms kann man die Art der Verschiebungen und daraus die Koordinaten des Scheitelpunktes ablesen:

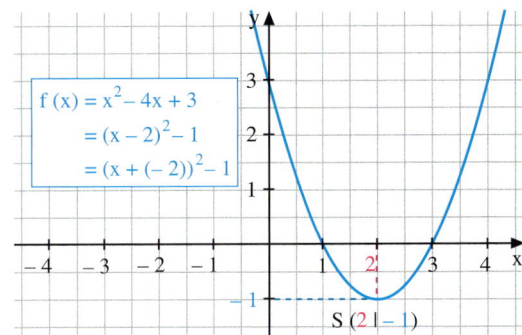

Die Normalparabel wird um 2 Einheiten nach rechts und dann um 1 Einheit nach unten verschoben. $S(2|-1)$ ist der neue Scheitelpunkt.

Information

Gewinnen der Scheitelpunktform im allgemeinen Fall

Ein beliebiger Term der Form $f(x) = x^2 + px + q$ lässt sich wie in Aufgabe 2 umformen:

$f(x) = x^2 + px + q$
$\quad\ = x^2 + px + \left(\frac{p}{2}\right)^2 - \left(\frac{p}{2}\right)^2 + q$
$\quad\ = \left(x + \frac{p}{2}\right)^2 - \left(\frac{p}{2}\right)^2 + q$

Der Term hat dann die Form $f(x) = (x + d)^2 + e$, wobei $d = \frac{p}{2}$ und $e = -\left(\frac{p}{2}\right)^2 + q = q - \left(\frac{p}{2}\right)^2$ ist.
$S(-d|e)$ ist der Scheitelpunkt des Graphen von f.
Man nennt $(x + d)^2 + e$ die *Scheitelpunktform* des Funktionsterms. Aus dieser Form des Funktionsterms kann man sofort alle Eigenschaften des Graphen der Funktion ablesen:

Satz

Der Term einer Funktion f mit $f(x) = x^2 + px + q$ kann umgeformt werden in die *Scheitelpunktform*
$f(x) = (x + d)^2 + e$,
wobei $d = \frac{p}{2}$ und $e = q - \left(\frac{p}{2}\right)^2$ ist.

(1) Man erhält den Graphen von f durch Verschieben der Normalparabel um $|d|$ Einheiten parallel zur x-Achse und um $|e|$ Einheiten parallel zur y-Achse.
Der Graph von f ist kongruent zur Normalparabel.

(2) Der Scheitelpunkt hat die Koordinaten $S(-d|e)$. Die Symmetrieachse hat die Gleichung $x = -d$.

(3) Der Graph von f fällt für $x < -d$ und steigt für $x > -d$.

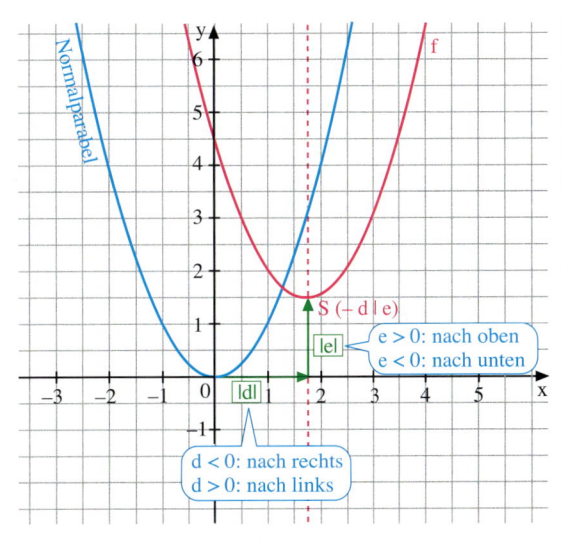

QUADRATISCHE FUNKTIONEN UND GLEICHUNGEN

Weiterführende Aufgaben

3. *Vom Scheitelpunkt zum Funktionsterm $x^2 + px + q$*

Die Normalparabel wurde so verschoben, dass
a) $S(3,2|-1,4)$, **b)** $S(u|v)$

der neue Scheitelpunkt ist. Bestimme den Term der neuen Funktion in der Form $x^2 + px + q$.

4. *Lösen einer Gleichung mithilfe quadratischer Ergänzung*

Die Scheitelpunktform des Funktionstermes gestattet eine einfache Berechnung von Stellen zu vorgegebenen Funktionswerten.

a) Erläutere folgende Beispiele.

(1) Wo nimmt die Funktion f mit $f(x) = x^2 + 6x$ den Wert -5 an?

$$
\begin{aligned}
f(x) &= -5 \\
x^2 + 6x &= -5 \quad | +3^2 \\
x^2 + 6x + 3^2 &= -5 + 3^2 \\
x^2 + 6x + 9 &= 4 \\
(x + 3)^2 &= 4 \\
x + 3 = 2 \quad &\text{oder} \quad x + 3 = -2 \\
x = -1 \quad &\text{oder} \quad x = -5 \\
L &= \{-5; -1\}
\end{aligned}
$$

(2) Wo nimmt die Funktion mit $g(x) = x^2 - 3x - 1$ den Wert 0 an?

$$
\begin{aligned}
g(x) &= 0 \\
x^2 - 3x - 1 &= 0 \quad | +1 \\
x^2 - 3x &= 1 \quad | +(\tfrac{3}{2})^2 \\
x^2 - 3x + (\tfrac{3}{2})^2 &= 1 + (\tfrac{3}{2})^2 \\
(x - \tfrac{3}{2})^2 &= \tfrac{13}{4} \\
x - \tfrac{3}{2} = \sqrt{\tfrac{13}{4}} \quad &\text{oder} \quad x - \tfrac{3}{2} = -\sqrt{\tfrac{13}{4}} \\
x = \tfrac{3}{2} + \tfrac{1}{2}\sqrt{13} \quad &\text{oder} \quad x = \tfrac{3}{2} - \tfrac{1}{2}\sqrt{13} \\
L &= \{\tfrac{3}{2} + \tfrac{1}{2}\sqrt{13}; \tfrac{3}{2} - \tfrac{1}{2}\sqrt{13}\}
\end{aligned}
$$

b) Bestimme ebenso die Nullstellen der Funktion h mit $h(x) = x^2 - 8x + 16$ und k mit $k(x) = x^2 + 5x + 7$.

Jede *gemischtquadratische Gleichung* der Form $x^2 + px + q = 0$ kann man auf eine Gleichung der Form $(x + d)^2 = r$ zurückführen.
Die Zahl, die man zu dem Term $x^2 + px$ ergänzen muss, damit man den neuen Term nach der 1. oder 2. binomischen Formel als Quadrat schreiben kann, nennt man **quadratische Ergänzung**.

Beispiele:
Die quadratische Ergänzung zu $x^2 + 3x$ lautet $(\tfrac{3}{2})^2$: $\quad x^2 + 3x + (\tfrac{3}{2})^2 = (x + \tfrac{3}{2})^2$
Die quadratische Ergänzung zu $x^2 - 5x$ lautet $(\tfrac{5}{2})^2$: $\quad x^2 - 5x + (\tfrac{5}{2})^2 = (x - \tfrac{5}{2})^2$
Die quadratische Ergänzung zu $x^2 + px$ lautet $(\tfrac{p}{2})^2$: $\quad x^2 + px + (\tfrac{p}{2})^2 = (x + \tfrac{p}{2})^2$

Übungsaufgaben

5. **a)** Zeichne mit einem grafikfähigen Rechner Graphen zu Funktionen mit dem Term $f(x) = (x + d)^2 + e$ für verschiedene Werte von d und e.
Welche Bedeutung haben d und e für den Graphen?

b) Zeichne mit einem Rechner Graphen zu Funktionen mit dem Term $f(x) = x^2 - 6x + q$ für verschiedene Werte von q. Skizziere wesentlich verschiedene Graphen.
Kannst du dein Ergebnis noch weiter verallgemeinern?

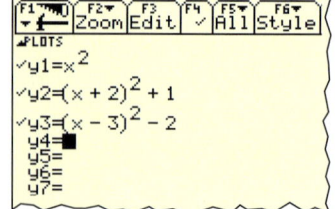

Verschieben der Normalparabel

6. Verschiebe die Normalparabel wie angegeben. Notiere den Funktionsterm auch in der Form $x^2 + px + q$. Gib auch den Wertebereich der neuen Funktion an.

a) Um 4 Einheiten nach rechts und um 3 Einheiten nach oben

b) Um 4 Einheiten nach links und um 3 Einheiten nach unten

c) Um 2,5 Einheiten nach rechts und um 1 Einheit nach unten

d) Um 1,5 Einheiten nach links und um 2 Einheiten nach oben

7. Zeichne den Graphen der Funktion mit der angegebenen Gleichung. Gib auch den Scheitelpunkt der Parabel und die Gleichung der Symmetrieachse an.

a) $y = (x + 2)^2 - 1$ c) $y = (x + 2,5)^2 - 4$ e) $y = (x - \frac{1}{2})^2 - 3$ g) $y = (x - \frac{3}{5})^2 - 2,4$

b) $y = (x - 3)^2 + 4$ d) $y = (x + 1)^2 + 1$ f) $y = (x - 3,5)^2 + \frac{5}{2}$ h) $s = (t + \frac{11}{2})^2 + \frac{1}{2}$

Ohne Schablone geht es auch:
Vom Scheitelpunkt
- *1 nach rechts [links] und 1 nach oben*
- *2 nach rechts [links]*
- *...*

8. Untersuche, wie die Lage des Scheitelpunktes S einer Parabel mit $y = (x + d)^2 + e$ von den Werten für d und e abhängt. Wähle verschiedene Beispiele und zeichne die Graphen. Fasse anschließend deine Ergebnisse in einer Tabelle zusammen.

Lage von S	e > 0	e = 0
d < 0	1. Quadrant	
d = 0		
d > 0		

9. Die Normalparabel wurde um 2 Einheiten nach rechts und um 1,4 Einheiten nach unten verschoben.

a) Stelle fest, welche der folgenden Punkte auf der verschobenen Parabel liegen:
$P_1(1|19,6)$; $P_2(4|2,6)$; $P_3(-2|4,6)$; $P_4(-3|23,6)$; $P_5(-1|7,6)$.

b) An welchen Stellen nimmt die neue Funktion den Wert 7,6 [den Wert 2,6] an?

10. Zeichne die verschobene Normalparabel mit der angegebenen Eigenschaft. Notiere den Term der zugehörigen Funktion. Gib auch den Wertebereich der Funktion an.

a) $S(-2|-1)$ ist der Scheitelpunkt.

b) $S(5,5|0)$ ist der Scheitelpunkt.

c) An den Stellen -2 und 4 wird die x-Achse von der Parabel geschnitten.

d) Die Parabel geht durch den Ursprung und hat die Gerade $x = 2$ als Symmetrieachse.

e) Der Scheitelpunkt hat -3 als y-Koordinate. Der Ursprung ist Punkt der Parabel.

f) Die Parabel geht durch den Punkt $P(5|-1)$, die Symmetrieachse hat die Gleichung $x = 7$.

g) Die Parabel geht durch die Punkte $P_1(-1|7)$ und $P_2(3|7)$.

PLOT 11. a) Zeichne mit einem grafikfähigen Taschenrechner den Graphen der Funktion f mit $f(x) = x^2 + 6x + 7$. Überlege, ob man ihn durch Verschieben aus der Normalparabel erhalten kann. Begründe deine Behauptung durch Umformen des Funktionsterms.

b) *Partnerarbeit:* Untersucht entsprechend eigene Beispiele für Funktionen mit einem Term der Form $f(x) = x^2 + px + q$.

12. a) Gib eine Wertetabelle an für die Funktion f mit $f(x) = (x - 4)^2 - 5$. Wo wird der Funktionswert 0 erreicht? Für welche Werte von x steigt der Graph der Funktion?

b) Gib eine Wertetabelle an für die Funktion g mit $g(x) = x^2 - 8x + 10$. Vergleiche mit der Funktion f aus Teilaufgabe a).

13. Kontrolliere die Hausaufgaben zur Bestimmung des Scheitelpunkts.

```
Achim
f(x) = x² − 3x − 2
     = (x − 1,5)² − 2,25 − 2
     = (x − 1,5)² − 4,25
S(−1,5 | −4,25)
```

```
Bea
g(x) = x² + 4x − 2
     = (x + 2)² − 2
S(−2 | −2)
```

14. Gib an, wie man den Graphen der Funktion schrittweise aus der Normalparabel erhalten kann. Notiere die Koordinaten des Scheitelpunktes. In welchem Bereich für x fällt der Graph, in welchem Bereich steigt er? Gib auch den Wertebereich der Funktion an.

a) $f(x) = x^2 - 4x - 5$ **c)** $f(x) = x^2 - 5x + 5$ **e)** $f(x) = x^2 - 2x$ **g)** $f(x) = x^2 - x - \frac{1}{2}$

b) $f(x) = x^2 + 6x + 5$ **d)** $f(x) = x^2 + 8x + 7$ **f)** $f(x) = x^2 + 3x + 4$ **h)** $f(v) = v^2 - \frac{4}{3}v - \frac{5}{9}$

15. Gib den Funktionsterm in der Form $f(x) = x^2 + px + q$ an.

a) 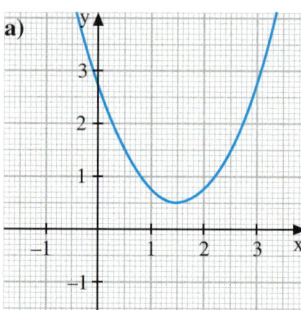   b) 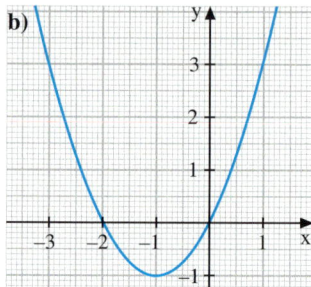   c)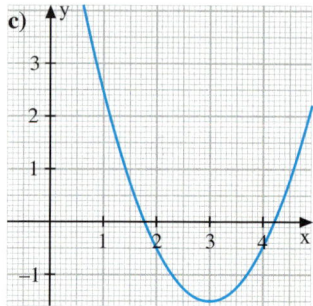

16. Gegeben sind Eigenschaften des Graphen einer Funktion. Gib einen Funktionsterm in der Form $f(x) = x^2 + px + q$ an. Kontrolliere mit dem Rechner.

a) Der Scheitelpunkt ist $S(-100 | 34)$.

b) Die Gleichung der Symmetrieachse ist $x = -34$. Der kleinstmögliche Funktionswert ist 15.

c) Der Graph fällt für $x < 20$ und steigt für $x > 20$. Es gibt zwei Schnittpunkte mit der x-Achse.

d) Der Scheitelpunkt liegt im 3. Quadranten.

17. Die Normalparabel wird verschoben, und zwar

a) zunächst um 4 Einheiten nach rechts, dann um 2,5 Einheiten nach unten;

b) zunächst um 3 Einheiten nach links, dann um 3,5 Einheiten nach oben;

c) zunächst um 4 Einheiten nach rechts, dann um 3 Einheiten nach oben;

d) zunächst um 5 Einheiten nach links, dann um 4 Einheiten nach unten.

Bestimme den Term der neuen Funktion f. Begründe, dass man auch zu dem Graphen der gleichen Funktion f gelangt, wenn man die Reihenfolge der beiden Verschiebungen vertauscht.

PLOT 18. Zeichne mit einem grafikfähigen Taschenrechner die Graphen zu:

$f_1(x) = (x - 3)^2 - 25$ $f_3(x) = (x - 3)^2 - 5$ $f_5(x) = x^2 - 6x - 16$

$f_2(x) = x^2 - 6x - 15$ $f_4(x) = x^2 - 6x$ $f_6(x) = (x - 8)(x + 2)$

Was stellst du fest? Begründe deine Behauptung auch durch Umformen des Funktionsterms.

Verschieben der Normalparabel

PLOT 19. *Partnerarbeit:* Zeichne mit einem grafikfähigen Taschenrechner eine Parabel. Zeige sie deinem Nachbarn und lasse ihn die Funktionsgleichung herausfinden. Zähle, wie viele Versuche er benötigt. Anschließend tauscht ihr die Rollen.

20. Ergänze auf beiden Seiten der Gleichung dieselbe Zahl so, dass du die linke Seite als Quadrat schreiben kannst. Bestimme dann die Lösungsmenge. Mache die Probe.

a) $x^2 + 4x + \square = 21 + \square$
b) $x^2 - 8x + \square = 33 + \square$
c) $x^2 - 11x + \square = -10 + \square$
d) $x^2 + 3x + \square = -2{,}25 + \square$
e) $y^2 - 5y + \square = 42{,}75 + \square$
f) $z^2 + 7z + \square = 3{,}75 + \square$

21. Bestimme die Lösungsmenge.

a) $x^2 - 8 = 0$
$z^2 - 8z = 0$

b) $x^2 + 8 = 0$
$x^2 + 8x = 0$

c) $y^2 + 6y - 7 = 0$
$x^2 + 8x - 9 = 0$

d) $x^2 - 4x + 3 = 0$
$x^2 - 3x - 4 = 0$

e) $z^2 - 4z - 5 = 0$
$x^2 - 5x + 4 = 0$

f) $x^2 + 5x + 4 = 0$
$x^2 + 4x + 5 = 0$

g) $x^2 - 8x - 20 = 0$
$y^2 + 6y - 16 = 0$

h) $x^2 + 12x + 32 = 0$
$x^2 - 2{,}2x + 0{,}4 = 0$

i) $x^2 - 1{,}2x + 0{,}2 = 0$
$y^2 + 1{,}2y - 2{,}2 = 0$

j) $x^2 - 4x + 5 = 0$
$x^2 + 4x - 5 = 0$

k) $x^2 - 5x - 4 = 0$
$y^2 + 5y - 4 = 0$

l) $x^2 - \frac{2}{5}x - \frac{3}{5} = 0$
$x^2 - \frac{3}{5}x - \frac{2}{5} = 0$

22. Kontrolliere Julias Hausaufgaben.

a) $x^2 - 3x = 16 \quad |+9$
$x^2 - 3x + 9 = 25$
$(x-3)^2 = 5$
$x - 3 = 5$ oder $x - 3 = -5$
$x = 8$ oder $x = -2$
$L = \{8; -2\}$

b) $4z^2 - 12z + 8 = 0 \quad |+1$
$4z^2 - 12z + 9 = 1$
$(2z - 3)^2 = 1$
$2z - 3 = 1$ oder $2z - 3 = -1$
$2z = 4$ oder $2z = 2$
$z = 2$ oder $z = 1$
$L = \{1; -2\}$

c) $4x^2 - 8x = 0 \quad |+8x$
$4x^2 = 8x \quad |:4x$
$x = 2$
$L = \{2\}$

23. Bestimme die Lösungsmenge. Mache die Probe.

a) $x^2 + 20x + 36 = 0$
b) $x^2 + 20x + 100 = 0$
c) $x^2 + 20x + 125 = 0$
d) $x^2 + 20x - 125 = 0$
e) $x^2 - 7x + 6 = 0$
f) $x^2 - 11x + 31 = 0$
g) $x^2 - 11x - 5{,}75 = 0$
h) $x^2 + 12x + 33 = 0$
i) $x^2 + 21x + 20 = 0$
j) $x^2 - 3x + 0{,}25 = 0$
k) $x^2 + 8x = 20$
l) $x^2 + 8x + 16 = 0$

24. Das rechts abgebildete Grundstück ist 567 m² groß. Berechne seine Maße. Du kannst dazu auf mehrere Weisen eine quadratische Gleichung aufstellen.
Welche davon ist am günstigsten?

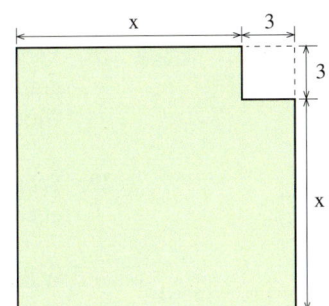

25. Die Funktion f hat den Term

a) $f(x) = (x+1)^2$;
b) $f(x) = x^2 - 6x + 9$.

Bestimme die gemeinsamen Punkte des Graphen von f mit den Geraden zu den Gleichungen
(1) $y = -2x - 3$; (2) $y = -\frac{2}{3}x + 2$; (3) $y = x - 3{,}25$.

26. Ermittle eine Gleichung der linearen Funktion g, die mit der Funktion f
(1) genau zwei Punkte, (2) genau einen Punkt, (3) keinen Punkt gemeinsam hat.
a) $f(x) = (x - 12)^2$ **b)** $f(x) = (x + 5)^2$ **c)** $f(x) = (x - 2)^2 - 3$ **d)** $f(x) = (x + 1)^2 - 2$

27. a) Ordne mit Begründung die folgenden Gleichungen den unten abgebildeten Graphen zu. Markiere auch jeweils die Schnittpunkte, die durch die Lösungen bestimmt werden.
(1) $(x + 4)^2 = 4$ (3) $x^2 + 8x = -12$ (5) $x^2 + 8x + 12 = 0$
(2) $x^2 = -8x - 12$ (4) $x^2 + 12 = -8x$ (6) $(x + 4)^2 - 3 = 1$

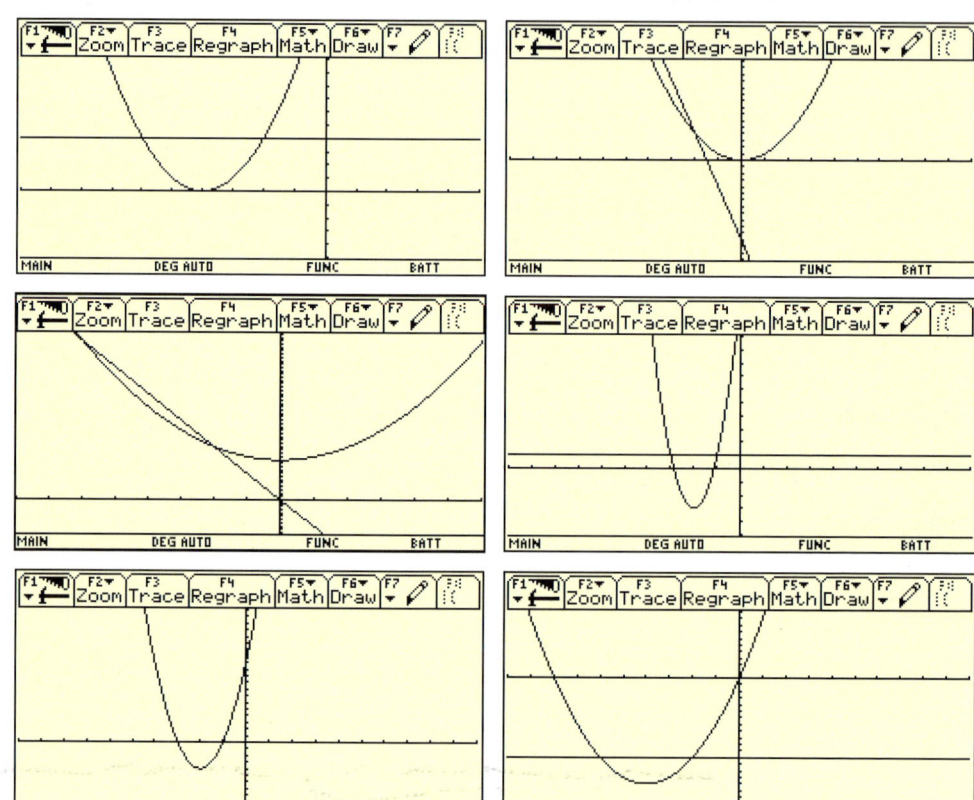

b) Bestimme jeweils die Lösungsmenge. Was fällt dir auf?

PLOT 28. Verändere die Gleichung $x^2 - 4x - 5 = 0$ wie in Aufgabe 27 und veranschauliche ihre Lösungen grafisch durch die Schnittpunkte der entsprechenden Graphen.
Gib dazu auch jeweils die von dir benutzte Window-Einstellung an.

29. Schreibe eine Zusammenfassung über verschiedene Möglichkeiten, die Lösungsmenge einer quadratischen Gleichung der Form $x^2 + px + q = 0$ zu bestimmen.

Parameter ⟨griech.⟩
Math.: Konstante oder unbestimmt gelassene Hilfsvariable

30. Wähle verschiedene Werte für den Parameter a und bestimme jeweils die Lösungsmenge der angegebenen Gleichung.
Formuliere dann eine Vermutung und begründe diese grafisch.
a) $x^2 = ax$ **b)** $x^2 = x + a$

4.4 Strecken und Spiegeln der Normalparabel

Aufgabe 1

a) Die Größe der Bildfläche (in m^2) auf der Leinwand wird nach folgender Faustregel berechnet:
Quadriere den Abstand (in m) des Projektors von der Leinwand, dividiere das Ergebnis durch 5.
Berechne mithilfe dieser Faustregel die Größe der Bildfläche für die Abstände 1 m; 1,5 m; 2 m; …; 5,5 m; 6 m.
Notiere den Funktionsterm für die Zuordnung
f: *Abstand → Größe der Bildfläche*.
Zeichne den Graphen und vergleiche mit der Normalparabel für $x \geq 0$.

b) Gehe aus von dem Graphen der Quadratfunktion mit der Funktionsgleichung $y = x^2$.
Bei jedem Punkt P der Normalparabel soll die y-Koordinate mit dem Faktor 2 multipliziert werden. Die x-Koordinate wird beibehalten. Aus den jeweiligen Bildpunkten P' erhalten wir so einen neuen Graphen.
Zu welcher Funktion f gehört der neue Graph? Vergleiche beide Graphen. Gib auch den Wertebereich von f an.

Lösung

a) *Wertetabelle:*

Abstand (in m)	Bildgröße (in m^2)
1	0,2
1,5	0,45
2	0,8
2,5	1,25
3	1,8

Abstand (in m)	Bildgröße (in m^2)
3,5	2,45
4	3,2
4,5	4,05
5	5
x	$\frac{1}{5}x^2$

Funktionsterm: $f(x) = \frac{1}{5}x^2$

Graph:

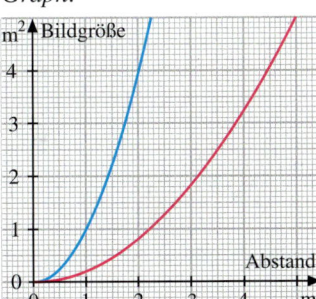

Der Graph ist flacher als die Normalparabel. Er entsteht daraus durch *Stauchen* parallel zur y-Achse. Dabei wird die x-Achse festgehalten.

b)

x	x^2	f(x)
−2	4	8
−1	1	2
0	0	0
1	1	2
2	4	8

· 2

Man erhält jeweils den neuen Funktionswert f(x), indem man den alten Funktionswert x^2 mit 2 multipliziert:
$f(x) = 2 \cdot x^2$

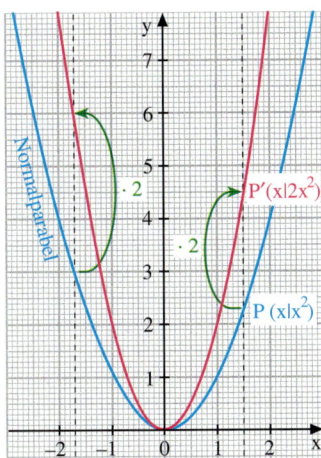

Durch das Multiplizieren der alten Funktionswerte x^2 mit dem Faktor 2 wird die Normalparabel zum Graphen von f parallel zur y-Achse *gestreckt*. Bei diesem *Strecken* bleibt die y-Achse als Symmetrieachse erhalten.
Der Wertebereich von f ist die Menge aller nicht negativen Zahlen: $\mathbb{R}_+$

Aufgabe 2 a) Zeichne den Graphen der Funktion f mit $f(x) = -x^2$. Durch welche Abbildung erhält man den Graphen von f aus der Normalparabel? Gib auch den Wertebereich von f an.

b) Zeichne den Graphen der Funktion f mit $f(x) = -0{,}4 \cdot x^2$. Durch welche Abbildung erhält man den Graphen von f aus der Normalparabel? Gib auch den Wertebereich von f an.

Lösung a) Der Term $-x^2$ geht aus dem Term x^2 durch Multiplizieren mit dem Faktor (-1) hervor:
$f(x) = (-1) \cdot x^2$

x	x^2	f(x)
−2	4	−4
−1	1	−1
0	0	0
1	1	−1
2	4	−4

$\cdot (-1)$

Das Multiplizieren mit (-1) ändert nur das Vorzeichen der y-Koordinate eines Punktes.
Das bedeutet: Die Normalparabel wird an der x-Achse gespiegelt.

Der Wertebereich von f ist $\mathbb{R}_-$.

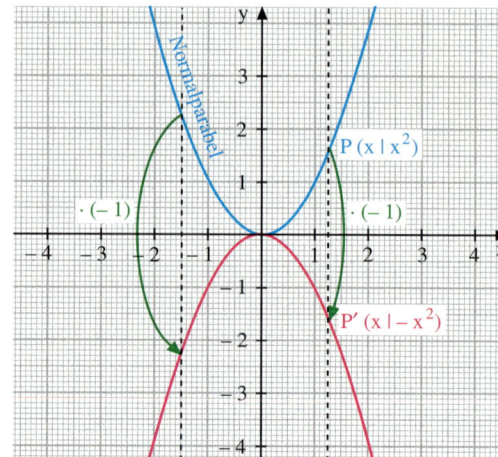

Man könnte auch zuerst strecken und dann spiegeln!

b) Der Term $-0{,}4 \cdot x^2$ geht aus dem Term x^2 durch Multiplizieren mit dem Faktor $(-0{,}4)$ hervor: $f(x) = (-0{,}4) \cdot x^2$

x	x^2	f(x)
−2	4	−1,6
−1	1	−0,4
0	0	0
1	1	−0,4
2	4	−1,6

$\cdot (-0{,}4)$

Das bedeutet: Die Normalparabel wird an der x-Achse gespiegelt und anschließend mit dem Faktor 0,4 parallel zur y-Achse gestreckt.

Der Wertebereich von f ist $\mathbb{R}_-$.

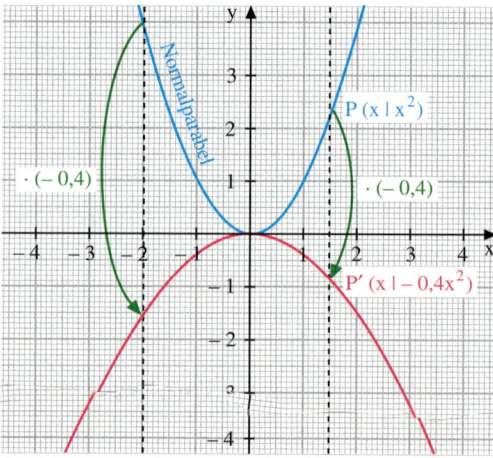

Information

Strecken der Normalparabel

Durch das Multiplizieren des Funktionsterms x^2 mit einem Faktor a (z.B. a = 3,6) wird die Parabel in Richtung der y-Koordinatenachse „gestreckt". Im Bild rechts wird ein Gummituch, auf dem eine Normalparabel gezeichnet ist, nach oben „gestreckt".

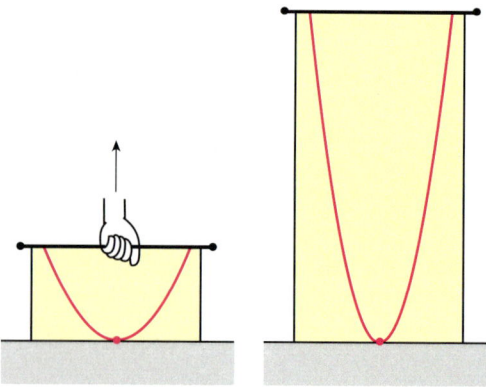

Strecken und Spiegeln der Normalparabel

Streckfaktoren a mit |a|<1 liefern Graphen, die gestaucht aussehen.

Definition

Das **Strecken** eines Graphen parallel zur **y-Achse** mit dem Faktor a (a ≠ 0) ist eine Abbildung mit folgenden Eigenschaften:
Die y-Koordinate eines jeden Punktes des Graphen wird mit dem Faktor a multipliziert.
Die x-Koordinate wird jeweils beibehalten.
Man nennt a den **Streckfaktor** der Abbildung.

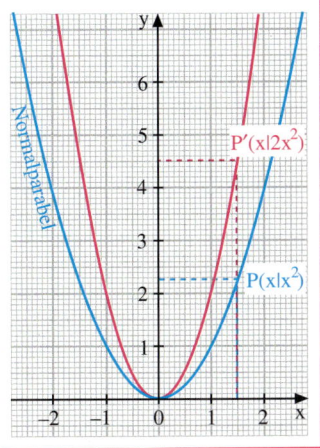

Anmerkung: Der Streckfaktor a kann positiv oder auch negativ sein. Wird der Graph einer Funktion g mit dem Faktor a parallel zur y-Achse gestreckt, so hat die Funktion f den Term $f(x) = a \cdot g(x)$. Das Strecken mit einem negativen Faktor kann man als Hintereinanderausführen des Streckens mit dem Betrag (positiven Faktor) und des Spiegelns an der x-Achse auffassen.
Auch in den Fällen $a = 1$ und $a = -1$ spricht man von Strecken, obwohl sich die Form des Graphen nicht verändert.

Satz

Das Strecken parallel zur y-Achse mit dem Faktor (-1) ist ein Spiegeln an der x-Achse.

Weiterführende Aufgaben

3. *Eigenschaften der gestreckten Normalparabel bei negativem Streckfaktor*

   Zeichne in das gleiche Koordinatensystem die Graphen der Funktionen mit
   $f_1(x) = 1,5 x^2$; $\quad f_2(x) = -1,5 x^2$; $\quad f_3(x) = 0,3 x^2$; $\quad f_4(x) = -0,3 x^2$.

   a) Welche Symmetrieeigenschaften haben die Graphen?

   b) Bei welchen Graphen ist der Scheitelpunkt der höchste, bei welchen der tiefste Punkt des Graphen?

   c) Welche Graphen sind nach oben, welche nach unten geöffnet?

   d) Wo steigen die Graphen, wo fallen sie?

4. *Vergleich der Steilheit der Graphen bei unterschiedlichen Streckfaktoren a*

   Zeichne in das gleiche Koordinatensystem die Graphen der Funktionen mit:

   a) $f_1(x) = 0,5 \cdot x^2$; $\quad f_2(x) = 1 \cdot x^2$; $\quad f_3(x) = 2 \cdot x^2$; $\quad f_4(x) = 3 \cdot x^2$

   b) $f_1(x) = -0,5 \cdot x^2$; $\quad f_2(x) = -1 \cdot x^2$; $\quad f_3(x) = -2 \cdot x^2$; $\quad f_4(x) = -3 \cdot x^2$

   (1) Welche Graphen sind steiler, welche flacher als die Normalparabel bzw. die gespiegelte Normalparabel?

   (2) Wie ändert sich die Steilheit des Graphen der Funktion mit der Funktionsgleichung $y = ax^2$, wenn für den Faktor a ein größerer Wert gewählt wird?

Satz

Der Graph einer Funktion mit der Funktionsgleichung $y = ax^2$ ($a \neq 0$) geht aus einer Normalparabel hervor durch Strecken in Richtung der y-Achse mit dem Streckfaktor a.

Für a > 0 gilt:

(1) Der Graph ist nach oben geöffnet, er fällt im 2. Quadranten und steigt im 1. Quadranten.
(2) Der Ursprung O(0|0) ist als Scheitelpunkt der tiefste Punkt des Graphen.
(3) Bei a > 1 ist der Graph steiler, bei a < 1 flacher als die Normalparabel.

Für a < 0 gilt:

(1) Der Graph ist nach unten geöffnet, er steigt im 3. Quadranten und fällt im 4. Quadranten.
(2) Der Ursprung O(0|0) ist als Scheitelpunkt der höchste Punkt des Graphen.
(3) Bei a < −1 ist der Graph steiler, bei a > −1 flacher als die gespiegelte Normalparabel.

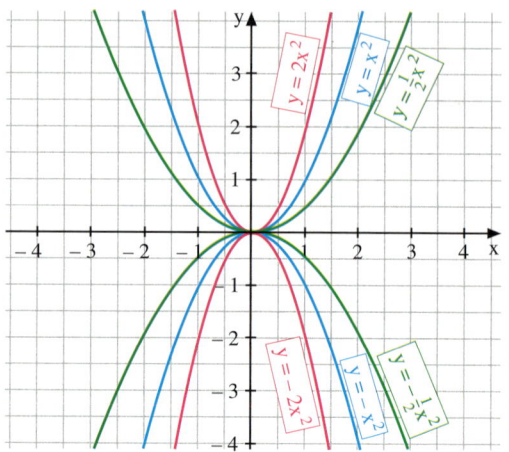

5. *Lösen einer Gleichung der Form $ax^2 = b$*

Im Internet werden quadratische Steinfliesen zum Verkauf angeboten. Welche Abmessungen haben die Fliesen?

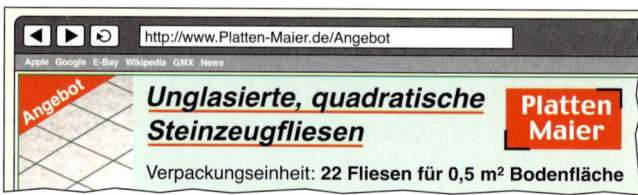

Übungsaufgaben

6. Zeichne mit einem grafikfähigen Taschenrechner Graphen zu Funktionen mit der Funktionsgleichung $y = ax^2$. Wähle verschiedene Werte für a. Was fällt auf?

 PLOT

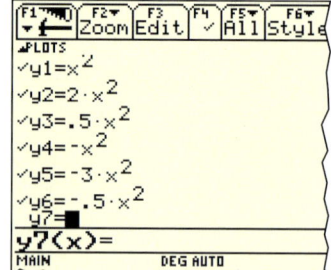

7. Lege eine Wertetabelle an und zeichne den Graphen der Funktion. Gib Eigenschaften des Graphen an.

a) $f(x) = \frac{1}{2}x^2$ c) $f(x) = 0{,}8x^2$ e) $f(x) = 0{,}3x^2$
b) $f(x) = 1{,}2x^2$ d) $f(x) = \frac{3}{2}x^2$ f) $f(x) = \frac{2}{3}x^2$

8. Die Normalparabel wird

a) in Richtung der y-Achse mit dem Faktor 3 [Faktor −1,2] gestreckt;
b) an der x-Achse gespiegelt; die gespiegelte Parabel dann in Richtung der y-Achse mit dem Faktor 0,6 gestreckt.

Zeichne den Graphen. Zu welcher Funktion gehört er? Notiere den Funktionsterm.

Strecken und Spiegeln der Normalparabel

9. Für das Zeichnen einer gestreckten Normalparabel hast du keine Schablone. Dennoch kannst du den Graphen mithilfe weniger Punkte gut zeichnen.
   a) Erläutere das Vorgehen rechts und führe es durch.
   b) Zeichne ebenso die mit dem Faktor $2 [-\frac{1}{2}; -3]$ gestreckte Normalparabel.

> **Zeichnen einer gestreckten Normalparabel**
> *Beispiel:* $y = \frac{1}{4} x^2$
> - Gehe vom Scheitelpunkt aus 1 nach rechts [links] und $\frac{1}{4} \cdot 1$ nach oben.
> - Gehe vom Scheitelpunkt aus 2 nach rechts [links] und $\frac{1}{4} \cdot 4$ nach oben.

10. Wie entsteht der Graph der Funktion aus der Normalparabel? Welche Eigenschaften hat er?
    a) $f(x) = -2,5 x^2$ b) $f(x) = 0,8 x^2$ c) $f(x) = -0,7 x^2$ d) $h(u) = 1,8 u^2$

11. Die Funktion f hat den Term:
    a) $f(x) = 8 x^2$ b) $f(x) = -\frac{1}{2} x^2$ c) $f(x) = -4,5 x^2$ d) $f(x) = 0,72 x^2$
    (1) Welche der Punkte $P_1(0|0)$, $P_2(2|-18)$, $P_3(0,25|0,5)$, $P_4(0,3|8)$, $P_5(4|-8)$ gehören zum Graphen von f?
    (2) An welchen Stellen nimmt die Funktion den Wert $2 [-2; 4,5; -4,5; 0]$ an?

12. Die Funktion f hat die Gleichung $y = a x^2$. Bestimme den Wert des Faktors a so, dass der Graph von f durch den Punkt P geht.
    a) $P(-1,2|-1,44)$ b) $P(-0,8|3,2)$ c) $P(6|-2,4)$ d) $P(-4|-4)$

13. Finde zur Wertetabelle den Funktionsterm.

a)
x	y
−2	6
−1	1,5
0	0
1	1,5
2	6

b)
x	y
−2	−2
−1	−0,5
0	0
1	−0,5
2	−2

c)
x	y
−2	3
0	0
2	3
4	12

d)
x	y
−2	−4
−1	−1
0	0
1	−1
2	−4

14. Notiere die zugehörige Funktionsgleichung und gib den Wertebereich der Funktion an.

a)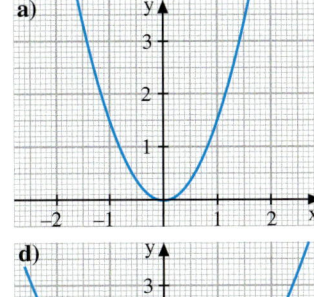

b)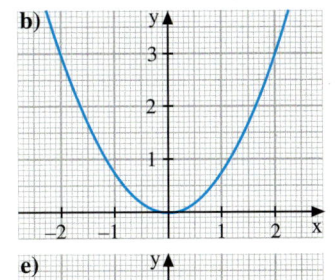

c)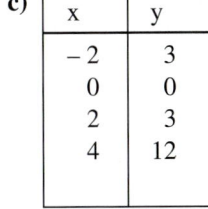

d)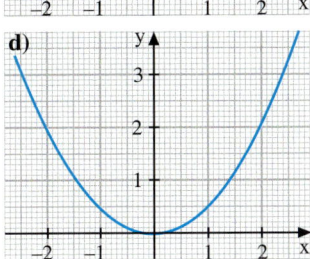

e)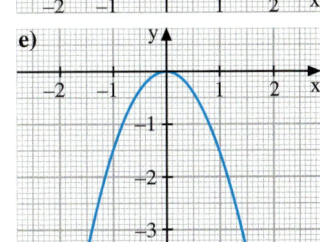

f)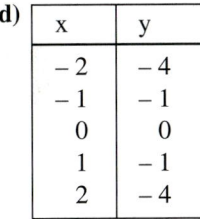

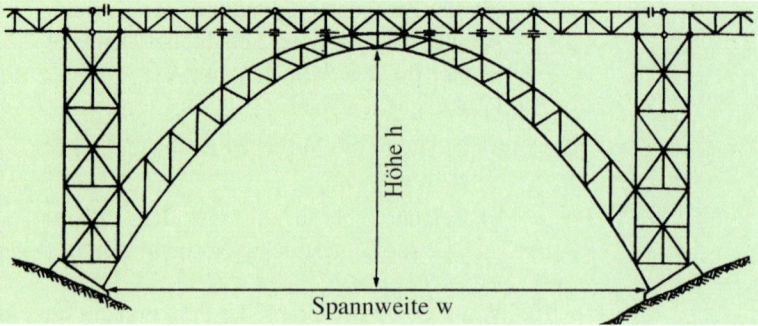

15. Die Müngstener Brücke über die Wupper ist eine der beeindruckendsten Eisenbahnbrücken. Zum 100-jährigen Jubiläum erschien sogar eine Briefmarke. Der untere Brückenbogen hat eine Spannweite von w = 160 m und eine Höhe von h = 69 m.
    Modelliere den unteren Brückenbogen mit einer Parabel; skizziere diese mit einem selbst gewählten Koordinatensystem in das Heft. Erstelle eine Gleichung für die Parabel.

16. Beim senkrechten Fall einer Kugel von einem hohen Gebäude gilt für die Funktion
    Fallzeit t (in s) → Fallweg s (in m)
    näherungsweise die Funktionsgleichung $s = 5\,t^2$.

    a) Welchen Fallweg legt die Kugel in 0,5 s; 1 s; 1,5 s; 2 s; 2,5 s; 3 s zurück?

    b) Das Bild zeigt hohe Bauwerke. Berechne die Fallzeit bei den angegebenen Höhen.

Körper erreichen beim freien Fall hohe Geschwindigkeiten.

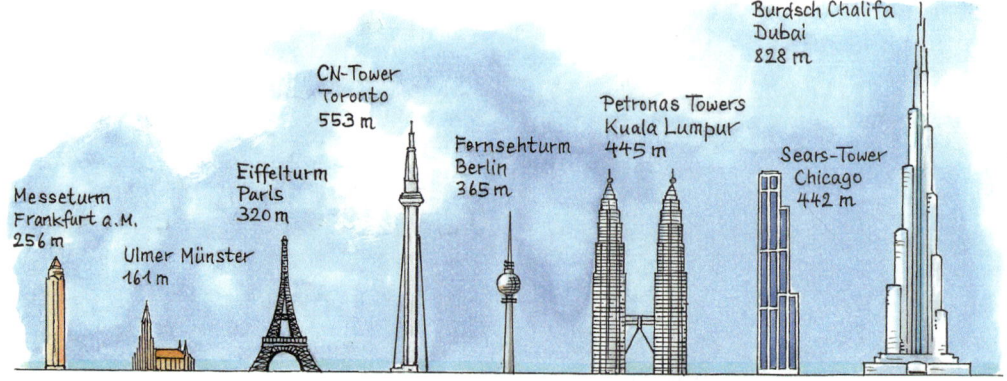

17. Die Schwingungsdauer eines Pendels ist die Zeitspanne, die das Pendel benötigt, um einmal hin und her zu schwingen. Die Länge *l* des Pendels (in Metern) kann man näherungsweise aus der Schwingungsdauer T (in Sekunden) nach folgender Formel berechnen:
    $l = \frac{1}{4} \cdot T^2$.

    a) Wie lang muss man ein Pendel machen, damit seine Schwingungsdauer 1 s, 2 s, …, 5 s beträgt? Zeichne einen Graphen für die Zuordnung
    Pendellänge l (in m) → Schwingungsdauer T (in s).

    b) Welche Schwingungsdauer T hat ein Pendel der Länge
    (1) 0,25 m; (2) 0,75 m; (3) 2,5 m; (4) 6 m?
    Lies am Graphen ab. Rechne auch.

Strecken und Spiegeln der Normalparabel

18. Gegeben sind Eigenschaften des Graphen einer Funktion mit einer Gleichung der Form $y = ax^2$. Gib eine Funktionsgleichung an. Kontrolliere mit dem Rechner.

  a) Die Parabel ist nach oben geöffnet und steiler als die Normalparabel.

  b) Die gestauchte Parabel ist steigend für $x < 0$ und fallend für $x > 0$.

  c) Der Punkt $P(4 \mid 3{,}2)$ liegt auf dem Graphen.

  d) Der größte Funktionswert ist $y = 0$. Die Parabel ist steiler als die Normalparabel.

19. Zeichne die Graphen der Funktionen mit den Termen $f(x) = x^2$, $g(x) = (-x)^2$ und $h(x) = -x^2$. Vergleiche.

20. a) Gib für das Bild rechts die Funktionsgleichungen an.

  b) Beschreibe, wie die Graphen auseinander hervorgehen.

  c) Notiere gemeinsame und unterschiedliche Eigenschaften.

  d) Gib den allgemeinen Funktionsterm für die drei Graphen an.

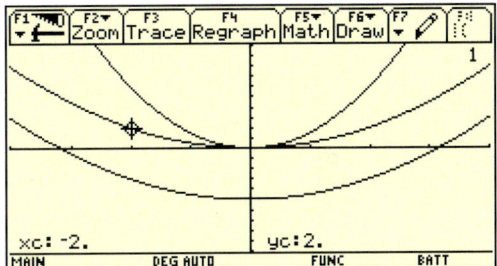

21. Die Normalparabel wird in Richtung der x-Achse mit dem Faktor 2 gestreckt, indem man bei jedem Punkt die x-Koordinate mit 2 multipliziert und die y-Koordinate beibehält.
Zeichne den Graphen. Lies aus der Zeichnung ab, wie man den neuen Graphen aus der Normalparabel durch Strecken in Richtung der y-Achse gewinnen kann. Welchen Term hat die Funktion, die zu dem neuen Graphen gehört?

22. Gib die Lösungsmenge an.

  a) $\frac{1}{2}x^2 = \frac{25}{8}$
  e) $\frac{1}{4}y^2 = 0$
  i) $\frac{1}{4}x^2 - \frac{1}{6}x^2 + \frac{2}{8}x^2 = 30$

  b) $0{,}3z^2 = 0{,}012$
  f) $4x^2 - 9 = 0$
  j) $\frac{1}{3}(x^2 + 5) - \frac{1}{5}(x^2 - 1) = 4$

  c) $\sqrt{5}x^2 = \sqrt{80}$
  g) $4x^2 + 1 = 0$
  k) $(x + 4)^2 + (x - 4)^2 = 34$

  d) $\frac{1}{4}x^2 = 25$
  h) $0{,}24x^2 - 6 = 0$
  l) $(z + 5) \cdot (z - 8) = -3(z + 8)$

Fallschirmspringen, Freizeit- und Wettkampfsportart, die zum Flugsport gerechnet wird. Die Entwicklung neuer Trainingsmethoden und besserer Ausrüstung hat zur Sicherheit und Freude an diesem Sport beigetragen. Heute springen Fallschirmspringer in der Regel aus einer Höhe von etwa 3 500 Metern ab. Erst bei 700 Metern Höhe wird der Fallschirm geöffnet.

23. Beim Fall mit ungeöffnetem Fallschirm gilt für die zurückgelegte Strecke s (in m) in Abhängigkeit von der Fallzeit t (in s) näherungsweise: $s = 3t^2$.
Berechne, nach welcher Fallzeit der Fallschirmspringer den Fallschirm öffnen muss.

4.5 Strecken und Verschieben der Normalparabel

Aufgabe 1

Zeichne die Normalparabel. Führe hintereinander die folgenden Abbildungen aus:
(1) Verschieben um 2 Einheiten nach rechts;
(2) Strecken parallel zur y-Achse mit dem Faktor 2,5;
(3) Verschieben um 1,4 Einheiten nach oben.
Durch das Hintereinanderausführen der Abbildungen erhältst du schließlich den Graphen einer neuen Funktion f. Bestimme den Funktionsterm von f.
Welche Koordinaten hat der Scheitelpunkt des Graphen von f? Welchen Wertebereich hat f?
Gib den Funktionsterm auch in der Form $f(x) = ax^2 + bx + c$ an.

Lösung

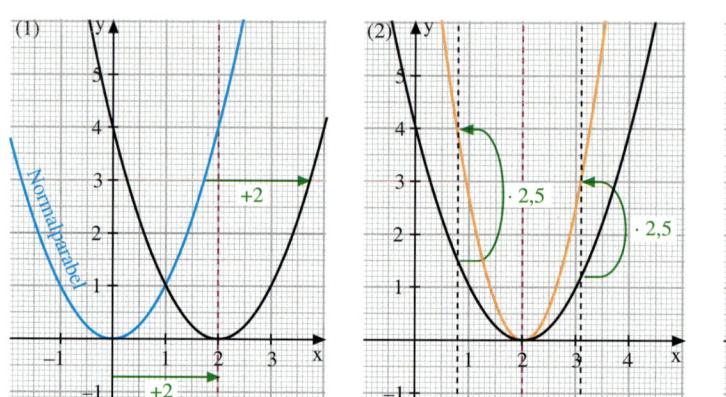

(1) Die nach rechts verschobene Normalparabel gehört zu einer Funktion f_1 mit dem Term:
$f_1(x) = (x - 2)^2$

(2) Beim Strecken des Graphen von f_1 wird die y-Koordinate eines jeden Punktes mit dem Faktor 2,5 multipliziert. Der Funktionsterm lautet daher:
$f_2(x) = 2{,}5 \cdot (x - 2)^2$

(3) Das Verschieben nach oben vergrößert jeden Funktionswert um 1,4. Die Funktion f hat daher den Funktionsterm:
$f(x) = 2{,}5 \cdot (x - 2)^2 + 1{,}4$

Die Koordinaten des Scheitelpunktes S lassen sich aus dem Funktionsterm ablesen: S(2 | 1,4).
Die Symmetrieachse des Graphen hat die Gleichung x = 2.
Der Wertebereich von f ist $\{x \in \mathbb{R} \mid x \geq 1{,}4\}$.
Durch Umformen erhält man:

$f(x) = 2{,}5 \cdot (x - 2)^2 + 1{,}4$
$\quad = 2{,}5 \cdot (x^2 - 4x + 4) + 1{,}4$
$\quad = 2{,}5 x^2 - 10 x + 11{,}4$

Information

(1) Quadratische Funktion

> **Definition**
> Eine Funktion f mit dem Term $f(x) = ax^2 + bx + c$ und $a \neq 0$ heißt **quadratische Funktion**.

Anmerkung: Der Definitionsbereich einer quadratischen Funktion ist die Menge $\mathbb{R}$ aller reellen Zahlen (falls nichts anderes vereinbart wird).

Strecken und Verschieben der Normalparabel

(2) Scheitelpunktform des Funktionsterms einer quadratischen Funktion

Der Graph zu $f(x) = a \cdot (x + d)^2 + e$ entsteht durch Verschieben der Normalparabel um $|d|$ Einheiten parallel zur x-Achse und anschließendem Strecken parallel zur y-Achse mit dem Faktor a und Verschieben parallel zur y-Achse um $|e|$ Einheiten.

$f(x) = a \cdot (x + d)^2 + e$ bezeichnet man als *Scheitelpunktform* des Funktionsterms. Aus ihr kann man die Koordinaten des Scheitelpunktes ablesen: $S(-d|e)$.

Durch Umformen erhält man, dass f eine quadratische Funktion ist:

$$f(x) = a \cdot (x + d)^2 + e$$
$$= a \cdot (x^2 + 2dx + d^2) + e$$
$$= ax^2 + 2adx + ad^2 + e$$
$$= \underbrace{ax^2}_{} + \underbrace{bx}_{} + \underbrace{c}_{} \quad \text{mit } b = 2ad \text{ und } c = ad^2 + e$$

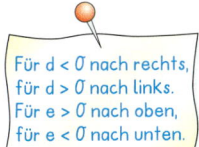

Für d < 0 nach rechts, für d > 0 nach links.
Für e > 0 nach oben, für e < 0 nach unten.

Satz

Man erhält den Graphen einer quadratischen Funktion f mit $f(x) = a(x + d)^2 + e$, indem man die Normalparabel nacheinander
– um $|d|$ Einheiten parallel zur x-Achse verschiebt; nach rechts für d < 0, nach links für d > 0.
– parallel zur y-Achse mit dem Faktor a streckt;
– um $|e|$ Einheiten parallel zur y-Achse verschiebt; nach oben für e > 0, nach unten für e < 0.
Der Scheitelpunkt des Graphen ist $S(-d|e)$.

(3) Parabel

Ein Graph, der sich aus der Normalparabel durch Verschieben und Strecken erzeugen lässt, wird wegen seiner Verwandtschaft mit der Normalparabel allgemein (quadratische) **Parabel** genannt.

Weiterführende Aufgaben

2. *Von $ax^2 + bx + c$ zur Scheitelpunktform*
   Die quadratische Funktion hat den Term:
   a) $f(x) = 3x^2 - 6x + 6$
   b) $f(x) = -\frac{1}{4}x^2 + \frac{1}{4}x - 1$
   c) $f(x) = ax^2 + bx + c$ mit $a \neq 0$

   Forme den Funktionsterm wie im Beispiel rechts in die Scheitelpunktform um. Gib an, wie man den Graphen von f aus der Normalparabel erzeugen kann.
   Notiere die Koordinaten des Scheitelpunktes und die Gleichung der Symmetrieachse.

   $f(x) = -\frac{4}{3}x^2 - 4x + 1$
   $= -\frac{4}{3} \cdot [x^2 + 3x] + 1$
   $= -\frac{4}{3} \cdot [x^2 + 3x + (\frac{3}{2})^2 - (\frac{3}{2})^2] + 1$
   $= -\frac{4}{3} \cdot [x^2 + 3x + (\frac{3}{2})^2] + \frac{4}{3} \cdot (\frac{3}{2})^2 + 1$
   $= -\frac{4}{3} \cdot (x + \frac{3}{2})^2 + 4$

   Der Graph von f hat den Scheitelpunkt $S(-\frac{3}{2}|4)$.
   Die Symmetrieachse hat die Gleichung $x = -\frac{3}{2}$.

3. *Öffnung des Graphen nach oben oder unten*
   a) Zeichne die Graphen der quadratischen Funktionen mit
      $f_1(x) = 0{,}6x^2 - 1{,}2x + 1;$ $\qquad f_2(x) = -1{,}4x^2 + 5{,}6x - 3{,}6.$
      Bestimme die Koordinaten der Scheitelpunkte. Welche Parabel ist nach unten geöffnet?
   b) Die quadratische Funktion f hat den Term $f(x) = a \cdot (x + d)^2 + e$ mit $a \neq 0$.
      Untersuche, unter welcher Bedingung der Scheitelpunkt $S(-d|e)$ der höchste Punkt ist und unter welcher Bedingung S der tiefste Punkt des Graphen ist.

> **Satz**
>
> Der Graph einer jeden quadratischen Funktion f mit $f(x) = ax^2 + bx + c$ $(a \neq 0)$ ist eine Parabel, deren Symmetrieachse die Parallele zur y-Achse durch den Scheitelpunkt ist.
> Der Graph von f ist nach oben geöffnet, falls $a > 0$, nach unten geöffnet, falls $a < 0$.

4. *Allgemeine quadratische Gleichung – Normalform*

   Führe wie im Beispiel die allgemeine quadratische Gleichung $3x^2 - 15x - 42 = 0$ zunächst auf die Form $x^2 + px + q = 0$ zurück. Wende dann das schon bekannte Lösungsverfahren mit quadratischer Ergänzung an.

   $$\begin{aligned} 2x^2 - 10x + 8 &= 0 \quad |:2 \\ x^2 - 5x + 4 &= 0 \end{aligned}$$

> Zum Lösen einer *allgemeinen quadratischen Gleichung* $ax^2 + bx + c = 0$ mit beliebigem $a \neq 0$ führt man diese Gleichung erst auf die *Normalform* $x^2 + px + q = 0$ der quadratischen Gleichung zurück: $x^2 + \frac{b}{a}x + \frac{c}{a} = 0$.
> Dann kann man das Verfahren der quadratischen Ergänzung anwenden.

Übungsaufgaben

5. Versuche, eine Funktionsgleichung für den gezeichneten Graphen zu finden.
   Überlege dann, mit welchen Abbildungen du den Graphen aus der Normalparabel erhalten kannst.

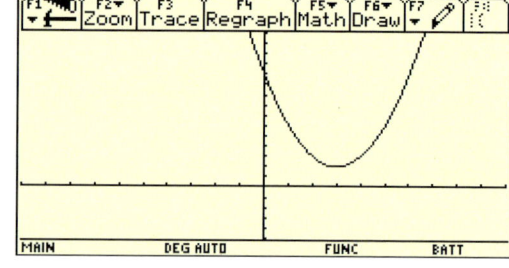

6. Zeichne die Normalparabel. Führe hintereinander die angegebenen Abbildungen aus. Skizziere schrittweise die Graphen. Du erhältst schließlich den Graphen einer neuen Funktion f. Welche Koordinaten hat der Scheitelpunkt des Graphen von f? Notiere den Funktionsterm von f. Gib auch den Wertebereich an.

   a) (1) Verschieben um 4 Einheiten nach rechts;
      (2) Strecken parallel zur y-Achse mit dem Faktor (–2);
      (3) Verschieben um 4,5 Einheiten nach unten.

   b) (1) Verschieben um 2,5 Einheiten nach links;
      (2) Strecken parallel zur y-Achse mit dem Faktor 0,3;
      (3) Spiegeln an der x-Achse;
      (4) Verschieben um 5 Einheiten nach oben.

7. a) Die Normalparabel wird um 1 Einheit nach links verschoben, dann parallel zur y-Achse mit dem Faktor (–1,5) gestreckt, schließlich um 4 Einheiten nach oben verschoben.
      Notiere den Term der zugehörigen Funktion in der Form $f(x) = ax^2 + bx + c$.
      Gib den Scheitelpunkt des Graphen und die Gleichung der Symmetrieachse an.

   b) Ändere in Teilaufgabe a) die Reihenfolge der Abbildungen:
      (1) erst nach links verschieben, dann nach oben verschieben, zum Schluss strecken;
      (2) erst nach oben verschieben, dann nach links verschieben, zum Schluss strecken;
      (3) erst nach oben verschieben, dann strecken, zum Schluss nach links verschieben;
      (4) erst strecken, dann nach links verschieben, zum Schluss nach oben verschieben;
      (5) erst strecken, dann nach oben verschieben, zum Schluss nach links verschieben.

Strecken und Verschieben der Normalparabel

8. Gehe von der Normalparabel aus. Führe mithilfe von Skizzen zwei der folgenden Abbildungen hintereinander aus:
(1) Verschieben parallel zur x-Achse um 3 Einheiten nach rechts;
(2) Verschieben parallel zur y-Achse um 2 Einheiten nach oben;
(3) Spiegeln an der x-Achse;
(4) Strecken parallel zur y-Achse mit dem Faktor 2,5.
Bei welchem Paar von Abbildungen erhält man beim Vertauschen der Reihenfolge am Schluss unterschiedliche Graphen?

9. Beschreibe, wie man den Graphen von f schrittweise aus der Normalparabel gewinnen kann. Gib an, ob die Parabel nach oben oder nach unten geöffnet ist. Skizziere die einzelnen Parabeln. Notiere den Funktionsterm in der Form $f(x) = ax^2 + bx + c$ und gib den Wertebereich an.

a) $f(x) = 3 \cdot (x - 2{,}5)^2 - 4{,}5$ b) $f(x) = -0{,}2 \cdot (x + 3)^2 + 1$ c) $f(x) = -1{,}5x^2 - 2$

10. Die Scheitelpunktform des Funktionsterms gestattet eine schnelle Zeichnung des Graphen.

a) Erläutere das Vorgehen rechts und führe es durch.

b) Zeichne ebenso die Graphen zu:
(1) $g(x) = 2(x + 1)^2 + 3$
(2) $h(x) = -\frac{3}{2}(x + 4)^2 - 3$
(3) $k(x) = -(x + 1)^2 - 2$
(4) $m(x) = -\frac{1}{2}(x + 2)^2 + 1$

> Zeichnen des Graphen zu
> $f(x) = \frac{1}{2}(x - 3)^2 - 1$
> - Zeichne den Scheitelpunkt $S(3 \mid -1)$.
> - Gehe von S aus 1 nach rechts [links] und $\frac{1}{2} \cdot 1$ nach oben.
> - Gehe von S aus 2 nach rechts [links] und $\frac{1}{2} \cdot 4$ nach oben.

11. Der Graph der quadratischen Funktion f hat S als Scheitelpunkt und geht durch den Punkt P. Bestimme den Funktionsterm von f in der Form $f(x) = ax^2 + bx + c$.
Ist der Scheitelpunkt der höchste oder der tiefste Punkt der Parabel?
Hinweis: Stelle den Term zunächst in der Scheitelpunktform $a(x + d)^2 + e$ auf.

a) $S(3 \mid -1); P(1 \mid 5)$ b) $S(-2{,}5 \mid 3); P(0 \mid -1)$ c) $S(1{,}5 \mid 0); P(5{,}5 \mid 1)$

12. Forme den Funktionsterm um in die Scheitelpunktform $a(x + d)^2 + e$. Notiere dann die Koordinaten des Scheitelpunktes. Ist die Parabel nach oben oder nach unten geöffnet?

a) $f(x) = \frac{1}{2}x^2 - 5x + 8$ d) $f(x) = -3x^2 - 6x + 9$ g) $f(x) = x^2 - 4x + 3{,}5$
b) $f(x) = -2x^2 + 6x - 2{,}5$ e) $f(x) = -3x^2 + 6x + 5$ h) $f(x) = -x^2 + \frac{1}{3}x$
c) $f(x) = \frac{3}{2}x^2 - 8x + \frac{5}{2}$ f) $f(x) = \frac{1}{2}x^2 + 5x$ i) $f(z) = -1{,}5z^2 - 6z - 7{,}5$

13. Kontrolliere die Hausaufgaben zur Scheitelpunkts-Bestimmung.

Anna
$f(x) = \frac{2}{3}x^2 + 4x + 2$
$= \frac{2}{3}(x+2)^2 - 4 + 2$
$= \frac{2}{3}(x+2)^2 - 2$
$S(-2 \mid -2)$

Boris
$g(x) = 2x^2 - 8x - 2$
$= 2(x^2 - 4x - 1)$
$= 2((x-2)^2 - 5)$
$S(2 \mid -5)$

Corina
$h(x) = \frac{1}{2}x^2 - 3x + 1$
$= \frac{1}{2}(x^2 - 6x + 2)$
$= \frac{1}{2}((x-3)^2 - 7)$
$S(3 \mid -3{,}5)$

David
$i(x) = -\frac{1}{3}x^2 - 4x + 1$
$= -\frac{1}{3}[x^2 - 12x]$
$= -\frac{1}{3}[(x-6)^2 - 36]$
$= -\frac{1}{3}(x-6)^2 + 12$
$S(-6 \mid 12)$

14. Die quadratische Funktion f hat den Term:

a) $f(x) = -x^2 + 2x + 1$ **b)** $f(x) = \frac{1}{4}x^2 - x + 2$ **c)** $f(x) = \frac{3}{2}x^2 + \frac{x}{2}$

Bestimme die Koordinaten des Scheitelpunktes des Graphen von f. Welche der folgenden Punkte liegen auf dem Graphen?

$P_1(0|1)$; $P_2(0|2)$; $P_3(1|2)$; $P_4(2|1)$; $P_5(-2|5)$; $P_6(0|0)$

15. Die quadratische Funktion f hat die Gleichung $y = (x + 2)^2$. Mit welchem Faktor muss man den Graphen von f in Richtung der y-Achse strecken, damit der Graph der neuen Funktion f_1 die y-Achse im Punkt $P(0|1)$ schneidet? Notiere die Gleichung von f_1.

16. Notiere den Funktionsterm in der Scheitelpunktform und in der Form $ax^2 + bx + c$.

a)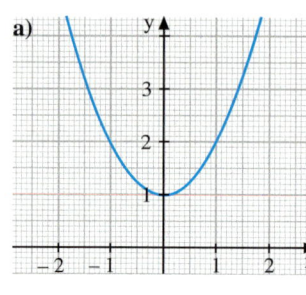
b)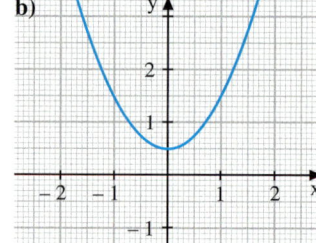
c)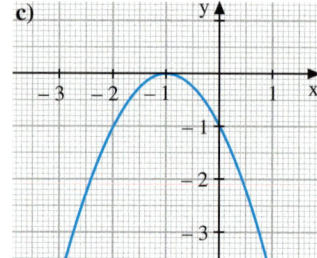
d)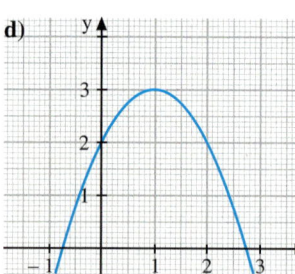
e)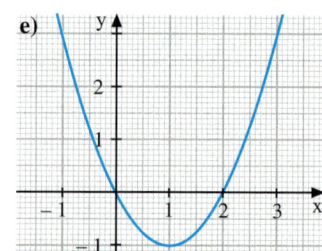
f)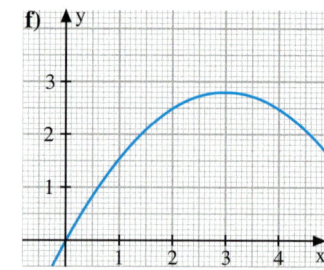

17. Gegeben sind Eigenschaften des Graphen einer quadratischen Funktion mit dem Term $f(x) = ax^2 + bx + c$. Gib verschiedene Funktionsgleichungen an. Kontrolliere mit dem Rechner.

a) Der Graph ist eine nach unten geöffnete und gestreckte Parabel. Der Scheitelpunkt liegt im 4. Quadranten.

b) Die gestauchte Parabel fällt für $x < 12$ und steigt für $x > 12$. Der kleinste Funktionswert ist 8.

c) Der Graph ist keine Normalparabel. Die Gleichung der Symmetrieachse ist $x = -9{,}8$.

d) Der Scheitelpunkt liegt auf der x-Achse. Der Schnittpunkt mit der y-Achse liegt bei $(0|16)$.

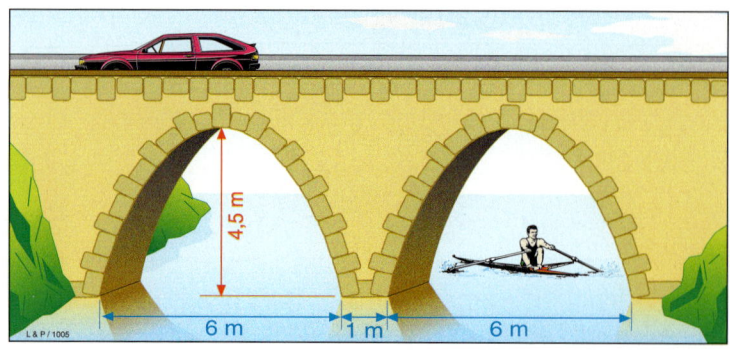

18. Die beiden Bögen einer Brücke sollen parabelförmig sein.
Führe ein geeignetes Koordinatensystem ein und bestimme die Gleichungen der beiden Parabeln.

19. Der Graph der quadratischen Funktion geht durch die Punkte $P(0|5)$, $Q(3|2)$ und $R(5|10)$.
Bestimme die Funktionsgleichung.

Strecken und Verschieben der Normalparabel

{−14; 2} {6; 9} {$\frac{7}{3}$; $\frac{7}{3}$} {−6; −4} {−3; 2} {−7; −1}

20. Bestimme mithilfe der quadratischen Ergänzung die Lösungsmenge.

a) $3x^2 + 24x + 21 = 0$
b) $2x^2 + 2x - 12 = 0$
c) $\frac{1}{4}x^2 + 3x - 7 = 0$
d) $0{,}1y^2 + y + 2{,}4 = 0$
e) $9y^2 - 24y + 7 = 0$
f) $\frac{1}{3}z^2 - 5z + 18 = 0$

21.
a) $\frac{1}{2}x^2 - 7x + 12 = 0$
b) $5x^2 - 20x + 15 = 0$
c) $0{,}2z^2 + 3z - 20 = 0$
d) $2x^2 - 28x + 80 = 0$
e) $0{,}1y^2 + 1{,}5y - 3{,}4 = 0$
f) $5x^2 - 8x + 3 = 0$
g) $\frac{1}{2}x^2 + 4x + 10 = 0$
h) $140z + 98 + 50z^2 = 0$
i) $36 + 15y^2 - 51y = 0$

22. Für den Benzinverbrauch B (in l pro 100 km) in Abhängigkeit von der im 5. Gang gefahrenen Geschwindigkeit v (in $\frac{km}{h}$) gilt:
$B = 0{,}001 v^2 - 0{,}1 v + 6{,}3$

a) Bei welcher Geschwindigkeit beträgt der Benzinverbrauch 7 l pro 100 km?

b) Wie stark muss man die Geschwindigkeit verringern, damit der Benzinverbrauch um 1 l pro 100 km gesenkt wird?

23. Antonia spritzt mit einem Wasserschlauch im Garten. Bei bestimmter Haltung und Wasserdruck bewegt sich das Wasser auf einer Parabel mit der Gleichung
$y = -\frac{1}{9}(x - 3)^2 + 2$.
Zeichne die Bahn des Wasserstrahls. Wie weit spritzt Antonia?

24. Die quadratische Funktion f hat den Term:

a) $f(x) = x^2 - 4$
b) $f(x) = x^2 + 1$
c) $f(x) = x^2 - 4x$
d) $f(x) = x^2 - 2x$
e) $f(x) = -\frac{1}{2}x^2 + 2x$
f) $f(x) = 2x^2 + 4x$
g) $f(x) = \frac{1}{3}x^2 + 2x + \frac{5}{3}$
h) $f(x) = -\frac{3}{2}x^2 + 6x + 3$

(1) Zeichne den Graphen von f und auch dessen Symmetrieachse.
(2) Lies aus der Zeichnung die gemeinsamen Punkte des Graphen mit der x-Achse ab. Wie liegen diese Punkte bezüglich der Symmetrieachse?
(3) Berechne die Nullstellen der Funktion und vergleiche das Ergebnis mit (2).

25. Berechne zunächst die Nullstellen der Funktion mit der Gleichung. Beantworte dann mithilfe der Nullstellen folgende Fragen:

(1) Welche Symmetrieachse besitzt der Graph?
(2) Welcher Punkt ist Scheitelpunkt des Graphen? Ist der Graph nach oben oder nach unten geöffnet? Ist der Scheitelpunkt höchster oder tiefster Punkt des Graphen?
(3) Welchen Punkt P_1 hat der Graph mit der y-Achse gemeinsam? Welcher Punkt P_2 des Graphen hat die gleiche y-Koordinate wie P_1?

a) $y = x^2 - 10x + 9$
b) $y = x^2 + 6x + 9$
c) $y = \frac{3}{4}x^2 + 6x + 9$
d) $y = -2x^2 + 6x - 2{,}5$
e) $y = x^2 + 3{,}2x - 1{,}44$
f) $y = x^2 - 2{,}4x - 0{,}81$
g) $y = \frac{3}{5}x^2 + 3x - 3$
h) $y = -\frac{2}{3}x^2 + 6x + 16$
i) $s = \frac{1}{4}t^2 - t$

QUADRATISCHE FUNKTIONEN UND GLEICHUNGEN

PLOT **26.** Gegeben sind Gleichungen quadratischer Funktionen der Form $y = ax^2 + bx + c$.

a) Stelle die Graphen der Funktionen mit einem grafikfähigen Taschenrechner so dar, dass sie gut zu sehen sind.

b) Skizziere die Graphen und notiere die eingestellten Window-Werte.

c) Gib die Eigenschaften der Graphen (Scheitelpunkt, Schnittpunkte mit der x-Achse, Steigen und Fallen des Graphen, Gleichung der Symmetrieachse, Wertebereich) an.

(1) $y = 2x^2 + 13x - 23$ (3) $y = -56x^2 + 6{,}4x + 0{,}56$

(2) $y = 0{,}023x^2 + 3{,}2x - 12{,}2$ (4) $y = 234x^2 - 28x + 107$

27. Die quadratische Funktion f hat den Term $f(x) = x^2 + 8x + r$. Gib für r eine Zahl an, sodass f

a) zwei Nullstellen, b) genau eine Nullstelle, c) keine Nullstelle hat.

28. In welchem Bereich steigt der Graph der quadratischen Funktion, in welchem Bereich fällt der Graph? In welchem Bereich liegen Punkte des Graphen oberhalb, in welchem Bereich unterhalb der x-Achse?

a) $y = 2 \cdot [(x - 1)^2 - 36]$ c) $y = -4x^2 - 80x - 375$ e) $y = -0{,}3x^2 - 1{,}2x + 0{,}3$

b) $y = -(x + 2{,}5)^2 + 1$ d) $y = -\frac{1}{5}x^2 + 9x - 100$ f) $w = \frac{2}{5}v^2 - 4v + 14$

29. Wird aus einem Flugzeug in der Höhe h (in m) mit der Geschwindigkeit v (in $\frac{m}{s}$) ein Gegenstand abgeworfen, so bewegt er sich näherungsweise auf einer Parabel mit der Gleichung $y = -\frac{5}{v^2}x^2 + h$. Dabei bezeichnet y die Höhe des Körpers und x die Entfernung von der Abwurfstelle.

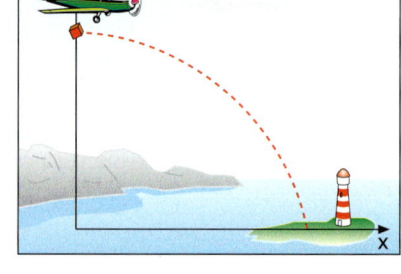

a) Ein Flugzeug fliegt mit der Geschwindigkeit $6\frac{m}{s}$ und wirft in einer Höhe von 400 m ein Versorgungspaket ab. In welcher Entfernung von der Abwurfstelle landet das Paket?

b) Löse Teilaufgabe a) für eine doppelt so große (1) Höhe; (2) Geschwindigkeit. Was stellst du fest?

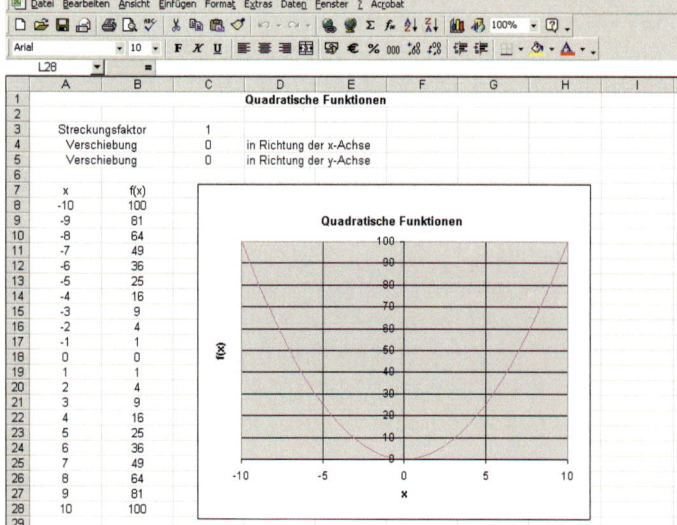

TAB **30.** Erstelle ein Arbeitsblatt in deiner Tabellenkalkulation, in das man den Streckungsfaktor a, die Verschiebung in x-Richtung und die Verschiebung in y-Richtung eingeben kann.

Erstelle eine Wertetabelle für die Funktion $f(x) = a(x + d)^2 + e$.

Achte beim Rückgriff auf a, d und e auf die direkte Adressierung. Zeichne ein (Punkt-)Diagramm. Verändere den Streckungsfaktor [die Verschiebungen].

(*Hinweis:* Es ist günstig, die Achsen *fest* zu skalieren.)

Im Blickpunkt

Bremsen und Anhalten von Fahrzeugen

Zu hohe Geschwindigkeit ist die Unfallursache Nr.1!

Stuttgart: Hohe Geschwindigkeit ist nach einem Bericht des ADAC die häufigste Unfallursache. Auf die Frage der Polizei, wie es zu dem Unfall kam, kommt häufig von dem am Unfall Beteiligten: „Ich hab' das andere Fahrzeug zu spät gesehen, konnte nicht mehr rechtzeitig bremsen."

Hier erfährst du mehr zum Thema Bremsen und Anhalten. In einem Lehrbuch für Fahrschulen ist eine einfache Faustformel für die Länge des Bremsweges eines Autos angegeben:

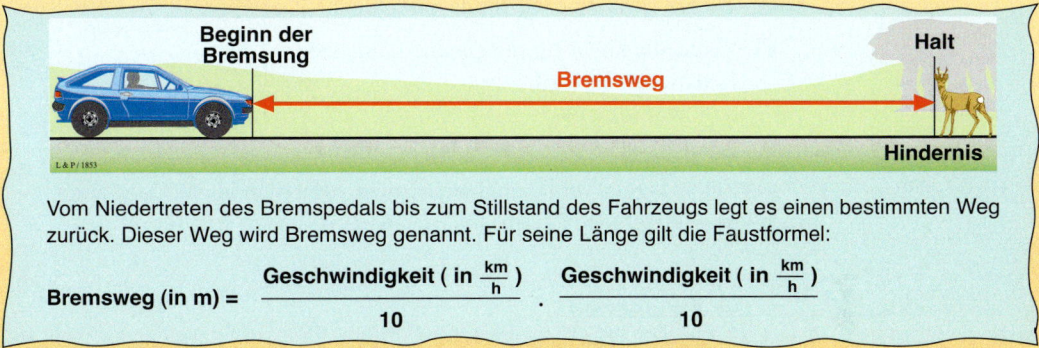

Vom Niedertreten des Bremspedals bis zum Stillstand des Fahrzeugs legt es einen bestimmten Weg zurück. Dieser Weg wird Bremsweg genannt. Für seine Länge gilt die Faustformel:

$$\text{Bremsweg (in m)} = \frac{\text{Geschwindigkeit (in } \frac{km}{h})}{10} \cdot \frac{\text{Geschwindigkeit (in } \frac{km}{h})}{10}$$

In Wirklichkeit hängt der Bremsweg natürlich noch vom Fahrzeug und den Straßenverhältnissen ab.

Die Bremsweglänge s_B eines Fahrzeugs lässt sich nach der Formel rechts ungefähr berechnen. Die Variable a steht für den so genannten Verzögerungswert. Dieser hängt von der Fahrbahnbeschaffenheit und der Fahrzeugart ab.

$$s_B \text{ (in m)} = \frac{(v \text{ in } \frac{km}{h})^2}{26 \cdot a}$$

Fahrbahn-beschaffenheit	Verzögerungswert a für PKW ohne ABS	Fahrzeugart	Verzögerungswert a (trockene Fahrbahn)
trocken	8	Pkw	8
nass	4	Pkw mit ABS	9,6
schneebedeckt	2	Motorrad, Roller	5,8
vereist	1	Fahrrad	3,2

1. **a)** Berechne für die Geschwindigkeiten 25 $\frac{km}{h}$, 50 $\frac{km}{h}$, 100 $\frac{km}{h}$ und 130 $\frac{km}{h}$ die Länge s_B des Bremsweges für verschiedene Fahrbahnoberflächen und (sinnvolle) Fahrzeuge. Verwende auch die Faustformel.
   Hinweis: Rechne ohne Einheiten.
   b) Untersuche, wie sich eine Verdoppelung der Geschwindigkeit auf die Länge des Bremsweges auswirkt.

IM BLICKPUNKT: Bremsen und Anhalten von Fahrzeugen

2. Zeichne in ein Koordinatensystem die Graphen für die Zuordnung *Geschwindigkeit → Länge des Bremsweges* für Bremswege bei trockener, nasser, schneebedeckter und vereister Straßenoberfläche.
Vergleiche die Bremsweglängen mit den nach der Faustformel berechneten.

3. Vom Erkennen einer Gefahr bis zum vollen Ansprechen der Bremse vergeht beim geübten, aufmerksamen Fahrer etwa eine Sekunde, die so genannte Schrecksekunde. In dieser Zeit fährt das Auto ungebremst weiter; den dabei zurückgelegten Weg nennt man *Reaktionsweg*.

   a) Die Fahrschul-Faustformel für die Länge des Reaktionsweges s_R lautet:

   > **Der Reaktionsweg**
   > Vom Sehen eines Hindernisses bis zum Niedertreten des Bremspedals legt das Fahrzeug einen bestimmten Weg zurück. Dieser Weg wird Reaktionsweg genannt. Für seine Länge gilt die Faustregel:
   >
   > Reaktionsweg in m = (Geschwindigkeit in $\frac{km}{h}$: 10) mal 3

   Zeichne den Graphen der Zuordnung *Geschwindigkeit* (in $\frac{km}{h}$) → *Reaktionsweg* (in m).

   b) Berechne genau die Länge des Weges s_R, den ein Fahrzeug mit der Geschwindigkeit $v = 50 \frac{km}{h}$ in einer Sekunde zurücklegt.

   c) Zeige allgemein für die genaue Länge des Reaktionsweges gilt:

   $$s_R \text{ (in m)} = \frac{v \text{ in } \frac{km}{h}}{3{,}6}$$

   Überlege:
   Geschwindigkeit (in $\frac{km}{h}$)
   ↓ : 3,6
   Geschwindigkeit (in $\frac{m}{s}$)

   Zeichne zum Vergleich den Graphen zusätzlich in das Diagramm aus Teilaufgabe a) ein.

4.
   > **Der Anhalteweg**
   > Der Anhalteweg s_A ist der Weg vom Erkennen einer Gefahr bis zum Stillstand des Fahrzeugs:
   >
   > Länge des Anhalteweges = Länge des Reaktionsweges + Länge des Bremsweges

   a) Zeige: $s_A \text{ (in m)} = \frac{v \text{ in } \frac{km}{h}}{3{,}6} + b \cdot \left(v \text{ in } \frac{km}{h}\right)^2$ mit einem Faktor b, der vom Verzögerungswert a abhängt.

   b) Zeichne den Graphen der Funktion
   Geschwindigkeit (in $\frac{km}{h}$) → *Länge des Anhalteweges* (in m)
   bei (1) trockener Straße, (2) bei nasser Straße.

   c) Lies aus dem Graphen die Länge der Anhaltewege für folgende Fahrzeuge ab:
   Fahrrad (15 $\frac{km}{h}$), Motorroller (25 $\frac{km}{h}$; 50 $\frac{km}{h}$), Pkw (80 $\frac{km}{h}$, 100 $\frac{km}{h}$, 130 $\frac{km}{h}$).

   d) Vergleiche für die in Teilaufgabe c) angegebenen Geschwindigkeiten jeweils die Reaktionslänge mit der Bremsweglänge.

5. Du fährst mit einem **a)** Fahrrad ($v = 15 \frac{km}{h}$);   **b)** Motorroller ($v = 25 \frac{km}{h}$).
Berechne den Sicherheitsabstand zu einem vorausfahrenden Pkw, der die gleiche Geschwindigkeit wie du hat. Bedenke, dass du erst auf die Bremsleuchten des Pkw reagierst.

4.6 Optimierungsprobleme mit quadratischen Funktionen

Einführung

An einer Bretterwand soll ein rechteckiger Lagerplatz durch einen Drahtzaun abgegrenzt werden. Es stehen nur 19 m Drahtzaun zur Verfügung; der Lagerplatz soll dabei möglichst groß sein.
In welchem Abstand von der Wand müssen die Eckpfosten P und Q gesetzt werden?
Wie groß ist der Flächeninhalt des Lagerplatzes dann?

(1) Aufstellen einer Funktionsgleichung

Wir modellieren den Lagerplatz als Rechteck, die Zaunlänge als Summe dreier Seitenlängen. Dabei vernachlässigen wir z.B., dass die Zaunlänge größer ist, da der Zaun um die Pfosten gelegt wird.

Wir stellen zunächst einen Term für den Flächeninhalt des Lagerplatzes auf:
Abstand eines Eckpfostens von der Wand (in m): x
Abstand der beiden Eckpfosten voneinander (in m): $19 - 2 \cdot x$
Flächeninhalt A des Lagerplatzes (in m²) $A = x \cdot (19 - 2x)$

Da der doppelte Abstand eines Eckpfostens von der Wand nicht größer als die Gesamtlänge des Zauns sein kann, gilt: $2x \leq 19$.
Es ist also die einschränkende Bedingung $0 \leq x \leq 9{,}5$ zu beachten.

(2) Bestimmen von Näherungswerten mithilfe eines Graphen

Um herauszufinden, zu welcher Zahl x der größte Wert von $x \cdot (19 - 2x)$ gehört, zeichnen wir zunächst mithilfe der Wertetabelle den entsprechenden Graphen.

Wertetabelle: Graph:

x	$x \cdot (19 - 2x)$
0	0
1	17
2	30
3	39
4	44
5	45
6	42
7	35
8	24
9	9

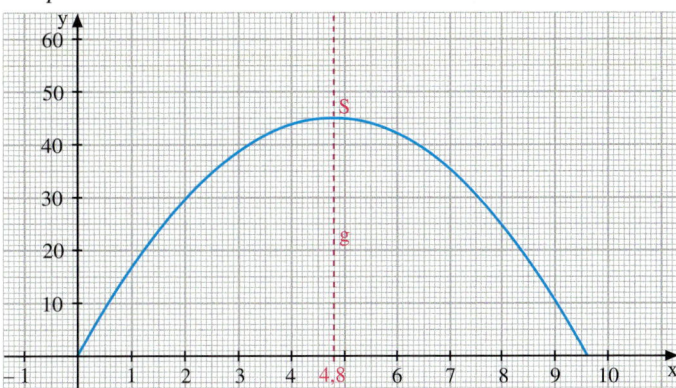

Aus dem Graphen lesen wir ab:
Der Scheitelpunkt ist der höchste Punkt des Graphen.
Der größte Funktionswert ist etwa 45, dieser wird etwa an der Stelle 4,8 angenommen.
Das bedeutet:
Die Eckpfosten müssen im Abstand von etwa 4,8 m von der Wand gesetzt werden. Der größtmögliche Flächeninhalt des Lagerplatzes beträgt etwa 45 m².

(3) Berechnen der genauen Werte

Die Funktion f mit $f(x) = x \cdot (19 - 2x) = -2x^2 + 19x$ ist eine quadratische Funktion. Da der Abstand x nicht negativ ist und höchstens 9,5 cm groß ist, gibt es eine einschränkende Bedingung: $0 \leq x \leq 9,5$. Der Graph ist Teil einer Parabel. Die Symmetrieachse g dieser Parabel verläuft parallel zur y-Achse. Dann liegen auch die gemeinsamen Punkte von Parabel und x-Achse symmetrisch zu g. Die gemeinsamen Punkte bestimmen wir mithilfe der Nullstellen von f; diese liegen bei 0 und 9,5.

Die Mitte zwischen den Nullstellen 0 und 9,5 muss die x-Koordinate des Scheitels S der Parabel sein, nämlich 4,75.

Die y-Koordinate von S ist der größtmögliche Funktionswert, er wird an der Stelle 4,75 angenommen: $f(4,75) = 4,75 \cdot (19 - 2 \cdot 4,75) = 45,125$

Das bedeutet: Der genaue Wert für den gesuchten Abstand ist 4,75 m, der genaue Wert für den größten Flächeninhalt ist 45,125 m².

Weiterführende Aufgaben

1. *Bestimmen des Extremwertes mithilfe der Scheitelpunktform des Terms*

   In der Einführung haben wir den größtmöglichen Funktionswert mithilfe der symmetrischen Lage der Nullstellen der Funktion f bestimmt. Man kann die Koordinaten des Scheitelpunktes auch bestimmen, indem man den Term der quadratischen Funktion in die Scheitelpunktform umformt. Führe diesen Lösungsweg durch.

2. *Bestimmen des Extremwertes mithilfe eines grafikfähigen Taschenrechners*

   Auch mit einem grafikfähigen Taschenrechner kannst du näherungsweise den kleinsten bzw. größten Funktionswert einer quadratischen Funktion bestimmen.

   a) Betrachte das Beispiel und untersuche, wie du bei deinem Rechner vorgehen musst.

   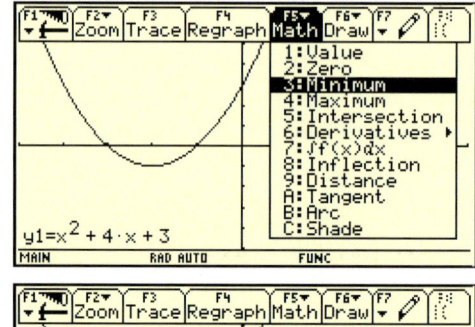
   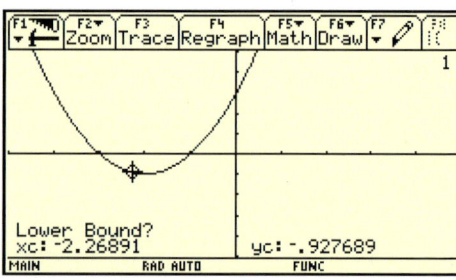
   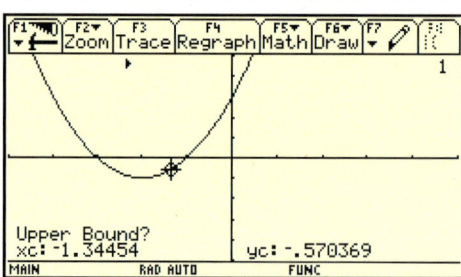
   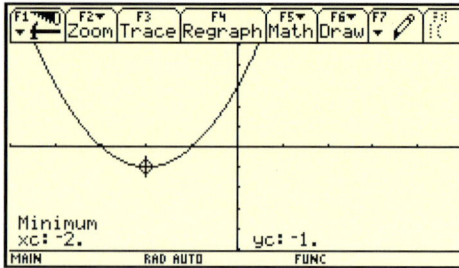

   b) Ermittle entsprechend den kleinsten bzw. größten Funktionswert für
   (1) $f(x) = 2x^2 - 7x + 3$ (2) $g(x) = -3x^2 + 8x - 5$ (3) $h(x) = -\frac{2}{3}x^2 + 4x - 2$

3. *Vergleich der Verfahren zum Bestimmen des Extremwertes*

   Gib eine Funktion an, bei der die Bestimmung des Extremwertes mithilfe der Nullstellen
   a) rechnerisch günstig,   **b)** unmöglich ist.

Optimierungsprobleme mit quadratischen Funktionen

Information

Bestimmen von kleinsten und größten Werten einer quadratischen Funktion

Der größte [kleinste] Wert einer quadratischen Funktion ist die y-Koordinate des Scheitelpunktes der nach unten [oben] geöffneten Parabel.

1. Weg:
Man findet die Koordinaten des Scheitelpunktes, indem man den Funktionsterm in die Scheitelpunktform $a(x + d)^2 + e$ umformt.
$S(-d|e)$ sind dann die Koordinaten des Scheitelpunktes.

Dieser Weg ist nicht immer möglich.

2. Weg:
Wenn die quadratische Funktion zwei Nullstellen hat, findet man die x-Koordinate des Scheitelpunktes des Graphen als Mitte zwischen den Nullstellen. Die y-Koordinate des Scheitelpunktes ist der zugehörige Funktionswert.

Übungsaufgaben

 4. a) Susanne will mit 6 m Maschendraht an einer Wand einen rechteckigen Auslauf für ihr Kaninchen abgrenzen. Bestimme die Abmessungen, für die der Auslauf möglichst groß wird.

b) Susannes Schwester schlägt vor, den Auslauf zwischen der Garagenwand und dem Zaun zum Nachbargrundstück zu errichten. Bestimme für diesen Vorschlag die günstigsten Abmessungen.

5. Bestimme den Scheitelpunkt der Parabel. Ist der Scheitelpunkt ein Hoch- oder ein Tiefpunkt?

a) $f(x) = x^2 - 4x - 5$ d) $f(x) = -\frac{3}{4}x^2 + \frac{9}{2}x - 10$ g) $f(x) = -0{,}2x^2 - 0{,}4x + 0{,}8$

b) $f(x) = -x^2 + 5x$ e) $f(x) = -0{,}5x^2 - 0{,}9x + 8$ h) $f(x) = -\frac{1}{3}x^2 + 4x + 4$

c) $f(x) = 2x^2 + 7x$ f) $f(x) = 3x^2 - 4x - 15$ i) $f(z) = -\frac{2}{5}z^2 - \frac{1}{10}z + \frac{1}{4}$

6. An welcher Stelle hat die Funktion

(1) den Funktionswert 8 [20],   (2) den kleinsten bzw. größten Funktionswert?

a) $y = \frac{1}{2}x^2 + 8x + \frac{55}{2}$ c) $y = -0{,}8x^2 + 3{,}2x + 56$ e) $y = x^2 - 10x + 29$

b) $y = -4x^2 + 56x - 172$ d) $y = -\frac{1}{3}x^2 + 8x - \frac{20}{3}$ f) $y = -x^2 + 6x + 15$

7. Ein 18 cm langer Draht soll zu einem Rechteck gebogen werden. Für welche Seitenlänge x ist der Flächeninhalt

a) genau 4,25 cm² groß;

b) mindestens 11,25 cm² groß;

c) am größten und wie groß dann?

8. Für welche Zahl ist das folgende Produkt am kleinsten?

a) Produkt aus der um 6 verkleinerten Zahl und dem Dreifachen der ursprünglichen Zahl

b) Produkt aus der Zahl und dem Doppelten der Zahl vermindert um 1

9. Einem Rechteck mit den Seitenlängen 8 cm und 5 cm wird ein Parallelogramm P einbeschrieben, indem man von jedem Eckpunkt des Rechtecks aus im Uhrzeigersinn eine gleich lange Strecke abträgt. Bestimme das Parallelogramm mit dem kleinsten Flächeninhalt.
   Hinweis: Stelle einen Term für den Flächeninhalt des Parallelogramms auf, indem du von dem Flächeninhalt des Rechtecks die Flächeninhalte von vier Dreiecken subtrahierst.

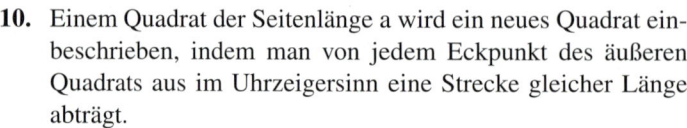

10. Einem Quadrat der Seitenlänge a wird ein neues Quadrat einbeschrieben, indem man von jedem Eckpunkt des äußeren Quadrats aus im Uhrzeigersinn eine Strecke gleicher Länge abträgt.
    Bestimme das einbeschriebene Quadrat mit dem minimalen Flächeninhalt.

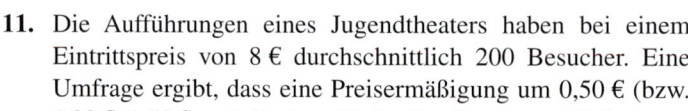

11. Die Aufführungen eines Jugendtheaters haben bei einem Eintrittspreis von 8 € durchschnittlich 200 Besucher. Eine Umfrage ergibt, dass eine Preisermäßigung um 0,50 € (bzw. 1,00 €, 1,50 €, …) die Anzahl der Zuschauer um 20 (bzw. um 40, 60, …) ansteigen lassen würde. Bestimme den Eintrittspreis, der die maximalen Einnahmen erwarten lässt.

12. Ein Elektronik-Versand verkauft monatlich 600 Netbooks zu einem Stückpreis von 250 €. Die Marketingabteilung hat herausgefunden, dass eine Preissenkung zu einer dazu proportionalen Absatzerhöhung führen würde, und zwar je 5 € Preissenkung 20 mehr verkaufte Netbooks. Bestimme den Preis, der die maximalen Einnahmen ergibt.

13. Ein Verlag gibt eine Fachzeitschrift heraus, die zu einem jährlichen Abonnentenpreis von 60 € an 5 000 Bezieher geliefert wird. Dem Verlag entstehen jährlich auflagenunabhängige Kosten (z. B. für die Redaktion, …) in Höhe von 20 000 € und (auflagenabhängige) Kosten (z. B. für Herstellung, Vertrieb, …) in Höhe von 10 € pro Abonnement.
    Durch eine Meinungsumfrage wird festgestellt, dass pro Senkung des Abonnementpreises um 1 € die Anzahl der Abonnenten um 200 ansteigen würde.
    Bestimme den Abonnementpreis, der für den Verlag am günstigsten ist.

14. Für welchen Punkt P der Geraden mit der Gleichung $y = -\frac{6}{5}x + 4$ hat das Rechteck mit O und P als Eckpunkten den größten Flächeninhalt?
    Anleitung: Fertige zunächst eine Zeichnung an. Nutze aus, dass die Koordinaten des Punktes P die Gleichung von g erfüllen müssen.

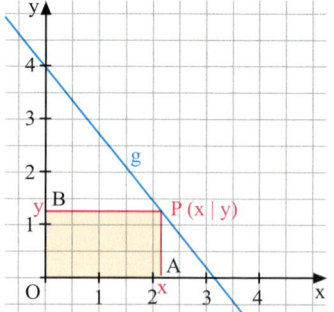

15. An welcher Stelle unterscheiden sich die Funktionswerte von $f_1(x) = 2x - 3$ und $f_2(x) = x^2 - 4x + 7$ am wenigsten voneinander? Fertige zunächst eine Zeichnung an.

16. Die Graphen der beiden Funktionen f_1 und f_2 mit $f_1(x) = -0{,}1x^2 + x$ und $f_2(x) = 0{,}5x$ begrenzen ein Flächenstück.
    Bestimme diejenige Parallele zur y-Achse, die aus diesem Flächenstück die längste Strecke herausschneidet. Fertige zunächst eine Zeichnung an.

4.7 Lösen quadratischer Gleichungen – Verschiedene Wege

Aufgabe 1

Bestimme die Lösungsmenge von:

a) $3x^2 + 6x = 0$ b) $-4x^2 - 12x + 4 = 0$

Lösung

a) Die linke Seite der Gleichung schreiben wir als Produkt:

Ausklammern

$3x^2 + 6x = 0$
$3x \cdot (x + 2) = 0$

Wir erhalten:
$x = 0$ oder $x = -2$.
Also ist die Lösungsmenge:
$L = \{-2; 0\}$
Wir haben die Gleichung so umgeformt, dass wir eine Gleichung vom Typ $T_1 \cdot T_2 = 0$ erhalten haben; eine solche Gleichung lässt sich besonders einfach lösen.

b) Zunächst bringen wir die Gleichung auf Normalform, indem wir beide Seiten durch -4 dividieren:

$x^2 + 3x - 1 = 0$

Wenn der Term auf der linken Seite der Gleichung als Quadrat geschrieben werden kann, können wir die Gleichung lösen. Dafür ergänzen wir auf beiden Seiten der Gleichung einen Term, sodass dies möglich ist:

$x^2 + 3x \qquad = 1$ *(quadratische Ergänzung)*

$x^2 + 3x + \left(\frac{3}{2}\right)^2 = 1 + \left(\frac{3}{2}\right)^2$

$\left(x + \frac{3}{2}\right)^2 \qquad = \frac{13}{4}$

$x + \frac{3}{2} = \sqrt{\frac{13}{4}}$ oder $x + \frac{3}{2} = -\sqrt{\frac{13}{4}}$

$x = -\frac{3}{2} + \sqrt{\frac{13}{4}}$ oder $x = -\frac{3}{2} - \sqrt{\frac{13}{4}}$

$L = \left\{-\frac{3}{2} + \sqrt{\frac{13}{4}};\ -\frac{3}{2} - \sqrt{\frac{13}{4}}\right\}$

Information

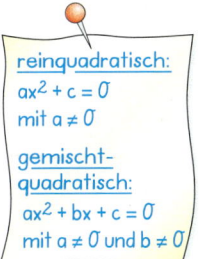

reinquadratisch:
$ax^2 + c = 0$
mit $a \neq 0$

gemischtquadratisch:
$ax^2 + bx + c = 0$
mit $a \neq 0$ und $b \neq 0$

(1) Strategie beim Lösen gemischtquadratischer Gleichungen

Bei der Lösung von *gemischtquadratischen Gleichungen* der Form $ax^2 + bx + c = 0$ mit ($a \neq 0$, $b \neq 0$) gehen wir folgendermaßen vor:

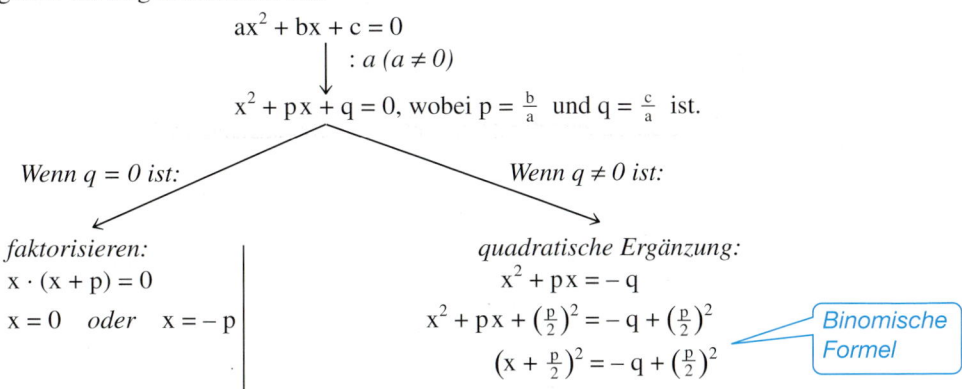

Die Anzahl der Lösungen hängt von der rechten Seite
$r = -q + \left(\frac{p}{2}\right)^2$ ab:

- Wenn dieser Term größer als 0 ist, so gibt es zwei Lösungen.
- Wenn dieser Term gleich 0 ist, so gibt es eine Lösung.
- Wenn dieser Term kleiner als 0 ist, so gibt es keine Lösung.

Prinzipiell kann man das Lösungsverfahren mithilfe der quadratischen Ergänzung in allen Fällen durchführen. Für den Fall, dass die quadratische Gleichung die Form $ax^2 + bx = 0$ hat, ist es jedoch einfacher, wenn man faktorisiert.

Strategie: Zurückführen auf Bekanntes

Jede gemischtquadratische Gleichung $ax^2 + bx + c = 0$ kann man auf eine Gleichung der Form $x \cdot (x - q) = 0$ oder aber auf eine Gleichung der Form $(x + d)^2 = r$ zurückführen.

(2) Entwickeln einer Lösungsformel bei quadratischen Gleichungen in Normalform

In der Information (1) haben wir die quadratische Gleichung $x^2 + px + q = 0$ umgeformt in $\left(x + \frac{p}{2}\right)^2 = -q + \left(\frac{p}{2}\right)^2$.

discriminare ⟨lat.⟩ trennen, scheiden

An dieser Gleichung haben wir gesehen, dass die Anzahl der Lösungen einer quadratischen Gleichung $x^2 + px + q = 0$ von dem Term $D = -q + \left(\frac{p}{2}\right)^2$ abhängt. Dieser Term heißt *Diskriminante* der Normalform.

Für den Fall $D > 0$ erhält man aus der quadratischen Gleichung $\left(x + \frac{p}{2}\right)^2 = -q + \left(\frac{p}{2}\right)^2$:

$x + \frac{p}{2} = \sqrt{-q + \left(\frac{p}{2}\right)^2}$ *oder* $x + \frac{p}{2} = \sqrt{-q + \left(\frac{p}{2}\right)^2}$

$x = -\frac{p}{2} + \sqrt{-q + \left(\frac{p}{2}\right)^2}$ *oder* $x = -\frac{p}{2} - \sqrt{-q + \left(\frac{p}{2}\right)^2}$

Die Lösungsmenge der quadratischen Gleichung $x^2 + px + q = 0$ ist:

$L = \left\{-\frac{p}{2} + \sqrt{-q + \left(\frac{p}{2}\right)^2};\ -\frac{p}{2} - \sqrt{-q + \left(\frac{p}{2}\right)^2}\right\}$

Jn Formelsammlungen findest du häufig die Schreibweise:

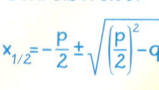

$x_{1/2} = -\frac{p}{2} \pm \sqrt{\left(\frac{p}{2}\right)^2 - q}$

Lösungsformel für quadratische Gleichungen in der Normalform

Gegeben ist eine quadratische Gleichung in der Normalform $x^2 + px + q = 0$. Den Term $\left(\frac{p}{2}\right)^2 - q$ bezeichnet man als **Diskriminante D**.

Für die Lösungsmenge der Gleichung gilt dann:

– Wenn die Diskriminante *positiv* ist, dann gibt es *genau zwei* Lösungen x_1 und x_2, nämlich

$x_1 = -\frac{p}{2} + \sqrt{\left(\frac{p}{2}\right)^2 - q}$ sowie $x_2 = -\frac{p}{2} - \sqrt{\left(\frac{p}{2}\right)^2 - q}$.

– Wenn die Diskriminante D *null* ist, dann gibt es *genau eine* Lösung, nämlich $-\frac{p}{2}$.

– Wenn die Diskriminante D *negativ* ist, dann gibt es *keine* Lösung.

Die Diskriminante D entscheidet über die Anzahl der Lösungen.

Weiterführende Aufgabe

2. *Lösen durch Zurückführen auf die 3. binomische Formel*

Vergleiche die beiden Lösungswege und bewerte sie.

$(x-5)^2 = 9$
$x - 5 = 3$ oder $x - 5 = -3$
$x = 8$ oder $x = 2$

$(x-5)^2 = 9 \quad |-9$
$(x-5)^2 - 9 = 0 \quad$ (3. bin. Formel)
$[(x-5)+3] \cdot [(x-5)-3] = 0$
$(x-2) \cdot (x-8) = 0$
$x = 2$ oder $x = 8$

Übungsaufgaben Bestimme die Lösungsmenge. Nutze dazu die quadratische Ergänzung oder den Satz: „Ein Produkt ist gleich null, wenn wenigstens einer der Faktoren null ist, sonst nicht."

a) $x^2 - 6x + 8 = 0$ c) $-x^2 + 6x - 7 = 0$ e) $x^2 - 14x = -49$

b) $8x^2 + 4x = 4$ d) $x^2 + 9x = 0$ f) $2x^2 - 12x + 20 = 0$

Lösen quadratischer Gleichungen – Verschiedene Wege

4. a) Für welche Werte von r hat die Lösungsmenge der Gleichung $x^2 = r$ kein, genau ein, genau zwei Elemente?

b) Für welche Werte von r hat die Lösungsmenge der Gleichung $(x-3)^2 = r$ kein, genau ein, genau zwei Elemente?

c) Für welche Werte von r hat die Lösungsmenge der Gleichung $(x+d)^2 = r$ kein, genau ein, genau zwei Elemente?

5. Bestimme die Lösungsmenge.

a) $x^2 - 6x - 187 = 0$
b) $x^2 + 2{,}55x - 4{,}5 = 0$
c) $x^2 - 16x + 64 = 0$
d) $x^2 + 9x - 52 = 0$
e) $x^2 + 4x = 0$
f) $x^2 + 10{,}8x - 63 = 0$
g) $x^2 - 7x + 12 = 0$
h) $5x^2 + 25x - 10 = 0$
i) $2x^2 - 3x - 104 = 0$
j) $3y^2 - 4{,}4y - 9{,}6 = 0$
k) $9x^2 + 66x + 137 = 0$
l) $\frac{4}{9}z^2 - 2z + \frac{5}{2} = 0$
m) $2a^2 + 14a = 0$
n) $5y^2 + 14y = 0$
o) $\frac{5}{6}z^2 - 4z + \frac{24}{5} = 0$

6. Bestimme die Diskriminante. Wie viele Lösungen hat die Gleichung? Bestimme diese.

a) $x^2 - 14x + 53 = 0$
b) $x^2 - 17x + 70 = 0$
c) $x^2 + 1{,}6x + 0{,}64 = 0$
d) $x^2 - 1{,}2x - 0{,}64 = 0$
e) $10x^2 - 4x + 3 = 0$
f) $\frac{1}{3}x^2 + 3x + \frac{27}{4} = 0$
g) $-5z^2 + 30z = 0$
h) $4y^2 + 12y + 8 = 0$
i) $z^2 - 2{,}8z + 3{,}61 = 0$
j) $z^2 + 2{,}5z - 51 = 0$
k) $x^2 - 5x - 126 = 0$
l) $x^2 - 21x = 0$
m) $\frac{20}{3}x^2 - 2x + \frac{3}{20} = 0$
n) $3x^2 - 1{,}6x - 0{,}75 = 0$
o) $y^2 + 28y + 200 = 0$

7. Kontrolliere Stefans Hausaufgabe.

$x^2 - 4x = 1$
$x(x - 4) = 1$
$x = 1$ oder $x - 4 = 1$
$L = \{1; -3\}$

8. Bestimme die Lösungsmenge.

a) $12x^2 - 3 = 0$
b) $9x^2 + 16x = 0$
c) $x^2 - 17x + 30 = 0$
d) $2x^2 + 15x + 28 = 0$
e) $x^2 + 6x + 10 = 65$
f) $-3x^2 + 12 = 0$
g) $12x = 5x^2$
h) $8 - 9x + x^2 = 0$
i) $(2x - 5)^2 - (x - 6)^2 = 80$
j) $(x - 6)(x - 5) + (x - 7)(x - 4) = 10$
k) $(2x^2 - x - 10)(2x - 5) = 0$
l) $(4x^2 - 28x + 49)(7x + 2) = 0$

9. Kontrolliere Carolines Hausaufgaben.

a) $x^2 - 3x - 4 = 0$
$x_{1/2} = -\frac{3}{2} \pm \sqrt{\left(\frac{3}{2}\right)^2 - (-4)}$
$= -\frac{3}{2} \pm \sqrt{\frac{9}{4} + \frac{16}{4}}$
$= -\frac{3}{2} \pm \frac{5}{2}$
$L = \{1; -4\}$

b) $x^2 + 3x = -10$
$x_{1/2} = -\frac{3}{2} \pm \sqrt{\left(\frac{3}{2}\right)^2 - (-10)}$
$= -\frac{3}{2} \pm \sqrt{\frac{9}{4} + \frac{40}{4}}$
$= -\frac{3}{2} \pm \frac{7}{2}$
$L = \{-5; 2\}$

c) $z^2 + 7 + 10z = 0$
$z_{1/2} = -\frac{7}{2} \pm \sqrt{\left(\frac{7}{2}\right)^2 - 10}$
$= -\frac{7}{2} \pm \sqrt{\frac{49}{4} - \frac{40}{4}}$
$= \frac{7}{2} \pm \frac{3}{2}$
$L = \{5; 2\}$

10. Die Gleichung lässt sich auf die spezielle Form $x^2 + px = 0$ bringen.

a) $(x - 5)(x - 10) = 50$
b) $(2x + 18) \cdot x = 0$
c) $(5x - 2)(2x - 5) = 10$
d) $(4x - 6)(x + 8) = -48$
e) $(3x + 5)^2 = (2x + 1)4x + 25$
f) $(2x + 1)^2 = (3x + 5)x + 1$

11. Für welche reellen Zahlen gilt:
  a) Das Quadrat der Zahl vermehrt [vermindert] um ihr Fünffaches beträgt 14.
  b) Das Produkt aus der Zahl und der um 6 vergrößerten Zahl beträgt 7 [−9; −10].
  c) Das Neunfache des Quadrates der Zahl ist das Quadrat der um 25 größeren Zahl.

12. Marvin behauptet: „Quadratische Gleichungen haben die Lösung $x_{1/2} = \frac{p}{2} \pm \sqrt{\left(\frac{p}{2}\right)^2 - q}$." Welche Voraussetzungen muss er noch angeben?

13. Kontrolliere Ritas Hausaufgabe rechts.

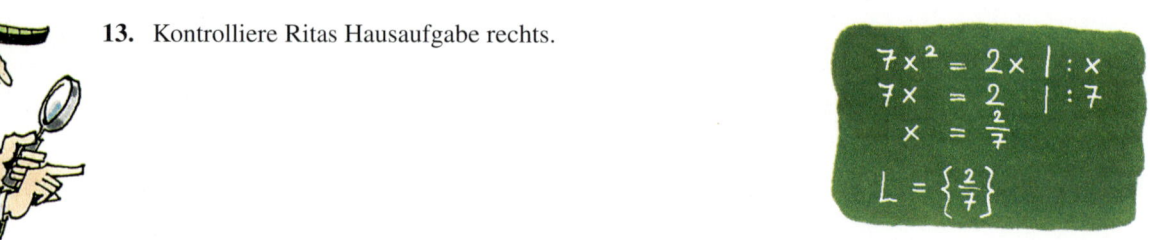

14. a) Untersuche die Gerade mit der Gleichung $y = -7x - 12$ auf gemeinsame Punkte mit der Normalparabel. Verändere die Geradengleichung so, dass nur ein gemeinsamer Punkt [kein gemeinsamer Punkt] vorhanden ist.
  b) Löse die Teilaufgabe a) für die Gerade mit der Gleichung $y = 8x + 17$.

15. a) Für welche Einsetzungen für m in die Gleichung $y = mx - 1$ der Geraden g gilt jeweils:
  (1) Die Normalparabel hat genau einen gemeinsamen Punkt mit der Geraden g.
  (2) Die Normalparabel wird von g an der Stelle 2 [der Stelle $-\frac{1}{2}$] geschnitten.
  (3) Die Normalparabel verläuft ganz oberhalb von g.
  (4) Normalparabel und Gerade g haben zwei gemeinsame Punkte.
  b) Beantworte dieselben Fragen für die Gerade h mit der Gleichung $y = -x + n$; bestimme jeweils die passenden Einsetzungen für n.

16. Für welche Werte von a besitzt die angegebene Gleichung
  (1) genau eine Lösung;   (2) zwei Lösungen;   (3) keine Lösung?
  Kontrolliere dein Ergebnis grafisch an der Normalparabel und geeigneten Geraden.
  a) $x^2 + ax + 4 = 0$ **b)** $x^2 + 2x - a = 0$

17. Gib an, wie du in der Gleichung $-3x^2 + 4x + 7 = 0$ die Zahl −3 [4; 7] so abändern musst, damit sie keine Lösung mehr besitzt.

18. a) Gib zu der Gleichung $x^2 - 5ax = 0$ [zu der Gleichung $x^2 + 4a = 0$] mit dem Parameter a für $a = 1$, $a = 0$, $a = -4$ jeweils die Lösungsmenge an.
  b) Für welche a hat die Gleichung zwei Lösungen, genau eine Lösung, keine Lösung?
  c) Für welche a ist die Zahl 6 eine Lösung der Gleichung?

19. a) Die Gleichung $x^2 = m$ kann keine, eine oder zwei Lösungen haben, je nach dem Zahlenwert für m. Verdeutliche dies an einer Zeichnung der Normalparabel und einer geeigneten Geraden.
  b) Begründe an einer geeigneten Zeichnung: Für jede positive Zahl m hat die quadratische Gleichung $x^2 = mx$ zwei Lösungen.
  c) Betrachte die Gleichung $x^2 = mx - 1$ für verschiedene Werte von m. Fertige dazu eine Zeichnung an. Für welche Werte von m hat diese Gleichung keine, eine, zwei Lösungen?

Modellieren – Anwenden von quadratischen Gleichungen

4.8 Modellieren – Anwenden von quadratischen Gleichungen
Zum Selbstlernen

Ziel

Du kannst schon Sachprobleme lösen, bei deren Modellierung eine lineare Gleichung oder ein Gleichungssystem entsteht.
Hier lernst du, auch solche Probleme zu bearbeiten, die auf eine quadratische Gleichung führen.

Ein schönes Urlaubsfoto wurde vergrößert auf 20 cm × 30 cm, es soll nun noch von einem Passepartout umgeben und gerahmt aufgehängt werden.
Das Passepartout soll überall die gleiche Breite haben. Die Fläche des Passepartouts soll aus ästhetischen Gründen genau so groß sein wie die Fläche des Bildes.
Berechne die Breite des Passepartouts.

Wir übersetzen die Bedingung an das Passepartout in eine Gleichung.

(1) Aufstellen der Gleichung:

Breite des Passepartouts (in cm): x
Größe der Fläche des Bildes (in cm^2): $20 \cdot 30$

Um die Größe der Fläche des Rahmens zu berechnen, benutzen wir folgende Idee: Er ist so groß wie das was übrig bleibt, wenn man vom großen Rechteck die innere Bildfläche entfernt.

Größe der Fläche im Rahmen: $(20 + 2 \cdot x) \cdot (30 + 2 \cdot x)$
Größe der Fläche des Passepartouts: $(20 + 2 \cdot x) \cdot (30 + 2 \cdot x) - 20 \cdot 30$
Gleichung: $(20 + 2 \cdot x) \cdot (30 + 2 \cdot x) - 20 \cdot 30 = 20 \cdot 30$
Einschränkende Bedingung: Die Rahmenbreite ist eine positive Zahl, also $x > 0$.

(2) Lösen der Gleichung:

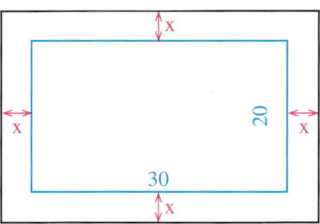

Du kannst die Gleichung auch mit der Lösungsformel oder dem CAS lösen.

$$
\begin{aligned}
(20 + 2 \cdot x) \cdot (30 + 2 \cdot x) - 20 \cdot 30 &= 20 \cdot 30 & \\
600 + 60x + 40x + 4x^2 - 600 &= 600 & |-600 \\
100x + 4x^2 - 600 &= 0 & |:4 \\
x^2 + 25x - 150 &= 0 & |+150 \\
x^2 + 25x &= 150 & \left|+\left(\tfrac{25}{2}\right)^2\right. \\
\left(x + \tfrac{25}{2}\right)^2 &= 150 + 156{,}25 & \\
(x + 12{,}5)^2 &= 306{,}25 & |\sqrt{} \\
x + 12{,}5 = 17{,}5 \quad &\text{oder} \quad x + 12{,}5 = -17{,}5 & \\
x = 5 \quad &\text{oder} \quad x = -30 &
\end{aligned}
$$

(3) Überprüfen der einschränkenden Bedingungen und Interpretation der Lösungen:

Die Gleichung hat die beiden Lösungen $x = 5$ und $x = -30$. Da aber in dem Beispiel nur positive Werte für die Rahmenbreite zulässig sind, entfällt die Lösung -30 für den Sachverhalt des Passepartouts.

(4) Probe:

Größe der Gesamtbildfläche (in cm²):   40 · 30 = 1 200
Größe der Bildfläche (in cm²):   30 · 20 = 600
Das Passepartout ist somit ebenso wie das Bild 600 cm² groß.

(5) Ergebnis:

Das Passepartout hat eine Breite von 5 cm. Damit wird das Gesamtbild (ohne Rahmen) 40 cm lang und 30 cm hoch.

Zum Üben

1. Das Rechteck ABCD mit den Seitenlängen 2,0 cm und 1,8 cm soll wie im Bild zerlegt werden. Dabei soll der Flächeninhalt des roten Quadrats gleich dem Flächeninhalt des grünen Rechtecks sein.
Zeichne die Figur.

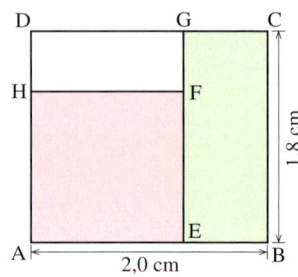

2. Gegeben sei ein Vieleck, dessen Ecken alle auf einem Kreis liegen. Wie viele Seiten hat ein solches Vieleck, bei dem
   a) die Anzahl der Diagonalen 44 [35; 135] beträgt;
   b) die Summe aus der Anzahl der Diagonalen und der Anzahl der Seiten 120 beträgt?

Statt Oberflächeninhalt sagt man auch Größe der Oberfläche.

3. Bestimme die ursprüngliche Seitenlänge.
   a) Wenn man bei einem Würfel die Seitenlängen um 1 cm vergrößert, so vergrößert sich sein Volumen um 127 cm³.
   b) Wenn man bei einem Würfel die Seitenlängen verdoppelt und noch um 1 cm vergrößert, so vergrößert sich der Oberflächeninhalt um 576 cm².

4. Gegeben ist ein Rechteck mit den Seitenlängen 6 cm und 5 cm.
   a) Verändere alle Seiten um jeweils dieselbe Länge, sodass der Flächeninhalt $\frac{2}{3}$ [das 3-fache] des ursprünglichen Inhalts beträgt. Bestimme die neuen Seitenlängen.
   b) Ändere die Seitenlängen so ab, dass bei gleichem Flächeninhalt der Umfang des Rechtecks um 1 cm [$\frac{1}{3}$ cm] vergrößert wird. Bestimme die neuen Seitenlängen.

5. Für ein Prisma mit quadratischer Grundfläche und der Höhe 5 cm gilt:
   a) Die Grundfläche ist um 14 cm² [24 cm²] größer als eine Seitenfläche.
   b) Der Oberflächeninhalt beträgt 48 cm² [288 cm²; 112 cm²].
   Berechne die Seitenlänge der quadratischen Grundfläche.

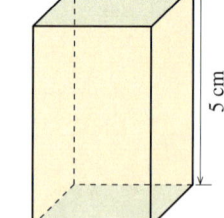

6. Bestimme die Längen der Seiten eines Rechtecks, von dem bekannt ist:
   a) Der Umfang des Rechtecks beträgt 23 cm, der Flächeninhalt beträgt 30 cm².
   b) Der Flächeninhalt des Rechtecks beträgt 17,28 cm², die Längen benachbarter Seiten unterscheiden sich um 1,2 cm.

Modellieren – Anwenden von quadratischen Gleichungen

7. Wenn man bei einem Quadrat die Länge verdoppelt und die Breite um 5 cm verringert, so erhält man ein Rechteck, dessen Fläche um 24 cm² größer ist als die Fläche des Quadrats.
Welche Seitenlänge hat das Quadrat?

8. Das Rechteck mit den Seitenlängen 4 m und 3 m soll in ein Quadrat und drei Rechtecke wie im Bild zerlegt werden. Dabei soll der Flächeninhalt der roten Fläche (Rechteck und Quadrat zusammen) 7 m² sein.
Wie lang kann die Quadratseite gewählt werden?
Stelle eine Gleichung auf, formuliere eine einschränkende Bedingung. Überprüfe dein Ergebnis an einer Zeichnung (d.h. am Sachverhalt).

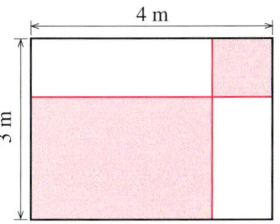

9. Die Quadratseite ist 5 cm lang. Die blaue Fläche hat den angegebenen Flächeninhalt.
Berechne die Seitenlänge x.

a) A = 17,62 cm²
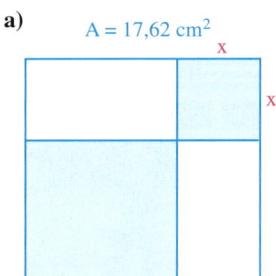

b) A = 17,32 cm²
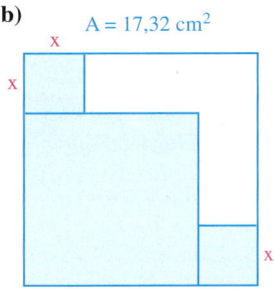

c) A = 14,92 cm²
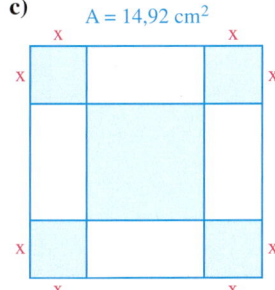

10. Auf einem Blatt sind n Geraden gezeichnet. Dabei schneidet jede Gerade jede andere. Es gibt 78 Schnittpunkte; durch keinen von ihnen gehen mehr als zwei der gezeichneten Geraden. Bestimme die Anzahl n der Geraden.

11. Einem Quadrat ABCD mit der Seitenlänge 10 cm ist ein Rechteck PQRS einbeschrieben. Wo muss der Punkt P auf der Seite $\overline{AB}$ gewählt werden, damit der Flächeninhalt des Rechtecks die Hälfte [ein Viertel] von dem des Quadrats beträgt?

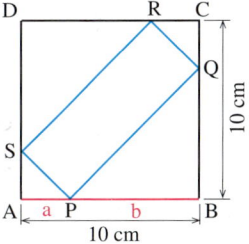

Leonhard Euler
1707 – 1783

12. Aus der 1768 erschienenen „Vollständigen Anleitung zur Algebra" von Leonhard Euler:

a) Jemand kauft ein Pferd für einige Reichsthaler, verkauft es wieder für 119 Reichsthaler und gewinnt daraus so viel Prozente als das Pferd gekostet; nun ist die Frage, wie teuer ist dasselbe eingekauft worden?

b) Einige Kaufleute bestellen einen Faktor und schicken ihn nach Archangelsk, um daselbst einen Handel abzuschliessen. Jeder von ihnen hat zehnmal so viel Reichsthaler eingelegt, wie es Personen sind. Nun gewinnt der Faktor an je 100 Reichsthalern zweimal so viele wie die Anzahl der Personen ist. Wenn man dann den 100. Teil des ganzen Gewinns mit $2\frac{2}{9}$ multipliziert, so kommt die Zahl der Gesellschafter heraus.
Wie viele sind ihrer gewesen?

Erläuterungen: Ein Faktor bezeichnet hier den Leiter einer Handelsniederlassung (Faktorei). Archangelsk ist ein Hafen am Weißen Meer, über den vom 16. bis zum 18. Jahrhundert der englische und holländische Warenverkehr mit dem Moskauer Reich erfolgte.

Im Blickpunkt

Goldener Schnitt

Betrachte das Bild vom Rathaus in Leipzig. Der Turm befindet sich nicht in der Mitte des Gebäudes; er teilt es nicht in zwei genau gleich große Hälften, also nicht im Verhältnis 1 : 1.

Das Längenverhältnis der kürzeren zur längeren Seite beträgt etwa 2 : 3, allerdings nicht ganz genau. Aber auch das Verhältnis der längeren Seite zur Gesamtstrecke beträgt 2 : 3. Prüfe beides durch Messen und Rechnen nach.

Diese Art der Teilung empfindet man als besonders ausgewogen und schön. Man nennt sie deshalb *harmonische Teilung* oder den *goldenen Schnitt*: Die kürzere Strecke verhält sich zur längeren Strecke wie die längere Strecke zur Gesamtstrecke.

1. a) Zeichne einen Turm mit Dach oder einen Baum. Kannst du in deiner Zeichnung den goldenen Schnitt entdecken?
   b) Suche weitere Beispiele (Gebäude, Möbel, Kunstbücher), wo etwas im goldenen Schnitt geteilt wurde.

2. Der goldene Schnitt ist auch bei vielen Bauwerken und Statuen der Antike zu finden.
   a) Oft teilt der Bauchnabel die Statue im goldenen Schnitt. Prüfe das am Bild nach.
   b) Wie ist das bei deinem Körper?

3. Wie findet man nun aber den genauen Teilungspunkt z. B. für eine 90 m lange Strecke? Die Verhältnisgleichung lautet
   $x : (90 - x) = (90 - x) : 90$
   Löse diese Gleichung. Kontrolliere am Foto des Leipziger Rathauses.

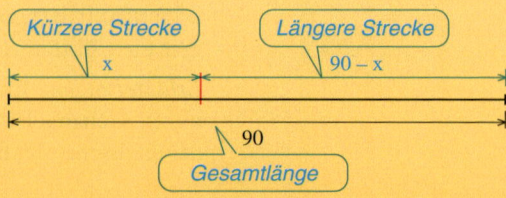

IM BLICKPUNKT: Goldener Schnitt

4. Wird eine Strecke $\overline{AB}$ der Länge s durch einen Punkt C so geteilt, dass sich die Gesamtstrecke zur längeren Teilstrecke so verhält wie die längere Teilstrecke zur kürzeren Teilstrecke, also s : x = x : y, so sagt man, dass der Punkt C die Strecke $\overline{AB}$ im **goldenen Schnitt** teilt.

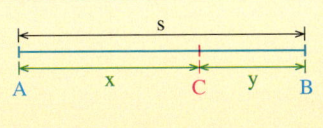

a) Gegeben   (1) s = 10 cm;   (2) x = 8 cm;   (3) y = 3 cm. Berechne x, y bzw. s.

b) Beweise allgemein:

Wird eine Strecke im goldenen Schnitt geteilt, so gilt für das Verhältnis der Gesamtstrecke zur längeren Teilstrecke: $\dfrac{s}{x} = \dfrac{1+\sqrt{5}}{2}$

Für die Zahl $\dfrac{1+\sqrt{5}}{2}$ schreibt man auch abkürzend den griechischen Großbuchstaben Φ.

Der griechische Bildhauer Phidias (Φιδίας; 490–430 v. Chr.) hat Werke geschaffen, in denen das Verhältnis des goldenen Schnittes oft vorkommt.

c) Der griechische Staatsmann Perikles übertrug Phidias die oberste Leitung der Bauten auf der Akropolis in Athen. Dabei entstand in den Jahren 447–432 v. Chr. auch der Parthenon-Tempel. Miss im Bild nach, dass an dessen Säuleneingang mehrere Strecken im Verhältnis des goldenen Schnitts geteilt sind:

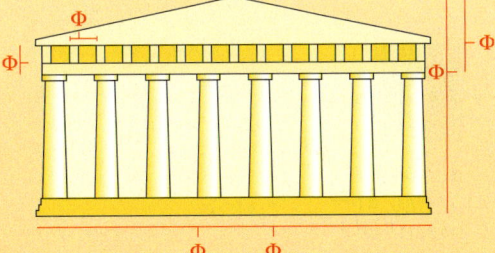

5. Für die Teilung einer Strecke $\overline{AB}$ im goldenen Schnitt ist folgende Konstruktion angegeben:
(1) Konstruiere den Mittelpunkt M der Strecke $\overline{AB}$.
(2) Konstruiere in B eine Orthogonale zu $\overline{AB}$.
(3) Zeichne einen Kreis um B durch M. Sein Schnittpunkt mit der Orthogonalen ist H.
(4) Verbinde A und H.
(5) Zeichne einen Kreis um H durch B. Sein Schnittpunkt mit der Strecke $\overline{AH}$ ist F.
(6) Zeichne einen Kreis um A durch F. Sein Schnittpunkt mit der Strecke $\overline{AB}$ ist der Punkt D. D teilt die Strecke $\overline{AB}$ im goldenen Schnitt.

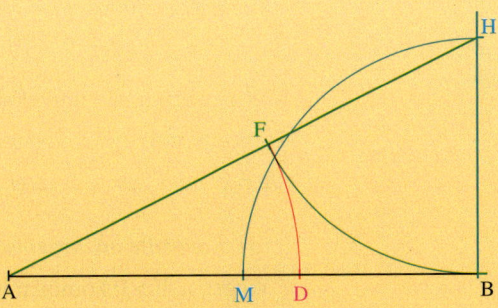

Weise rechnerisch nach, dass der Punkt D die Strecke $\overline{AB}$ im Verhältnis des goldenen Schnittes teilt.

6. *Teamarbeit:* Untersucht, ob ihr an anderen Gebäuden Strecken finden könnt, die im goldenen Schnitt geteilt sind. Ihr könnt dazu auch im Internet recherchieren.

4.9 Methode der Substitution – Biquadratische Gleichungen

Einführung

Biquadratische Gleichungen

In einem Rechteck mit dem Flächeninhalt 3 cm² ist die Diagonale 2,5 cm lang.
Wie lang sind die Seiten des Rechtecks?

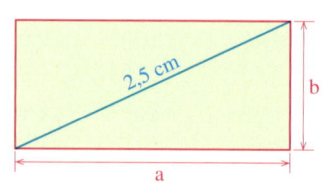

(1) Aufstellen der Gleichung und der einschränkenden Bedingung

Wir rechnen nur mit den Maßzahlen der Seitenlängen.
Für die Längen a und b der Rechteckseiten mit der einschränkenden Bedingung a, b > 0 gilt:

(1) $a \cdot b = 3$ (2) $a^2 + b^2 = 2{,}5^2$

Aus (1) und (2) ergibt sich wegen $a \neq 0$ mit dem Satz des Pythagoras die Gleichung:
$a^2 + \left(\frac{3}{a}\right)^2 = 2{,}5^2$

Wegen $a^2 \neq 0$ lässt sich diese Gleichung umformen zu: $a^4 - 6{,}25\,a^2 + 9 = 0$ bzw. $a^4 - \frac{25}{4}a^2 + 9 = 0$.

Wir haben eine spezielle Gleichung erhalten, bei der die Variable (hier a) nur in der 4. und in der 2. Potenz auftritt.

(2) Bestimmen der Lösungsmenge der Gleichung

Wir können die Gleichung $a^4 - \frac{25}{4}a^2 + 9 = 0$ auf eine quadratische
Gleichung zurückführen, indem wir a^2 durch die Hilfsvariable z,
also a^4 $(= a^2 \cdot a^2)$ durch $z \cdot z$, also durch z^2 ersetzen:

Du kannst die Gleichung auch mit der Lösungsformel lösen.

Fachbegriff für das Ersetzen (lat.): Substituieren

$z^2 - \frac{25}{4}z + 9 = 0$ $\mid -9 \quad \mid +\left(\frac{25}{8}\right)^2$

$z^2 - \frac{25}{4}z + \left(\frac{25}{8}\right)^2 = -9 + \frac{625}{64}$ (2. binomische Formel)

$\left(z - \frac{25}{8}\right)^2 = \frac{49}{64}$

$z - \frac{25}{8} = \frac{7}{8}$ *oder* $z - \frac{25}{8} = -\frac{7}{8}$

$z = \frac{32}{8} = 4$ *oder* $z = \frac{18}{8} = \frac{9}{4}$

Wir ersetzen nun umgekehrt z wieder durch a^2:

$a^2 = 4$ *oder* $a^2 = \frac{9}{4}$

$a = 2$ *oder* $a = -2$ *oder* $a = \frac{3}{2}$ *oder* $a = -\frac{3}{2}$

(3) Kontrolle an der einschränkenden Bedingung

Wegen a, b > 0 kommen in diesem Fall nur 2 cm oder 1,5 cm als
Länge der einen Rechteckseite in Betracht. Aus (1) ergibt sich
dann für die jeweils andere Seitenlänge 1,5 cm bzw. 2 cm (im
Einklang mit der einschränkenden Bedingung b > 0).

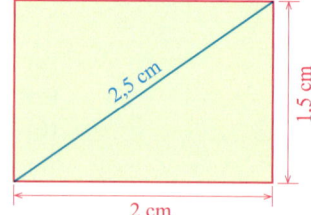

(4) Probe am Sachverhalt (am Aufgabentext)

$d = \sqrt{2^2 + 1{,}5^2}$ cm $= \sqrt{4 + 2{,}25}$ m $= 2{,}5$ cm

(5) Ergebnis

Die Seitenlängen des Rechtecks betragen 2 cm und 1,5 cm.

Methode der Substitution – Biquadratische Gleichungen

Information

Lösen einer Gleichung durch Substitution

Beim Lösen der Gleichung $a^4 - \frac{25}{4}a^2 + 9 = 0$ sind wir in 4 Schritten vorgegangen:

1. *Substituieren der Variablen*
   Zunächst haben wir a^2 durch die Variable z (und a^2 durch z^2) ersetzt. Der Fachbegriff für das Ersetzen ist: *substituieren*.

2. *Lösen der so entstandenen Gleichung*
   Die entstandene einfachere Gleichung haben wir danach gelöst. Wir haben mögliche Lösungen 4 sowie $\frac{9}{4}$ für die Variable z erhalten.

3. *Resubstituieren*
   Wir haben die Ersetzung rückgängig gemacht:
   $a^2 = 4$ *oder* $a^2 = \frac{9}{4}$.

4. *Lösen*
   Diese reinquadratischen Gleichungen wurden dann gelöst.

$a^4 + pa^2 + q = 0$
Substituieren:
$a^2 = z$, also $a^4 = z^2$

↓

$z^2 + pz + q = 0$
Lösen:
$z = z_1$ *oder* $z = z_2$

↓

Resubstituieren:
$a^2 = z_1$ *oder* $a^2 = z_2$

↓

Lösen der Gleichungen
$a^2 = z_1$ *oder* $a^2 = z_2$

Definition
Eine Gleichung der Form $ax^4 + bx^2 + c = 0$ ($a \neq 0$), wie z. B. $3x^4 - 15x^2 + 12 = 0$, heißt **biquadratische Gleichung**.
Man kann sie durch Substituieren auf eine quadratische Gleichung zurückführen, wenn man x^2 zum Beispiel durch z und damit x^4 durch z^2 ersetzt.

Weiterführende Aufgabe

1. *Unterschiedliche Anzahlen von Lösungen bei biquadratischen Gleichungen*
   a) Wähle in der biquadratischen Gleichung $(x^2 - a)^2 = 16$ für a nacheinander die Werte 5, 4, 3, −4 und −5. Löse die entstehenden Gleichungen und zeige, dass sie vier bzw. drei bzw. zwei Lösungen bzw. eine bzw. keine Lösung besitzen.
   b) Begründe: Eine biquadratische Gleichung $ax^4 + bx^2 + c = 0$ kann nicht mehr als vier Lösungen besitzen.

Satz: Eine biquadratische Gleichung kann vier, drei, zwei, eine, keine Lösungen haben.

Übungsaufgaben

 2. Ist die Gleichung biquadratisch? Bestimme – soweit möglich – die Lösungsmenge.

a) $x^4 - 9x^2 = 0$ b) $x^4 + 3x - 7 = 0$ c) $x^4 - x^3 - 6x^2 = 0$ d) $2y^4 - 10y^2 + 8 = 0$

3. Bestimme die Lösungsmenge.

a) $x^4 = 10\,000$
$x^4 = 0{,}0081$

b) $x^4 = 0$
$x^4 = x^2$

c) $(x + 3)^4 = 16$
$(x + 5)^4 = 0$

d) $x^4 + 16x^2 = 0$
$x^4 - 16x^2 = 0$

4. a) $x^4 - 25x^2 = 0$
$25x^4 - x^2 = 0$

b) $(y^2 - 5)^2 = 16$
$z^4 + 15 = 16z^2$

c) $x^4 - 13x^2 + 36 = 0$
$y^4 + 10y^2 + 9 = 0$

d) $z^4 - 24z^2 - 25 = 0$
$x^4 - 26x^2 + 25 = 0$

5. Die Fläche eines rechtwinkligen Dreiecks ist 120 cm² groß, die Hypotenuse ist 26 cm lang. Wie lang sind die beiden Katheten?

4.10 Satz von Vieta und seine Anwendungen

4.10.1 Satz von Vieta

Einführung

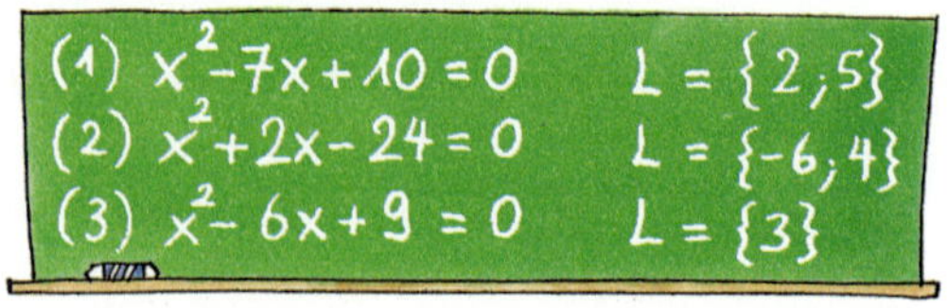

Vergleiche jeweils die Lösungen mit den Koeffizienten p und q der quadratischen Gleichung in der Normalform. Formuliere eine Vermutung.

(1) $x^2 - 7x + 10 = 0 \quad L = \{2; 5\}$
(2) $x^2 + 2x - 24 = 0 \quad L = \{-6; 4\}$
(3) $x^2 - 6x + 9 = 0 \quad L = \{3\}$

$x^2 - 7 \cdot x + 10 = 0$
$\downarrow \qquad \downarrow$
$(2 + 5) \quad (2 \cdot 5)$

$x^2 - (-2)x + (-24) = 0$
$\downarrow \qquad \downarrow$
$(4 + (-6)) \quad (4 \cdot (-6))$

$x^2 - 6 \cdot x + 9 = 0$
$\downarrow \qquad \downarrow$
$(3 + 3) \quad (3 \cdot 3)$

Wir vermuten folgenden *Satz*:

Satz

Gegeben ist eine quadratische Gleichung in der Normalform: $x^2 + px + q = 0$.
Wenn x_1 und x_2 Lösungen der Gleichung sind, dann gilt: $x_1 + x_2 = -p$ und $x_1 \cdot x_2 = q$.
Wenn x_1 und x_2 übereinstimmen, d.h. die Gleichung nur eine Lösung hat, dann gilt:
$2x_1 = -p$ und $x_1^2 = q$.

Beweis: Die Gleichung $x^2 + px + q = 0$ hat – falls sie zwei Lösungen hat – die Lösungen
$x_1 = -\frac{p}{2} + \sqrt{\frac{p^2}{4} - q}$ und $x_2 = -\frac{p}{2} - \sqrt{\frac{p^2}{4} - q}$.

Dann gilt: (1) $x_1 + x_2 = (-\frac{p}{2} + \sqrt{\frac{p^2}{4} - q}) + (-\frac{p}{2} - \sqrt{\frac{p^2}{4} - q})$
$= -\frac{p}{2} + \sqrt{\frac{p^2}{4} - q} - \frac{p}{2} - \sqrt{\frac{p^2}{4} - q}$
$= -\frac{p}{2} - \frac{p}{2}$
$= -p$

(2) $x_1 \cdot x_2 = (-\frac{p}{2} + \sqrt{\frac{p^2}{4} - q})(-\frac{p}{2} - \sqrt{\frac{p^2}{4} - q})$
$= (-\frac{p}{2})^2 - (\sqrt{\frac{p^2}{4} - q})^2$
$= \frac{p^2}{4} - (\frac{p^2}{4} - q)$
$= \frac{p^2}{4} - \frac{p^2}{4} + q$
$= q$

Beweise die Vermutung auch für den Fall, dass die quadratische Gleichung nur eine Lösung hat.

Information

(1) Umkehren des Satzes

Kehrsatz

Gegeben ist eine quadratische Gleichung in der Normalform: $x^2 + px + q = 0$.
Wenn für zwei Zahlen x_1 und x_2 gilt: $x_1 + x_2 = -p$ und $x_1 \cdot x_2 = q$, dann sind x_1 und x_2 Lösungen dieser Gleichung.

Satz von Vieta und seine Anwendungen

Beweis: Für zwei Zahlen x_1 und x_2 soll gelten: $(x_1 + x_2) = -p$ und $x_1 \cdot x_2 = q$.
Wir müssen nun zeigen, dass x_1 und x_2 Lösungen der Gleichung $x^2 + px + q = 0$ sind.
Für die Gleichung in Normalform können wir dann schreiben: $x^2 - (x_1 + x_2)x + x_1 \cdot x_2 = 0$.
Um zu zeigen, dass x_1 und x_2 Lösungen sind, führen wir jeweils die Probe durch:

Probe für x_1:

$x_1^2 - (x_1 + x_2)x_1 + x_1 \cdot x_2 = 0$ (w?)	
LS: $x_1^2 - (x_1 + x_2)x_1 + x_1 \cdot x_2$ $= x_1^2 - x_1^2 - x_1 \cdot x + x_1 \cdot x_2$ $= 0$	RS: 0

Probe für x_2:

$x_2^2 - (x_1 + x_2)x_2 + x_1 \cdot x_2 = 0$ (w?)	
LS: $x_2^2 - (x_1 + x_2)x_2 + x_1 \cdot x_2$ $= x_2^2 - x_1 \cdot x_2 - x_2^2 + x_1 \cdot x_2$ $= 0$	RS: 0

(2) Zusammenfassen von Satz und Kehrsatz

> **Satz von Vieta**
>
> Gegeben ist eine quadratische Gleichung $x^2 + px + q = 0$.
> x_1 und x_2 sind genau dann Lösungen der Gleichung, wenn gilt:
> $x_1 + x_2 = -p$ und $x_1 \cdot x_2 = q$.

VIETA, lateinisch für Viète, François, franz. Mathematiker und Jurist (1540–1603). Vieta erhielt den Ehrennamen „Vater der Algebra", weil er sich große Verdienste um die Verbreitung von Symbolen (Buchstaben) als Variable in der Algebra erworben hat.
Er formulierte auch den obigen Satz.

Weiterführende Aufgaben

1. *Aufstellen einer quadratischen Gleichung zu vorgegebener Lösungsmenge*

   Gib mithilfe des Satzes von Vieta diejenige quadratische Gleichung $x^2 + px + q = 0$ an, für welche die angegebene Menge die Lösungsmenge ist.

   a) $\{3; 5\}$ **b)** $\{8; -3\}$ **c)** $\{-4\}$ **d)** $\{-7; -2\}$ **e)** $\{0; -6\}$ **f)** $\{0\}$

2. *Probe bei einer quadratischen Gleichung mithilfe des Satzes von Vieta*

   Mithilfe der Koeffizienten p und q kannst du zeigen, dass die Zahlen $-1{,}2$ und $3{,}5$ Lösungen der Gleichung $x^2 - 2{,}3x - 4{,}2 = 0$ sind (siehe Beispiel rechts).
   Überprüfe entsprechend, ob die Gleichung die angegebene Lösungsmenge besitzt. Ändere andernfalls die Gleichung entsprechend ab.

   a) $x^2 + 6x - 16 = 0;$ $L = \{-2; 8\}$
   b) $x^2 + 6x + 5 = 0;$ $L = \{-1; -5\}$
   c) $x^2 + 3x + 2{,}25 = 0;$ $L = \{-1{,}5\}$
   d) $2x^2 + 5x + 6 = 0;$ $L = \{-3; -2\}$

   > $x^2 - 2{,}3x - 4{,}2 = 0$
   > $L = \{-1{,}2; 3{,}5\}$
   > $p = -(x_1 + x_2)$
   > $= -(-1{,}2 + 3{,}5)$
   > $= -2{,}3$
   > $q = x_1 \cdot x_2$
   > $= (-1{,}2) \cdot 3{,}5$
   > $= -4{,}2$

3. *Aufsuchen ganzzahliger Lösungen einer quadratischen Gleichung*

   a) Bestimme mithilfe des Satzes von Vieta durch Probieren ganzzahlige Lösungen der Gleichung $x^2 - x - 12 = 0$.
   Anleitung: Zerlege -12 in ein Produkt aus zwei ganzzahligen Faktoren. Ergänze die Tabelle.

$x_1 \cdot x_2$	x_1	x_2	$-(x_1 + x_2)$
-12	1	-12	11
-12	-1	12	-11

   b) Verfahre ebenso mit der Gleichung $x^2 + 10x - 16 = 0$. Bestimme auch die Diskriminante. Äußere dich zu dem Ergebnis.

Übungsaufgaben

4. Bestimme die Lösungen und vergleiche sie mit den Koeffizienten p und q in der Normalform.
   a) $x^2 + 10x + 24 = 0$
   b) $x^2 + \frac{2}{3}x + \frac{1}{9} = 0$
   c) $x^2 + 12x + 35 = 0$
   d) $x^2 - \frac{6}{5}x - \frac{8}{5} = 0$
   e) $x^2 + 9x + 14 = 0$
   f) $4y^2 - 8y + 3 = 0$
   g) $x^2 - 2x - 15 = 0$
   h) $6z^2 - 5z + 1 = 0$

5. Gib zu der Lösungsmenge jeweils eine quadratische Gleichung in der Normalform an.
   a) $\{5; -3\}$ $\{-5; 3\}$
   b) $\{-7; -4\}$ $\{4; 7\}$
   c) $\{-5\}$ $\{\sqrt{3}\}$
   d) $\{-\frac{3}{5}; -\frac{2}{5}\}$ $\{0{,}2; 3{,}4\}$
   e) $\{1 - \sqrt{3}; 1 + \sqrt{3}\}$ $\{-3 - \sqrt{2}; -3 + \sqrt{2}\}$

6. Bestimme zwei Zahlen, deren Summe 2 und deren Produkt
   a) -35;
   b) -99;
   c) $-1{,}25$;
   d) $0{,}96$;
   e) $0{,}36$ ist.

7. Ein Rechteck hat den Umfang u und den Flächeninhalt A. Wie lang sind seine Seiten?
   a) $u = 16$ cm; $A = 15$ cm^2
   b) $u = 30$ dm; $A = 55{,}25$ dm^2

8. Sophie hat die quadratische Gleichung mithilfe des Satzes von Vieta gelöst. Kontrolliere.

   a) $x^2 - 10x + 21 = 0$; $L = \{-3; 7\}$
   b) $x^2 + 2x - 24 = 0$; $L = \{4; -6\}$
   c) $x^2 - 3{,}5x - 11 = 0$; $L = \{-2; 5{,}5\}$
   d) $x^2 - 6{,}2x + 6 = 0$; $L = \{-5; -1{,}2\}$
   e) $\frac{1}{2}x^2 + 7x + 24 = 0$; $L = \{-8; -6\}$
   f) $4x^2 + 30x = -56$; $L = \{-4; -3{,}5\}$
   g) $10y^2 + 29{,}6y = 6$; $L = \{-15; 0{,}2\}$
   h) $4z^2 + 5z + \frac{25}{4} = 0$; $L = \{-\frac{5}{2}\}$
   i) $15x^2 - 2x - 8 = 0$; $L = \{-\frac{2}{3}; \frac{4}{5}\}$

9. Bestimme die zweite Lösung x_2 und den Wert für p bzw. q.
   a) $x^2 + px - 10 = 0$; $L = \{4; \square\}$
   b) $x^2 + px + 4 = 0$; $L = \{-\frac{2}{3}; \square\}$
   c) $x^2 + px - \frac{5}{8} = 0$; $L = \{-\frac{5}{6}; \square\}$
   d) $x^2 + 0{,}7x + q = 0$; $L = \{-\frac{3}{2}; \square\}$
   e) $x^2 - \frac{1}{9}x + q = 0$; $L = \{-\frac{3}{4}; \square\}$
   f) $x^2 + \frac{17}{12}x + q = 0$; $L = \{-\frac{2}{3}; \square\}$

10. Bestimme die (ganzzahligen) Lösungen durch systematisches Probieren.
    a) $x^2 - 8x - 9 = 0$
    b) $x^2 + 21x + 38 = 0$
    c) $x^2 + 6x + 5 = 0$
    d) $x^2 - 3x - 28 = 0$
    e) $x^2 + 3x - 10 = 0$
    f) $z^2 - 11z + 10 = 0$
    g) $x^2 + 9x + 18 = 0$
    h) $y^2 - 3y - 40 = 0$

11. Begründe: Ist die Lösungsmenge einer Gleichung der Form $x^2 + px + q = 0$ nicht leer, so gilt:
    Wenn $q > 0$ [$q < 0$], dann besitzen beide Lösungen dasselbe [verschiedene] Vorzeichen.
    Wenn $p > 0$ [$p < 0$], dann ist die Lösung mit dem größeren Betrag negativ [positiv].

Satz von Vieta und seine Anwendungen

4.10.2 Zerlegen eines Terms $x^2 + px + q$ in ein Produkt aus Linearfaktoren

Information

x_1 und x_2 sollen Lösungen der Gleichung $x^2 + px + q = 0$ sein.
Dann gilt nach dem Satz von Vieta: $p = -(x_1 + x_2)$ und $q = x_1 \cdot x_2$, also:

$x^2 - (x_1 + x_2)x + x_1 x_2 = 0$ (Auflösen der Klammer)
$x^2 - x_1 x - x_2 x + x_1 x_2 = 0$ (Faktorisieren der linken Seite)
$x(x - x_1) - x_2(x - x_1) = 0$
$(x - x_2)(x - x_1) = 0$

> **Satz**
>
> Sind x_1 und x_2 Lösungen der Gleichung $x^2 + px + q = 0$, dann gilt:
>
> $$x^2 + px + q = (x - x_1)(x - x_2)$$
>
> Die Terme $x - x_1$ bzw. $x - x_2$ heißen **Linearfaktoren** des quadratischen Terms $x^2 + px + q$.

Beispiel: 3 und 5 sind Lösungen der Gleichung $x^2 - 8x + 15 = 0$.
          Also gilt: $x^2 - 8x + 15 = (x - 3)(x - 5)$.

Aufgabe 1

Zerlege den quadratischen Term $x^2 - 4x - 21$ in ein Produkt aus Linearfaktoren.

Lösung

1. Schritt: Lösen der Gleichung $x^2 - 4x - 21 = 0$:
$x^2 - 4x - 21 = 0$
$x^2 - 4x + 2^2 = 25$
$(x - 2)^2 = 25$
$x - 2 = 5$ *oder* $x - 2 = -5$
$x = 7$ *oder* $x = -3$

2. Schritt: Bilden des Produktes von Linearfaktoren:
$x^2 - 4x - 21 = (x - 7)(x + 3)$

Du kannst die Gleichung auch mit der Lösungsformel lösen.

Übungsaufgaben

 2. Gib – soweit möglich – den Term als Produkt von Linearfaktoren an.

    a) $x^2 - x + 6$ **e)** $x^2 - 10x + 24$ **i)** $x^2 + 8x + 24$ **m)** $x^2 + 4{,}2x + 4{,}41$
    b) $x^2 - 2x - 35$ **f)** $x^2 - 10x + 25$ **j)** $x^2 - 81$ **n)** $x^2 - 3x + \frac{27}{4}$
    c) $6x^2 + 5x + 1$ **g)** $2x^2 - 5x - 3$ **k)** $2x^2 + 12x + 10$ **o)** $4x^2 - 8x - 21$
    d) $y^2 - 5y - 24$ **h)** $z^2 - 5z + 24$ **l)** $5z^2 - 80z$ **p)** $5y^2 - 80$

3. Ermittle zur angegebenen Lösungsmenge mithilfe von Linearfaktoren die zugehörige quadratische Gleichung.

    a) $L = \{3; 4{,}5\}$ **b)** $L = \{-2{,}5; 3\}$ **c)** $L = \{-1{,}5; -3{,}8\}$ **d)** $L = \{0; -2{,}7\}$ **e)** $L = \{1{,}8\}$

4. a) Bestimme jeweils die Lösungsmenge.
       (1) $(x + 1)(x - 2)(x + 3) = 0$ (2) $x(x - 1)(x + 2) = 0$ (3) $(x - 5)^2(x + 7) = 0$.

   b) Gib eine Gleichung mit der Lösungsmenge $L = \{2; 4; 6\}$ an. Forme dann so weit um, dass keine Klammern mehr auftreten.

   c) Finde analog zum Satz von Vieta auch für kubische Gleichungen eine Beziehung zwischen den Lösungen und den Koeffizienten der Gleichung. Forme dazu die Gleichung $(x - x_1)(x - x_2)(x - x_3) = 0$ um in die Form $x^3 + ax^2 + bx + c = 0$.

Im Blickpunkt

Parabeln im Sport – Quadratische Regression

Die Bewegungsabläufe von Sportlern und die Flugbahnen von Bällen, Kugeln und Speeren wurden genau untersucht, um Möglichkeiten für eine Leistungssteigerung festzustellen. In etlichen Fällen kann man die betrachteten Kurven zumindest näherungsweise als Parabeln modellieren.

1. Bei den Olympischen Spielen 1972 wurden Kugelstöße mithilfe von Filmaufnahmen untersucht. Dabei ergab sich für die Flugbahn der Kugel (in m):

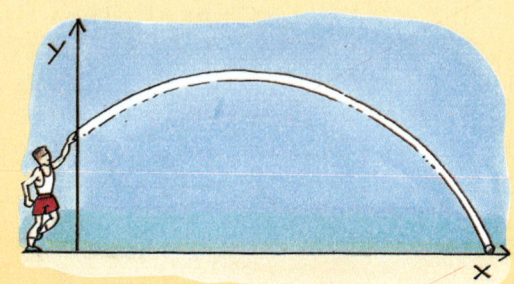

Athlet	Land	Gleichung der Kugel-Flugbahn
Woods	USA	$y = -0{,}0433\,x^2 + 0{,}839\,x + 2{,}15$
Komar	Polen	$y = -0{,}0407\,x^2 + 0{,}700\,x + 2{,}26$
Varju	Ungarn	$y = -0{,}0438\,x^2 + 0{,}762\,x + 2{,}21$
Reichenbach	Deutschland	$y = -0{,}0378\,x^2 + 0{,}667\,x + 2{,}13$

Zeichne alle Flugbahnen in ein gemeinsames Diagramm und ermittle jeweils die Stoßweite sowie den höchsten Punkt der Flugbahn. Vergleiche.

2. Untersuche, ob folgende Flugbahn durch eine Parabel beschrieben werden kann. Ermittle eine Gleichung dafür, wenn möglich.
Für einen Freiwurf beim Basketball wurde für die Höhe y (in m) in Abhängigkeit von der Entfernung x (in m) vom Abwurfort festgestellt:

x	0	0,5	1	1,5	2	2,5	3	3,5	4	4,5
y	2,00	2,75	3,20	3,60	3,90	4,05	4,10	3,90	3,75	3,35

3. Untersuche, ob folgende Flugbahn durch eine Parabel beschrieben werden kann. Ermittle eine Gleichung dafür, wenn möglich.
Für einen Clear-Schlag beim Badminton wurde für die Höhe y (in m) in Abhängigkeit von der Entfernung x (in m) vom Abwurfort gemessen:

x	0	1	2	3	4	5	6	7	8	9	10	11	12	13
y	2,50	3,28	3,95	4,66	5,24	5,98	6,46	7,01	7,33	7,43	7,17	6,43	5,14	2,50

IM BLICKPUNKT: Parabeln im Sport — Quadratische Regression

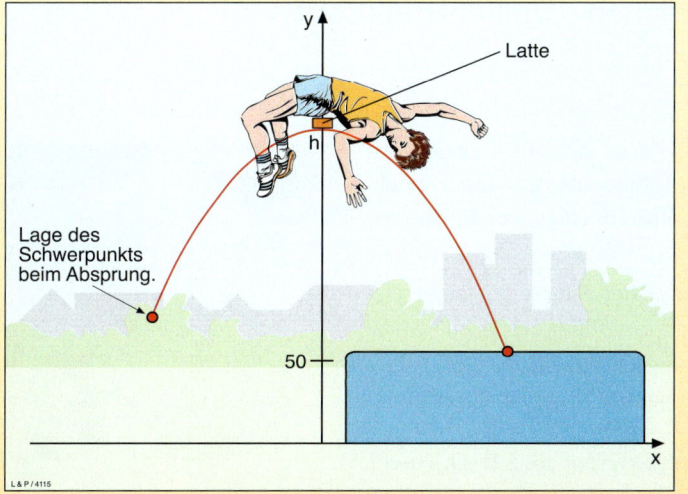

4. Beim Hochsprung bewegt sich der Körperschwerpunkt des Athleten auf einer Parabel. Ziel des Springers ist, dass der Scheitelpunkt der Parabel genau oberhalb der Latte liegt. Damit die Latte nicht gestreift wird, sind 5 cm Abstand erforderlich.
Für einen stehenden Menschen beträgt die Höhe des Körperschwerpunktes 60 % der Körpergröße.

a) Den im März 2011 immer noch gültigen Weltrekord von 2,45 m stellte der Kubaner Javier Sotomayor am 27.7.1993 auf: er übersprang seine eigene Körpergröße (193 cm) um 52 cm. Bestimme die Gleichung der Parabel des Körperschwerpunktes unter der Annahme, dass Sotomayor 100 cm vor der Latte abgesprungen ist.

b) Hochspringer messen vor dem Sprung die Absprungstelle und den Anlauf genau aus. Untersuche, wie sich ein Verpassen der Absprungstelle um 20 cm nach vorne oder hinten auswirkt. Verschiebe dazu die Parabel aus Teilaufgabe a) entsprechend.

5. Das Finden einer geeigneten Parabel durch bestimmte Messpunkte kann man auch von einem (grafikfähigen) Taschenrechner durchführen lassen:
Gib die Koordinaten der Messpunkte ein, indem du den Data/Matrix-Editor aufrufst. Vereinbare dort eine neue Datenvariable, in die du die Werte in die beiden Spalten c1 und c2 einträgst.
Unter **PlotSetup** (F2) kannst du das gewünschte Aussehen des Graphen (PLOTType) definieren (F1), z. B. im Plot1. Vereinbare anschließend mit dem Befehl **WINDOW** ein geeignetes Fenster zum Zeichnen der Werte und lasse die Punkte mit dem Befehl **GRAPH** zeichnen.

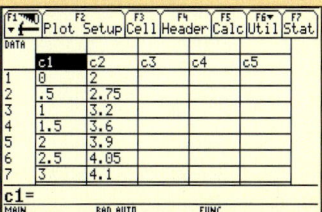 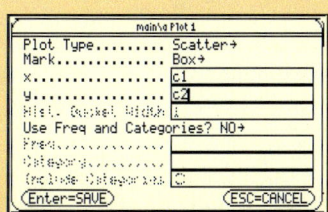 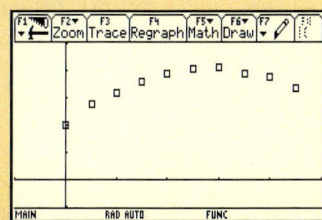

Das Bestimmen der Funktionsgleichung der quadratischen Funktion erfolgt mithilfe des Befehls **QuadReg**; diesen findest du im Untermenü **CALC**. Bei diesem Befehl muss als erstes die Liste der x-Koordinaten der Messpunkte (hier c1), als zweites die Liste der y-Koordinaten (hier c2) und dann die Variable angegeben werden, in der der Funktionsterm gespeichert werden soll (hier Y1). Auf dem Bildschirm erscheinen dann die Koeffizienten des Funktionstermes, den du aber auch im **Y=**-Menü nachlesen kannst. Nach dem Befehl **GRAPH** wird dann die gefundene Parabel durch die Messpunkte gezeichnet, so dass du einen Eindruck von der Güte der Parabel gewinnst.

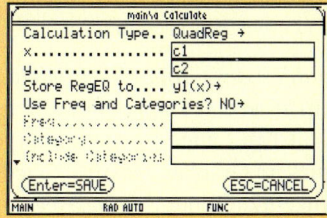 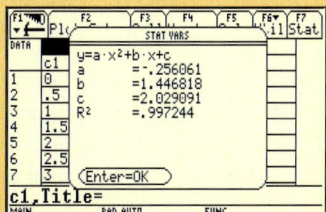 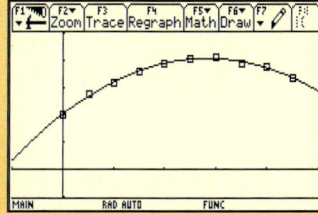

Probiere aus, wie du bei deinem Rechner vorgehen musst.

4.11 Quadratwurzelfunktionen – Umkehrfunktionen

Aufgabe 1

Umkehren einer Funktion

Für ein Quad hat man festgestellt, dass sich die Länge s des Bremsweges (in m) bei trockener Straße aus der vorher gefahrenen Geschwindigkeit v (in $\frac{km}{h}$) mithilfe folgender Funktionsgleichung berechnen lässt: $s = 0{,}01 \cdot v^2$

a) Mit welchem Bremsweg s muss der Fahrer bei einer Geschwindigkeit von $10\,\frac{km}{h}$, $20\,\frac{km}{h}$, …, $100\,\frac{km}{h}$ rechnen? Stelle für die Funktion *Geschwindigkeit → Bremsweg* eine geeignete Wertetabelle auf und zeichne den Graphen dieser Funktion.
Lies weitere Werte für s aus dem Graphen ab, z. B. zu $v = 45\,\frac{km}{h}$.

b) Bei Verkehrsunfällen interessiert die umgekehrte Frage: Kann man aus der Länge des Bremsweges die vorher gefahrene Geschwindigkeit bestimmen?
Lies aus dem Graphen von f zur Teilaufgabe a) ab, bei welcher Geschwindigkeit v der Bremsweg 61 m lang ist.
Bei der Bestimmung der Geschwindigkeit v zu gegebener Länge s des Bremsweges wird die in a) betrachtete Zuordnung umgekehrt:
Die neue Zuordnung *Bremsweg → Geschwindigkeit* nennt man die *Umkehrzuordnung* der Funktion *Geschwindigkeit → Bremsweg*. Lege auch für diese Umkehrzuordnung eine Wertetabelle an und zeichne den entsprechenden Graphen.
Welche Gleichung gehört zu der Umkehrzuordnung?

Lösung

a) *Geschwindigkeit → Bremsweg*

Geschwindigkeit (in $\frac{km}{h}$)	Bremsweg (in m)
10	1
20	4
30	9
40	16
50	25
60	36
70	49
80	64
90	81
100	100

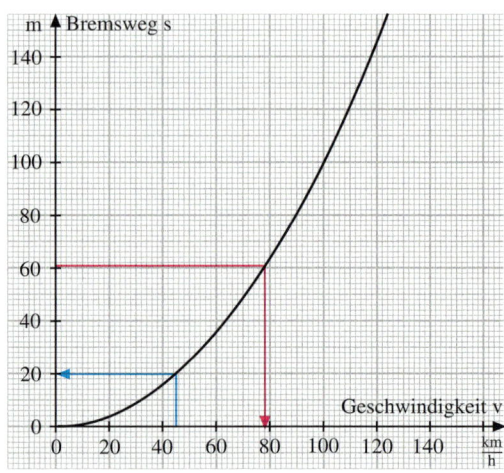

Aus dem Graphen kann man z. B. ablesen (siehe blauer Pfeil): Bei einer Geschwindigkeit von $45\,\frac{km}{h}$ muss man mit einem Bremsweg von etwa 20 m rechnen.

b) *(1) Bestimmen der Geschwindigkeit v mithilfe des Graphen – Eindeutigkeit*
Aus dem Graphen der Zuordnung zu Teilaufgabe a) kann man auch ablesen (siehe roter Pfeil): Bei einem Bremsweg von beispielsweise 61 m Länge ist die vorhergehende Geschwindigkeit etwa $77\,\frac{km}{h}$. Allgemein erkennt man an diesem Graphen, dass es zu jedem Bremsweg eine ganz bestimmte Geschwindigkeit gibt. Die Umkehrzuordnung *Bremsweg → Geschwindigkeit* ist also eindeutig.

Quadratwurzelfunktionen – Umkehrfunktionen

(2) Wertetabelle und Graphen der Umkehrzuordnung

Man erhält die Wertetabelle dieser Umkehrzuordnung, indem man die beiden Spalten der Wertetabelle der Zuordnung vertauscht. Dieses Vertauschen entspricht dem Umkehren der Zuordnungsrichtung und damit dem Umkehren der Pfeile.

Bremsweg → Geschwindigkeit

Bremsweg (in m)	Geschwindigkeit (in $\frac{km}{h}$)
1	10
4	20
9	30
16	40
25	50
36	60
49	70
64	80
81	90
100	100

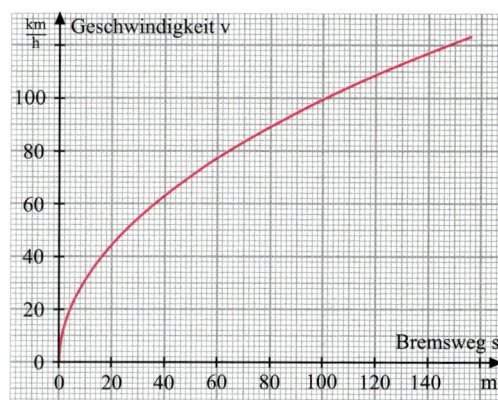

(3) Aufstellen der Zuordnungsvorschrift für die Umkehrzuordnung

Um aus einem beliebigen Bremsweg s (in m) die zugehörige Geschwindigkeit v (in $\frac{km}{h}$) berechnen zu können, isolieren wir v in der Gleichung $s = 0{,}01 \cdot v^2$:

$s = 0{,}01 \cdot v^2$, also $v^2 = \frac{s}{0{,}01}$ und somit $v = \sqrt{\frac{s}{0{,}01}} = \sqrt{100\,s} = 10\sqrt{s}$, da v hier nicht negativ sein kann.

Die Umkehrzuordnung hat also die Gleichung $v = 10\sqrt{s}$.

Information

(1) Umkehrfunktion

In Aufgabe 1 haben wir zu der Funktion *Geschwindigkeit → Bremsweg* die Umkehrzuordnung *Bremsweg → Geschwindigkeit* betrachtet. Auch diese Zuordnung ist eine Funktion.

> **Definition**
>
> Kehrt man bei einer Funktion f die Zuordnungsrichtung um, so erhält man die umgekehrte Zuordnung. Ist diese Umkehrzuordnung wieder eine Funktion, so heißt die ursprüngliche Funktion **umkehrbar**. Die durch die Umkehrung erhaltene Funktion heißt **Umkehrfunktion** von f; sie wird mit f* bezeichnet. f* hat als Definitionsbereich den Wertebereich von f.

(2) Vom Graphen von f zum Graphen von f*

(a) *Vertauschen der Koordinaten eines Punktes*

Man erhält die Wertetabelle der Umkehrfunktion f*, indem man in der Wertetabelle für f die Spalten vertauscht.

Ist P(v|s) ein Punkt des Graphen von f, so erhält man einen Punkt P* des Graphen von f*, indem man die Koordinaten von P vertauscht: P*(s|v).

Das Vertauschen der Koordinaten entspricht dem Vertauschen der Spalten der Wertetabelle.

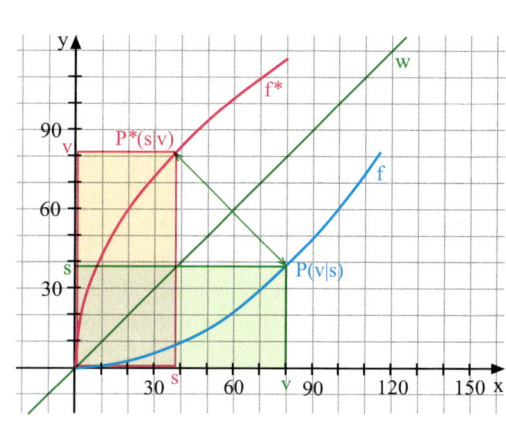

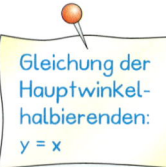

Gleichung der Hauptwinkelhalbierenden:
y = x

(b) *Spiegeln an der Hauptwinkelhalbierenden w*

Das Vertauschen der Koordinaten eines Punktes bedeutet Spiegeln des Punktes an der Hauptwinkelhalbierenden w der Koordinatenachsen.

Begründung: Die Winkelhalbierende w ist gleichzeitig Symmetrieachse der beiden Koordinatenachsen. Durch das Spiegeln an w geht ein Skalenpunkt auf der x-Achse in den entsprechenden Skalenpunkt auf der y-Achse über und umgekehrt. Dadurch wird die x-Koordinate von P zur y-Koordinate von P* und die y-Koordinate von P zur x-Koordinate von P*. Das bedeutet ein Vertauschen der Koordinaten von P zu P*.

Man erhält also die Punkte des Graphen von P*, indem man die Punkte des Graphen von f an w spiegelt.

Satz

Ist f* die Umkehrfunktion einer Funktion f, so erhält man den Graphen von f*, indem man den Graphen von f an der Hauptwinkelhalbierenden der Koordinatenachsen spiegelt.

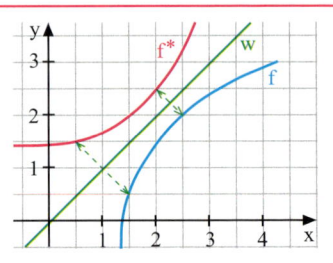

(3) Umkehren der Quadratfunktion

(a) Die Normalparabel ist Graph der Quadratfunktion f mit $y = x^2$ mit $\mathbb{R}$ als Definitionsbereich. Wir wollen die Umkehrzuordnung dieser Funktion untersuchen. Dazu vertauschen wir in der Wertetabelle die Spalten.

Quadratfunktion	
− 3	9
− 2	4
− 1	1
0	0
1	1
2	4
3	9

Umkehrzuordnung	
9	− 3
4	− 2
1	− 1
0	0
1	1
4	2
9	3

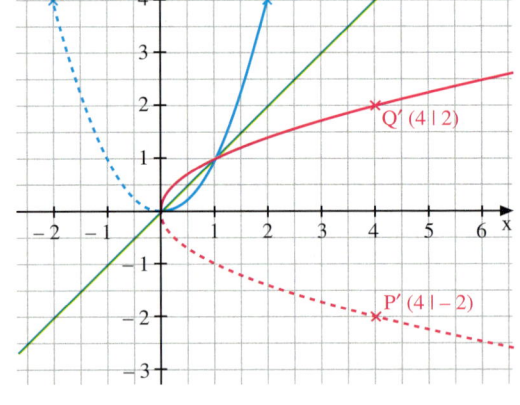

Der Graph dieser Umkehrzuordnung ist symmetrisch zur x-Achse. Man erhält ihn auch, indem man die Normalparabel an der Winkelhalbierenden w mit der Gleichung y = x spiegelt.

Beim Graphen der Umkehrzuordnung liegen z.B. die Punkte P'(4|− 2) und Q'(4|2) übereinander. Die Zuordnung ist nicht eindeutig. Die Quadratfunktion mit $\mathbb{R}$ als Definitionsbereich ist nicht umkehrbar.

(b) Um zu erreichen, dass diese Umkehrzuordnung eindeutig wird, müssen wir den Definitionsbereich der Quadratfunktion einschränken. Wir wählen hier für die Funktion f mit $f(x) = x^2$ als Definitionsbereich D_f die Menge aller nichtnegativen reellen Zahlen, d.h.: $D_f = \mathbb{R}_+$.

Dann gehört zum Graphen von f nur der Teil der Normalparabel, der im 1. Quadranten liegt. Den Graphen der Umkehrzuordnung von f erhält man durch Spiegeln dieses Teils der Parabel an der Hauptwinkelhalbierenden w. Er liegt auch im 1. Quadranten.

Mit der so gewählten Einschränkung des Definitionsbereichs ist *f umkehrbar*. Die Umkehrzuordnung ist eine Funktion f*, die Umkehrfunktion von f.

Quadratwurzelfunktionen – Umkehrfunktionen

(c) *Funktionsterm der Umkehrfunktion*

Wertetabelle für f

x	f(x)
0	0
1	1
2	4
3	9

$x \to x^2$

Wertetabelle für f*

x	f*(x)
0	0
1	1
4	2
9	3

$x \to \sqrt{x}$

Die Wertetabelle für f* erhält man aus der Wertetabelle für f durch Vertauschen der Spalten.
Die Werte der Funktion f erhält man durch Quadrieren. Umgekehrt erhält man die Werte der Funktion f* durch Ziehen der Quadratwurzel.
Das bedeutet: Die Umkehrfunktion f* hat den Term $f^*(x) = \sqrt{x}$ mit $x \geq 0$.

Definition

Die Funktion mit dem Funktionsterm $f(x) = \sqrt{x}$ und dem Definitionsbereich $\mathbb{R}_+$, heißt **Quadratwurzelfunktion**.

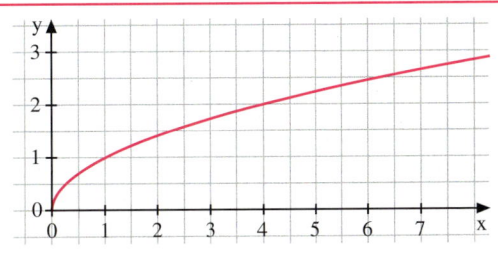

Aufgabe 2

Umkehren einer linearen Funktion

Untersuche, ob die lineare Funktion f mit der Funktiongleichung $y = \frac{2}{3}x + 1$ umkehrbar ist.
Bestimme gegebenenfalls die Funktionsgleichung der Umkehrfunktion f*.

Lösung

Zeichnet man den Graphen der Funktion f, so erkennt man, dass jeder y-Wert nur an einer einzigen Stelle als Funktionswert angenommen wird. Das bedeutet, dass die Funktion f in ihrem ganzen Definitionsbereich $\mathbb{R}$ umkehrbar ist.
Die Umkehrfunktion ordnet jedem vorgegebenen y-Wert der Funktion f die Stelle x zu, an der dieser y-Wert angenommen wird. Der x-Wert lässt sich durch Auflösen der Funktionsgleichung der Funktion f nach x berechnen:

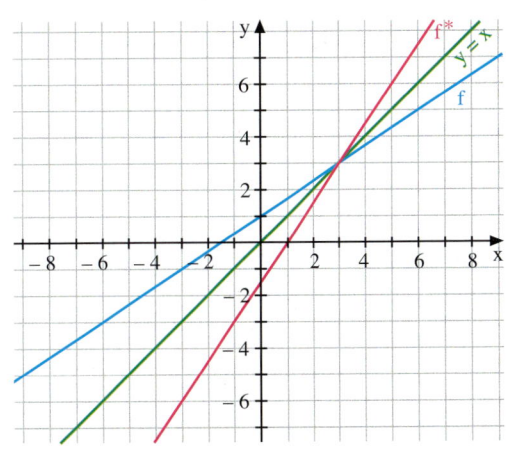

$y = \frac{2}{3}x + 1 \qquad |-1$
$y - 1 = \frac{2}{3}x \qquad |\cdot \frac{3}{2}$
$\frac{3}{2}y - \frac{3}{2} = x \qquad |\text{Seiten tauschen}$
$x = \frac{3}{2}y - \frac{3}{2}$,

d.h. der vorgegebene Wert y wird von der Funktion f an der Stelle $x = \frac{3}{2}y - \frac{3}{2}$ angenommen.
Überlicherweise bezeichnet man die Ausgangswerte mit x und die zugeordneten Werte mit y. Daher benennen wir die Variablen in der Gleichung $x = \frac{3}{2}y - \frac{3}{2}$ und erhalten die Funktionsgleichung der Umkehrfunktion f*: $\quad y = \frac{3}{2}x - \frac{3}{2}$.
An der Zeichnung im Koordinatensystem erkennt man, dass die Graphen von Funktion und Umkehrfunktion durch Spiegeln an der Hauptwinkelhalbierenden auseinander hervorgehen.

QUADRATISCHE FUNKTIONEN UND GLEICHUNGEN

Weiterführende Aufgabe

3. *Umkehrbarkeit linearer Funktionen*
   Beweise folgenden Satz.

   > **Satz**
   >
   > Jede lineare Funktion f mit der Gleichung $y = mx + n$ mit $m \neq 0$ ist im Definitionsbereich $\mathbb{R}$ umkehrbar. Ihre Umkehrfunktion f* hat die Funktionsgleichung $y = \frac{1}{m}x - \frac{n}{m}$.

Übungsaufgaben

4. Betrachte für Quadrate die beiden Funktionen
   (1) *Seitenlänge → Flächeninhalt* und (2) *Flächeninhalt → Seitenlänge*.
   Erstelle Wertetabellen und zeichne die Graphen. Vergleiche beide Funktionen miteinander.

5. Die Funktion
   Geschwindigkeit x (in $\frac{km}{h}$) → Bremsweg y (in m)
   hängt von der Fahrzeugart und der Straßenbeschaffenheit ab.

   TESTBERICHT Bremsen
   (1) Lkw auf trockener Fahrbahn: $y = 0{,}009\,x^2$
   (2) Lkw auf nasser Fahrbahn: $y = 0{,}013\,x^2$
   (3) Pkw auf nasser Fahrbahn: $y = 0{,}008\,x^2$

   a) Berechne jeweils den Bremsweg und lege eine Wertetabelle für die Geschwindigkeiten $10\,\frac{km}{h}$, $20\,\frac{km}{h}$, $30\,\frac{km}{h}$, ..., $80\,\frac{km}{h}$ an.
   b) Zu welcher Geschwindigkeit gehört ein 20 m [25 m; 30 m] langer Bremsweg?

6. Gib an, ob die Funktion, die zu dem Graphen gehört, umkehrbar ist.

   a) 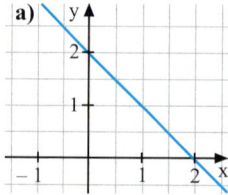 b) 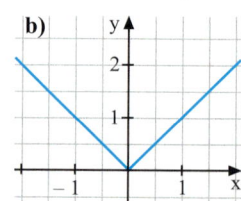 c) 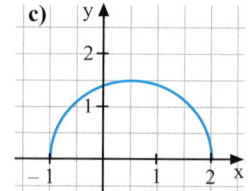 d)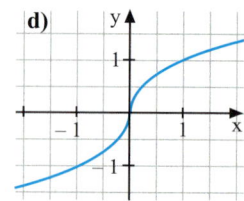

Kontrolliere durch Berechnung.

7. Zeichne für $0 \leq x \leq 9$ den Graphen der Quadratwurzelfunktion und lies ab:
   (1) f(0,5)   (2) f(1,7)   (3) f(2,9)   (4) f(4,2)   (5) f(6,9)

8. Zeichne den Graphen zu   a) $f(x) = \frac{1}{2}\sqrt{x}$,   b) $f(x) = 2\sqrt{x}$,   c) $f(x) = 4\sqrt{x}$
   und vergleiche mit dem der Quadratwurzelfunktion.

9. Strecke den Graphen der Quadratwurzelfunktion mit dem Faktor $a = -0{,}5$; $a = -1$; $a = -2$.
   Beschreibe, wie sich der Graph ändert.

10. Zeichne den Graphen der linearen Funktion f und zeige, dass f umkehrbar ist. Zeichne den Graphen der Umkehrfunktion f* und notiere den Funktionsterm von f*.
    a) $f(x) = \frac{x}{2} + 3$ b) $f(x) = x - 1{,}8$ c) $f(x) = -x + 4{,}5$

11. Nina behauptet: „Hat eine lineare Funktion als Graph eine steigende Gerade, so ist der Graph der Umkehrfunktion eine fallende Gerade."

12. Gib die linearen Funktionen an, die mit ihrer jeweiligen Umkehrfunktion übereinstimmen.

4.12 Aufgaben zur Vertiefung

1. Ein zylinderförmiges Gefäß ist mit Wasser gefüllt, das durch ein kleines Loch im Boden ausläuft. Im Verlauf der Zeit t (gemessen in s) ändert sich die Höhe h des Wasserspiegels (gemessen in cm). Dieser zeitliche Ablauf lässt sich mithilfe einer Gleichung beschreiben: $h = a \cdot (t - d)^2$
Die Parameter a und d hängen von der Versuchsanordnung ab. Bei einem Gefäßdurchmesser von 8,5 cm und einem Lochdurchmesser von 4 mm kann man für a den Wert 0,0025 verwenden. Der Wert für d hängt davon ab, wie viel Wasser zu Beginn (t = 0) in das Gefäß gefüllt wird.

   a) Das Gefäß wird so weit mit Wasser gefüllt, dass es in 60 s ausläuft. Zeichne den Graphen der Zuordnung *Zeit (in s)* → *Höhe des Wasserspiegels (in cm)*.

   b) Wie hoch muss man das Gefäß mit Wasser füllen, damit das Wasser in 90 s vollständig ausläuft?

2. Beim Schießen einer Kugel senkrecht nach oben wird die Zuordnung
Zeit t nach Abschuss (in s) → *Höhe h über der Abschussstelle (in m)*
durch die Gleichung $h = 51{,}2\,t - 5\,t^2$ beschrieben.

   a) In welcher Höhe befindet sich die Kugel nach 4 Sekunden? Wann erreicht sie die gleiche Höhe beim Zurückfallen?

   b) Nach welcher Zeit wird die höchste Höhe erreicht? Welche Höhe?

   c) Zu welchen Zeiten beträgt die Höhe 50 m?

3. Die Hängebrücke in Duisburg hat die Form einer Parabel. Um auch größeren Schiffen die Durchfahrt zu ermöglichen, kann sie aus ihrer Normallage nach oben gezogen werden, sodass die Krümmung der Parabel größer wird.
In Normallage ist die Brücke in der Mitte zwei Meter höher als an beiden Enden. Die Angaben für die Höhen in Mittellage und in Hochlage findest du in der Zeichnung.
Bestimme die Parabelgleichung, indem du das Koordinatensystem zur Bestimmung von Parabelpunkten verschieden anordnest. Einige Möglichkeiten siehst du unten.
Was stellst du fest?

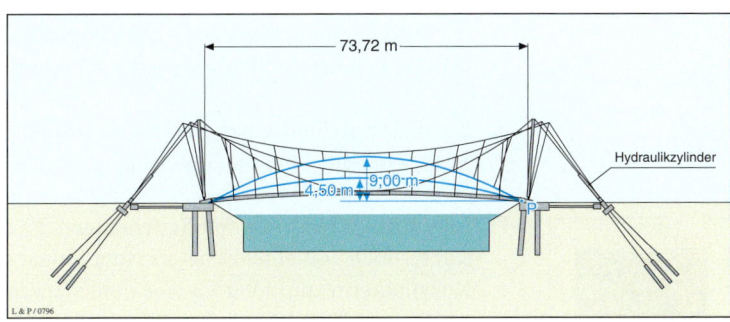

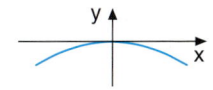

Bist du fit?

1. Zeichne den Graphen von f.
   a) $f(x) = (x + 1)^2$
   b) $f(x) = x^2 - 2$
   c) $f(x) = (x + 1)^2 - 4$
   d) $f(x) = (x - 2)^2$
   e) $f(x) = (x - 2)^2 + 3$
   f) $f(x) = -[(x + 1)^2 - 4]$
   g) $f(x) = 2[(x + 1)^2 - 2]$
   h) $f(x) = -\frac{1}{2}[(x - 2)^2 - 6]$
   i) $f(x) = 4x - x^2$

2. Welcher Funktionsterm gehört zu dem Graphen?

   a)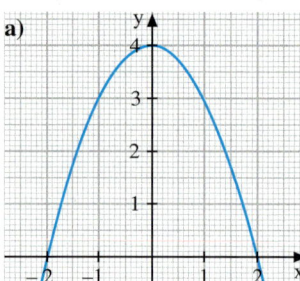
   b)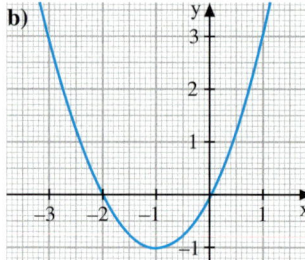
   c)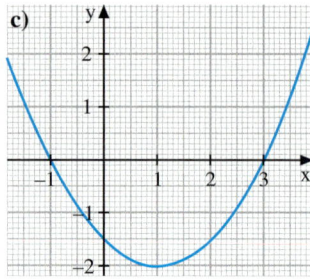

3. In welchem Bereich fällt der Graph, in welchem Bereich steigt er?
   a) $y = x^2 - 18x + 80$
   b) $y = -3x^2 - 12x + 180$
   c) $y = -\frac{1}{2}x^2 + 7x - 20$

4. Bestimme die Lösungsmenge.
   a) $x^2 + 12x + 11 = 0$
   b) $-8z + 16 + z^2 = 0$
   c) $4y^2 - 0{,}5 = y$
   d) $y^2 - 0{,}5y + 1{,}5 = 0$
   e) $6z^2 + 23z = 18$
   f) $0{,}5x^2 - x = 12$

5. Gegeben ist die quadratische Funktion f mit:
   a) $f(x) = x^2 + 2x - 8$
   b) $f(x) = -x^2 - 10x - 21$
   c) $f(x) = -4x^2 + 20x - 25$

   (1) Bestimme die Nullstellen der Funktion.
   (2) Bestimme den Scheitelpunkt der Parabel und stelle fest, ob der Scheitelpunkt der höchste oder der tiefste Punkt der Parabel ist.
   (3) Welcher Punkt Q_1 der betreffenden Parabel liegt auf der y-Achse? Welcher Parabelpunkt Q_2 hat die gleiche y-Koordinate wie Q_1?
   (4) An welchen Stellen x wird der Funktionswert 4 angenommen?

6. Der Flächeninhalt eines Rechtecks beträgt 300 cm², eine Seite ist 5 cm länger als die andere Seite. Wie lang sind die Seiten?

7. Julia hat ein Bild mit den Seitenlängen 20 cm und 30 cm gemalt. Da sie es verschenken will, soll es noch von einem Passepartout umgeben werden, das auf allen Seiten gleich breit ist. Die Kunstlehrerin empfiehlt für eine gute Wirkung, das Passepartout so groß zu wählen, dass es 40 % der Gesamtfläche einnimmt. Wie groß muss das Passepartout gewählt werden?

8. Zu jeder Seitenlänge a eines Würfels gehört ein bestimmter Oberflächeninhalt A_O. Ermittle die Gleichung für die Funktion *Seitenlänge → Oberflächeninhalt*. Zeichne auch deren Graph.

9. Eine Landwirtin will an einem Bach mit 300 m Zaun ein rechteckiges Weidestück für junge Ponys abgrenzen. Bei welchen Abmessungen erhält sie die größtmögliche Weide?

5. POTENZEN UND POTENZFUNKTIONEN

Das englische Wort für Säure ist acid.

Die Erbinformation eines Lebewesens ist in Desoxyribonucleinsäure-Molekülen, kurz DNA-Molekülen, gespeichert. Diese kommen in fast jeder Zelle des Lebewesens vor. Die DNA-Moleküle sind so lang, dass sie dort nur in kompakt aufgespulter Form Platz finden und vom Aussehen her an eine verdrehte Strickleiter – eine „Doppelhelix" – erinnern.
Aneinandergereiht ergäben die fadenförmigen Moleküle aller 60 000 000 000 000 Zellen eines Menschen eine Strecke mit der Länge 120 000 000 000 Kilometer.

- *Vergleiche diese Länge mit der Entfernung von der Erde zur Sonne, die ca. 150 000 000 km beträgt.*
- *Wie lang sind die aneinander gereihten DNA-Moleküle der einzelnen Zelle?*

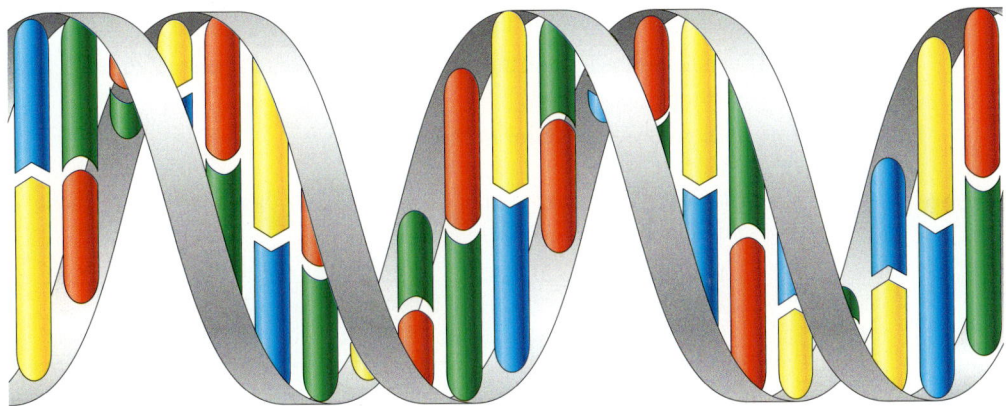

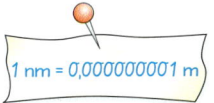
1 nm = 0,000000001 m

Die einzelnen Bausteine der DNA haben winzige Ausmaße. So beträgt die Dicke (Durchmesser) der Doppelhelix nur ca. 2 Nanometer (2 nm). Die Höhe einer Windung ist ca. 0,0000034 mm.

- *Gib die Dicke der DNA in Millimetern an und vergleiche sie mit der Dicke eines Haares.*

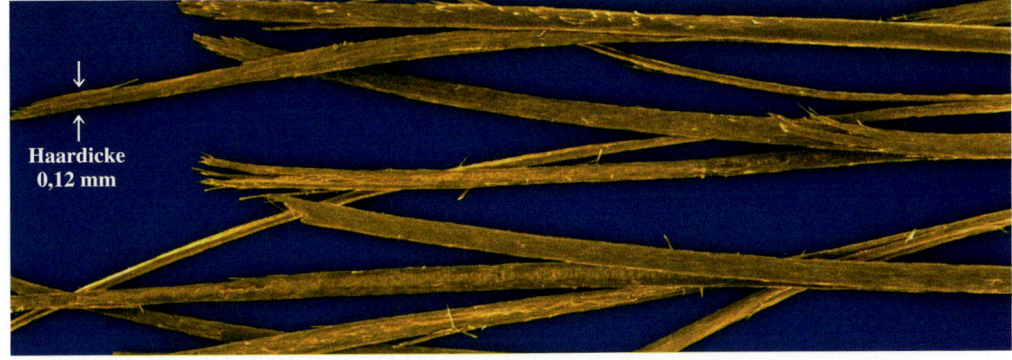
Haardicke 0,12 mm

Wie man sehr große und sehr kleine positive Zahlen mithilfe von Potenzen übersichtlich darstellen kann, kennst du schon von der Darstellung solcher Zahlen auf dem Taschenrechner. In diesem Kapitel wirst du dein Wissen über Potenzen und das Rechnen mit ihnen erweitern.

5.1 Potenzen mit ganzzahligen Exponenten

5.1.1 Definition und Anwendung der Potenzen mit natürlichen Exponenten

Aufgabe 1

Hefen sind einzellige Lebewesen, die eine große Rolle bei der Herstellung von Lebensmitteln und alkoholischen Getränken spielen.
Unter bestimmten Bedingungen vermehren sich die Hefezellen so schnell, dass jede Stunde eine Verdopplung stattfindet.

Wir betrachten eine zu Beginn 1 cm³ große Hefekultur, deren Größe sich jede Stunde verdoppelt.

a) Notiere die Größe der Hefekultur zu Beginn, nach 1 Stunde, nach 2 Stunden, nach 3 Stunden, … übersichtlich in einer Tabelle. Verwende dabei Potenzen.

b) Versuche eine Formel anzugeben, mit der man für jeden Zeitpunkt t das Volumen V(t) berechnen kann.

c) Wie groß ist die Kultur nach 20 Stunden?

Lösung

a) Für jeden Zeitpunkt t (in h) bezeichnen wir das in cm³ angegebene Volumen der Hefekulturen mit V(t).

Zeitpunkt t der Beobachtung (in h)	0	1	2	3	4	5	6	…
Volumen V(t) der Kultur (in cm³)	1	$2 = 2^1$	$4 = 2^2$	$8 = 2^3$	$16 = 2^4$	$32 = 2^5$	$64 = 2^6$	…

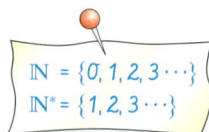

$\mathbb{N} = \{0, 1, 2, 3 \cdots\}$
$\mathbb{N}^* = \{1, 2, 3 \cdots\}$

b) Für $t \in \mathbb{N}^*$ gilt: Die Zahl, die den Zeitpunkt angibt, und der Exponent der zugehörigen Potenz stimmen jeweils überein.
Die Abhängigkeit wird demnach beschrieben durch $V(t) = 2^t$ mit $t \in \mathbb{N}^*$. Für $t = 0$ können wir diese Formel nicht verwenden, da wir 2^0 (noch) nicht definiert haben.

c) Wir gehen davon aus, dass sich die Größe der Hefekultur weiterhin jede Stunde verdoppelt. Die Größe der Kultur nach 20 Stunden beträgt 2^{20} cm³. Es gilt:

$2^{20} = \underbrace{2 \cdot 2 \cdot 2 \cdot \ldots \cdot 2}_{20 \text{ Faktoren } 2} = 1\,048\,576$

Ergebnis: Das Volumen der Kultur nach 20 Stunden beträgt $1\,048\,576$ cm³, das sind $1{,}048576$ m³, also rund 1 m³.
Das trifft aber nur zu, falls sich zwischenzeitlich die Wachstumsbedingungen nicht verändern.

Information

(1) Definition der Potenz für natürliche Exponenten

In der Lösung der Aufgabe 1 haben wir die Größe der Hefekultur übersichtlich mithilfe von Potenzen angeben können. Um auch zu Beginn der Beobachtung die Größe der Hefekultur mit $V(t) = 2^t$ beschreiben zu können, ist es sinnvoll, 2^0 als 1 zu definieren.

Potenzen mit ganzzahligen Exponenten

Potenz ⟨lat. »Macht«⟩ Math.: Produkt aus gleichen Faktoren

Basis ⟨griech. »Grundlage«⟩ Math.: Grundzahl

Exponent ⟨lat. »der Hervorgehobene«⟩ Math.: Hochzahl

Definition: *Potenzen mit natürlichen Exponenten*

Für reelle Zahlen a und natürliche Zahlen n gilt:

$a^0 = 1$
$a^1 = a$
$a^n = \underbrace{a \cdot a \cdot \ldots \cdot a}_{n \text{ Faktoren } a}$ (für $n > 1$)

also:
$a^2 = a \cdot a$
$a^3 = a \cdot a \cdot a$
$a^4 = a \cdot a \cdot a \cdot a$

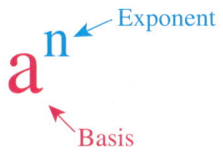

Beispiele:

$3^7 = \underbrace{3 \cdot 3 \cdot 3 \cdot 3 \cdot 3 \cdot 3 \cdot 3}_{7 \text{ Faktoren } 3} = 2\,187$

$(-5)^3 = \underbrace{(-5) \cdot (-5) \cdot (-5)}_{3 \text{ Faktoren } (-5)} = -125$

$(\sqrt{3})^5 = \underbrace{\sqrt{3} \cdot \sqrt{3} \cdot \sqrt{3} \cdot \sqrt{3} \cdot \sqrt{3}}_{5 \text{ Faktoren } \sqrt{3}} = 9 \cdot \sqrt{3}$

$\left(\tfrac{2}{3}\right)^4 = \underbrace{\tfrac{2}{3} \cdot \tfrac{2}{3} \cdot \tfrac{2}{3} \cdot \tfrac{2}{3}}_{4 \text{ Faktoren } \tfrac{2}{3}} = \tfrac{16}{81}$

$5^0 = 1; \quad \left(-\tfrac{1}{2}\right)^0 = 1$

$(\sqrt{2})^0 = 1; \quad 0^0 = 1$

(2) Zehnerpotenzen – Vorsilben

(a) Die Zahlen 10, 100, 1 000 usw. schreibt man häufig übersichtlich als Potenz der Zahl 10.

10^n bedeutet eine 1 mit n Nullen

$10 = 10^1$
$100 = 10^2$
$1\,000 = 10^3$
$10\,000 = 10^4$
$100\,000 = 10^5$
1 Million $= 1\,000\,000 = 10^6$
1 Milliarde $= 1\,000\,000\,000 = 10^9$
1 Billion $= 1\,000\,000\,000\,000 = 10^{12}$

(b) Gewisse Vorsilben bei Maßeinheiten bedeuten Zehnerpotenzen:

Kilo ⟨griech.⟩ tausend
Mega ⟨griech.⟩ groß
Giga ⟨griech.⟩ riesig
Tera ⟨griech.⟩ ungeheuer groß
Peta ⟨griech.⟩ alles umfassen
Exa ⟨griech.⟩ über alles

Potenz	Vorsilbe	Abkürzung	Beispiel		
10^2	Hekto	h	Hektoliter:	1 hl	$= 10^2$ l
10^3	Kilo	k	Kilometer:	1 km	$= 10^3$ m
10^6	Mega	M	Megatonne:	1 Mt	$= 10^6$ t
10^9	Giga	G	Gigahertz:	1 GHz	$= 10^9$ Hz
10^{12}	Tera	T	Terawattstunde:	1 TWh	$= 10^{12}$ Wh
10^{15}	Peta	P	Petahertz:	1 PHz	$= 10^{15}$ Hz
10^{18}	Exa	E	Exasekunde:	1 Es	$= 10^{18}$ s

(c) Du kennst die Vorsilben Kilo, Mega, Giga, Tera und Peta auch bei der Einheit Byte zur Beschreibung der Speicherkapazität in Zusammenhang mit Computern. Dort bedeuten sie aber etwas geringfügig anderes:

1 kB $= 2^{10}$ Byte $=$ 1 024 Byte $\approx 10^3$ Byte
1 MB $= 2^{20}$ Byte $=$ 1 048 576 Byte $\approx 10^6$ Byte
1 GB $= 2^{30}$ Byte $=$ 1 073 741 824 Byte $\approx 10^9$ Byte
1 TB $= 2^{40}$ Byte $=$ 1 099 511 627 776 Byte $\approx 10^{12}$ Byte
1 PB $= 2^{50}$ Byte $=$ 1 125 899 906 842 624 Byte $\approx 10^{15}$ Byte
1 EB $= 2^{60}$ Byte $=$ 1 152 921 504 606 846 976 Byte $\approx 10^{18}$ Byte

POTENZEN UND POTENZFUNKTIONEN

Weiterführende Aufgabe

2. *Normdarstellung von Zahlen*

   Große Zahlen schreibt man häufig als Produkt einer Zehnerpotenz und einer Zahl zwischen 1 und 10; im Gegensatz zur 1 wird die 10 nicht verwendet. Damit kann man die große Zahl besser überblicken. Zwei Beispiele dazu sind:

   > $\cdot\, 10^8$ bewirkt Kommaverschiebung um 8 Stellen nach rechts

   (a) Abstand der Erde von der Sonne: $149\,600\,000$ km $= 1{,}496 \cdot 10^8$ km
   (b) Anzahl der Atome in 12 g Kohlenstoff ^{12}C (so genannte Avogadro'sche Zahl): $6{,}02 \cdot 10^{23}$
   Diese Zahldarstellung heißt *Normdarstellung* bzw. *Schreibweise mit abgetrennter Zehnerpotenz*. Sie wird auch *scientific notation* genannt, weil sie oft in den Naturwissenschaften verwendet wird.

   a) Schreibe mit abgetrennter Zehnerpotenz.
      (1) 78 543   (2) 28 433   (3) 9 245 682   (4) 10 000

      $34\,785 = 3{,}4785 \cdot 10^4$

   b) Berechne mit dem Taschenrechner die Potenzen 9999^2, 9999^3, 9999^4, ...
      Was fällt auf? Gib eine Erklärung dafür.

      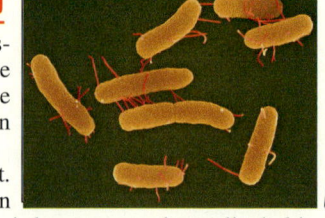

   c) Suche in der Bedienungsanleitung deines Taschenrechners, wie du Zahlen in Normdarstellung verkürzt in den Rechner eingeben kannst.
      Gib in Normdarstellung ein: (1) $3{,}45678 \cdot 10^{13}$ (2) $-1{,}46001 \cdot 10^7$ (3) 10^8

Übungsaufgaben

3. Lies den Text aus einem Biologiebuch.

   ### Bakterien als Krankheitserreger
   Vormittags hatte Ilona in der Stadt ein Hackfleischbrötchen gegessen. Abends fühlte sie sich sehr schlapp. Am nächsten Morgen hatte sie Durchfall, Erbrechen und Fieber. Der herbeigerufene Arzt stellte eine Lebensmittelvergiftung fest. Das Hackfleisch war mit Bakterien verunreinigt gewesen. Es handelte sich um Salmonellen.
   Salmonellen werden erst durch längeres Kochen oder Braten abgetötet. Daher besteht beim Verzehr von rohen oder nur kurz erhitzten Eiern und Fleischwaren die Gefahr einer Infektion. Besonders riskant wird es, wenn salmonellenhaltige Nahrungsmittel im warmen Raum stehen bleiben. Da sich die Anzahl der Bakterien jede Stunde verdoppelt, können aus zehn Bakterien in einigen Stunden zehn Millionen Bakterien werden, eine Menge, die tödlich wirken kann.

   a) Notiere das Wachstum der Salmonellen übersichtlich in einer Tabelle. Am Anfang soll eine Salmonelle vorhanden sein. Verwende dabei auch Potenzen.
   b) Gib an, wie man die Anzahl der Salmonellen zu jeder vollen Stunde berechnen kann.
   c) Kontrolliere mit einem Rechner die Behauptung des letzten Satzes des obigen Textes.

> Bestimmte Potenzen von 2; 3 und 5 sollte man auswendig wissen!

4. Berechne ohne Taschenrechner möglichst geschickt.
   a) 10^0; 10^1; 10^2; ...; 10^{10}
   b) 2^0; 2^1; 2^2; ...; 2^{10}
   c) 3^0; 3^1; 3^2; ...; 3^6
   d) 5^0; 5^1; 5^2; ...; 5^5
   e) $(-2)^0$; $(-2)^1$; $(-2)^2$; ...; $(-2)^{10}$
   f) $0{,}1^0$; $0{,}1^1$; $0{,}1^2$; ...; $0{,}1^5$
   g) $(\frac{1}{2})^0$; $(\frac{1}{2})^1$; $(\frac{1}{2})^2$; ...; $(\frac{1}{2})^{10}$
   h) $(\sqrt{2})^0$; $(\sqrt{2})^1$; $(\sqrt{2})^2$; ...; $(\sqrt{2})^6$

5. Setze das passende Zeichen <, > oder =.
   a) $2^4 \;\square\; 2^5$ b) $2^4 \;\square\; 3^4$ c) $(\frac{1}{2})^3 \;\square\; (\frac{1}{2})^4$ d) $2^4 \;\square\; 4^2$ e) $3^0 \;\square\; 7^0$

Potenzen mit ganzzahligen Exponenten

6. Sowohl Produkt als auch Potenz sind Kurzschreibweisen. Schreibe ausführlicher und vergleiche.
   a) $2 \cdot 5$ und 2^5 **b)** $5 \cdot 2$ und 5^2 **c)** $(-2) \cdot 2$ und $(-2)^2$ **d)** $(-3) \cdot 4$ und $(-3)^4$

7. a) Berechne und vergleiche. Beschreibe, was dir auffällt.
   (1) 2^3 und 3^2 (2) $(-5)^4$ und -5^4 (3) $(-2)^3$ und -2^3 (4) $(2^2)^3$ und $2^{(2^3)}$

b) Wann ist eine Potenz a^n mit $n \in \mathbb{N}$ positiv, wann ist sie negativ?

8. Julia behauptet: „Nicht immer ist eine Potenz ein Produkt aus gleichen Faktoren." Was meinst du dazu? Erkläre.

9. Marc hat Schwierigkeiten mit der Definition von 0^0. Zeichne den Graphen der Funktion mit der Gleichung $y = x^0$. Erläutere damit, dass die Definition sinnvoll ist.

10. Patrick wollte die Zahl -47 mit 4 potenzieren. Die Ausgabe seines Taschenrechners überrascht ihn.

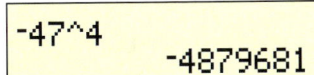

11. Lena behauptet „Eine Potenz ist nur eine Kurzschreibweise für ein Produkt." Was meinst du dazu?

12. Du kannst auch Potenzen mit dem Taschenrechner berechnen. Manche Aufgaben sind auch für das Kopfrechnen geeignet.
   a) $1{,}1^3$ **c)** $3{,}7^0$ **e)** $(\sqrt{7})^8$ **g)** $\left(-\tfrac{5}{8}\right)^0$ **i)** $0{,}98^{10}$
   b) $\left(\tfrac{3}{5}\right)^4$ **d)** $\left(-\tfrac{2}{3}\right)^3$ **f)** $(-0{,}1)^8$ **h)** $\left(\tfrac{1}{\sqrt{2}}\right)^4$ **j)** $1{,}01^{20}$

13. *Partnerarbeit:* Findet möglichst viele verschiedene Darstellungen der Zahlen als Potenzen.
   a) 27   **b)** -125 **c)** 400   **d)** $\tfrac{1}{256}$ **e)** 6,25   **f)** 1

14. Unten siehst du 6 Figuren aus Punkten. Denke dir diese Folge von Figuren fortgesetzt. Wie viele Punkte sind in der 12. Figur?

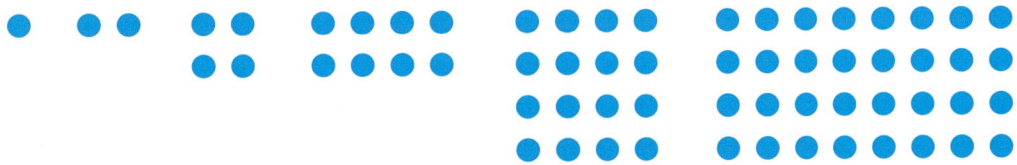

15. Welches ist die größte Zahl, die man mit 2 Ziffern [mit 3 Ziffern] schreiben kann?

16. Radioaktive Stoffe wandeln sich von selbst in andere Stoffe um. Man sagt: sie zerfallen. Iod 131 entsteht bei der Spaltung von Urankernen im Atomreaktor. Es ist radioaktiv und zerfällt in jeder Woche um die Hälfte. Beim Brand des Atomreaktors in Tschernobyl wurde es in die Atmosphäre geschleudert und vom Wind in ganz Europa verteilt.
Auf einer bestimmten Fläche sind 512 mg Iod 131 niedergegangen. Wie viel mg befinden sich dann dort am Ende der 1., 2., 3., ..., 10. Woche? Lege eine Tabelle an.
Gib eine Formel an, welche die noch vorhandene Masse in Abhängigkeit von der Zeit beschreibt.

17. Wir betrachten eine Schimmelpilzkultur, die zu Beginn 1 cm² groß ist und ihre Größe jede Stunde verdreifacht [ver-2,5-facht].

a) Erstelle eine Tabelle.

b) Gib eine Formel an, welche die Größe der Schimmelpilzkultur in Abhängigkeit von der Zeit beschreibt.

Penicillin

Der britische Bakteriologe Alexander Fleming entdeckte 1928, dass ein Schimmelpilz, Pinselschimmel Penicillium notatum, besonders wirksam gegen Bakterien ist.
Noch heute wird das Antibiotikum Penicillin daraus gewonnen.

18. a) Schreibe in Normdarstellung: 3507; 48,5; 112,304; 754 804,8

b) Schreibe ohne Zehnerpotenz: $4,3 \cdot 10^2$; $8,357 \cdot 10^3$; $7,2 \cdot 10^5$; $3,75421 \cdot 10^4$

19. Schreibe ausführlich und lies.

a) Volumen der Erde: 10^{12} km³

b) Größe von Afrika: $3,03 \cdot 10^7$ km²

c) Entfernung Erde – Sonne: $1,5 \cdot 10^8$ km

d) Umfang der Erdbahn: $9,4 \cdot 10^8$ km

20. Schreibe in Normdarstellung.

a) Lichtgeschwindigkeit: 300 000 $\frac{km}{s}$

b) Durchmesser der Sonne: 1 390 000 km

c) Entfernung Erde – Mond: 384 000 km

d) Größe von Asien: 41 600 000 km²

e) Entfernung Sonne – Neptun: 4 500 Mio. km

f) Ältester Stein der Erde: 3,962 Mrd. Jahre

21. So wie der Schall braucht auch das Licht zum Durchlaufen einer Strecke eine gewisse Zeit. In einer Sekunde legt das Licht ziemlich genau $3 \cdot 10^5$ km zurück. Eine Strecke ist ein Lichtjahr lang, wenn das Licht zum Durchlaufen der Strecke 1 Jahr benötigt.

a) Gib ein Lichtjahr in km an.

b) Die Entfernung Sonne – Erde beträgt $1,5 \cdot 10^8$ km.
Wie lange braucht das Licht, um von der Sonne zur Erde zu gelangen?

c) Manche Astronomen schätzen, dass der Durchmesser der Milchstraße 100 000 Lichtjahre beträgt. Wie viel km sind das?

d) Der Fixstern Sirius ist 7 Lichtjahre von der Erde entfernt. Heutige Raumsonden sind bis zu 70 000 $\frac{km}{h}$ schnell. Wie viele Jahre wäre ein Raumschiff von uns bis zum Sirius unterwegs?

22. Planetenwanderwege sind modellhafte Darstellungen unseres Sonnensystems. Häufig werden sie im Maßstab 1 : 1 Milliarde umgesetzt.
Die Sonne ist dann eine Kugel mit einem Durchmesser von 1,39 m.

Berechne die Entfernungen der Planeten von der Sonne sowie deren Durchmesser für einen Wanderweg im Maßstab 1 : 1 Milliarde.

Potenzen mit ganzzahligen Exponenten

23. a) Beim Computer kann man sich die Speicherkapazität sowie den belegten bzw. freien Speicher anzeigen lassen.
Prüfe die im Bild angegebenen Umrechnungen von Byte in GB.
Wie wurde gerundet?

b) Ein am PC gespeicherter Brief im DIN-A4-Format benötigt ca. 22 kB Speicherplatz.
Wie viele solcher Briefe kann man auf einem 2-GB-Memory-Stick speichern?

c) Fotos haben in einer bestimmten Qualität und Größe einen Speicherbedarf von ungefähr 2,5 MB.
Wie viele solcher Fotos können auf einer CD-Rom mit 650 MB Speicherbedarf gespeichert werden?

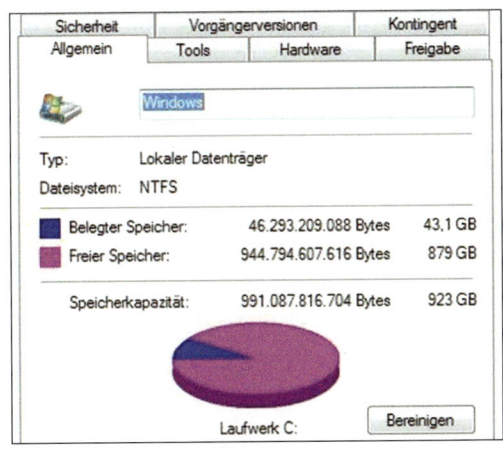

5.1.2 Erweiterung des Potenzbegriffs auf negative ganzzahlige Exponenten

Aufgabe 1

In der Aufgabe 1 auf Seite 178 haben wir eine Hefekultur betrachtet, deren Größe sich jede Stunde verdoppelt. Zu Beginn der Beobachtung war sie 1 cm³ groß.

a) Wie groß war die Hefekultur vor dem Beginn der Beobachtung, also zu den Zeitpunkten $-1\,h$, $-2\,h$, $-3\,h$, …? Setze die Tabelle von Seite 178 nach rückwärts fort.

b) Versuche, die Tabelle mit Formeln zu beschreiben.

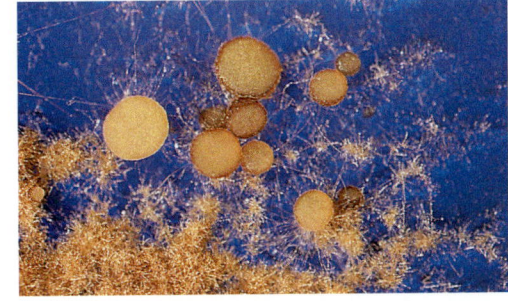

Lösung

a) Zum Zeitpunkt 0 h war die Kultur 1 cm³ groß.
Zum Zeitpunkt $-1\,h$ war sie halb so groß, also $\frac{1}{2}$ cm³.
Zum Zeitpunkt $-2\,h$ war sie wieder halb so groß wie zum Zeitpunkt $-1\,h$, also $\frac{1}{4}$ cm³.

Zeitpunkt t der Beobachtung (in h)	…	-4	-3	-2	-1	0	1	2	3	4	…
Volumen V(t) der Kultur (in cm³)	…	$\frac{1}{2^4}$	$\frac{1}{2^3}$	$\frac{1}{2^2}$	$\frac{1}{2^1}$	1	2^1	2^2	2^3	2^4	…

$\mathbb{Z} = \{0;\ 1;\ -1;\ 2;\ -2;\ …\}$

b) Für $t \in \mathbb{N}$ können wir das Volumen der Kultur mit $V(t) = 2^t$ in Abhängigkeit von t berechnen.
Für $t \in \mathbb{Z}$ mit $t < 0$ können wir das Volumen der Kultur mit $V(t) = \frac{1}{2^{|t|}}$ beschreiben.

POTENZEN UND POTENZFUNKTIONEN

Information

(1) Definition einer Potenz für negative ganzzahlige Exponenten

Will man das Wachstum der Hefekultur in Aufgabe 1 einheitlich mit $V(t) = 2^t$ beschreiben, so muss man festlegen: $2^{-1} = \frac{1}{2^1}$; $2^{-2} = \frac{1}{2^2}$; $2^{-3} = \frac{1}{2^3}$; $2^{-4} = \frac{1}{2^4}$; ...

Dann lautet die Tabelle:

t	...	−4	−3	−2	−1	0	1	2	3	4	...
2^t	...	2^{-4}	2^{-3}	2^{-2}	2^{-1}	2^0	2^1	2^2	2^3	2^4	...

Wir verallgemeinern die Definition der Potenz:

> **Definition:** *Potenzen mit negativen ganzen Zahlen als Exponenten*
> Für reelle Zahlen $a \neq 0$ und natürliche Zahlen $n \in \mathbb{N}^*$ gilt:
> $$a^{-n} = \frac{1}{a^n}$$

Beachte: 5^{-2} ist nicht negativ! 0^{-1} ist nicht definiert

Beachte: Für die Basis 0 sind Potenzen mit negativen Exponenten nicht definiert, da nicht durch null dividiert werden kann. Z.B. ist 0^{-1} nicht definiert, da $\frac{1}{0^1}$ nicht definiert ist.

Beispiele:

$5^{-2} = \frac{1}{5^2} = \frac{1}{25}$

$\left(\frac{2}{5}\right)^{-3} = \frac{1}{\left(\frac{2}{5}\right)^3} = \frac{1}{\frac{8}{125}} = \frac{125}{8}$

$(\sqrt{2})^{-2} = \frac{1}{(\sqrt{2})^2} = \frac{1}{2}$

$(-4)^{-3} = \frac{1}{(-4)^3} = -\frac{1}{64}$

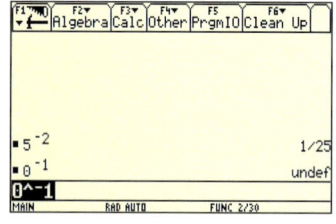

(2) Zehnerpotenzen mit negativen Exponenten

(a) Die Stellenwerte eines Dezimalbruchs rechts vom Komma, nämlich Zehntel, Hundertstel, Tausendstel, ... lassen sich als Zehnerpotenz mit negativem Exponenten schreiben.

$0,1 = \frac{1}{10} = 10^{-1}$

$0,01 = \frac{1}{100} = \frac{1}{10^2} = 10^{-2}$

$0,001 = \frac{1}{1000} = \frac{1}{10^3} = 10^{-3}$

$0,0001 = \frac{1}{10\,000} = \frac{1}{10^4} = 10^{-4}$

Bei 10^{-4} steht die Ziffer 1 vier Stellen rechts vom Komma

(b) Gewisse Vorsilben bei Maßeinheiten bedeuten eine Zehnerpotenz mit negativem Exponenten:

Deci; ⟨lat.⟩ zehntel
Centi; ⟨lat.⟩ hundertstel
Milli; ⟨lat.⟩ tausendstel
Micro; ⟨gr.⟩ klein
Nano; ⟨gr.⟩ Zwerg
Pico; ⟨ital.⟩ klein
Femto; ⟨skand.⟩ fünfzehn
Atto; ⟨skand.⟩ achtzehn

Potenz	Vorsilbe	Abkürzung	Beispiel		
10^{-1}	Dezi	d	Dezimeter:	1 dm	$= 10^{-1}$ m
10^{-2}	Zenti	c	Zentiliter:	1 cl	$= 10^{-2}$ l
10^{-3}	Milli	m	Milliampere:	1 mA	$= 10^{-3}$ A
10^{-6}	Mikro	μ	Mikrogramm:	1 μg	$= 10^{-6}$ g
10^{-9}	Nano	n	Nanosekunde:	1 ns	$= 10^{-9}$ s
10^{-12}	Piko	p	Pikofarad:	1 pF	$= 10^{-12}$ F
10^{-15}	Femto	f	Femtosekunde:	1 fs	$= 10^{-15}$ s
10^{-18}	Atto	a	Attogramm:	1 ag	$= 10^{-18}$ g

Potenzen mit ganzzahligen Exponenten

Weiterführende Aufgabe

2. *Normdarstellung kleiner positiver Zahlen*

Kleine positive Zahlen kann man als Produkt einer Zahl zwischen 1 und 10 und einer Zehnerpotenz mit negativen Exponenten schreiben; im Gegensatz zur 1 wird die 10 nicht als Vorfaktor verwendet. Dann kann man sie besser überblicken.

Beispiele:
(1) Durchmesser einer Grünalge:
   $7 \cdot 10^{-3}$ mm = 0,007 mm
(2) Masse der Grünalge:
   10^{-7} mg = 0,0000001 mg

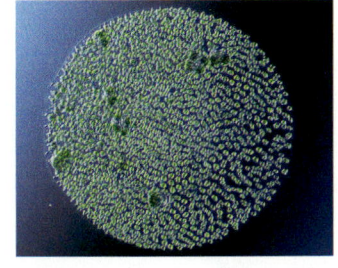

Auch diese Schreibweise nennt man *Normdarstellung* bzw. *Schreibweise mit abgetrennter Zehnerpotenz* oder *scientific notation*, weil sie in den Naturwissenschaften verwendet wird.

a) Schreibe in Normdarstellung.
   (1) 0,00079   (2) 0,0000253   (3) 0,000000429   (4) 0,012   (5) 0,0001

b) Berechne mit deinem Taschenrechner 9999^{-1}, 9999^{-2}, 9999^{-3}, ...
Was fällt dir auf? Gib eine Erklärung dafür.

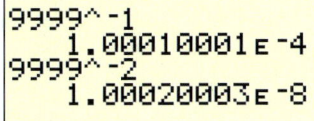

c) Gib in deinen Taschenrechner folgende Zahlen in Normdarstellung ein:
   (1) $4{,}567 \cdot 10^{-3}$ (2) $-3{,}56789 \cdot 10^{-21}$ (3) -10^{-3}

Übungsaufgaben

3. In Aufgabe 3 auf Seite 180 haben wir die Vermehrung von Salmonellen betrachtet.
Zu Beginn sollen 1 Million vorhanden gewesen sein. Jede Stunde verdoppelte sich ihre Anzahl.

a) Wie viele Salmonellen waren 1 Stunde, 2 Stunden, ... vor Beginn der Beobachtung vorhanden? Erstelle eine Tabelle.

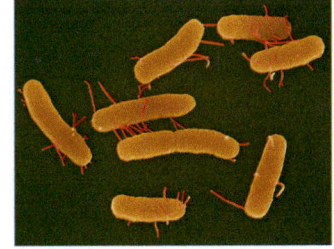

b) Versuche Formeln anzugeben, mit denen man die Anzahl der Salmonellen in Abhängigkeit von der Zeit berechnen kann.

4. Berechne ohne Taschenrechner möglichst geschickt.
a) 10^3; 10^2; 10^1; 10^0; 10^{-1}; 10^{-2}; 10^{-3}
b) 3^3; 3^2; 3^1; 3^0; 3^{-1}; 3^{-2}; 3^{-3}
c) 5^3; 5^2; 5^1; 5^0; 5^{-1}; 5^{-2}; 5^{-3}
d) $(-4)^3$; $(-4)^2$; $(-4)^1$; $(-4)^0$; $(-4)^{-1}$; $(-4)^{-2}$; $(-4)^{-3}$
e) $\left(\frac{1}{2}\right)^3$; $\left(\frac{1}{2}\right)^2$; $\left(\frac{1}{2}\right)^1$; $\left(\frac{1}{2}\right)^0$; $\left(\frac{1}{2}\right)^{-1}$; $\left(\frac{1}{2}\right)^{-2}$; $\left(\frac{1}{2}\right)^{-3}$

5. *Partnerarbeit:* Führe mit deinem Partner Kopfrechenübungen durch, für die es vorteilhaft ist, Potenzen auswendig zu wissen.

6. Wann ist eine Potenz a^n mit $a \neq 0$ und $n \in \mathbb{Z}$ positiv, wann ist sie negativ?

7. Berechne im Kopf. Beachte die Klammern.
a) 2^{-3}; -2^3; $(-2)^3$; $(-2)^{-3}$; -2^{-3} **b)** 5^{-2}; -5^2; $(-5)^2$; $(-5)^{-2}$; -5^{-2}

8. Berechne mit dem Taschenrechner.
a) 4^{-10} b) $0{,}7^{-8}$ c) $(-3{,}4)^{-7}$ d) $\left(\tfrac{2}{3}\right)^{-5}$ e) $(\sqrt{3})^{-9}$ f) $(4\cdot\sqrt{5})^{-5}$

9. Kontrolliere Kevins Hausaufgaben. Erläutere deine Anmerkungen.

a) $-5^{-2} = -25$
b) $2^{-4} < 2^{-3}$
c) $0{,}1^{-2} = 100$
d) $\left(\tfrac{1}{2}\right)^{-3} < \left(\tfrac{1}{2}\right)^{3}$
e) $\left(\tfrac{3}{4}\right)^{-2} = -\tfrac{16}{9}$
f) $(-3)^0 > (-3)^{-3}$
g) $(\sqrt{2})^{-4} < (\sqrt{2})^{-2}$
h) $(\sqrt{2})^{-6} = 2^{-3}$
i) $(-\sqrt{2})^{-3} < 0$

10. Schreibe ohne negative Exponenten, kürze dann und vereinfache.
a) $15^3 \cdot 5^{-2}$ b) $14^{-3} \cdot 7^5$ c) $21^3 \cdot 7^{-5}$ d) $(-2)^6 \cdot 2^{-8}$

11. *Partnerarbeit:* Findet möglichst viele verschiedene Darstellungen der Zahlen als Potenz mit negativem Exponenten.

$\tfrac{1}{16}$; $\tfrac{1}{25}$; $\tfrac{1}{64}$; $\tfrac{1}{625}$; $\tfrac{1}{256}$; $\tfrac{1}{27}$; $\tfrac{1}{900}$; $\tfrac{1}{1600}$; $\tfrac{1}{40\,000}$; $\tfrac{1}{250\,000}$; $\tfrac{1}{16\,900}$

12. Potenzen mit negativen Exponenten sind nur definiert, falls die Basis von 0 verschieden ist. Untersuche, welche einschränkende Bedingung bei folgenden Termen zu beachten ist.
a) x^{-3} b) $1 + z^{-2}$ c) $(1+z)^{-3}$ d) $\dfrac{a^{-3}}{b^5}$ e) $\dfrac{(a+2)^{-4}}{b^{-2}}$

13. Schreibe ohne negative Exponenten.
a) $(2a)^{-3}$ c) $(5x)^{-1}$ e) $(a+b)^{-5}$ g) $a \cdot (x+y)^{-2}$ i) $\dfrac{x^{-2}}{y^{-1}}$
b) $(3ab)^{-4}$ d) $\dfrac{1}{x^{-4}}$ f) $1 + x^{-2}$ h) $a - x^{-1}$ j) $(a+1) \cdot (b-1)^{-3}$

14. *Partnerarbeit:* Nenne deinem Partner mit Begründung eine Darstellung ohne Bruchstrich. Wechselt nach jeder Teilaufgabe eure Rollen.
a) $\dfrac{1}{x}$ d) $\dfrac{1}{(\sqrt{a})^3}$ g) $\dfrac{1}{(a+b)^2}$ j) $\dfrac{4}{y^{-4}}$ m) $\dfrac{1}{x-y}$ p) $\dfrac{y^2}{z^{-3}}$
b) $\dfrac{1}{(a\cdot b)^3}$ e) $\dfrac{a}{c^5}$ h) $\dfrac{1}{1+z}$ k) $\dfrac{5}{z^{-4}}$ n) $\dfrac{x^{-4}}{y}$ q) $\dfrac{a^3 \cdot b^{-4}}{c^4 \cdot d^{-2}}$
c) $\left(\dfrac{a}{b}\right)^2$ f) $\dfrac{x^3}{4y}$ i) $\dfrac{1}{x^{-3}}$ l) $\dfrac{6}{a^2}$ o) $\dfrac{(x-y)^{-2}}{(x+y)^{-3}}$ r) $\dfrac{x^7 \cdot y^{-3}}{z^{-5} \cdot 10^{-3}}$

15. Entscheide, ob der Satz für $a > 0$ und $n \in \mathbb{N}^*$ richtig ist. Falls nein, gib ein Gegenbeispiel an.
a) Wenn n gerade ist, dann ist $a^{-n} > 0$. d) Wenn $a^{-n} < 1$, dann ist $a > 1$.
b) Wenn $a^{-n} > 0$, dann ist n gerade. e) Wenn $a < 1$, dann ist $a^{-n} > 1$.
c) Wenn $a > 1$, dann ist $a^{-n} < 1$. f) Wenn $n > 1$, dann ist $a^n > 0$.

16. Denke dir die Folge der Figuren fortgesetzt. Welcher Anteil am 10. Quadrat ist grün gefärbt?

  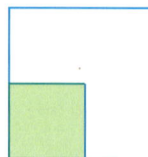 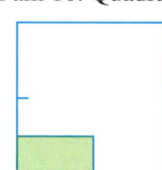 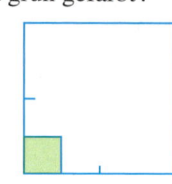

Potenzen mit ganzzahligen Exponenten

17. Schreibe die Zahl in Normdarstellung.

    a) 0,01   c) 0,68   e) 0,000039   g) 0,00178

    b) 0,07   d) 0,0049   f) 0,05731   h) 0,0000002647

$$0{,}08 = \frac{8}{100} = \frac{8}{10^2} = 8 \cdot 10^{-2}$$

18. Schreibe als Dezimalbruch.

    a) $3 \cdot 10^{-2}$ c) $7{,}5 \cdot 10^{-6}$ e) $3{,}7 \cdot 10^{-8}$ g) $0{,}216 \cdot 10^{-3}$

    b) $4{,}2 \cdot 10^{-4}$ d) $2{,}53 \cdot 10^{-5}$ f) $0{,}3 \cdot 10^{-5}$ h) $2{,}859 \cdot 10^{-4}$

$$4{,}72 \cdot 10^{-5} = 0{,}0000472$$

19. Scheibe die Zahlenangaben von Seite 177 in Normdarstellung.

20. Schreibe mit einem Dezimalbruch als Maßzahl.

    (1) Durchmesser eines roten Blutkörperchens: $7 \cdot 10^{-4}$ cm

    (2) Durchmesser eines bestimmten Bakteriums: $9{,}4 \cdot 10^{-5}$ cm

    (3) Tägliches Wachstum beim Kopfhaar: $2{,}5 \cdot 10^{-4}$ m

    (4) Täglicher Längenzuwachs eines Fingernagels: $8{,}6 \cdot 10^{-5}$ m

    (5) Täglicher Gewichtszuwachs eines Fingernagels: $5{,}5 \cdot 10^{-3}$ g

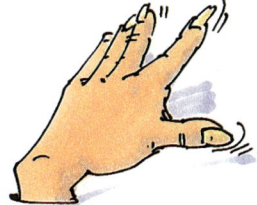

21. Schreibe in der Einheit, die in Klammern steht.

    a) $3 \cdot 10^{-3}$ kg (g)   b) $5 \cdot 10^{-10}$ m (mm)   c) $1{,}48 \cdot 10^{-6}$ mm (m)

    $2 \cdot 10^{-2}$ g (kg) $3{,}2 \cdot 10^{-4}$ cm (m) $3{,}69 \cdot 10^{-9}$ g (kg)

22. a) Schreibe die Längenangaben in der Einheit m, und zwar einmal mit einer Zehnerpotenz und zum anderen mit einer Vorsilbe wie Piko, Nano usw.

    (1) $\frac{1}{1000}$ mm   (2) $\frac{1}{100\,000}$ cm   (3) $\frac{1}{1\,000\,000}$ mm   (4) $\frac{1}{100\,000}$ dm   (5) $\frac{1}{10\,000}$ cm

    b) Was bedeutet in der Physik die Einheit $m \cdot s^{-1}$ [$km \cdot h^{-1}$; $g \cdot cm^{-3}$; Nm^{-2}]?

    Schreibe die Einheit als Quotient. Welche physikalische Größe gehört zu der Einheit?

23. a) Gib die kleinste positive Zahl an, die dein Taschenrechner in Normdarstellung anzeigen kann.

    b) Gib die größte Zahl an, die dein Taschenrechner in Normdarstellung anzeigen kann.

24. Atome bestehen aus einem kleinen, schweren Atomkern und einer großen, leichten Atomhülle, in der sich die Elektronen befinden.

Der Durchmesser eines Atoms beträgt ungefähr 10^{-10} m, der eines Atomkerns ungefähr 10^{-13} m.

Die Masse des Kerns beträgt ungefähr 99,9 % der Masse des gesamten Atoms.

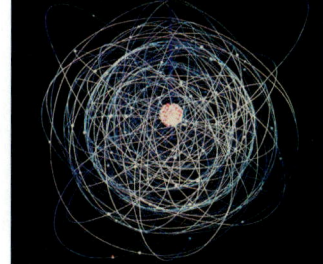

    a) Stelle dir diese – fast unvorstellbaren – Größenverhältnisse an einem Heißluftballon vor. Der Heißluftballon hat einen Durchmesser von 10 m. Er soll das ganze Atom darstellen. Welchen Durchmesser hat im selben Maßstab der Atomkern? Gib einen entsprechenden Gegenstand des Alltags an.

    b) Der ganze Ballon wiegt – ohne Gondel – ungefähr 10 kg. Wie schwer muss die entsprechende Kugel für den Atomkern sein?

25. Eine Uhr weicht täglich um höchstens 10^{-12} Sekunden von der richtigen Zeit ab. In wie viel Jahren weicht sie um höchstens eine Sekunde von der richtigen Zeit ab?

5.2 Potenzgesetze für ganzzahlige Exponenten und ihre Anwendung

5.2.1 Multiplizieren und Potenzieren von Potenzen

Aufgabe 1 *Multiplizieren von Potenzen mit natürlichen Zahlen ungleich null als Exponenten*

Vereinfache zunächst den Term und berechne ihn dann. Untersuche anschließend, ob man aus dem Rechenweg ein allgemeines Potenzgesetz folgern kann. Begründe es gegebenenfalls.

a) $2^6 \cdot 2^4$ **b)** $2^6 \cdot 5^6$ **c)** $2^5 \cdot 3^4$

Lösung

a) $2^6 \cdot 2^4 = (2 \cdot 2 \cdot 2 \cdot 2 \cdot 2 \cdot 2) \cdot (2 \cdot 2 \cdot 2 \cdot 2) = 2^{6+4} = 2^{10} = 1\,024$

Wir vermuten:

$a^m \cdot a^n = a^{m+n}$

Gleiche Basen

Wir begründen:

$a^m \cdot a^n = \underbrace{a \cdot a \cdot \ldots \cdot a}_{m \text{ Faktoren } a} \cdot \underbrace{a \cdot a \cdot \ldots \cdot a}_{n \text{ Faktoren } a}$

$= \underbrace{a \cdot a \cdot \ldots \cdot a}_{m + n \text{ Faktoren } a}$

$= a^{m+n}$

b) $2^6 \cdot 5^6 = (2 \cdot 2 \cdot 2 \cdot 2 \cdot 2 \cdot 2) \cdot (5 \cdot 5 \cdot 5 \cdot 5 \cdot 5 \cdot 5)$
$= (2 \cdot 5) \cdot (2 \cdot 5) \cdot (2 \cdot 5) \cdot (2 \cdot 5) \cdot (2 \cdot 5) \cdot (2 \cdot 5) = (2 \cdot 5)^6 = 10^6 = 1\,000\,000$

Wir vermuten:

$a^n \cdot b^n = (a \cdot b)^n$

Gleiche Exponenten

Wir begründen:

$a^n \cdot b^n = \underbrace{a \cdot a \cdot \ldots \cdot a}_{n \text{ Faktoren } a} \cdot \underbrace{b \cdot b \cdot \ldots \cdot b}_{n \text{ Faktoren } b}$

$= \underbrace{(a \cdot b) \cdot (a \cdot b) \cdot \ldots \cdot (a \cdot b)}_{n \text{ Faktoren } (a \cdot b)}$

Nach Faktoren $(a \cdot b)$ umsortiert (Kommutativ- und Assoziativgesetz)

$= (a \cdot b)^n$

c) Im Gegensatz zu den Teilaufgaben a) und b) stimmen die Potenzen 2^5 und 3^4 weder in der Basis noch in den Exponenten überein. Daher kann man den Term nicht als eine Potenz schreiben; wir berechnen den Term direkt: $2^5 \cdot 3^4 = 32 \cdot 81 = 2\,592$

Aufgabe 2 *Multiplizieren von Potenzen mit ganzen Zahlen als Exponenten*

Beachte einschränkende Bedingungen!

Für natürliche Zahlen ungleich null als Exponenten haben wir in Aufgabe 1 gesehen, wie man das Produkt zweier Potenzen vereinfacht, falls sie gleiche Basen oder gleiche Exponenten besitzen. Bei der Begründung sind wir davon ausgegangen, dass eine solche Potenz als Produkt geschrieben werden kann. Für negative Exponenten ist das aber nicht der Fall. Untersuche daher, ob die Potenzgesetze dennoch für null und auch für negative ganze Zahlen als Exponenten gelten.

a) Überprüfe das Potenzgesetz $a^m \cdot a^n = a^{m+n}$ für folgende Fälle:

1. Fall: Ein Exponent ist 0.
Wähle als Beispiel $m = 0$, $n = -3$.

2. Fall: Ein Exponent ist positiv, der andere negativ.
Wähle als Beispiele:
(1) $m = 2$; $n = -4$ (2) $m = 6$; $n = -4$ (3) $m = 4$; $n = -4$

3. Fall: Beide Exponenten sind negativ.
Wähle als Beispiel $m = -2$; $n = -4$.

Potenzgesetze für ganzzahlige Exponenten und ihre Anwendung

b) Überprüfe das Potenzgesetz $a^n \cdot b^n = (a \cdot b)^n$ für folgende Fälle:

1. Fall: Der Exponent ist 0, also n = 0.

2. Fall: Der Exponent ist negativ. Wähle als Beispiel n = –3.

Lösung

a) Überprüfung des Potenzgesetzes: $a^m \cdot a^n = a^{m+n}$; einschränkende Bedingung $a \neq 0$

1. Fall: Ein Exponent ist 0.
Beispiel: $a^0 \cdot a^{-3} = 1 \cdot a^{-3} = a^{-3} = a^{0+(-3)}$ für $a \neq 0$

2. Fall: Ein Exponent ist positiv, der andere negativ.

Beispiele: (1) $a^2 \cdot a^{-4} = \dfrac{a^2}{a^4} = \dfrac{a \cdot a}{a \cdot a \cdot a \cdot a} = \dfrac{1}{a^2} = a^{-2} = a^{-4+2}$ für $a \neq 0$

(2) $a^6 \cdot a^{-4} = \dfrac{a^6}{a^4} = \dfrac{a \cdot a \cdot a \cdot a \cdot a \cdot a}{a \cdot a \cdot a \cdot a} = a^2 = a^{-4+6}$ für $a \neq 0$

(3) $a^4 \cdot a^{-4} = \dfrac{a^4}{a^4} = 1 = a^0 = a^{-4+4}$ für $a \neq 0$

3. Fall: Beide Exponenten sind negativ.

Beispiel: $a^{-2} \cdot a^{-4} = \dfrac{1}{a^2} \cdot \dfrac{1}{a^4} = \dfrac{1}{a^{2+4}} = a^{-(2+4)} = a^{-2+(-4)}$ für $a \neq 0$

Das Potenzgesetz gilt in allen drei Fällen.

b) Überprüfung des Potenzgesetzes: $a^n \cdot b^n = (a \cdot b)^n$; einschränkende Bedingung: $a \neq 0, b \neq 0$

1. Fall: Der Exponent ist 0. Dann gilt: $a^0 \cdot b^0 = 1 \cdot 1 = 1 = (a \cdot b)^0$

2. Fall: Der Exponent ist negativ.

Beispiel: $a^{-3} \cdot b^{-3} = \dfrac{1}{a^3} \cdot \dfrac{1}{b^3} = \dfrac{1}{a^3 \cdot b^3} = \dfrac{1}{(a \cdot b)^3} = (a \cdot b)^{-3}$ für $a \neq 0, b \neq 0$

Das Potenzgesetz gilt in beiden Fällen.

Information

(1) Formulierung der Potenzgesetze für das Multiplizieren von Potenzen

> **Potenzgesetz für die Multiplikation von Potenzen mit gleicher Basis**
>
> **(P1)** $\mathbf{a^m \cdot a^n = a^{m+n}}$ für $a \neq 0$ und $m \in \mathbb{Z}, n \in \mathbb{Z}$
>
> Man multipliziert Potenzen mit gleicher Basis, indem man die Exponenten addiert. Die Basis bleibt erhalten.
>
> *Beispiele:* $2^{-3} \cdot 2^5 = 2^{-3+5} = 2^2 = 4$; $u^{-2} \cdot u^{-3} = u^{(-2)+(-3)} = u^{-5}$ für $u \neq 0$
>
> **Potenzgesetz für die Multiplikation von Potenzen mit gleichem Exponenten**
>
> **(P2)** $\mathbf{a^n \cdot b^n = (a \cdot b)^n}$ für $a \neq 0, b \neq 0$ und $n \in \mathbb{Z}$
>
> Man multipliziert Potenzen mit gleichem Exponenten, indem man die Basen multipliziert. Der Exponent bleibt erhalten.
>
> *Beispiele:* $4^3 \cdot 25^3 = (4 \cdot 25)^3 = 100^3 = 1\,000\,000$; $x^{-2} \cdot y^{-2} = (x \cdot y)^{-2}$ für $x \neq 0, y \neq 0$

Die in der Lösung zur Aufgabe 2 durchgeführten Rechnungen sind beispielgebundene Beweise der Potenzgesetze (P1) und (P2), da die charakteristischen Möglichkeiten für die Exponenten vollständig erfasst sind.

Die vollständigen Beweise verlaufen im Prinzip genauso: Es werden nur Variable anstelle der Zahlen im Exponenten verwendet. Wir führen dies am Beispiel des Potenzgesetzes (P2) durch.

POTENZEN UND POTENZFUNKTIONEN

(2) Beweis des Potenzgesetzes (P2) für 0 und für negative ganze Zahlen als Exponenten

1. Fall: n = 0

Dann gilt: $a^0 \cdot b^0 = 1 \cdot 1 = 1 = (a \cdot b)^0$

Einschränkende Bedingung
$a \neq 0, b \neq 0$

2. Fall: n < 0. Wir setzen n = −p (mit p ∈ ℕ*).

Dann gilt: $a^n \cdot b^n = a^{-p} \cdot b^{-p} = \dfrac{1}{a^p} \cdot \dfrac{1}{a^p} = \dfrac{1}{a^p \cdot b^p} = \dfrac{1}{(a \cdot b)^p} = (a \cdot b)^{-p} = (a \cdot b)^n$

Weiterführende Aufgaben

3. *Potenzieren einer Potenz*

a) Vereinfache die Terme $(2^3)^4$, $(3^5)^{-1}$ und $(4^{-2})^{-3}$. Folgere daraus ein allgemeines Potenzgesetz und begründe es für den Fall natürlicher Zahlen ungleich null als Exponenten.

b) Überprüfe das Potenzgesetz zu $(a^m)^n$ für folgende Fälle:

1. Fall: Ein Exponent ist 0.
  Beispiele: (1) m = 0, n = −4; (2) m = 3, n = 0; (3) m = 0, n = 0.

2. Fall: Ein Exponent ist positiv, der andere negativ.
  Beispiele: (1) m = −2; n = 4; (2) m = 4, n = −3.

3. Fall: Beide Exponenten sind negativ.
  Beispiel: m = −2; n = −3.

Potenzgesetz für das Potenzieren einer Potenz

(P3) $(a^m)^n = a^{m \cdot n}$ für a ≠ 0 und m ∈ ℤ, n ∈ ℤ

Man potenziert eine Potenz, indem man die Exponenten multipliziert. Die Basis bleibt erhalten.

Beispiele: $(5^3)^2 = 5^{3 \cdot 2} = 5^6$; $(x^2)^k = x^{2k}$ für x ≠ 0; $(z^{-2})^{-3} = z^6$ für z ≠ 0

---

4. *Addieren und Subtrahieren von Potenzen*

Versuche, folgende Terme zu vereinfachen. Du kannst auch an Zahlenbeispielen überprüfen.

a) $a^n + b^m$ **c)** $a^n + b^n$ **e)** $a^n - b^m$ **g)** $a^n - b^n$ **i)** $5a^n - a^n$

b) $a^n + a^m$ **d)** $a^n + a^n$ **f)** $a^n - a^m$ **h)** $a^n - a^n$ **j)** $2a^n + 4a^n$

Eine Summe oder Differenz von Potenzen kann man vereinfachen, wenn dabei gleichartige Glieder zusammengefasst werden.

Beispiele: (1) $b^m + b^m = 2 \cdot b^m$ (2) $b^m - b^m = 0$ (3) $3a^n + a^n = 4a^n$

---

5. *Anwenden der Potenzgesetze von rechts nach links*

a) Die Potenzgesetze kann man nicht nur von links nach rechts, sondern auch von rechts nach links anwenden. Erläutere folgende Rechnungen.

1) $(\sqrt{2})^3 = (\sqrt{2})^{2+1}$
$= (\sqrt{2})^2 \cdot (\sqrt{2})^1$
$= 2 \cdot \sqrt{2}$

2) $(x \cdot y)^{-4} = x^{-4} \cdot y^{-4}$
für x ≠ 0; y ≠ 0
Einschränkende Bedingung

3) $(\sqrt{a})^6 = (\sqrt{a})^{2 \cdot 3}$
$= ((\sqrt{a})^2)^3$
$= a^3$
für a ≥ 0

b) Vereinfache: (1) $(\sqrt{a})^5$ (2) $(a\sqrt{b})^{-2}$ (3) $(\sqrt{a})^{10}$

Potenzgesetze für ganzzahlige Exponenten und ihre Anwendung

Übungsaufgaben

Denke auch an negative Exponenten.

6. *Partnerarbeit:* Untersucht an den folgenden Beispielen, wie man mit Potenzen rechnen kann. Bereitet für die Präsentation eurer Ergebnisse eine Folie vor.
  (1) Multipliziere zwei Dreierpotenzen. Versuche das Ergebnis auch als Dreierpotenz darzustellen. Verallgemeinere deine Entdeckung.
  (2) Multipliziere zwei Potenzen mit dem Exponenten 4. Versuche das Ergebnis auch als Potenz mit dem Exponenten 4 darzustellen. Verallgemeinere deine Entdeckung.
  (3) Potenziere eine Dreierpotenz. Versuche das Ergebnis auch als Dreierpotenz darzustellen. Verallgemeinere deine Entdeckung.

7. **a)** Multipliziere mit einem Computer-Algebra-System zwei Potenzen mit gleicher Basis.
Was fällt auf? Versuche, deine Entdeckung zu verallgemeinern und zu begründen.
b) Untersuche entsprechend das Multiplizieren von zwei Potenzen mit gleichen Exponenten.
c) Untersuche ebenso das Potenzieren einer Potenz.

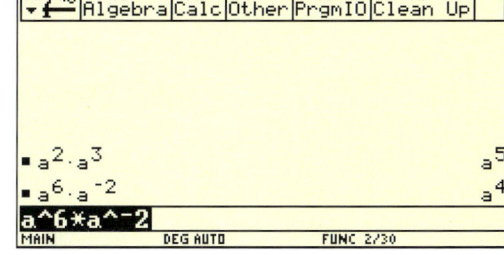

8. Berechne.
  a) $2^3 \cdot 2^2$
  b) $3^4 \cdot 3^5$
  c) $5^4 \cdot 5^1$
  d) $5^{-3} \cdot 5^{-2}$
  e) $4^{-1} \cdot 4^3$
  f) $1^4 \cdot 1^5$
  g) $0^7 \cdot 0^8$
  h) $10^4 \cdot 10^{-2}$
  i) $(-1)^4 \cdot (-1)^2$
  j) $(-2)^5 \cdot (-2)^{-5}$
  k) $(-10)^{-3} \cdot (-10)^{-4}$
  l) $0{,}2^2 \cdot 0{,}2^2$
  m) $1{,}5^4 \cdot 1{,}5^{-2}$
  n) $(-0{,}5)^{-5} \cdot (-0{,}5)^{-1}$
  o) $\left(\frac{2}{3}\right)^2 \cdot \left(\frac{2}{3}\right)^3$
  p) $\left(-\frac{1}{2}\right)^{-4} \cdot \left(-\frac{1}{2}\right)^3$

9. Vereinfache. Gib gegebenenfalls auch eine einschränkende Bedingung an.
  a) $x^2 \cdot x^3$
  b) $a^{-3} \cdot a^4$
  c) $z^{-1} \cdot z^{-6}$
  d) $y^{-5} \cdot y^2$
  e) $a \cdot a^4 \cdot a^3$
  f) $b^{-2} \cdot b \cdot b^{-5}$
  g) $2a^2 \cdot 5a^3 \cdot 3a$
  h) $u^3 \cdot u^{-4} \cdot v^2 \cdot v^{-1}$
  i) $5z^3 \cdot 2y^{-3} \cdot 4z^{-4} \cdot 3y^5$
  j) $4ab^5c^2 \cdot 9a^3b^4c^5$
  k) $5p^{-2}q^4r^6 \cdot 8pq^{-2}r^2$
  l) $(-4x^{-2}y^3) \cdot (-3x^{-3}y)$

10. **Sterne und Galaxien**

Die Sterne im Weltall sind in spiralförmig aufgebauten Galaxien angeordnet. Auch das Milchstraßensystem, zu dem unser Sonnensystem gehört, ist eine solche Galaxie. Astronomen schätzen, dass es ungefähr 100 Mrd. Galaxien mit jeweils 200 Mrd. Sternen gibt.

Wie viele Sterne enthält das Weltall insgesamt?
Berechne ohne Taschenrechner im Kopf mithilfe von Zehnerpotenzen.

11. Schreibe als *eine* Potenz.
  a) $(x+y)^2 \cdot (x+y)^3$
  b) $(x-y)^{-4} \cdot (x-y)^{-6}$
  c) $(2p)^{-7} \cdot (2p)^5$
  d) $(x \cdot y)^2 \cdot (x \cdot y)^{-4} \cdot (x \cdot y)^6$
  e) $(u+v)^{-4} \cdot (u+v)^3 \cdot (u+v)^2$
  f) $(2a+b)^2 \cdot (2a+b)^3 \cdot (2a+b)^{-1}$

12. Die Potenzgesetze können auch angewandt werden, wenn Terme mit Variablen im Exponenten stehen.

Da die Potenzgesetze bisher nur für ganzzahlige Exponenten bewiesen sind, muss es in der einschränkenden Bedingung auch $n \in \mathbb{Z}$ heißen (siehe das Beispiel rechts).

Außerdem könnte bei geeigneter Belegung der Variablen der Exponent negativ werden. Daher muss zusätzlich in der einschränkenden Bedingung stehen, dass die Basis ungleich 0 ist.

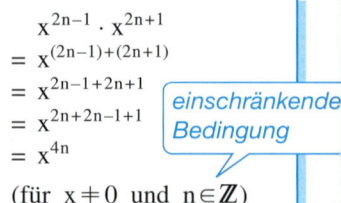

$x^{2n-1} \cdot x^{2n+1}$
$= x^{(2n-1)+(2n+1)}$
$= x^{2n-1+2n+1}$
$= x^{2n+2n-1+1}$
$= x^{4n}$

(für $x \neq 0$ und $n \in \mathbb{Z}$)

einschränkende Bedingung

Wende das Potenzgesetz (P1) an. Gib gegebenenfalls eine einschränkende Bedingung an.

a) $x^{3n} \cdot x^{2m}$ **b)** $p^{4a+1} \cdot p^{2a-1}$ **c)** $a^{3p-2} \cdot a^{-2p+2}$ **d)** $y^{3r+2} \cdot y^{3r-2}$ **e)** $z^{4k} \cdot z^{k+1} \cdot z^{k-1}$

13.

Lebenssaft Blut

Rote Blutkörperchen des Menschen haben die Gestalt einer flachen Scheibe.
Ein Mensch hat in 1 mm³ Blut etwa $5{,}5 \cdot 10^6$ solcher Blutkörperchen und durchschnittlich 6 l Blut in seinen Adern.

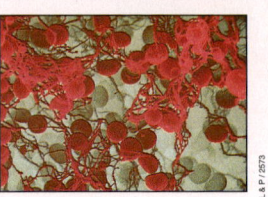

Berechne ohne Taschenrechner: Wie viele rote Blutkörperchen hat ein Mensch?

14. Berechne mithilfe des Potenzgesetzes (P2).

a) $2^3 \cdot 50^3$ **b)** $2^{-6} \cdot 5^{-6}$ **c)** $2{,}5^{-4} \cdot 4^{-4}$ **d)** $(-5)^8 \cdot (-0{,}4)^8$

15. Kontrolliere folgende Behauptungen. Korrigiere gegebenenfalls.

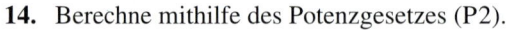

a) $2^3 + 4^3 = 6^3$ b) $2^3 + 2^4 = 2^7$ c) $3^2 \cdot 3^3 = 3^5$ d) $4^3 - 4^2 = 4^1$ e) $(2+4)^3 = 2^3 + 4^3$

16. Forme um. Gib gegebenenfalls auch eine einschränkende Bedingung an.

a) $a^3 \cdot b^3$ **b)** $c^{-2} \cdot d^{-2}$ **c)** $a^0 \cdot b^0$ **d)** $r^{-4} \cdot s^{-4} \cdot t^{-4}$ **e)** $a^4 \cdot \left(\frac{1}{a}\right)^4$

17. a) $2^n \cdot 5^n$ **c)** $(-4)^{m+1} \cdot (-5)^{m+1}$ **e)** $(-2)^{2n+1} \cdot (-5)^{2n+1}$
b) $\left(\frac{1}{2}\right)^{2n} \cdot \left(\frac{2}{3}\right)^{2n}$ **d)** $2^{z-1} \cdot 3^{z-1}$ **f)** $a^{3n} \cdot b^{3n}$

18. Bilde alle Produkte. Der 1. Faktor soll von der linken Tafel, der 2. Faktor von der rechten Tafel stammen. Vereinfache so weit wie möglich.

19. Berechne.

a) $4^{-3} \cdot 0{,}25^{-3} \cdot 3^{-3}$ **c)** $6^{-4} \cdot \left(\frac{2}{3}\right)^{-4} \cdot \left(\frac{1}{8}\right)^{-4}$ **e)** $\left(\frac{3}{2}\right)^{-5} \cdot \left(\frac{15}{8}\right)^{-5} \cdot \left(-\frac{4}{5}\right)^{-5}$

b) $4^5 \cdot 2^5 \cdot 1{,}25^5$ **d)** $\left(\frac{3}{14}\right)^{-3} \cdot \left(\frac{20}{9}\right)^{-3} \cdot \left(\frac{7}{10}\right)^{-3}$ **f)** $\left(\frac{\sqrt{5}}{4}\right)^7 \cdot \left(\frac{3}{\sqrt{5}}\right)^7 \cdot \left(\frac{1}{2}\right)^7$

20. Berechne.

a) $(2^3)^2$ **c)** $(2^4)^2$ **e)** $(-3^2)^2$ **g)** $(2^{-3})^{-4}$ **i)** $-(2^2)^{-5}$ **k)** $-(1^5)^7$
b) $(2^4)^5$ **d)** $((-3)^2)^2$ **f)** $-(3^2)^2$ **h)** $(-2^2)^5$ **j)** $(-1^5)^7$ **l)** $((-1)^5)^7$

Potenzgesetze für ganzzahlige Exponenten und ihre Anwendung

21. Forme um. Gib gegebenenfalls eine einschränkende Bedingung an.

a) $(x^3)^4$ b) $(a^3)^{-2}$ c) $(z^{-3})^7$ d) $(w^{-2})^{-5}$ e) $((-x)^2)^6$ f) $(-x^2)^6$ g) $-(x^2)^6$

22. *Partnerarbeit:* Gib das Vorzeichen des Ergebnisses an und lasse dieses von deinem Partner begründen. Wechselt nach jeder Teilaufgabe die Rollen. Formuliert auch eigene Aufgaben.

a) $(2^{-3})^{-4}$ c) $-(2^2)^5$ e) $-(1^5)^7$ g) $((2^{-4})^2)^{-1}$ i) $(((-1)^{-3})^{-8})^{-1}$

b) $(-2^2)^5$ d) $(-1^5)^7$ f) $((1)^5)^7$ h) $(((-1)^{-4})^{-2})^{-10}$ j) $(((-1)^{-3})^{-1})^2$

23. Kontrolliere Merlins Behauptungen. Finde Gegenbeispiele oder begründe.

> (1) $n^m = m^n$ (2) $(a^m)^n = (a^n)^m$ (3) $(a^n)^m = a^{(n^m)}$

24. Die Potenzgesetze bieten eine gute Möglichkeit zum überschlagsmäßigen Berechnen mithilfe von Zehnerpotenzen. Berechne überschlagsmäßig mithilfe von $2^{10} \approx 1000$.

a) 2^{30} b) 2^{11} c) 2^{19} d) 2^{14} e) $5^4 \cdot 2^{20}$

> $2^{10} \approx 1\,000$, also
> $2^{20} = 2^{10} \cdot 2^{10} \approx 1\,000\,000$
> *Potenzgesetz (P1)*

25. Wende das Potenzgesetz (P2) von rechts nach links an.

a) $(3 \cdot \sqrt{5})^4$ c) $(\frac{1}{3} \cdot \sqrt{3})^{-2}$ e) $(3x)^4$ g) $(-4 \cdot \sqrt{2})^{-2}$ i) $(a \cdot \sqrt{2})^{-2}$

b) $(\sqrt{3} \cdot \sqrt{5})^4$ d) $(x \cdot y)^{-2}$ f) $(6x \cdot \sqrt{2})^0$ h) $(\sqrt{6} \cdot \sqrt{8})^{-2}$ j) $(x \cdot y \cdot \sqrt{2})^4$

26. Rechne wie im Beispiel.

a) $(\sqrt{2})^4$ c) $(\sqrt{7})^{10}$ e) $(\sqrt{\frac{1}{2}})^{10}$ g) $(-\sqrt{5})^8$

b) $(\sqrt{5})^8$ d) $(\sqrt{10})^{12}$ f) $(-\sqrt{3})^6$ h) $(-\sqrt{3})^4$

> $(\sqrt{3})^6 = ((\sqrt{3})^2)^3$
> $= 3^3$
> $= 27$
> *Potenzgesetz (P3)*

27. Schreibe so als Potenz, dass die Basis eine möglichst kleine natürliche Zahl ist.

a) 36^5 c) 100^6 e) 256^2 g) 64^5

b) 25^5 d) $10\,000^4$ f) 81^3 h) $1\,024^5$

> $16^5 = (2^4)^5 = 2^{20}$

28. Fasse zusammen, wenn möglich.

a) $5x^2 + 3x^3 - 2x^2$ b) $7z^4 - 4z^7 - z^4$ c) $u^n + u^m - u^n + u^m$ d) $2c^2 + 3c^3 + 4c^4$

29. Löse die Klammern auf.

a) $(x^4 - x^3) \cdot x^6$ d) $(a^5 - a^{-3} - a) \cdot a^{-3}$

b) $(a^5 - a^3 - a) \cdot a^3$ e) $5a^3b^2 \cdot v^{-2} \cdot (a^6 - 2b^5)$

c) $(x^{-4} - x^{-3}) \cdot x^6$ f) $5x^2y(xy^2 - x^2y)$

> $3a^2b \cdot (5ab^4 - 4a^2b^{-2})$
> $= 3a^2b \cdot 5ab^4 - 3a^2b \cdot 4a^2b^{-2}$
> $= 15a^3b^5 - 12a^4b^{-1}$
> (für $b \neq 0$)

30. a) $(4r^3 - 7s^3 + t) \cdot (3r^4 + 5t^6)$ c) $(5x^{-4} - 3y^{-3}) \cdot (x^4 - y^2)$

b) $(2a^{-1} + 3b^{-4}) \cdot (a^2 + b^4)$ d) $(9a^2 + 2b^{-5}) \cdot (a^{-3} - b^2)$

31. Klammere aus.

a) $a^3 + a^4 + a$ c) $4x^4 - 12x^3$

b) $x^5 - x^2 + x$ d) $15y^5 - 42y^2$ e) $a^2b^3 + ab^2 - a^5b$

> $6x^4y^3 - 4xy^2z = 2xy^2(3x^3y - 2z)$

32. Kontrolliere die Aufgaben. Erläutere deine Anmerkungen.

a) $p^4 + p^7 + p^2 = p^2(p^2 + p^5)$ b) $2x^4 + 6x^6 = 2x^2(x^2 + 3x^3)$

33. Vereinfache mithilfe von Potenzgesetzen.

a) $b^{-2} \cdot b \cdot b^{-5}$
b) $(-1)^4 \cdot (-1)^2$
c) $2^3 \cdot \left(\frac{1}{2}\right)^3$
d) $\left(-\frac{1}{2}\right)^{-4} \cdot \left(-\frac{1}{2}\right)^3$
e) $(z^{-3})^7$
f) $((-x)^2)^6$
g) $x^2 \cdot 2x \cdot 3x^0 \cdot x^{-3}$
h) $(ab)^{-2}\left(\frac{1}{a}\right)^{-2}$
i) $\left(a\sqrt{2}\right)^{-2}$
j) $u^0 v^0$
k) $-(x^2)^6$
l) $(-x^2)^6$
m) $(x^3)^4 - x^{12}$
n) $(3x)^4 - 27x^4$
o) $(a^3)^{-2} - (a^{-2})^3$
p) $\left(a \cdot \sqrt{2}\right)^4 - 8a^4$

34. a) $x^{-n} \cdot x^0$ b) $x^m \cdot x^{-n}$ c) $(a^{n+1})^{-m}$ d) $(x^{-n})^{-k}$ e) $x^{-n} \cdot x^{n+1}$ f) $y^{-2n} \cdot y^{-n}$

35. a) $(a^{-3} \cdot b^{-5})^{-2}$
b) $(x^4 \cdot z^{-6})^{-3}$
c) $(r^{-3} \cdot s^{-9})^{-3}$
d) $(x^{-3} \cdot y^2 \cdot z^{-1})^{-4}$
e) $(a^2 \cdot b^4)^n$
f) $(a^3 \cdot b^4 \cdot c^2)^n$
g) $(x^5 \cdot y^2)^{n+1}$
h) $(x^4 \cdot y^{-2})^{2n-3}$

36. a) $(x+y)^2 \cdot (x+y)^3$
b) $(a-b)^{-4} \cdot (a-b)^{-6}$
c) $(a^{-3} \cdot b^{-5})^{-2}$
d) $(x^3 \cdot y^{-2})^{-5}$
e) $(2p)^{-7} \cdot (2p)^5$
f) $(x \cdot y)^2 \cdot (x \cdot y)^{-4} \cdot (x \cdot y)^6$

5.2.2 Dividieren von Potenzen

Aufgabe 1

Vereinfache zunächst den Term und berechne ihn dann. Untersuche anschließend, ob man aus dem Rechenweg ein allgemeines Potenzgesetz folgern kann.
Überprüfe, ob dieses Potenzgesetz auch für negative Exponenten gilt.

a) $\dfrac{2^9}{2^6}$ b) $\dfrac{20^3}{4^3}$

Lösung

a) $\dfrac{2^9}{2^6} = \dfrac{2 \cdot 2 \cdot 2 \cdot 2 \cdot 2 \cdot 2 \cdot 2 \cdot 2 \cdot 2}{2 \cdot 2 \cdot 2 \cdot 2 \cdot 2 \cdot 2} = 2^{9-6} = 2^3 = 8$

Wir vermuten: $\quad \dfrac{a^m}{a^n} = a^{m-n} \quad$ für $a \neq 0$ und $m \in \mathbb{Z}, n \in \mathbb{Z}$

Negative Exponenten können sowohl bei den Potenzen in Zähler und Nenner als auch bei der Potenz im Ergebnis vorkommen. Wir untersuchen daher verschiedene Beispiele:

$\dfrac{5^3}{5^7} = \dfrac{5 \cdot 5 \cdot 5}{5 \cdot 5 \cdot 5 \cdot 5 \cdot 5 \cdot 5 \cdot 5} = \dfrac{1}{5^4} = 5^{-4} = 5^{3-7}$

$\dfrac{3^{-2}}{3^{-6}} = \dfrac{\frac{1}{3^2}}{\frac{1}{3^6}} = \dfrac{3^6}{3^2} = \dfrac{3 \cdot 3 \cdot 3 \cdot 3 \cdot 3 \cdot 3}{3 \cdot 3} = 3^4 = 3^{-2-(-6)}$

$\dfrac{2^{-5}}{2^{-1}} = \dfrac{\frac{1}{2^5}}{\frac{1}{2}} = \dfrac{2}{2^5} = \dfrac{2}{2 \cdot 2 \cdot 2 \cdot 2 \cdot 2} = \dfrac{1}{2^4} = 2^{-4} = 2^{-5-(-1)}$

$\dfrac{6^{-4}}{6^{-4}} = 1 = 6^0 = 6^{-4-(-4)}$

In allen Fällen gilt das vermutete Potenzgesetz.

Potenzgesetze für ganzzahlige Exponenten und ihre Anwendung

b) $\dfrac{20^3}{4^3} = \dfrac{20 \cdot 20 \cdot 20}{4 \cdot 4 \cdot 4} = \dfrac{20}{4} \cdot \dfrac{20}{4} \cdot \dfrac{20}{4} = \left(\dfrac{20}{4}\right)^3 = 5^3 = 125$

Wir vermuten: $\boxed{\dfrac{a^n}{b^n} = \left(\dfrac{a}{b}\right)^n \quad \text{für } a \neq 0,\ b \neq 0 \text{ und } n \in \mathbb{Z}}$

Hier gibt es nur einen wesentlichen Fall für den negativen Exponenten:

$\dfrac{6^{-3}}{5^{-3}} = \dfrac{\tfrac{1}{6\cdot 6\cdot 6}}{\tfrac{1}{5\cdot 5\cdot 5}} = \dfrac{5\cdot 5\cdot 5}{6\cdot 6\cdot 6} = \dfrac{1}{\tfrac{6\cdot 6\cdot 6}{5\cdot 5\cdot 5}} = \dfrac{1}{\tfrac{6}{5}\cdot\tfrac{6}{5}\cdot\tfrac{6}{5}} = \dfrac{1}{\left(\tfrac{6}{5}\right)^3} = \left(\dfrac{6}{5}\right)^{-3}$

Auch in diesem Fall gilt das vermutete Potenzgesetz.

Information

Verschiedene Zeichen für die Division:
$\dfrac{x}{y} = x : y$

Potenzgesetze für das Dividieren von Potenzen

Führt man die Überlegungen aus Aufgabe 1 allgemein durch, so erhält man:

Potenzgesetz für die Division von Potenzen mit gleicher Basis

(P1*) $\quad \dfrac{a^m}{a^n} = a^{m-n} \quad$ für $a \neq 0$ und $m \in \mathbb{Z}$, $n \in \mathbb{Z}$

Man dividiert Potenzen mit gleicher Basis, indem man die Exponenten subtrahiert.
Die Basis bleibt erhalten.

Beispiele: $\dfrac{2^6}{2^{-4}} = 2^6 : 2^{-4} = 2^{6-(-4)} = 2^{10} = 1\,024$; $\qquad \dfrac{x^{-2}}{x^{-5}} = x^{(-2)-(-5)} = x^3$

Potenzgesetz für die Division von Potenzen mit gleichem Exponenten

(P2*) $\quad \dfrac{a^n}{b^n} = \left(\dfrac{a}{b}\right)^n \quad$ für $a \neq 0,\ b \neq 0$ und $n \in \mathbb{Z}$

Man dividiert Potenzen mit gleichem Exponenten, indem man die Basen dividiert.
Der Exponent bleibt erhalten.

Beispiele: $\dfrac{6^{-4}}{3^{-4}} = \left(\dfrac{6}{3}\right)^{-4} = 2^{-4} = \dfrac{1}{16}$; $\qquad \dfrac{y^{-2}}{z^{-2}} = \left(\dfrac{y}{z}\right)^{-2}$

Übungsaufgaben

Denke auch an negative Exponenten.

2. *Partnerarbeit:* Untersuche mit deinem Partner an den folgenden Beispielen, wie man Potenzen dividiert. Bereite für die Präsentation eurer Ergebnisse eine Folie vor.

(1) Dividiere zwei Dreierpotenzen. Versuche das Ergebnis auch als Dreierpotenz darzustellen. Verallgemeinere deine Entdeckung.

(2) Dividiere zwei Potenzen mit dem Exponenten 4. Versuche das Ergebnis auch als Potenz mit dem Exponenten 4 darzustellen. Verallgemeinere deine Entdeckung.

CAS 3. Du kennst Potenzgesetze für das Multiplizieren von Potenzen. Versuche mit einem Computer-Algebra-System, Potenzgesetze für das Dividieren von Potenzen zu entdecken. In welchen Fällen reagiert das Computer-Algebra-System anders als erwartet? Versuche auch, die Potenzgesetze für das Dividieren von Potenzen zu begründen.

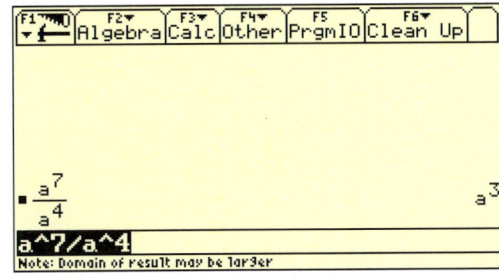

4. Berechne ohne Taschenrechner.

   a) $\dfrac{7^5}{7^4}$ b) $\dfrac{5^4}{5^6}$ c) $2^{10} : 2^9$ d) $10^4 : 10^3$ e) $\dfrac{0{,}5^8}{0{,}5^6}$ f) $\dfrac{1{,}2^9}{1{,}2^{10}}$ g) $\dfrac{7^2}{7^{-1}}$ h) $\dfrac{2^{-17}}{2^{-11}}$ i) $\dfrac{(-3)^9}{(-3)^7}$ j) $\dfrac{(-5)^{-1}}{(-5)^{-3}}$ k) $10^{-5} : 10^{-5}$ l) $5^0 : 5^{-2}$

5. Vereinfache. Gib gegebenenfalls eine einschränkende Bedingung an.

   a) $\dfrac{a^2}{a^{-4}}$ b) $\dfrac{x^{-3}}{x^6}$ c) $c^3 : c^5$ d) $c^5 : c^3$ e) $\dfrac{y^{-6}}{y^{-3}}$ f) $\dfrac{z^{-9}}{z^{-7}}$ g) $b^{-2} : b^0$ h) $\dfrac{(a \cdot b)^5}{(a \cdot b)^3}$ i) $\dfrac{(a \cdot b)^{-5}}{(a \cdot b)^{-7}}$ j) $\dfrac{(a \cdot \sqrt{2})^{-4}}{(a \cdot \sqrt{2})^{-3}}$ k) $\dfrac{(x+y)^2}{(x+y)^7}$ l) $\dfrac{(x+\sqrt{5})^7}{(x+\sqrt{5})^{-1}}$

6. Vier Schüler antworten auf die Frage: "Wie heißt die Hälfte von 2^{22}?" Wer hat Recht? Begründe deine Antwort.

7. Vereinfache.

   a) $\dfrac{24^5}{12^5}$ b) $15^4 : 3^4$ c) $\dfrac{2^{-10}}{4^{-10}}$ d) $\dfrac{34^5}{17^5}$ e) $\dfrac{13^{-4}}{65^{-4}}$ f) $\dfrac{18^7}{9^7}$ g) $\dfrac{1000^{-4}}{250^{-4}}$ h) $\dfrac{1{,}44^3}{1{,}2^3}$ i) $\dfrac{0{,}75^{-5}}{0{,}25^{-5}}$ j) $1^9 : 0{,}5^9$ k) $2^6 : \left(\dfrac{1}{2}\right)^6$ l) $\dfrac{\left(-\frac{2}{3}\right)^5}{\left(-\frac{4}{9}\right)^5}$ m) $\dfrac{(+1)^{20}}{(-1)^{20}}$ n) $\dfrac{\left(-\frac{1}{6}\right)^{-4}}{6^{-4}}$ o) $\dfrac{\left(\frac{3}{4}\right)^{-3}}{\left(\frac{1}{4}\right)^{-3}}$ p) $\dfrac{\left(\frac{5}{3}\right)^3}{\left(-\frac{3}{4}\right)^3}$

8. Vereinfache. Gib gegebenenfalls eine einschränkende Bedingung an.

   a) $\dfrac{u^4}{v^4}$ b) $\dfrac{x^{-2}}{y^{-2}}$ c) $p^3 : q^3$ d) $w^{-4} : a^{-4}$ e) $\dfrac{(a+b)^2}{c^2}$ f) $(u-1)^{-2} : v^{-2}$

9. a) $\dfrac{a^3}{a^{-5}}$ b) $b^{-3} : b^5$ c) $\dfrac{c^{-5}}{d^{-5}}$ d) $\dfrac{x^{-8}}{x^{-4}}$ e) $\dfrac{y^0}{y^{-3}}$ f) $a^5 : u^5$ g) $a^3 : a^5$ h) $\dfrac{x^3}{x^3}$ i) $\dfrac{b^0}{a^0}$ j) $\dfrac{a^{-7}}{a^{-7}}$ k) $\dfrac{z^{-3}}{y^{-3}}$ l) $\dfrac{x^5}{z^5}$ m) $a^0 : b^0$ n) $\dfrac{x^0}{y^n}$ o) $\dfrac{z^n}{a^0}$ p) $\dfrac{u^m}{x^m}$

Dividend Math.: zu teilende Zahl; Zähler eines Bruches.
Divisor Math.: teilende Zahl; Nenner eines Bruches.

10. Bilde alle Quotienten, bei denen der Dividend von der einen und der Divisor von der anderen Tafel stammt. Vereinfache.

11. Vereinfache. Gib eine einschränkende Bedingung an.

    a) $\dfrac{3x^5}{6x^2}$ b) $\dfrac{12a^{-7}}{4a^{-5}}$ c) $\dfrac{x^6 \cdot y^0}{x^4 \cdot y^3}$ d) $\dfrac{(-a)^8}{(-a)^{-7}}$ e) $\dfrac{(x+y)^5}{(x+y)^3}$ f) $\dfrac{(a-b)^7}{(a-b)^6}$ g) $\dfrac{(xy)^{-2}}{x^{-2}}$ h) $\dfrac{p^3}{(pq)^3}$ i) $\dfrac{((a+b)(a-b))^4}{(a+b)^4}$ j) $\dfrac{(p-q)^{-3}}{(p^2-q^2)^{-3}}$

12. Wende das Potenzgesetz (P2*) von rechts nach links an.

    a) $\left(\dfrac{\sqrt{5}}{3}\right)^3$ b) $\left(\dfrac{\sqrt{3}}{-2}\right)^5$ c) $\left(\dfrac{-4}{\sqrt{2}}\right)^{-2}$ d) $\left(\dfrac{\sqrt{3}}{\sqrt{5}}\right)^4$ e) $\left(\dfrac{x \cdot \sqrt{2}}{y \cdot \sqrt{3}}\right)^2$ f) $\left(\dfrac{x \cdot \sqrt{2}}{y \cdot \sqrt{5}}\right)^{-4}$

13. Forme um.

    a) $\left(\dfrac{x}{y}\right)^{-7}$ b) $\dfrac{(a \cdot b)^{-1}}{a^{-1}}$ c) $\left(\dfrac{1}{2}\right)^2 : \left(\dfrac{1}{4}\right)^2$ d) $\dfrac{(3 \cdot \sqrt{2})^4}{(\sqrt{2})^4}$ e) $\dfrac{(4 \cdot \sqrt{5})^{-6}}{(\sqrt{5})^{-6}}$

Potenzgesetze für ganzzahlige Exponenten und ihre Anwendung

5.2.3 Vermischte Übungen zu den Potenzgesetzen

1. Wende Potenzgesetze an.

   a) $u^2 \cdot u^{-3}$
   b) $(r^{-2})^{-3}$
   c) $v^3 \cdot w^3$
   d) $\dfrac{x^{-2}}{x^{-4}}$
   e) $\dfrac{r^{-3}}{s^{-3}}$
   f) $(x+y)^{-3}(x+y)^2$
   g) $((x+y)^2)^{-4}$
   h) $\dfrac{(u+v)^{-2}}{(u+v)^3}$
   i) $\dfrac{(a+b)^{-2}}{(c+d)^{-2}}$
   j) $(v+w)^2 u^2$
   k) $(c^{2n})^{-3}$
   l) $z^{4n-1} \cdot z^{1-n}$
   m) $\dfrac{w^{5n+1}}{w^{2+3n}}$
   n) $a^{2n-1} \cdot b^{2n-1}$
   o) $\dfrac{s^{1-4n}}{t^{1-4n}}$
   p) $(v^{2n})^{-4n}$

2. Kontrolliere Toms Hausaufgaben. Erläutere deine Anmerkungen.

   (1) $(3+4)^2 = 3^2 + 4^2 = 9 + 16 = 25$

   (2) $(3 \cdot 4)^2 = 3^2 \cdot 4^2 = 9 \cdot 16 = 154$

   (3) $(3-4)^2 = 3^2 - 4^2 = 9 - 16 = -7$

   (4) $3^2 : 4^2 = \left(\dfrac{3}{4}\right)^2 = \dfrac{9}{16}$

3. Multipliziert man zwei nebeneinander stehende Terme, so erhält man den Term für den darunter liegenden Mauerstein. Vervollständige.

   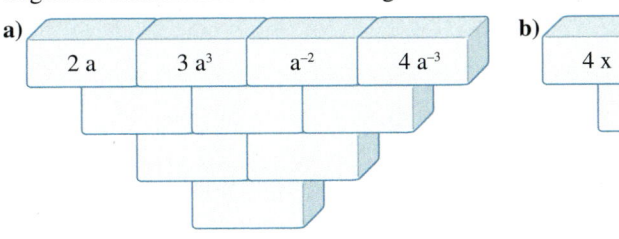
   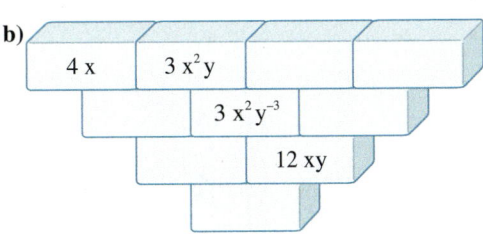

4. Wende Potenzgesetze an.

   a) $(a^2 \cdot b^2)^2$
   b) $(x^4 \cdot y^2)^4$
   c) $\left((\sqrt{2} \cdot \sqrt{3})^4\right)^2$
   d) $(a \cdot b)^3 \cdot (a \cdot b)^4$
   e) $\left((a^2 \cdot b^2)^{-3}\right)^{-4}$
   f) $\left((\sqrt{2} \cdot a)^3\right)^3$
   g) $\left((a^2 \cdot b^{-2} \cdot c^2)^4\right)^{-5}$
   h) $(x \cdot y)^5 \cdot (y \cdot z)^5$

5. Erläutere die Umformung von Julian. Welches Ziel hat er erreicht? Findest du auch einen anderen Weg?

   $$(\sqrt{a})^{-1} = (\sqrt{a})^{1-2} = \dfrac{\sqrt{a}}{(\sqrt{a})^2} = \dfrac{\sqrt{a}}{a} \quad (\text{für } a > 0)$$

6. Ein Uranatom hat eine Masse von $4 \cdot 10^{-23}$ g und einen Durchmesser von 10^{-10} m. Überschlage, ohne einen Taschenrechner zu verwenden:
   Wie viele Atome enthält 1 g Uran?
   Wie schwer wäre ein Würfel von 1 cm Kantenlänge, der dicht mit Uranatomen gefüllt ist?

7. Kontrolliere folgende Behauptungen. Korrigiere gegebenenfalls.

   a) $\dfrac{1}{1+x} = 1 + x^{-1}$
   b) $x^2 - x^{-2} = \left(x - \dfrac{1}{x}\right)^2$
   c) $a^{-2} + \dfrac{1}{a^2} = \dfrac{2}{a^2}$

Denke an die binomischen Formeln!

8. a) $x^5 \cdot \left(\frac{x}{y}\right)^{-3}$ b) $\left(\frac{b}{a}\right)^4 \cdot \left(\frac{b}{a}\right)^{-8}$ c) $\left(\frac{a^{-4}}{b^5}\right)^{-3}$ d) $(x^{-2} \cdot y^3)^{-2} \cdot (x^3 \cdot y^{-2})^4$ e) $\left(\frac{a^{-2} \cdot b^3}{c^{-4}}\right)^{-2}$

9. a) Vereinfache: (1) $\frac{(a^2-b^2)^3}{(a-b)^3}$ (2) $\frac{((r+s)\cdot(r-s))^{-2}}{(r^2-s^2)^{-3}}$ (3) $\frac{(e^2+2ef+f^2)^4}{(e+f)^4}$

   b) *Partnerarbeit:* Stelle solche Aufgaben und lasse sie von deinem Partner lösen.

10. a) $(3a^{-4}-2b^{-5})\cdot(2a^{-1}+b^{-1})$ c) $(5x^{-3}-3x^{-4})\cdot(2x-4)$ e) $(3a^{-4}-2b^{-2})^2$
    b) $(4x^{-2}+2x^{-3})\cdot(x^2+x^{-3})$ d) $(2x^{-1}+3y^{-2})^2$ f) $(x^n+y^n)\cdot(x^n-y^n)$

11. a) $a^2 \cdot (a\cdot b)^4$ c) $x^{-4}\cdot y^{-4}\cdot x^3\cdot y^3$ e) $a^2\cdot(a^4\cdot b^2)^{-3}$ g) $(x^2\cdot y\cdot z^{-4})^{-3}$
    b) $a^{-3}\cdot (a\cdot b)^{-2}$ d) $(x\cdot y)^2\cdot(x\cdot z)^3\cdot(y\cdot z)^{-1}$ f) $a^5\cdot(a^{-3}\cdot b^{-2})^4$ h) $(x^{-2}\cdot y^{-1}\cdot z)^2$

12. a) $a^n\cdot a^{2n}$ b) $a^{3n+1}\cdot a^4$ c) $x^{2n+2}\cdot x^{4n+1}$ d) $(a\cdot b)^{2n}$ e) $(x\cdot y)^{3n-1}$

INFO
Erde
m = 5,98 · 10²⁴ kg
r = 6,38 · 10⁶ m
Mond
m = 7,33 · 10²³ kg
r = 1,74 · 10⁶ m

13. Überschlage ohne Taschenrechner:
    a) Mit welcher Kraft ziehen sich zwei 200 000-t-Tanker in 400 m an?
    b) Mit welcher Kraft ziehen sich Erde und ein 1,2-t-Auto an? Was ergibt sich auf dem Mond?

Formelsammlung
Gravitationsgesetz
$F = 6{,}67 \cdot 10^{-11} \cdot \frac{m_1 \cdot m_2}{r^2}$
Kraft F (in N), mit der sich zwei Massen m_1, m_2 (in kg) im Abstand r (in m) anziehen.

14. a) $\frac{p^{r-s}}{p^{s-r}}$ b) $\frac{x^{2n-1}}{x}$ c) $\frac{(-x)^s}{-x}$ d) $\frac{-c}{(-c)^n}$ e) $\frac{(-a)^{4n+1}}{(-a)^{3n-2}}$ f) $\frac{(-x)^{7k+2}}{(-x)^{4k-m}}$

15. Vereinfache. Schreibe das Ergebnis (1) ohne Bruchstrich; (2) ohne negativen Exponenten.
    a) $\frac{x^4\cdot y^2}{x^5\cdot y^3}$ b) $\frac{a^7\cdot b^{-4}}{a^{-3}\cdot b^7}$ c) $\frac{x^2\cdot y^{-10}}{x\cdot z^6}$ d) $\frac{(a+b)^{-4}\cdot(a-b)^6}{(a-b)^3\cdot(a+b)^5}$

16. a) $x^3\cdot\left(\frac{x}{y}\right)^4$ b) $\left(\frac{a}{b}\right)^{-3}\cdot\left(\frac{a}{b}\right)^4$ c) $\left(\frac{x^{-3}}{y^2}\right)^{-2}$ d) $\left(\frac{a^{-1}\cdot b^{-3}}{c^2}\right)^{-2}$ e) $\frac{a^2}{b^4}\cdot\frac{a^{-3}}{b^{-2}}$

17. a) $(x^{2n})^m$ b) $(a^{n+m})^{n+m}$ c) $\frac{a^n}{a^{-3}}$ d) $\frac{b^{-m}}{b^5}$ e) $\frac{d^{n-1}}{d^{2+n}}$ f) $\frac{x^{2k+1}}{x^{k-1}}$

18. a) $\frac{2}{3}x^2\cdot\frac{4}{5}y^2\cdot 7x^3y^5$ c) $\frac{x^2y^7}{z^3}\cdot\frac{x^2y^9}{z^6}$ e) $\frac{15x^2y^{-3}}{16a^{-2}b^{-2}} : \frac{8a^{-3}b^2}{27x^3y^2}$
    b) $0{,}7(a+b)^5\cdot 1{,}3(a+b)^6$ d) $10x^5y^4 : \frac{15x^2y^2}{a^2b}$ f) $\frac{(7a-7b)^5}{(a-b)}$

19. a) $\frac{(21^3\cdot x^4)^6}{(3^4\cdot x^3)^5}$ b) $\frac{5(4ab^3)^4}{(10a^2b)^2}$ c) $\frac{(3abc^{-1})^{-2}}{(6a^2b^{-1}c)^{-3}}$ d) $\frac{(10uv^{-1}w)^{-2}}{(5u^2v^{-2}w^{-1})^{-1}}$

 20. Hier ergeben sich einfache Ergebnisse, wenn du den Term umformst. Du kannst dein Ergebnis auch mit einem Computer-Algebra-System überprüfen.
    a) $(x^{-2}-2)\cdot(x^{-2}+2)-\frac{1}{x^4}$
    b) $a^{-2}\cdot a^6 + a^2\cdot(3a^{-2}-a^2)$
    c) $6x^n\cdot(4-x^{n-2})+3x^{-2}(2x^{2n}-8x^{n+2})$

Im Blickpunkt

Kleine Anteile – große Wirkung

1. Die Verbrennung fossiler Brennstoffe wie Erdöl und Erdgas führt zu einem Anstieg des Kohlendioxidgehaltes in der Luft. Wissenschaftler befürchten, dass sich dadurch die Atmosphäre global erwärmt und es zu einer gravierenden Klimaveränderung kommt („Treibhaus-Effekt").

Daher ist man an einer Untersuchung des Klimas in früheren Jahrtausenden interessiert.

Aus Eisbohrkernen der Polargebiete kann man heute die Klimageschichte bis über die letzte Zwischeneiszeit hinaus ablesen. In Luftbläschen, die im Südpolareis vor langer Zeit eingeschlossen wurden, konnte die Konzentration des Treibhausgases Kohlendioxid (CO_2) über 160 000 Jahre gemessen werden. Das Diagramm rechts zeigt die Ergebnisse.

Die im Diagramm benutzte Bezeichnung ppm (**p**arts **p**er **m**illion) dient dazu, sehr kleine Anteile übersichtlicher schreiben zu können: 1 ppm ist $\frac{1}{1\,000\,000}$.

Beschreibe das Diagramm. Welche Informationen kannst du ihm entnehmen?

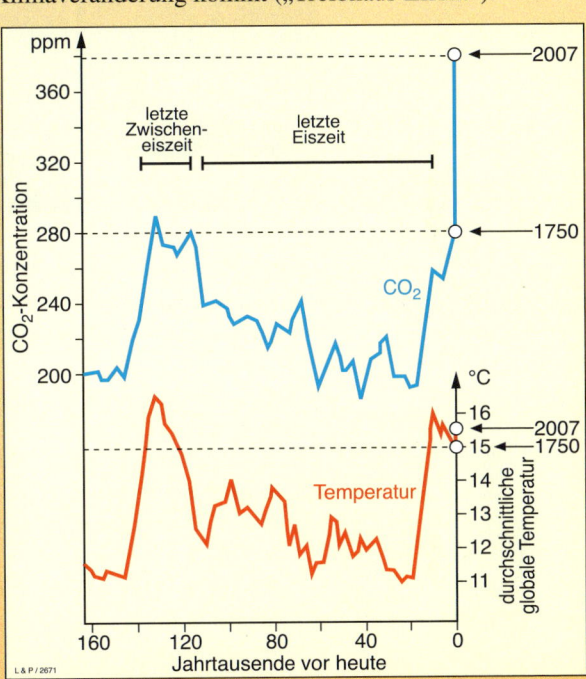

Bezeichnungen für die Beschreibung kleiner Anteile

- **ppm:** Abkürzung für die englische Angabe *parts per million* (Teile pro Million, d. h. $1:10^6$).
- **ppb:** Abkürzung für die englische Angabe *parts per billion* (Teile pro Milliarde, d. h. $1:10^9$), da die amerikanische billion im Deutschen nicht Billion, sondern Milliarde bedeutet.
- **ppt:** Abkürzung für die englische Angabe *parts per trillion* (Teile pro Billion, d. h. $1:10^{12}$), da die amerikanische trillion im Deutschen nicht Trillion, sondern Billion bedeutet.
- **ppq:** Abkürzung für die englische Angabe *parts per quadrillion* (Teile pro Billiarde, d. h. $1:10^{15}$), da die amerikanische quadrillion im Deutschen nicht Quadrillion, sondern Billiarde bedeutet.

Hierbei kann „Teil" für Teilchenanzahlen, aber auch für Massen- oder Volumeneinheiten stehen. Für genaue Angaben muss daher angegeben werden, was gemeint ist, so wie man auch zwischen Volumenprozent und Massenprozent unterscheidet.

Im wissenschaftlichen Gebrauch sollen diese Angaben nicht mehr verwendet werden, sondern stattdessen negative Zehnerpotenzen. In anderen Veröffentlichungen unterbleibt in der Regel die genaue Angabe, was mit „Teil" gemeint ist.

IM BLICKPUNKT: Kleine Anteile – große Wirkung

2. Du weißt: $1\,\% = \frac{1}{100} = \frac{1}{10^2} = 10^{-2}$.
   Schreibe entsprechend die Angaben ppm, ppb, ppt und ppq mit negativen Zehnerpotenzen.

3. Stelle dir zur Veranschaulichung vor, dass ein Stück Würfelzucker der Masse 2,7 g in einer Wassermenge gelöst werden soll, sodass die Konzentration anschließend

   a) 1 ppm, **b)** 1 ppb, **c)** 1 ppt, **d)** 1 ppq

   beträgt, wobei sich die Angaben hier auf die Masse beziehen sollen. Berechne, wie viel Wasser benötigt wird. Unten siehst du zur Veranschaulichung Fotos entsprechender Flüssigkeitsmengen.

4. Die Spurenanalytik ist ein Arbeitsgebiet der Chemie, das sich mit dem Nachweis kleinster Mengen chemischer Stoffe befasst. Mit chemischen Verfahren kann man noch 10^{-9} g eines Stoffes pro kg nachweisen, mit elektrochemischen Verfahren 10^{-12} g pro kg und mit spektroskopischen Verfahren 10^{-13} g pro kg.
   Gib diese Konzentrationen in parts per … an.

5. Die Ozonschicht der Atmosphäre hält gefährliche UV-Strahlung ab. In der Ozonschicht beträgt die Konzentration an Ozon bis zu 10 ppm. Nimm an, dass sich diese Angaben auf die Volumina beziehen und berechne dann, wie viel Ozon sich in 1 Liter befinden.

6. Der Gehalt an Wasserdampf in der Luft schwankt beträchtlich: er hängt von der Temperatur ab und wird als relative Luftfeuchtigkeit angegeben.
   Bei einer relativen Luftfeuchtigkeit von 100 % schwankt der Gehalt an Wasserdampf zwischen 190 ppm bei einer Temperatur von $-40\,°C$ und 42 000 ppm bei 30 °C.
   Nimm an, dass sich diese Angaben auf die Volumina beziehen und berechne, wie viel Wasser in 1 Liter Luft enthalten ist.

7. Bei der Verbrennung fossiler Brennstoffe wie Erdgas, Kohle und Erdöl entsteht auch Schwefeldioxid, das mit anderen Oxiden wie Stickstoffoxiden den sauren Regen verursacht. Die Konzentration an Schwefeldioxid in der Luft kann von 0,01 ppm bis zu mehreren ppm reichen.
   Berechne, wie viel Schwefeldioxid sich in 1 Liter Luft befinden,
   (1) unter der Annahme, dass sich die Angaben auf Volumina beziehen und
   (2) unter der Annahme, dass sie sich auf Massen beziehen.
   Vergleiche dann.

   Hinweis: Die Dichte der Luft beträgt bei 0 °C und 1 013 hPa $1{,}293\,\frac{g}{l}$. Die Masse eines Schwefeldioxid-Moleküls beträgt 64 u.

u ⟨engl. unit⟩
Kurzzeichen für die atomare Masseneinheit
$1\,u = 1{,}6605402 \cdot 10^{-27}\,kg$

5.3 n-te Wurzeln

Einführung

Tim und Tanja lesen die nebenstehende Werbung.

Tim sagt: „Das sind doch 12 % : 3, also genau 4 % pro Jahr."

Tanja widerspricht: „4 % ist zu hoch. Verzinst man 1 000 € drei Jahre lang mit 4 %, so erhält man einen höheren Betrag als 1 120 €."

Tim: „Das verstehe ich nicht."

Tanja: „Wenn ein Geldbetrag von 1 000 € 1 Jahr lang zu 4 % verzinst wird, erhält man 1 000 € · 0,04 als Zinsen. Insgesamt ist der Geldbetrag nach einem Jahr auf 1 000 € · 1,04 angewachsen. Du brauchst den Geldbetrag also nur mit dem Wachstumsfaktor 1,04 zu multiplizieren.

Nach drei Jahren ist der Betrag von 1 000 € auf 1 000 € · $1{,}04^3$ angewachsen. Das sind 1 124,86 €, also mehr als 1 120 €."

$$K + K \cdot 0{,}04 = K \cdot (1 + 0{,}04) = K \cdot 1{,}04$$

Jahr	Geldbetrag (in €)
0	1 000
1	1 040
2	1 081,60
3	1 124,86

Wie kann man den korrekten Wert für den Zinssatz pro Jahr ermitteln?

Wir bestimmen zunächst den jährlichen Wachstumsfaktor:

Nach 3 Jahren zahlt die Bank 1 120 €, also das 1,12-fache des eingezahlten Kapitals (1 000 €) zurück. Der Wachstumsfaktor für die Dauer von 3 Jahren beträgt 1,12.

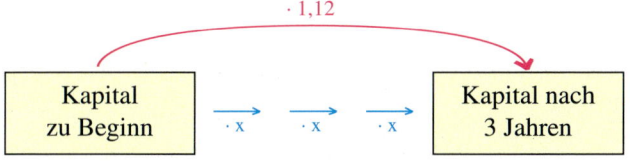

Der Wachstumsfaktor für jedes einzelne Jahr soll x sein.

Dann gilt: $x \cdot x \cdot x = 1{,}12$,

also $x^3 = 1{,}12$ *Basis gesucht!*

Wir versuchen, die Lösung der Gleichung $x^3 = 1{,}12$ durch Probieren zu finden.

Wir wissen, dass x kleiner als 1,04 ist. Wegen $1{,}03^3 = 1{,}092727 < 1{,}12$ muss x größer als 1,03 sein.

| zu kleine Zahl | | zu große Zahl | | Differenz |
x	x^3	x	x^3	(Genauigkeit)
1,03	1,0927…	1,04	1,1248…	0,01
1,038	1,1183…	1,039	1,1216…	0,001
1,0384	1,1196…	1,0385	1,1200…	0,0001

Also liegt x zwischen 1,0384 und 1,0385, aber näher an 1,0385.

Der jährliche Wachstumsfaktor beträgt ungefähr 1,0385. Der Zinssatz pro Jahr beträgt also ungefähr 3,85 %.

Information

In der Einführung haben wir eine Zahl gesucht, deren 3. Potenz 1,12 ist.
In Kapitel 1 haben wir eine Zahl gesucht, deren Quadrat, also 2. Potenz eine vorgegebenen Zahl ist.
Das führte uns auf die Wurzel, genauer gesagt: Quadratwurzel.
Deshalb definiert man entsprechend wie bei der Quadratwurzel:

Definition

Gegeben ist eine nichtnegative Zahl a.
Unter der n-ten Wurzel (n ≥ 2) dieser Zahl a versteht man diejenige nichtnegative Zahl, die mit n potenziert die Zahl a ergibt.
Für die **n-te Wurzel aus a** schreibt man $\sqrt[n]{a}$.
Die Zahl n heißt der *Wurzelexponent*, die Zahl a unter dem Wurzelzeichen heißt *Radikand*.

Suche eine Zahl, deren n-te Potenz a ist.

Wurzelexponent → $\sqrt[n]{a}$ ← Radikand

Beispiele:
$\sqrt[3]{1000} = 10$, denn $10^3 = 10 \cdot 10 \cdot 10 = 1000$; $\sqrt[4]{\frac{16}{81}} = \frac{2}{3}$, denn $\left(\frac{2}{3}\right)^4 = \frac{2}{3} \cdot \frac{2}{3} \cdot \frac{2}{3} \cdot \frac{2}{3} = \frac{16}{81}$

2. Wurzeln $\left(\sqrt[2]{a}\right)$ heißen auch *Quadratwurzeln*, 3. Wurzeln $\left(\sqrt[3]{a}\right)$ nennt man *Kubikwurzeln*.

Statt $\sqrt[2]{a}$ schreibt man auch kürzer nur $\sqrt{a}$.

Beachte:

(1) n-te Wurzeln sind stets nichtnegativ. Es ist also nur $\sqrt[4]{16} = +2$, obwohl auch $(-2)^4 = 16$ ist. Man möchte vermeiden, dass z. B. $\sqrt[4]{16}$ zwei verschiedene Zahlen bezeichnet.

(2) $\sqrt[4]{-16}$ kann man prinzipiell nicht definieren, da es keine reelle Zahl gibt, deren 4. Potenz -16, also negativ ist. Entsprechendes gilt für alle Wurzeln, deren Wurzelexponent gerade ist.
$\sqrt[3]{-8}$ könnte man dagegen definieren, da $(-2)^3 = -8$. Entsprechendes gilt für alle Wurzeln, deren Wurzelexponent ungerade ist.
Um aber in der Definition der n-ten Wurzel keine Fallunterscheidung vornehmen zu müssen, haben wir die n-te Wurzel stets nur dann definiert, wenn der Radikand nichtnegativ ist.
Wir verzichten also auf die Definition von $\sqrt[3]{-8}$, $\sqrt[5]{-1}$, …, da die Definition von $\sqrt{-4}$, $\sqrt[4]{-16}$, …, also von n-ten Wurzeln aus negativen Zahlen mit geraden Wurzelexponenten, in $\mathbb{R}$ prinzipiell nicht möglich ist.

Weiterführende Aufgaben

1. *Zusammenhang zwischen Wurzelziehen und Potenzieren*

a) (1) Ziehe die 3. Wurzel aus:
8; 27; 512; 729; 1331.
Potenziere jedes Ergebnis mit 3.

(2) Potenziere die Zahlen mit 3:
5; 6; 12; 20; 30.
Ziehe aus jedem Ergebnis die 3. Wurzel.

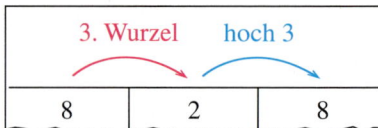

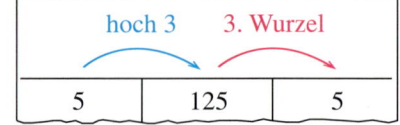

Vervollständige die Tabelle. Vergleiche die erste mit der dritten Spalte.

b) Berechne folgende Aufgaben.
(1) Ziehe die 5. Wurzel aus:
7776; 100000.
Potenziere jedes Ergebnis mit 5.
Was fällt dir auf?

(2) Potenziere die Zahlen 8; 11 mit 5.
Ziehe aus jedem Ergebnis die 5. Wurzel.

c) Vereinfache: $\left(\sqrt[3]{125}\right)^3$; $\left(\sqrt[5]{4913}\right)^5$; $\left(\sqrt[6]{7}\right)^6$; $\sqrt[4]{2^4}$; $\sqrt[5]{19^5}$; $\sqrt[6]{74^6}$

n-te Wurzeln

Einschränkende Bedingung bei Wurzeln
Radikand ≥ 0

Zusammenhang zwischen Potenzieren und Wurzelziehen

Für alle $a \in \mathbb{R}$ mit $a \geq 0$ gilt:

(1) $\left(\sqrt[n]{a}\right)^n = a$

Das Ziehen der n-ten Wurzel wird durch das Potenzieren mit n rückgängig gemacht:

(2) $\sqrt[n]{a^n} = a$

Das Potenzieren mit n wird durch das Ziehen der n-ten Wurzel rückgängig gemacht:

2. *Irrationale n-te Wurzeln*
   a) Beweise, dass $\sqrt[3]{2}$ keine rationale Zahl ist.
      Anleitung: Nimm an, dass $\sqrt[3]{2}$ doch eine rationale Zahl sei. Schreibe $\sqrt[3]{2}$ dann als gekürzten Bruch $\frac{m}{n}$. Folgere daraus $\frac{m^3}{n^3} = 2$ und zeige, dass diese Gleichung auf einen Widerspruch führt.
   b) Beweise entsprechend, dass $\sqrt[4]{8}$ irrational ist.
   c) Warum lässt sich so nicht beweisen, dass $\sqrt[3]{216}$ irrational ist?

Übungsaufgaben

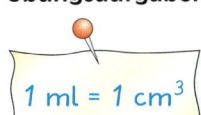

1 ml = 1 cm³

3. Eine würfelförmige Kerze soll aus
   a) 125 ml,   b) 200 ml

   Wachs gegossen werden.
   Welche Kantenlänge muss die Form (innen) haben?

4. Berechne im Kopf und begründe dein Ergebnis.

   a) $\sqrt[3]{8}$ d) $\sqrt[5]{32}$ g) $\sqrt{121}$ j) $\sqrt[5]{0{,}000001}$ m) $\sqrt[3]{\frac{8}{27}}$
   b) $\sqrt[3]{1000}$ e) $\sqrt[3]{0{,}008}$ h) $\sqrt[4]{0{,}0081}$ k) $\sqrt[12]{0}$ n) $\sqrt[5]{\frac{243}{32}}$
   c) $\sqrt[3]{512}$ f) $\sqrt[4]{256}$ i) $\sqrt[7]{1}$ l) $\sqrt[4]{\frac{1}{16}}$ o) $\sqrt{1{,}44}$

5. Prüfe ohne Taschenrechner, ob die Aussage wahr ist. Korrigiere gegebenenfalls den Radikanden.

   a) $\sqrt{125} = 5$ c) $\sqrt[4]{14\,641} = 11$ e) $\sqrt[5]{320\,000} = 20$ g) $\sqrt[7]{0{,}0000128} = 0{,}2$
   b) $\sqrt[3]{64} = 8$ d) $\sqrt[15]{32\,768} = 2$ f) $\sqrt[6]{0{,}00001} = 0{,}1$ h) $\sqrt[5]{0{,}00243} = 0{,}3$

6. Zwischen welchen aufeinander folgenden natürlichen Zahlen liegt der Wert der Wurzel?

   a) $\sqrt[3]{10}$ b) $\sqrt[4]{100}$ c) $\sqrt[3]{480}$ d) $\sqrt[3]{2\,000}$ e) $\sqrt[3]{87{,}6}$

7. a) $2 \cdot \sqrt[3]{64}$ c) $\sqrt[5]{30+2}$ e) $\sqrt[4]{1} + \sqrt[4]{10\,000}$ g) $5 \cdot \sqrt[3]{8} + 4 \cdot \sqrt[4]{16}$
   b) $7 - \sqrt[3]{216}$ d) $\sqrt[3]{100-36}$ f) $50 \cdot \sqrt[4]{0{,}0001} - \sqrt{4}$ h) $\frac{1}{7} \cdot \sqrt[3]{343} - \frac{1}{8} \cdot \sqrt[3]{512}$

8. a) $\sqrt{\sqrt{625}}$ b) $\sqrt{\sqrt[4]{256}}$ c) $\sqrt[4]{\sqrt[3]{1\,000\,000\,000\,000}}$ d) $\sqrt[3]{\sqrt{4096}}$ e) $\sqrt[5]{\sqrt[12]{1}}$

9. Prüfe, ob die Aussage wahr ist, ohne die Wurzeltaste des Taschenrechners zu benutzen.

a) $\sqrt[3]{216} = \sqrt[4]{1296}$ b) $\sqrt{\sqrt{16}} = \sqrt[4]{16}$ c) $\sqrt[3]{6561} = \sqrt{\sqrt{\sqrt{6561}}}$ d) $\sqrt[6]{64} = \sqrt[3]{\sqrt{64}}$

10. Vereinfache.

a) $\left(\sqrt[4]{81}\right)^4$ c) $\sqrt[12]{1{,}2^{12}}$ e) $\left(\sqrt[6]{15\,625}\right)^6$ g) $\left(\sqrt[9]{17}\right)^{-9}$

b) $\left(\sqrt[14]{37}\right)^{14}$ d) $\sqrt[20]{0}$ f) $\sqrt[4]{7^4}$ h) $\sqrt[8]{11^{-8}}$

11. Berechne den Zinssatz pro Jahr auf zwei Stellen nach dem Komma gerundet.

a) 15 % für 3 Jahre

b) 17 % für 4 Jahre

c) 40 % für 7 Jahre

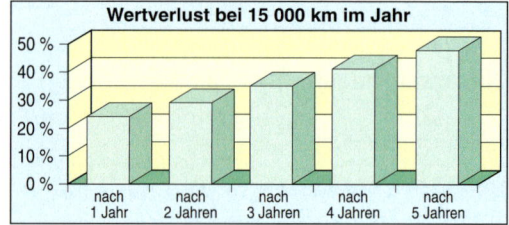

12. Ein Kapital von 12 050 € ist in 6 Jahren auf 16 546,11 € angewachsen. Berechne den jährlichen Zinssatz.

13. Ein Auto verliert in den ersten drei Jahren insgesamt 35 % seines Wertes.

a) Wie groß ist der prozentuale Wertverlust pro Jahr? Mache die Probe.

b) *Partnerarbeit:* Stellt anhand des Diagramms weitere geeignete Fragen und beantwortet sie.

14. Bestimme gegebenenfalls die einschränkende Bedingung. Vereinfache dann.

a) $\sqrt[4]{c^4}$ b) $\left(\sqrt[5]{2a}\right)^5$ c) $-\sqrt[4]{(-a)^4}$ d) $\sqrt[6]{(-1{,}5r)^6}$ e) $\sqrt[4]{(a+b)^4}$

15. a) $\sqrt{a^6}$ b) $\sqrt[3]{x^{12}}$ c) $\sqrt[4]{z^8}$ d) $\sqrt{p^{-2}}$ e) $\sqrt[3]{u^{-12}}$ f) $\sqrt[5]{a^{-15}}$

16. Kontrolliere, ob hier alles richtig ist. Korrigiere gegebenenfalls.

a) $\sqrt[4]{(-3)^4} = -3$ b) $\left(-\sqrt[5]{18}\right)^5 = 18$ c) $\left(-\sqrt[10]{1{,}3}\right)^{10} = 1{,}3$ d) $\left(\sqrt[3]{4}\right)^{-6} = -\frac{1}{2}$

17. Gegeben ist der Term $\sqrt[n]{500}$ [der Term $\sqrt[n]{0{,}01}$].

a) Berechne jeweils den Wert der Wurzel für n = 2, n = 3… Was stellst du fest?

b) Wie groß muss man den Wurzelexponenten n mindestens wählen, damit die Werte der Wurzel kleiner als 2 [größer als 0,5] sind? Probiere das aus.

18. Begründe:
Für alle reellen Zahlen a und geraden natürlichen Zahlen n gilt: $\sqrt[n]{a^n} = |a|$.
Überlege auch, warum dies nicht für ungerade Zahlen für n gilt.

Lösungsmenge von Potenzgleichungen

5.4 Lösungsmenge von Potenzgleichungen *Zum Selbstlernen*

Ziel

Die Lösungsmenge einer quadratischen Gleichung der Form $x^2 = a$ kannst du bestimmen. Du weißt auch, wie viele Lösungen es für unterschiedliche Werte von a gibt.
Hier untersuchst du Entsprechendes für Potenzgleichungen der Form $x^n = a$.

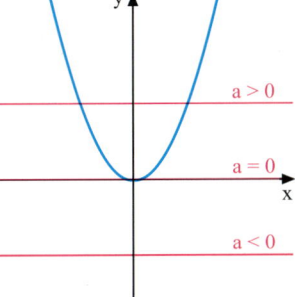

Zum Erarbeiten

Lösungsmenge der kubischen Gleichung $x^3 = a$

A *Bestimme die Lösungsmengen. Veranschauliche die Lösungen am Graphen der Potenzfunktion mit $y = x^3$.*
(1) $x^3 = 8$ (2) $x^3 = 0$ (3) $x^3 = -8$
Formuliere anschließend dein Ergebnis allgemein.

(1) $x^3 = 8$ hat die Lösung 2, denn $2^3 = 8$ und die 3. Potenz von kleineren und größeren Zahlen als 2 ist von 8 verschieden. Die Lösung ist die 3. Wurzel:
$\sqrt[3]{8} = 2$ Lösungsmenge: $L = \{2\}$

(2) $x^3 = 0$ hat die Lösung 0, denn $0^3 = 0$ und weitere Möglichkeiten gibt es nicht. Die Lösung ist die 3. Wurzel:
$\sqrt[3]{0} = 0$ Lösungsmenge: $L = \{0\}$

(3) $x^3 = -8$ hat die Lösung -2, denn $(-2)^3 = -8$ und andere Möglichkeiten gibt es nicht. Da die 3. Wurzel aus negativen Radikanden nicht definiert ist ist, kann die Lösung -2 nicht als 3. Wurzel aus -8 geschrieben werden. Stattdessen kann man die 3. Wurzel aus dem Betrag ziehen und das negative Vorzeichen gleich vor die Wurzel setzen:
$-\sqrt[3]{|-8|} = -\sqrt[3]{8} = -2$ Lösungsmenge: $L = \{-2\}$

In den folgenden Zeichnungen sind die Lösungen der drei Gleichungen am Graph der Potenzfunktion mit $y = x^3$ veranschaulicht.

(1) $x^3 = 8$ (2) $x^3 = 0$ (3) $x^3 = -8$

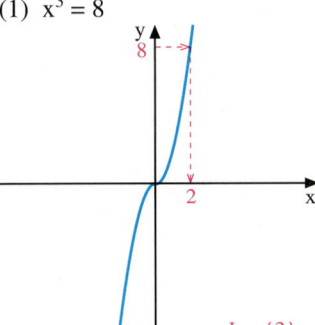 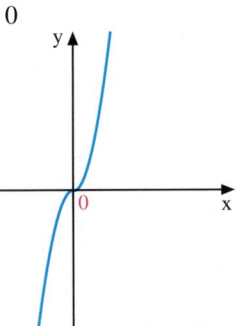 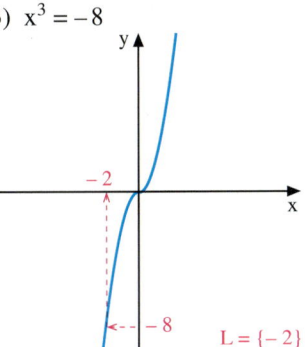

Allgemein gilt:

Satz

Die Lösungsmenge der kubischen Gleichung $x^3 = a$ erhält man folgendermaßen:
$L = \{\sqrt[3]{a}\}$, falls $a \geq 0$; $L = \{-\sqrt[3]{|a|}\}$, falls $a < 0$.
Die kubische Gleichung $x^3 = a$ hat immer *genau* eine Lösung.

POTENZEN UND POTENZFUNKTIONEN

A Lösungsmenge von Gleichungen der Form $x^n = a$

a) Bestimme die Lösungsmenge der Gleichungen:
(1) $x^4 = 10\,000$ (2) $x^4 = 0$ (3) $x^4 = -16$ (4) $x^4 = 20$

b) Bestimme die Lösungsmenge der Gleichungen:
(1) $x^5 = 32$ (2) $x^5 = 0$ (3) $x^5 = -243$ (4) $x^5 = 30$

c) Verallgemeinere die Ergebnisse der Teilaufgaben a) und b); veranschauliche am Graphen der zugehörigen Potenzfunktion.

a) (1) $x^4 = 10\,000$ hat als Lösungsmenge L = {10; –10}, denn $10^4 = 10\,000$ und $(-10)^4 = 10\,000$. Ferner ist die 4. Potenz von Zahlen, deren Betrag ungleich 10 ist, ungleich $10^4 = 10\,000$.

(2) $x^4 = 0$ hat als Lösungsmenge L = {0}, denn nur für Null gilt: $0^4 = 0$

(3) $x^4 = -16$ hat als Lösungsmenge L = { }, denn die 4. Potenz jeder Zahl ist positiv oder null.

(4) $x^4 = 20$ hat als Lösungsmenge L = $\{\sqrt[4]{20}; -\sqrt[4]{20}\}$, denn $\sqrt[4]{20}$ und $-\sqrt[4]{20}$ sind die einzigen Zahlen, deren 4. Potenz 20 ergibt.

b) (1) $x^5 = 32$ hat als Lösungsmenge L = {2}, denn nur für die Zahl 2 gilt: $2^5 = 32$

(2) $x^5 = 0$ hat als Lösungsmenge L = {0}, denn nur für Null gilt: $0^5 = 0$

(3) $x^5 = -243$ hat als Lösungsmenge L = {–3}, denn nur für die Zahl –3 gilt: $(-3)^5 = -243$.

(4) $x^5 = 30$ hat als Lösungsmenge L = $\{\sqrt[5]{30}\}$, denn nur für $\sqrt[5]{30}$ gilt: $\left(\sqrt[5]{30}\right)^5 = 30$.

c) Allgemein gilt:

Satz

Die Lösungsmenge L der Gleichung $x^n = a$ ist

bei *geradem* Exponenten n:

L = $\{\sqrt[n]{a}; -\sqrt[n]{a}\}$, falls a > 0;
L = {0}, falls a = 0;
L = { }, falls a < 0.

bei *ungeradem* Exponenten n:

L = $\{\sqrt[n]{a}\}$, falls a > 0;
L = {0}, falls a = 0;
L = $\{-\sqrt[n]{|a|}\}$, falls a < 0.

Die unterschiedliche Anzahl der Lösungen erkennt man am Graphen der Potenzfunktion.

(1) Für gerade Zahlen n ist der Graph der Potenzfunktion mit der Gleichung $y = x^n$ achsensymmetrisch zur y-Achse und verläuft nicht unterhalb der x-Achse:

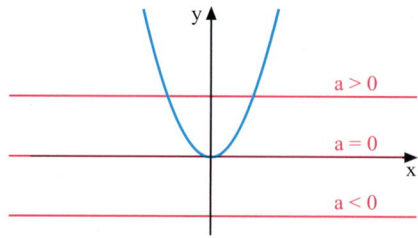

(2) Für ungerade Zahlen n ist der Graph der Potenzfunktion mit der Gleichung $y = x^n$ punktsymmetrisch zum Ursprung:

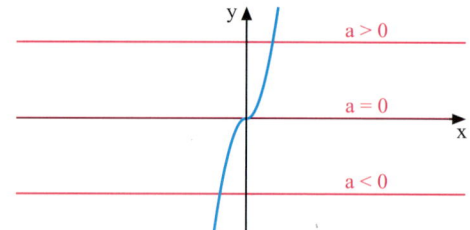

Daher hat die Gleichung $x^n = a$ für gerade n
- zwei Lösungen, falls a > 0, da es zwei Schnittpunkte zwischen den Graphen zu $y = x^n$ und zu $y = a$ gibt;
- eine Lösung, falls a = 0
- keine Lösung, falls a < 0

Die Gleichung $x^n = a$ hat für ungerade n für jeden Wert für a genau eine Lösung, da die Graphen zu $y = x^n$ und zu $y = a$ in diesem Fall stets genau einen Schnittpunkt haben.

Lösungsmenge von Potenzgleichungen

Zum Üben

1. Versuche, grafisch Näherungswerte für die Lösungen der Gleichungen zu ermitteln. Gib auch die Lösungsmenge mit den exakten Werten an.

(1) $x^3 = 2$
$x^3 = -3$
$x^3 = 0$

(2) $x^4 = 2$
$x^4 = -3$
$x^4 = 0$

(3) $x^5 = 2$
$x^5 = -3$
$x^5 = 0$

(4) $x^6 = 2$
$x^6 = -3$
$x^6 = 0$

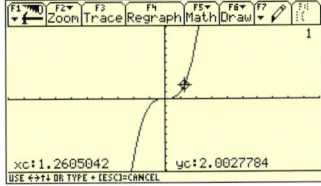
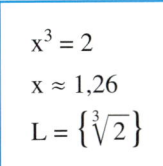

$x^3 = 2$
$x \approx 1{,}26$
$L = \{\sqrt[3]{2}\}$

2. Bestimme die Lösungsmenge der Gleichungen im Kopf.

a) $x^3 = 216$
b) $x^3 = -1000$
c) $x^5 = 100\,000$
d) $x^6 = 64$
e) $x^7 = -1$
f) $-x^5 = 32$
g) $8x^3 = -1$
h) $x^4 - 81 = 0$
i) $5x^4 = 405$
j) $6x^6 = 0$

3. Welche Lösungsmenge gehört zu welcher Gleichung?

 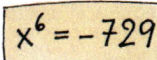 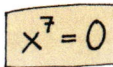

  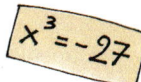 

4. Bestimme die Lösungsmenge. Mache die Probe.

a) $x^4 = 12$
b) $x^7 = -\frac{1}{3}$
c) $3x^3 + 18 = 0$
d) $3x^4 + 48 = 2$
e) $-6x^5 + 192 = 0$
f) $(x+1)^3 = 64$
g) $(x-4)^3 - 27 = 0$
h) $3(x-10)^4 = 12$

5. Welche Fehler wurden hier gemacht? Erkläre und korrigiere.

a) $x^5 = -7$
$L = \{\sqrt[5]{-7}\}$

b) $x^4 = 1{,}7$
$L = \{\sqrt[4]{1{,}7}\}$

c) $2x^3 - 8 = 10$
$L = \{\sqrt[3]{9}, -\sqrt[3]{9}\}$

d) $(x-5)^5 = -1024$
$L = \{\}$

6. Gegeben sind die Gleichungen   (1) $x^2 = a$;   (2) $x^3 = a$;   (3) $x^4 = a$;   (4) $x^5 = a$.

a) Setze 64 für a und bestimme zu jeder Gleichung die Lösungsmenge.

b) Setze -1 für a und bestimme zu jeder Gleichung die Lösungsmenge.

c) Stelle bei jeder Gleichung fest: Für welche Zahlen anstelle von a hat die Gleichung genau eine Lösung [keine Lösung; zwei Lösungen]?

7. Gib eine Gleichung der Form $x^n = b$ an, die die folgende Lösungsmenge hat.

a) $L = \{-3; 3\}$
b) $L = \{-5\}$
c) $L = \{0\}$
d) $L = \{\ \}$

CAS 8. Computer-Algebra-Systeme haben zum Lösen von Gleichungen einen (oder mehrere) Befehle. Probiere das mit deinem CAS aus.
Bilde eigene Beispiele und löse sie.

5.5 Potenzen mit rationalen Exponenten

Aufgabe 1

Auf Seite 178 haben wir das Wachstum einer Hefekultur betrachtet. Diese Kultur hat zu Beginn eine Größe von 1 cm³. Sie wächst so, dass in gleichen Zeiten sich die Größe mit demselben Faktor vervielfacht, z. B. in jeder Stunde verdoppelt.
Dabei ergab sich folgende Tabelle:

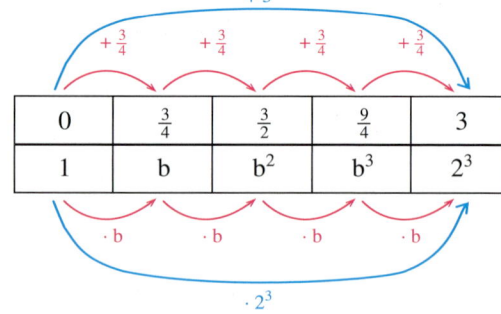

Zeitpunkt t (in h)	0	1	2	3	4	5	6	7
Volumen V(t) der Kultur (in cm³)	2^0	2^1	2^2	2^3	2^4	2^5	2^6	2^7

a) Wie vergrößert sich die Hefekultur in einem Zeitraum von 2 Stunden, von 3 Stunden?
b) Bestimme die Größe der Hefekultur zu den Zeiten $\frac{1}{2}$ h und $\frac{3}{4}$ h.

Lösung

a)

Zeitpunkt t (in h)	0	1	2	3	4	5	6	7
Volumen V(t) der Kultur (in cm³)	2^0	2^1	2^2	2^3	2^4	2^5	2^6	2^7

Alle 2 Stunden wird die Größe der Hefekultur mit dem Faktor 2^2 vervielfacht, einerlei, wie viel schon vorhanden war und zwischen welchen Zeitpunkten der Zeitraum von 2 Stunden liegt.
Alle 3 Stunden wird die Größe der Hefekultur mit dem Faktor 2^3 vervielfacht, einerlei wie viel vorhanden war und zwischen welchen Zeitpunkten der Zeitraum von 3 Stunden liegt.

b) Zwei halbe Stunden ergeben zusammen 1 Stunde:
$\frac{1}{2}$ h + $\frac{1}{2}$ h = 1 h

0	$\frac{1}{2}$	1	2
1	a	2	2^2

In $\frac{1}{2}$ Stunde werde die Größe der Hefekultur mit dem Faktor a vervielfacht.
Dann gilt: $a \cdot a = 2$, also $a^2 = 2$,
d. h. $a = \sqrt{2}$.
Nach $\frac{1}{2}$ Stunde sind $\sqrt{2}$ cm³ vorhanden, das sind ungefähr 1,4 cm³.

Vier $\frac{3}{4}$ Stunden ergeben zusammen 3 Stunden:
$\frac{3}{4}$ h + $\frac{3}{4}$ h + $\frac{3}{4}$ h + $\frac{3}{4}$ h = 3 h

0	$\frac{3}{4}$	$\frac{3}{2}$	$\frac{9}{4}$	3
1	b	b^2	b^3	2^3

In $\frac{3}{4}$ Stunden werde die Größe der Hefekultur mit dem Faktor b vervielfacht.
Dann gilt: $b \cdot b \cdot b \cdot b = 2^3$, also $b^4 = 2^3$,
d. h. $b = \sqrt[4]{2^3}$
Nach einer Dreiviertelstunde sind $\sqrt[4]{2^3}$ cm³ vorhanden, das sind ungefähr 1,7 cm³.

Potenzen mit rationalen Exponenten

Information

(1) Definition von $a^{\frac{m}{n}}$

Um das Wachstum der Hefekultur auch für $t = \frac{1}{2}$ und für $t = \frac{3}{4}$ mit dem Zuordnungsterm 2^t beschreiben zu können, liegt die folgende Definition nahe: $2^{\frac{1}{2}} = \sqrt[2]{2}$; $2^{\frac{3}{4}} = \sqrt[4]{2^3}$.
Damit lässt sich das Wachstum einheitlich beschreiben.

t	0	$\frac{1}{2}$	$\frac{3}{4}$	1	2
V(t)	1	$\sqrt[2]{2}$	$\sqrt[4]{2^3}$	2	4
2^t	2^0	$2^{\frac{1}{2}}$	$2^{\frac{3}{4}}$	2^1	2^2

Definition

Für $m \in \mathbb{Z}$, $n \in \mathbb{N}^*$ und $a > 0$ setzen wir:
$$a^{\frac{m}{n}} = \sqrt[n]{a^m}$$

Der Nenner des Bruches ergibt den Wurzelexponenten, der Zähler den Exponenten des Radikanden.
Für $m = 1$ erhalten wir als Spezialfall: $a^{\frac{1}{n}} = \sqrt[n]{a}$

Beispiele: $3^{\frac{4}{5}} = \sqrt[5]{3^4}$; $7^{\frac{2}{3}} = \sqrt[3]{7^2}$; $4^{-\frac{3}{5}} = 4^{\frac{-3}{5}} = \sqrt[5]{4^{-3}} = \sqrt[5]{\frac{1}{4^3}}$; $5^{1,5} = 5^{\frac{3}{2}} = \sqrt[2]{5^3}$

Du erinnerst dich, dass sich jede rationale Zahl in der Form $\frac{m}{n}$ schreiben lässt, wobei m eine ganze Zahl und n eine von null verschiedene natürliche Zahl ist.
Damit ist der Potenzbegriff erneut erweitert worden, und zwar auf beliebige rationale Zahlen als Exponenten. *Als Basis kommen nur positive Zahlen oder 0 infrage*, da die Wurzel aus einer negativen Zahl nicht definiert ist. Außerdem darf bei negativen Exponenten die Basis nicht 0 sein, weil sie nach Definition im Nenner erscheint.

(2) Reihenfolge von Potenzieren und Wurzelziehen bei der Definition von $a^{\frac{m}{n}}$

Bei der Hefekultur, deren Größe sich vom Anfangsvolumen 1 cm³ zum Zeitpunkt 0 jede weitere Stunde verdoppelt, gibt es zwei Möglichkeiten, die Größe zum Zeitpunkt $1\frac{1}{2}$ Stunden zu berechnen:

(1) $1\frac{1}{2}$ Stunden sind die Hälfte von 3 Stunden. (2) $1\frac{1}{2}$ Stunden sind das Dreifache von einer halben Stunde.

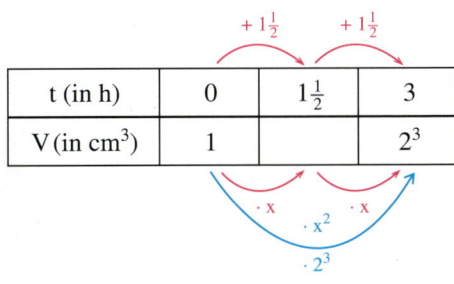

also $x^2 = 2^3$, d.h. $x = \sqrt{2^3}$

Zum Zeitpunkt $1\frac{1}{2}$ Stunden beträgt das Volumen also $\sqrt{2^3}$ cm³.

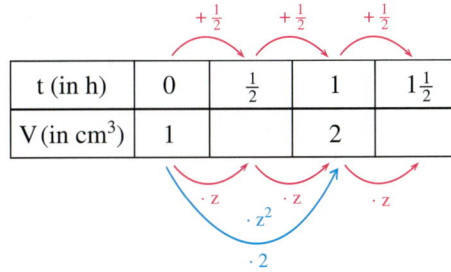

also $z^2 = 2$, d.h. $z = \sqrt{2}$

Zum Zeitpunkt $1\frac{1}{2}$ Stunden beträgt das Volumen also $(\sqrt{2})^3$ cm³.

Aus dem Sachverhalt ergibt sich, dass beide Überlegungen zum selben Wert führen müssen, also $\sqrt{2^3} = (\sqrt{2})^3$.
Für Quadratwurzeln kann man das schon mit einem Wurzelgesetz begründen:

$\sqrt{a} \cdot \sqrt{b} = \sqrt{ab}$

$(\sqrt{a})^2 = \sqrt{a} \cdot \sqrt{a} = \sqrt{a \cdot a} = \sqrt{a^2}$
Allgemein gilt für $a \geq 0$: $\sqrt[n]{a^m} = (\sqrt[n]{a})^m$

Beweis:
Durch wiederholte Anwendung des Potenzgesetzes (P3) für ganzzahlige Exponenten ergibt sich:
$$\left(\left(\sqrt[n]{a}\right)^m\right)^n = \left(\sqrt[n]{a}\right)^{m \cdot n} = \left(\left(\sqrt[n]{a}\right)^n\right)^m = a^m$$
Wenn man auf beiden Seiten die n-te Wurzel zieht, erhält man $\left(\sqrt[n]{a}\right)^m = \sqrt[n]{a^m}$.

Beispiele: $32^{\frac{2}{5}} = \sqrt[5]{32^2} = \left(\sqrt[5]{32}\right)^2 = 2^2 = 4$ $125^{-\frac{4}{3}} = \sqrt[3]{125^{-4}} = \left(\sqrt[3]{125}\right)^{-4} = \frac{1}{\left(\sqrt[3]{125}\right)^4} = \frac{1}{5^4} = \frac{1}{625}$

(3) Unmöglichkeit der Definition von $a^{\frac{m}{n}}$ für negative Basen a

Wir haben auf die Definition von Wurzeln aus negativen Radikanden verzichtet, obwohl man z. B. $\sqrt[3]{-8} = -2$ sinnvoll definieren könnte, da $(-2)^3 = -8$.
Aber auch in diesem Fall wäre es dennoch nicht möglich, entsprechende Potenzen mit negativer Basis und gebrochen rationalen Exponenten eindeutig zu definieren.
Es ergäbe sich nämlich
$$-2 = \sqrt[3]{-8} = (-8)^{\frac{1}{3}} = (-8)^{\frac{2}{6}} = \sqrt[6]{(-8)^2} = \sqrt[6]{64} = 2,$$
ein Widerspruch, der aus dem Erweitern des Bruches im Exponenten resultiert.
Dieses Beispiel zeigt zudem die Wichtigkeit des Satzes in der folgenden Teilaufgabe 2b), der garantiert, dass derartige Widersprüche bei Potenzen mit positiver Basis nicht auftreten können.

Weiterführende Aufgabe

2. *Unabhängigkeit der Definition von der Bruchdarstellung*
   a) Die rationale Zahl 1,5 kann man z. B. als $\frac{3}{2}$ oder als $\frac{15}{10}$ in Form eines Bruches schreiben. Damit die Definition von $a^{1,5}$ für $a > 0$ korrekt ist, muss gelten: $\sqrt[2]{a^3} = \sqrt[10]{a^{15}}$
   Beweise das.
   b) Beweise allgemein:
   Gilt für $a > 0$ und $m \in \mathbb{Z}$, $p \in \mathbb{Z}$, $n \in \mathbb{N}^*$, $q \in \mathbb{N}^*$, $\frac{m}{n} = \frac{p}{q}$, so folgt $\sqrt[n]{a^m} = \sqrt[q]{a^p}$.

Übungsaufgaben

3. In der Aufgabe 3 auf Seite 180 haben wir die Vermehrung von Salmonellen betrachtet. Jede Stunde verdoppelt sich die Anzahl. Dabei ergab sich folgende Tabelle:

Zeitpunkt der Beobachtung (in h)	0	1	2	3	4	...
Anzahl der Salmonellen (in Mio.)	2^0	2^1	2^2	2^3	2^4	...

Bestimme die Anzahl der Salmonellen zu den Zeitpunkten $\frac{1}{2}$ h und $\frac{5}{4}$ h.

4. Betrachte das Wachstum der Hefekultur in Aufgabe 1 auf Seite 178.
   Bestimme die Größe der Hefekultur und schreibe das Ergebnis auch als Potenz.
   a) $\frac{1}{3}$ h (also 20 Minuten)   b) $\frac{3}{4}$ h (also 45 Minuten)

5. Schreibe jeweils mit Wurzelzeichen.
   a) $5^{\frac{1}{2}}$; $4^{\frac{1}{3}}$; $8^{\frac{1}{4}}$ b) $2^{\frac{3}{4}}$; $2^{\frac{4}{3}}$; $3^{\frac{1}{2}}$ c) $4^{-\frac{1}{2}}$; $5^{-\frac{3}{2}}$; $2^{-\frac{2}{5}}$ d) $2^{0,5}$; $3^{1,5}$; $5^{3,2}$

6. Schreibe als Potenz.
   a) $\sqrt{18}$; $\sqrt[3]{5}$; $\sqrt[5]{7}$ b) $\sqrt[3]{2^4}$; $\sqrt[4]{3^{-1}}$; $\sqrt{3}$ c) $\sqrt[3]{4^{-2}}$; $\sqrt[5]{\frac{1}{7}}$; $\sqrt[4]{2^{-3}}$

Potenzen mit rationalen Exponenten

7. Schreibe als Wurzel.

a) $x^{\frac{2}{3}}$ c) $a^{\frac{1}{3}}$ e) $d^{0,5}$ g) $p^{-5,2}$

b) $y^{\frac{3}{4}}$ d) $b^{-\frac{3}{4}}$ f) $e^{0,8}$ h) $a^{7,2}$

$$a^{-3,6} = a^{-\frac{36}{10}} = a^{-\frac{18}{5}} = \frac{1}{\sqrt[5]{a^{18}}}$$
(für $a > 0$)

8. Schreibe die Wurzel als Potenz.

a) $\sqrt[3]{a^5};\ \sqrt[5]{x^2};\ \sqrt[4]{z^5}$ b) $\sqrt[4]{x^{-1}};\ \sqrt[5]{z^{-2}};\ \sqrt[3]{u^{-7}}$ c) $\sqrt{x^{-3}};\ \sqrt[3]{c^4};\ \sqrt{k}$ d) $\sqrt[3]{\frac{1}{z^2}};\ \sqrt[5]{\frac{1}{x^4}};\ \sqrt{\frac{1}{m^3}}$

9. Berechne ohne Taschenrechner.

a) $16^{\frac{1}{4}}$ c) $4^{\frac{3}{2}}$ e) $1^{-\frac{4}{5}}$ g) $0,25^{-\frac{1}{2}}$ i) $36^{-0,5}$ k) $\left(\frac{1}{64}\right)^{\frac{1}{2}}$

b) $36^{-\frac{1}{2}}$ d) $8^{\frac{2}{3}}$ f) $0,25^{\frac{1}{2}}$ h) $32^{0,2}$ j) $16^{0,75}$ l) $\left(\frac{1}{4}\right)^{-\frac{3}{2}}$

10. Schreibe die Zahl als Potenz mit einer rationalen Zahl als Exponent. Gib mehrere Möglichkeiten an.

a) 3 b) 5 c) 9 d) 4 e) 2^3 f) 2^6 g) 3^9

$$7 = 49^{\frac{1}{2}} = 343^{\frac{1}{3}} = 2401^{\frac{1}{4}}$$

11. Probiere mit deinem Taschenrechner aus, wie Taschenrechner Potenzen mit rationalen Zahlen im Exponenten berechnen. Untersuche auch Beispiele, bei denen die Basis negativ ist.

```
2.3^1.4
         3.209363953
3.5^(3/4)
         2.55888656
(1/2)^2.5
         .1767766953
```

12. Berechne mit dem Taschenrechner.

a) $5^{\frac{1}{9}}$ b) $0,4^{\frac{2}{5}}$ c) $0,27^{-4,7}$ d) $7,55^{-2,4}$ e) $\sqrt[7]{4}$ f) $\sqrt[3]{3^5}$ g) $\sqrt[8]{9}$

13. Ermittle die Basis b im Kopf. Kontrolliere mit dem Taschenrechner.

a) $b^{\frac{3}{2}} = 8$ b) $b^{\frac{3}{2}} = 125$ c) $b^{\frac{7}{3}} = 128$ d) $b^{\frac{5}{3}} = 243$ e) $b^{\frac{3}{5}} = 8$ f) $b^{\frac{3}{4}} = 27$

14. Für welche x ist der Term definiert?

a) $(x-1)^{\frac{2}{3}}$ c) $(2x-1)^{\frac{1}{2}}$ e) $(1-4x)^{\frac{2}{5}}$

b) $(x+5)^{\frac{5}{2}}$ d) $(3x+6)^{\frac{2}{3}}$ f) $(40-4x)^{\frac{1}{3}}$

$(x-4)^{\frac{3}{2}}$ ist definiert für $x - 4 > 0$, also für $x > 4$.

$a^{\frac{1}{n}}$ ist definiert für $a > 0$. $\sqrt[n]{a}$ ist sogar definiert für $a \geq 0$.

15. Schreibe ohne Wurzelzeichen.

a) $\sqrt[3]{(x-1)^2}$ b) $\sqrt[3]{(a-b)^2}$ c) $\sqrt{x^3+y^3}$ d) $\sqrt[4]{(a \cdot b)^3}$ e) $\frac{1}{\sqrt[4]{x}}$ f) $\frac{-7}{\sqrt[n]{a-b}}$

16. Forme in die Wurzelschreibweise um.

a) $(a+1)^{\frac{2}{3}}$ b) $(x+y)^{\frac{4}{9}}$ c) $(x-7y)^{-\frac{3}{4}}$ d) $(x \cdot y)^{\frac{4}{7}}$ e) $(a \cdot b)^{\frac{m}{n}}$ f) $\left(\sqrt[n]{a}\right)^{\frac{p}{q}}$

17. Stimmt hier alles? Korrigiere gegebenenfalls.

a) $\sqrt[3]{(-5)^2} = (-5)^{\frac{2}{3}}$ b) $\sqrt[5]{(-1)^3} = -1$ c) $\sqrt[4]{(-2)^8} = 4$

d) $(-10\,000)^{-\frac{1}{4}} = (-10\,000)^{-\frac{2}{8}} = \frac{1}{(-10\,000)^{\frac{2}{8}}} = \frac{1}{\sqrt[8]{(-10\,000)^2}} = \frac{1}{\sqrt[8]{10^8}} = \frac{1}{10}$

18. Vereinfache wie im Beispiel.

$\sqrt[4]{a^6};\ \sqrt[9]{x^3};\ \sqrt[10]{z^5};\ \frac{1}{\sqrt[12]{x^8}};\ \sqrt[4]{(-3)^8};\ \sqrt[3k]{x^k};\ \sqrt[2n]{r^{-n}}$

$$\sqrt[8]{y^6} = y^{\frac{6}{8}} = y^{\frac{3}{4}} = \sqrt[4]{y^3}$$
(für $y \geq 0$)

5.6 Potenzgesetze für rationale Exponenten

Bisher kennen wir Potenzgesetze für ganzzahlige Exponenten. Wir fragen daher:
Gelten die Potenzgesetze auch für rationale Zahlen als Exponenten? Das ist in der Tat der Fall.

Satz
Die Potenzgesetze gelten auch für rationale Zahlen r und s und positive Basen a und b.
(P1) $a^r \cdot a^s = a^{r+s}$ (P2) $a^r \cdot b^r = (a \cdot b)^r$ (P3) $(a^r)^s = a^{r \cdot s}$
(P1*) $\dfrac{a^r}{a^s} = a^{r-s}$ (P2*) $\dfrac{a^r}{b^r} = \left(\dfrac{a}{b}\right)^r$

Aufgabe 1 Wende ein geeignetes Potenzgesetz an. Schreibe das Ergebnis auch ohne Brüche im Exponenten.

a) $x^{\frac{2}{3}} \cdot x^{\frac{4}{3}}$ b) $a^{\frac{2}{5}} \cdot \left(\dfrac{1}{a}\right)^{\frac{2}{5}}$ c) $\left(x^{\frac{2}{3}}\right)^{\frac{1}{2}}$ d) $\dfrac{x^{\frac{2}{3}}}{x^{\frac{4}{3}}}$ e) $\dfrac{c^{\frac{1}{2}}}{d^{\frac{1}{2}}}$

Lösung Für positive Basen x bzw. a, c, d gilt:

a) $x^{\frac{2}{3}} \cdot x^{\frac{4}{3}} = x^{\frac{2}{3}+\frac{4}{3}} = x^{\frac{6}{3}} = x^2$ (P1)

d) $\dfrac{x^{\frac{2}{3}}}{x^{\frac{4}{3}}} = x^{\frac{2}{3}-\frac{4}{3}} = x^{-\frac{2}{3}} = x^{\frac{-2}{3}} = \sqrt[3]{x^{-2}} = \sqrt[3]{\dfrac{1}{x^2}}$ (P1*)

b) $a^{\frac{2}{5}} \cdot \left(\dfrac{1}{a}\right)^{\frac{2}{5}} = \left(a \cdot \dfrac{1}{a}\right)^{\frac{2}{5}} = 1^{\frac{2}{5}} = \sqrt[5]{1^2} = 1$ (P2)

c) $\left(x^{\frac{2}{3}}\right)^{\frac{1}{2}} = x^{\frac{2}{3} \cdot \frac{1}{2}} = x^{\frac{1}{3}} = \sqrt[3]{x}$ (P3)

e) $\dfrac{c^{\frac{1}{2}}}{d^{\frac{1}{2}}} = \left(\dfrac{c}{d}\right)^{\frac{1}{2}} = \sqrt{\dfrac{c}{d}}$ (P2*)

Information **Beweis der Potenzgesetze für rationale Exponenten**

(1) Beweisgedanke für die Potenzgesetze

Man stellt die rationalen Zahlen r und s als Brüche dar:
$r = \frac{m}{n}$ bzw. $s = \frac{p}{q}$ (mit $m \in \mathbb{Z}$, $p \in \mathbb{Z}$, $n \in \mathbb{N}^*$, $q \in \mathbb{N}^*$).
Dann beabsichtigt man, beim Beweis die bereits bewiesenen Potenzgesetze für ganzzahlige Exponenten auszunutzen. Dabei versucht man insbesondere, den Nenner der Exponenten durch geeignetes Potenzieren „wegzuschaffen".
Das Verfahren wird am Beweis des Potenzgesetzes (P2) für rationale Exponenten vorgeführt.

(2) Beweis des Potenzgesetzes (P2): $a^r \cdot b^r = (a \cdot b)^r$

Wir müssen zeigen $a^{\frac{m}{n}} \cdot b^{\frac{m}{n}} = (a \cdot b)^{\frac{m}{n}}$, d.h.

$$a^{\frac{m}{n}} \cdot b^{\frac{m}{n}} = \sqrt[n]{(a \cdot b)^m}$$

Dazu potenzieren wir das Produkt $a^{\frac{m}{n}} \cdot b^{\frac{m}{n}}$ mit n und zeigen, dass sich $(a \cdot b)^m$ als Ergebnis ergibt.

Strategie:
Zurückführen auf
Bekanntes

$\left(a^{\frac{m}{n}} \cdot b^{\frac{m}{n}}\right)^n = \left(a^{\frac{m}{n}}\right)^n \cdot \left(b^{\frac{m}{n}}\right)^n$ (P2 für natürliche Exponenten)

$\qquad = \left(\sqrt[n]{a^m}\right)^n \cdot \left(\sqrt[n]{b^m}\right)^n$ (Definition der Potenz)

$\qquad = a^m \cdot b^m$ (Potenzieren macht Wurzelziehen rückgängig)

$\qquad = (a \cdot b)^m$ (P2 für ganzzahlige Exponenten)

Also folgt: $a^{\frac{m}{n}} \cdot b^{\frac{m}{n}} = \sqrt[n]{(a \cdot b)^m}$, d.h. $a^{\frac{m}{n}} \cdot b^{\frac{m}{n}} = (a \cdot b)^{\frac{m}{n}}$

Also gilt: $a^r \cdot b^r = (a \cdot b)^r$

Potenzgesetze für rationale Exponenten

Weiterführende Aufgabe

2. *Wurzelgesetze*

Wähle in den Potenzgesetzen (P2), (P2*) und (P3) (siehe Seite 212) $r = \frac{1}{n}$ und $s = \frac{1}{m}$.
Notiere diese Spezialfälle auch mit Wurzelzeichen.
Untersuche, ob diese Gesetze auch für den Radikanden 0 gelten.

Für natürliche Zahlen n und m gilt:

$$\sqrt[n]{a} \cdot \sqrt[n]{b} = \sqrt[n]{a \cdot b} \qquad \frac{\sqrt[n]{a}}{\sqrt[n]{b}} = \sqrt[n]{\frac{a}{b}} \qquad \sqrt[m]{\sqrt[n]{a}} = \sqrt[m \cdot n]{a}$$

für $a \geq 0$, $b \geq 0$ \qquad für $a \geq 0$, $b > 0$ \qquad für $a \geq 0$

Übungsaufgaben

3. Berechne mit dem Taschenrechner. Welche Regeln vermutest du? Notiere sie mit Variablen.

   a) $4^{\frac{2}{3}} \cdot 4^{\frac{1}{3}}$ \quad b) $10^{\frac{1}{5}} : 10^{\frac{6}{5}}$ \quad c) $0{,}4^{\frac{3}{4}} \cdot 2{,}5^{\frac{3}{4}}$ \quad d) $\dfrac{16^{\frac{4}{3}}}{2^{\frac{4}{3}}}$ \quad e) $\left(1{,}7^{\frac{4}{5}}\right)^{\frac{5}{4}}$

4. a) Untersuche mit einem Computer-Algebra-System, ob die Potenzgesetze auch für rationale Zahlen als Exponenten gelten.
   b) Versuche auch, für eines der Potenzgesetze eine Begründung anzugeben.

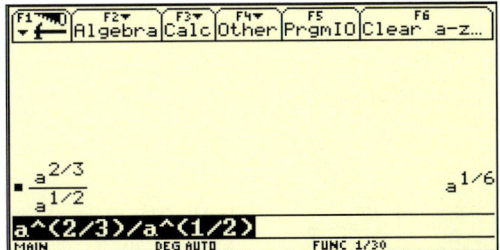

5. Beweise wie in der Information auf Seite 212.
   a) Potenzgesetz (P1) \quad b) Potenzgesetz (P3) \quad c) Potenzgesetz (P1*) \quad d) Potenzgesetz (P2*)

6. Vereinfache ohne Taschenrechner.

   a) $2^{\frac{1}{4}} \cdot 2^{\frac{3}{4}}$ \quad b) $5^{\frac{2}{3}} \cdot 5^{\frac{4}{3}}$ \quad c) $6^{1,6} \cdot 6^{-0,6}$ \quad d) $4^{-\frac{1}{5}} \cdot 4^{\frac{1}{3}}$ \quad e) $\left(\frac{1}{2}\right)^{-\frac{1}{2}} \cdot \left(\frac{1}{2}\right)^{-\frac{2}{3}}$ \quad f) $\left(\frac{5}{3}\right)^{-\frac{1}{4}} \cdot \left(\frac{5}{3}\right)^{\frac{3}{4}}$

7. a) $2^{\frac{1}{2}} \cdot 8^{\frac{1}{2}}$ \quad b) $2^{\frac{1}{2}} \cdot 128^{\frac{1}{2}}$ \quad c) $12^{-\frac{1}{2}} \cdot 3^{-\frac{1}{2}}$ \quad d) $27^{\frac{3}{4}} \cdot 3^{\frac{3}{4}}$

8. Vereinfache im Kopf.

   a) $\left(5^{\frac{4}{5}}\right)^{\frac{5}{2}}$ \quad b) $\left(36^{\frac{3}{4}}\right)^{\frac{2}{3}}$ \quad c) $\left(49^{-\frac{6}{7}}\right)^{\frac{7}{12}}$ \quad d) $\left(\left(\frac{1}{4}\right)^{-\frac{2}{3}}\right)^{-\frac{9}{4}}$ \quad e) $\left(\left(\frac{4}{9}\right)^{-\frac{3}{4}}\right)^{-\frac{8}{9}}$

9. a) $2^{\frac{1}{2}} : 2^{\frac{1}{4}}$ \quad b) $5^{\frac{1}{4}} : 5^{-\frac{1}{2}}$ \quad c) $6^{-0,25} : 6^{0,75}$ \quad d) $\left(\frac{2}{3}\right)^{\frac{2}{5}} : \left(\frac{2}{3}\right)^{\frac{3}{5}}$ \quad e) $\left(\frac{3}{4}\right)^{\frac{1}{5}} : \left(\frac{3}{4}\right)^{-\frac{1}{6}}$ \quad f) $\left(\frac{1}{6}\right)^{5} : \left(\frac{1}{6}\right)^{\frac{1}{4}}$

Potenzgesetze von rechts nach links anwenden

10. a) $75^{\frac{1}{2}} : 3^{\frac{1}{2}}$ \quad b) $80^{\frac{3}{4}} : 5^{\frac{3}{4}}$ \quad c) $192^{-\frac{1}{6}} : 3^{-\frac{1}{6}}$ \quad d) $8^{0,5} : 2^{0,5}$ \quad e) $5^{1,5} : 45^{1,5}$

11. a) $12^{\frac{2}{3}} \cdot 12^{-\frac{8}{3}}$ \quad b) $\left(4{,}3^{\frac{5}{3}}\right)^{0,6}$ \quad c) $\dfrac{2^{\frac{5}{4}}}{2^{0,25}}$ \quad d) $0{,}25^{\frac{7}{6}} \cdot \left(\frac{1}{4}\right)^{-\frac{2}{3}}$ \quad e) $\left(9^{\frac{1}{4}}\right)^{6}$

12. a) $x^{\frac{1}{2}} \cdot x^{\frac{1}{3}}$ \quad b) $z^{\frac{2}{5}} \cdot z^{\frac{1}{15}}$ \quad c) $a^{\frac{1}{2}} \cdot a^{-\frac{1}{6}}$ \quad d) $\dfrac{a^{\frac{1}{2}}}{a^{\frac{1}{3}}}$ \quad e) $\dfrac{c^{-\frac{3}{5}}}{c^{\frac{2}{5}}}$ \quad f) $\dfrac{z^{0,625}}{z^{0,5}}$

13. a) $\left(x^{5}\right)^{\frac{1}{2}}$ \quad b) $\left(x^{\frac{1}{2}}\right)^{\frac{2}{5}}$ \quad c) $\left(y^{\frac{3}{2}}\right)^{\frac{3}{2}}$ \quad d) $\left(a^{-\frac{1}{2}}\right)^{8}$ \quad e) $\left(b^{\frac{1}{3}}\right)^{-3}$ \quad f) $\left(d^{\frac{2}{5}}\right)^{-\frac{1}{2}}$ \quad g) $\left(e^{-\frac{2}{5}}\right)^{-\frac{5}{4}}$

14. a) $(8x)^{\frac{2}{3}} - 4x^{\frac{2}{3}}$ \quad b) $\left(\frac{9}{c}\right)^{\frac{3}{2}} - 27c^{-\frac{3}{2}}$ \quad c) $(16a)^{\frac{3}{4}} + 5a^{\frac{3}{4}}$ \quad d) $\left(\frac{a}{8}\right)^{\frac{2}{3}} + 4a^{\frac{2}{3}}$

15. Schreibe ohne Wurzel und wende Potenzgesetze an.

a) $\sqrt[2]{5} \cdot \sqrt[3]{5}$ c) $\sqrt[3]{4} : \sqrt[4]{4}$ e) $\sqrt{x} \cdot \sqrt[3]{x}$ g) $\sqrt[2]{2^{-3}} \cdot \sqrt[3]{2^2}$ i) $\sqrt[5]{x^7} \cdot \sqrt[6]{x^{-4}}$

b) $\sqrt[5]{7} \cdot \sqrt[3]{7}$ d) $\sqrt[2]{8} : \sqrt[4]{8}$ f) $\sqrt[5]{x^4} : \sqrt[10]{x}$ h) $\sqrt[4]{3^{-3}} : \sqrt[3]{3^4}$ j) $\sqrt[3]{y^{-3}} : \sqrt[4]{y^2}$

16. Bilde alle Produkte [Quotienten]. Der 1. Faktor [der Dividend] soll von der 1. Tafel, der 2. Faktor [der Divisor] soll von der 2. Tafel stammen.
Vereinfache, wenn es möglich ist.

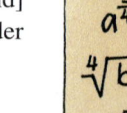

Tafel 1: $a^{\frac{3}{4}}$, $\sqrt[4]{b}$, $a^{-0,2}$
Tafel 2: $b^{\frac{3}{4}}$, $b^{\frac{1}{4}}$, $b^{-\frac{1}{5}}$

17. Wende die Potenzgesetze an. Notiere das Ergebnis ohne Brüche und ohne negative Zahlen im Exponenten.

a) $y^{\frac{1}{2}} \cdot x^{\frac{1}{3}}$ c) $b^{\frac{3}{4}} \cdot b^{-\frac{1}{12}}$ e) $d \cdot d^{\frac{1}{4}}$ g) $c^{\frac{1}{4}} \cdot \sqrt[4]{c}$

b) $a^{\frac{1}{2}} \cdot a^{-\frac{1}{6}}$ d) $c^0 \cdot c^{-\frac{1}{3}}$ f) $b^{-\frac{1}{2}} \cdot \sqrt{b}$ h) $a^{\frac{2}{3}} \cdot \sqrt[3]{a^7}$

$$a^{\frac{1}{4}} \cdot a^{\frac{2}{3}} = a^{\frac{1}{4}+\frac{2}{3}} = a^{\frac{3}{12}+\frac{8}{12}}$$
$$= a^{\frac{11}{12}} = \sqrt[12]{a^{11}}$$
(für $a > 0$)

18. a) $(a^{0,6})^{1,2}$ b) $\dfrac{b^{-\frac{1}{2}}}{\sqrt{b}}$ c) $(r^3 \cdot s^{-5})^{0,7}$ d) $a^{\frac{2}{3}} \cdot \sqrt[3]{a}$

19. a) $3^{\frac{1}{n}} \cdot 3^{\frac{1}{m}}$ b) $2^{-\frac{1}{n}} \cdot 2^{\frac{1}{n-1}}$ c) $8^{\frac{m}{n}} : 8^{-\frac{m}{n}}$ d) $7^{\frac{m}{n-1}} : 7^{\frac{m}{n+1}}$ e) $p^{\frac{m-n}{n}} \cdot p^{\frac{m+n}{n}}$

20. Welche Fehler wurden hier gemacht? Erkläre und korrigiere.

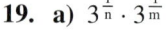

a) $a^{\frac{2}{3}} \cdot a^3 = a^2$ b) $y^{\frac{3}{2}} : y^2 = \sqrt[4]{y^3}$ c) $(c^{\frac{5}{3}})^2 = c^{\frac{25}{3}}$ d) $r^{0,6} + r^{0,4} = r$

21. Vervollständige die Multiplikationsmauer.

a)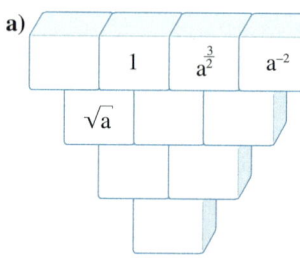
Obere Reihe: 1, $a^{\frac{3}{2}}$, a^{-2}; darunter: $\sqrt{a}$

b)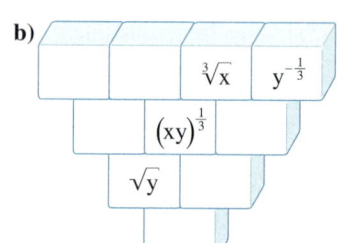
Obere Reihe: $\sqrt[3]{x}$, $y^{-\frac{1}{3}}$; darunter: $(xy)^{\frac{1}{3}}$; darunter: $\sqrt{y}$

c)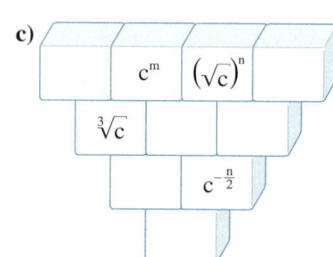
Obere Reihe: c^m, $(\sqrt{c})^n$; darunter: $\sqrt[3]{c}$; darunter: $c^{-\frac{n}{2}}$

22. Für das Umformen von Wurzeltermen hast du zwei Möglichkeiten:
(1) Du kannst Wurzelgesetze anwenden.
(2) Du kannst die Wurzeln als Potenzen umschreiben und Potenzgesetze anwenden.
Überlege Vor- und Nachteile der beiden Wege; gib auch Beispiele an.

23. a) $\sqrt{3} \cdot \sqrt{27}$ b) $\sqrt[3]{4} \cdot \sqrt[3]{2}$ c) $\sqrt[3]{25} \cdot \sqrt[3]{5}$ d) $\sqrt[4]{27} \cdot \sqrt[4]{3}$ e) $\sqrt[5]{8} \cdot \sqrt[5]{4}$

24. a) $\sqrt[3]{2} : \sqrt{2}$ b) $\sqrt[4]{4} : \sqrt[4]{4}$ c) $\sqrt[8]{2} : \sqrt[4]{2}$ d) $\sqrt{b} : \sqrt[3]{b}$ e) $\sqrt[2]{z} : \sqrt[4]{z}$

25. a) $\dfrac{\sqrt{45}}{\sqrt{5}}$ b) $\dfrac{\sqrt{72}}{\sqrt{8}}$ c) $\dfrac{\sqrt[3]{81}}{\sqrt[3]{3}}$ d) $\dfrac{\sqrt[3]{500}}{\sqrt[3]{4}}$ e) $\sqrt[3]{\dfrac{64}{1000}}$ f) $\sqrt[6]{\dfrac{64}{1\,000\,000}}$

26. a) $\sqrt{\sqrt{16}}$ b) $\sqrt{\sqrt[3]{144}}$ c) $\sqrt[3]{\sqrt{27}}$ d) $\sqrt{\sqrt[3]{49}}$ e) $\sqrt[4]{\sqrt[3]{64}}$

$$\sqrt[3]{\sqrt{8}} = \sqrt[6]{8} = \sqrt{\sqrt[3]{8}} = \sqrt{2}$$

Bruchterme

5.7 Bruchterme

5.7.1 Multiplikation von Bruchtermen

Du kennst aus der Bruchrechnung die Regel über die Multiplikation von Brüchen.

> **Regel über die Multiplikation von Brüchen**
> Brüche werden miteinander multipliziert, indem man Zähler mit Zähler und Nenner mit Nenner multipliziert.
> *Formel für die Multiplikation von Brüchen:* $\frac{a}{b} \cdot \frac{c}{d} = \frac{a \cdot c}{b \cdot d}$ (für $b \neq 0$, $d \neq 0$)

Aufgabe 1

Wende die Regel über die Multiplikation auf folgende Bruchterme an:

(1) $\frac{xy}{pq} \cdot \frac{x^2 y}{p^2 q}$ (2) $\frac{x+y}{a} \cdot \frac{x-y}{a}$ (3) $\frac{x+y}{z} \cdot \frac{x+y}{y}$

Lösung

(1) $\frac{xy}{pq} \cdot \frac{x^2 y}{p^2 q} = \frac{xy \cdot x^2 y}{pq \cdot p^2 q} = \frac{x^3 y^2}{p^3 q^2}$ (für $p \neq 0$, $q \neq 0$)

(2) $\frac{x+y}{a} \cdot \frac{x-y}{a} = \frac{(x+y) \cdot (x-y)}{a \cdot a} = \frac{x^2 - y^2}{a^2}$ (für $a \neq 0$)

(3) $\frac{x+y}{z} \cdot \frac{x+y}{y} = \frac{(x+y) \cdot (x+y)}{z \cdot y} = \frac{x^2 + 2xy + y^2}{yz}$ (für $y \neq 0$, $z \neq 0$)

Weiterführende Aufgabe

2. *Kürzen vor dem Ausrechnen*

   a) Gelegentlich kann man vor dem Ausrechnen der Produkte im Zähler und im Nenner kürzen. Erkläre die Rechnung.

   $\frac{a+b}{a} \cdot \frac{a^2}{(a+b)^2} = \frac{(a+b) \cdot a^2}{a \cdot (a+b)^2} = \frac{a}{a+b}$
   (für $a \neq 0$, $a + b \neq 0$)

   b) Rechne ähnlich:

   (1) $\frac{a-b}{a^2} \cdot \frac{a}{a^2 - b^2}$ (2) $\frac{a^2 - b^2}{(a+b)^2} \cdot \frac{a^2 - b^2}{(a-b)^2}$ (3) $\frac{a^2 + 2ab + b^2}{a-b} \cdot \frac{a^2 - 2ab + b^2}{a+b}$

Übungsaufgabe

3. Herr Hultsch überrascht seine Klasse gern mit Zahlenzaubereien: „Denke dir eine Zahl und viertele ihr Quadrat. Merke dir dieses Zwischenergebnis. Nun dividiere 2 durch deine gedachte Zahl. Multipliziere dieses Ergebnis mit dem Zwischenergebnis. Nenne mir dein Endergebnis, und ich sage dir deine gedachte Zahl."
Führe diese Zahlenzaubereien für verschiedene Zahlen durch. Erkennst du den Trick? Kannst du ihn auch begründen?

4. Wende die Regel über die Multiplikation von Brüchen an.

a) $\frac{x}{y} \cdot \frac{u}{v}$ c) $\frac{1}{x} \cdot \frac{x}{y}$ e) $\frac{4}{a^2} \cdot \frac{0{,}5}{a}$ g) $\frac{2}{3} \cdot \frac{5a}{7b}$ i) $\frac{2a}{5b} \cdot \frac{c}{b}$

b) $\frac{3a}{8b} \cdot \frac{21}{2{,}5}$ d) $\frac{4a}{1b} \cdot \frac{3x}{5y}$ f) $\frac{8xy}{2z} \cdot \frac{2x}{3y}$ h) $\frac{x}{y} \cdot \frac{2x}{3y}$ j) $\frac{x+y}{x-y} \cdot \frac{x}{y}$

5. a) $\dfrac{4x^2}{5a} \cdot \dfrac{7y^2}{3a^2}$ c) $\dfrac{x+y}{x \cdot y} \cdot \dfrac{x}{y}$ e) $\dfrac{7a}{9b} \cdot \dfrac{4ya}{3b^2}$ g) $\dfrac{3a^2}{4b^2} \cdot \dfrac{6bc}{48a}$ i) $\dfrac{a}{b} \cdot \dfrac{b^2}{2a} \cdot \dfrac{-3}{b}$

   b) $\dfrac{7p^2}{8q} \cdot \dfrac{9q^2}{5p}$ d) $\dfrac{b}{a-b} \cdot \dfrac{a-b}{a}$ f) $\dfrac{7x}{3y} \cdot \dfrac{15y}{14xy^2}$ h) $\dfrac{5x}{8y} \cdot \dfrac{16y^2}{25x^2}$ j) $-r \cdot s \cdot \dfrac{r+s}{r^2} \cdot (-4r)$

6. Wurde richtig gerechnet? Korrigiere sonst die rechte Seite.

   a) $\dfrac{3a}{b} \cdot \dfrac{x}{4} = \dfrac{3a-ax}{4b}$ b) $\dfrac{7}{u \cdot v} \cdot \dfrac{7}{w} = \dfrac{14}{u \cdot w \cdot v \cdot w}$ c) $\dfrac{a+b}{2} \cdot \dfrac{c}{2} = \dfrac{ac+bx}{4}$

7. a) $\left(\dfrac{x}{2}\right)^2$ b) $\left(\dfrac{-2x}{y}\right)^2$ c) $\left(\dfrac{u}{-v}\right)^2$ d) $\left(\dfrac{4ab}{7x}\right)^2$ e) $\left(\dfrac{-8pr}{3xy}\right)^2$ f) $\left(\dfrac{a+b}{a-b}\right)^2$ g) $\left(\dfrac{2x+y}{3x-y}\right)^2$

8. a) $\dfrac{a+b}{c+d} \cdot \dfrac{a-b}{c-d}$ d) $\dfrac{4x+5}{x-4} \cdot \dfrac{2x-3}{x+4}$

   b) $\dfrac{5a}{x+y} \cdot \dfrac{x+y}{2b}$ e) $\dfrac{a+b}{x-y} \cdot \dfrac{a+b}{x-y}$

   c) $\dfrac{2ab+b}{x-y} \cdot \dfrac{x+y}{3b}$ f) $\dfrac{x^2-1}{x-1} \cdot \dfrac{2x}{x+1}$

$$\dfrac{x+y}{u-v} \cdot \dfrac{x-y}{u+v} = \dfrac{(x+y) \cdot (x-y)}{(u-v) \cdot (u+v)} = \dfrac{x^2-y^2}{u^2-v^2}$$
(für $u \neq v$, $u \neq -v$)

9. a) $\dfrac{a}{b} \cdot 3b$ e) $\dfrac{a+b}{a^2+b^2} \cdot (a-b)$

   b) $\dfrac{4y}{5x} \cdot 2x$ f) $\dfrac{x+y}{x-y} \cdot (x+y)$

   c) $\dfrac{8a^2}{3b} \cdot 8b^2$ g) $\dfrac{a-b}{x^2-y^2} \cdot (x-y)$

   d) $\dfrac{4x}{7y} \cdot (x+y)$ h) $\dfrac{8a+3b}{7a^2} \cdot (-4a)$ i) $\dfrac{x-y}{x+y} \cdot (-3zx)$

$$\dfrac{4x}{5y} \cdot 3y = \dfrac{4x \cdot 3y}{5y} = \dfrac{4x \cdot 3}{5} = \dfrac{12x}{5}$$
(für $y \neq 0$)

10. Julia wollte den Term $\dfrac{9v}{u+v} \cdot \dfrac{v^2-u^2}{3v^2}$ von einem Computer-Algebra-System vereinfachen lassen. Sie wundert sich über die Ausgabe. Kannst du ihr helfen?

5.7.2 Division von Bruchtermen

Du kennst aus der Bruchrechnung die Regel über die Division von Brüchen.

Regel über die Division von Brüchen

Durch einen Bruch wird dividiert, indem man mit dem Kehrwert des Bruches multipliziert. Den Kehrwert eines Bruches erhält man durch Vertauschen von Zähler und Nenner.

Formel für die Division von Brüchen: $\dfrac{a}{b} : \dfrac{c}{d} = \dfrac{a}{b} \cdot \dfrac{d}{c} = \dfrac{a \cdot d}{b \cdot c}$ (für $b \neq 0$, $c \neq 0$, $d \neq 0$)

Diese Regel wurde bisher nur für natürliche Zahlen a, b, c, d begründet. Sie gilt jedoch auch für alle rationalen Zahlen a, b, c, d. Auch hier verzichten wir auf einen Beweis.

$$\dfrac{0{,}8}{3} : \dfrac{3}{5} = \dfrac{0{,}8}{3} \cdot \dfrac{5}{3} = \dfrac{4}{9}$$

Bruchterme

Aufgabe 1 Wende die Regel über die Division auf die Bruchterme an: (1) $\dfrac{3a^2}{2b^2} : \dfrac{2a}{3b}$ (2) $\dfrac{x+y}{x} : \dfrac{y}{x+y}$

Lösung

(1) $\dfrac{3a^2}{2b^2} : \dfrac{2a}{3b} = \dfrac{3a^2}{2b^2} \cdot \dfrac{3b}{2a} = \dfrac{3a^2 \cdot 3b}{2b^2 \cdot 2a} = \dfrac{9a}{4b}$ (für $a \neq 0, b \neq 0$)

(2) $\dfrac{x+y}{x} : \dfrac{y}{x+y} = \dfrac{x+y}{x} \cdot \dfrac{x+y}{y} = \dfrac{(x+y)^2}{x \cdot y} = \dfrac{x^2 + 2xy + y^2}{xy}$ (für $x \neq 0, y \neq 0, x \neq -y$)

Übungsaufgaben

2. Führe das Kopfrechnen-Training für verschiedene Zahlen durch.
Was fällt auf?
Kannst du das auch begründen?

Kopfrechnen-Training
* Denke dir eine Zahl
* Dividiere ihren Kehrwert durch ihre Hälfte

3. Wurde richtig gerechnet? Korrigiere sonst die rechte Seite.

a) $\dfrac{2x}{3} : \dfrac{7}{y} = \dfrac{3}{2x} \cdot \dfrac{7}{y} = \dfrac{21}{2xy}$

b) $\dfrac{7r}{5s^2} : \dfrac{2}{s} = \dfrac{7r}{5s^2} \cdot \dfrac{5}{2} = \dfrac{7rs}{10s^2}$

c) $\dfrac{a^2-b^2}{a} : \dfrac{a-b}{b} = \dfrac{a^2-b^2}{a} \cdot \dfrac{b}{a-b} = \dfrac{a-b \cdot b}{a}$

d) $\dfrac{1}{(c+d)^2} : (c+d) = \dfrac{c+d}{(c+d)^2} = \dfrac{1}{c+d}$

4. Wende die Regel über die Division von Brüchen an.

a) $\dfrac{a}{b} : \dfrac{3}{4}$ b) $\dfrac{5e}{2} : \dfrac{0{,}5}{0{,}6}$ c) $\dfrac{3a}{2} : \dfrac{7}{b}$ d) $\dfrac{a}{y} : \dfrac{b}{z}$ e) $\dfrac{3x}{4y} : \dfrac{7x}{2y}$ f) $\dfrac{ax}{b} : \dfrac{a^2x}{b}$

Denke an das Kürzen vor dem Ausrechnen.

5. a) $\dfrac{u^2v^2}{3r} : \dfrac{u \cdot v}{r^2}$ c) $\dfrac{a^2bc}{xyz} : \dfrac{ab^2c}{x^2yz}$ e) $\dfrac{5ax}{6b} : \dfrac{25bx}{12a}$ g) $\dfrac{39ab}{34c} : \dfrac{26c}{85ab}$

b) $\dfrac{9x^2}{7x} : \dfrac{3xy}{28y^2}$ d) $\dfrac{21ab}{4c} : \dfrac{7a}{2c}$ f) $\dfrac{14c^2}{25y^2} : \dfrac{35m}{22u}$ h) $\dfrac{3a^2b}{7xy^2} : \dfrac{6a^2b}{21x^2y}$

6. a) $\dfrac{a+b}{c+d} : \dfrac{c-d}{a-b}$ c) $\dfrac{x}{a+b} : \dfrac{2x}{3(a+b)}$ e) $\dfrac{x+y}{a-b} : \dfrac{x+y}{a^2-b^2}$ g) $\dfrac{a^2-b^2}{(a+b)^2} : \dfrac{a-b}{a+b}$

b) $\dfrac{x+y}{u-v} : \dfrac{u+v}{x}$ d) $\dfrac{a}{a-b} : \dfrac{a}{a+b}$ f) $\dfrac{3(x-y)}{4(a-b)} : \dfrac{6(x-y)}{5(a^2-b^2)}$ h) $\dfrac{(x-y)^2}{x^2-y^2} : \dfrac{x-y}{x+y}$

7. a) $\dfrac{a}{b} = 3a$ e) $\dfrac{9x^2y}{4z} : 3xy^2$

b) $\dfrac{4y}{5x} : 2y$ f) $\dfrac{12xyz^2}{5a} : 8x^2yz$

$\dfrac{4x}{5y} : 2x = \dfrac{4x}{5y} \cdot \dfrac{1}{2x} = \dfrac{4x}{5y \cdot 2x} = \dfrac{2}{5y}$
(für $x \neq 0, y \neq 0$)

c) $\dfrac{3xy}{7a} : 2x$ g) $\dfrac{a+b}{a-b} : (a^2-b^2)$

d) $\dfrac{8ab^2}{3c} : 4a^2b$ h) $\dfrac{a^2-b^2}{a} : (a-b)$ i) $\dfrac{(a+b)^2}{b} : (a+b)$ j) $\dfrac{c^2-d^2}{c-d} : (c+d)$

8. a) $4x^2 : \dfrac{3x}{2y}$ e) $(a+b) : \dfrac{a^2-b^2}{(a-b)^2}$

b) $7x^3 : \dfrac{4a}{5b}$ f) $(a-b) : \dfrac{a^2-b^2}{(a+b)^2}$

$4a^2 : \dfrac{2a^3}{5b} = \dfrac{4a^2}{1} \cdot \dfrac{5b}{2a^3}$
$= \dfrac{4a^2 \cdot 5b}{2a^3} = \dfrac{2 \cdot 5b}{a} = \dfrac{10b}{a}$
(für $a \neq 0, b \neq 0$)

c) $4xa : \dfrac{ay}{8xz}$ g) $(a^2-b^2) : \dfrac{(a-b)^2}{(a+b)^2}$

d) $2x^2y : \dfrac{3xy^2}{2z}$ h) $(x+y) : \dfrac{(x+y)^2}{x^2-y^2}$

5.7.3 Addition und Subtraktion von Bruchtermen

Du kennst aus der Bruchrechnung die Regel über die Addition (Subtraktion) gleichnamiger Brüche.

Regel über die Addition (Subtraktion) gleichnamiger Brüche

Man addiert (subtrahiert) gleichnamige Brüche, indem man die Zähler addiert (subtrahiert) und den gemeinsamen Nenner beibehält.

Formel für die Addition (Subtraktion) gleichnamiger Brüche:

$\frac{a}{b} + \frac{c}{b} = \frac{a+c}{b}$ (für $b \neq 0$); $\frac{a}{b} - \frac{c}{b} = \frac{a-c}{b}$ (für $b \neq 0$)

Die Regel wurde bisher nur für natürliche Zahlen a, b, c begründet. Sie gilt jedoch auch für alle rationalen Zahlen.

$\frac{0{,}7}{3} + \frac{2{,}3}{3} = \frac{3}{3} = 1$

Aufgabe 1 Wende die Regel über die Addition bzw. Subtraktion gleichnamiger Brüche auf folgende Terme an:

(1) $\frac{2a+b}{x^2} + \frac{4a+6b}{x^2}$ (2) $\frac{3x}{x-y} - \frac{3y}{x-y}$ (3) $\frac{1}{x^2} + \frac{5}{2x}$

Lösung

(1) $\frac{2a+b}{x^2} + \frac{4a+6b}{x^2} = \frac{2a+b+4a+6b}{x^2} = \frac{6a+7b}{x^2}$ (für $x \neq 0$)

(2) $\frac{3x}{x-y} - \frac{3y}{x-y} = \frac{3x-3y}{x-y} = \frac{3(x-y)}{x-y} = 3$ (für $x \neq y$)

Brüche gleichnamig machen

(3) $\frac{1}{x^2} + \frac{5}{2x} = \frac{2}{2x^2} + \frac{5x}{2x^2} = \frac{2+5x}{2x^2}$ (für $x \neq 0$)

Übungsaufgaben

 2. Führe die Berechnungen fort.
Was fällt dir auf?
Findest du auch eine Begründung?

3. Wende die Regel über die Addition bzw. Subtraktion gleichnamiger Brüche an.

a) $\frac{a}{4} + \frac{b}{4}$ c) $\frac{a}{3} + \frac{b}{3} - \frac{2}{3}$ e) $\frac{1{,}5}{n} + \frac{b}{n} - \frac{0{,}5}{n}$ g) $\frac{8m}{3n} - \frac{7m}{3n}$

b) $\frac{x}{5} - \frac{y}{5}$ d) $\frac{5x}{8} - \frac{3x}{8}$ f) $\frac{7x}{5a} + \frac{4x}{5a}$ h) $\frac{x-y}{n} + \frac{x+y}{n}$

4. a) $\frac{5x}{a} + \frac{7x}{a} - \frac{10x}{a}$ b) $\frac{2x}{5a^2} - \frac{3x}{5a^2} + \frac{7x}{5a^2}$ c) $\frac{2a^2}{5cx} + \frac{4b^2}{5cx} + \frac{8a^2}{5cx}$ d) $\frac{12c^2}{7a^2b} - \frac{5c^2}{7a^2b}$

5. Rechne wie im Beispiel.

a) $\frac{2x+3y}{4} - \frac{2x-3y}{4}$

b) $\frac{11a+9b}{13} - \frac{7a+4b}{13}$

c) $\frac{2a}{n} - \frac{8b-a}{n}$

d) $\frac{3a+b}{a^2} + \frac{7a-5b}{a^2}$

e) $\frac{7a}{a+b} + \frac{7b}{a+b}$

f) $\frac{4x+2y}{x-y} - \frac{3x+2y}{x-y}$

$\frac{a+b}{c} - \frac{a-b}{c} = \frac{(a+b)-(a-b)}{c}$
$= \frac{a+b-a+b}{c}$
$= \frac{2b}{c}$

(für $c \neq 0$)

Bruchstrich ersetzt Klammer.

Bruchterme

6. a) $\dfrac{x+y}{a} + \dfrac{x-y}{a}$ c) $\dfrac{2u+3v}{2a^2} + \dfrac{4u-6v}{2a^2}$ e) $\dfrac{8a^2+2b}{9b} - \dfrac{4a^2-2c+4b}{9b}$

b) $\dfrac{a-b}{b} + \dfrac{a+b}{b}$ d) $\dfrac{4a^2+2b}{8p} + \dfrac{7a^2+5c-b}{8p}$ f) $\dfrac{4a^2-2b^2-c}{2ab^2} - \dfrac{4c+2a+3a^2}{2ab^2}$

7. a) $\dfrac{9}{a+b} + \dfrac{9b}{a+b}$ c) $\dfrac{2a}{a^2-b^2} - \dfrac{a}{a^2-b^2}$ e) $\dfrac{x^2}{x^2-y^2} - \dfrac{y^2}{x^2-y^2}$ g) $\dfrac{x^2}{x^2-y^2} + \dfrac{y^2}{x^2-y^2}$

b) $\dfrac{7a}{x-y} + \dfrac{8a}{x-y}$ d) $\dfrac{x}{x^2-y^2} + \dfrac{y}{x^2-y^2}$ f) $\dfrac{y^2}{x^2-y^2} - \dfrac{y^2}{x^2-y^2}$ h) $\dfrac{x}{x^2-y^2} - \dfrac{y}{x^2-y^2}$

8. a) $\dfrac{2a+3b}{8a} + \dfrac{2a-3b}{8a}$ d) $\dfrac{3a}{2a-3b} + \dfrac{2a-3b}{2a-3b}$ g) $\dfrac{5x+y}{x^2-y^2} - \dfrac{x+3y}{x^2-y^2} + \dfrac{3y-2x}{x^2-y^2}$

b) $\dfrac{5a-3b}{2a-7b} + \dfrac{3a+9b}{2a-7b}$ e) $\dfrac{u-2v}{u+v} - \dfrac{u+3v}{u+v}$ h) $\dfrac{(a+b)^2}{a^2+b^2} - \dfrac{(a-b)^2}{a^2+b^2}$

c) $\dfrac{3x-9y}{5x+3y} - \dfrac{11x+8y}{5x+3y}$ f) $\dfrac{4r+s}{r+s} - \dfrac{r-3s}{r+s}$ i) $\dfrac{x^2+4x-6}{3a-5} + \dfrac{2x^2-2x+5}{3a-5} + \dfrac{x^2+1}{3a-5}$

9. a) $\dfrac{5}{x} + \dfrac{5}{y}$ d) $\dfrac{1}{5x} - \dfrac{1}{3x}$ g) $\dfrac{5a}{4y} - \dfrac{2b}{8x}$ j) $\dfrac{a}{4b} - \dfrac{b}{6c}$

b) $\dfrac{x}{a} + \dfrac{y}{b}$ e) $\dfrac{4a}{3y} + \dfrac{2}{4y}$ h) $\dfrac{x}{7a} + \dfrac{y}{5b}$ k) $\dfrac{5}{12x^2} + \dfrac{7}{16y}$

c) $\dfrac{2a}{x} + \dfrac{3a}{y}$ f) $\dfrac{4x}{6a} + \dfrac{7y}{3b}$ i) $\dfrac{4c}{3a^2} + \dfrac{5d}{5b^2}$ l) $\dfrac{t}{4u^2} - \dfrac{s}{5v}$

$$\dfrac{2a}{b} + \dfrac{c^3}{d} = \dfrac{2ad}{bd} + \dfrac{bc^3}{bd} = \dfrac{2ad + bc^3}{bd}$$

(für $b \neq 0$, $d \neq 0$)

10. Die nebenstehende Rechnung ist falsch. Zeige dies durch ein Zahlenbeispiel für a und b. Korrigiere dann die rechte Seite.

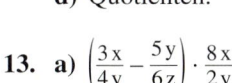

11. Ergänze die Lücken in der Additionsmauer.

a)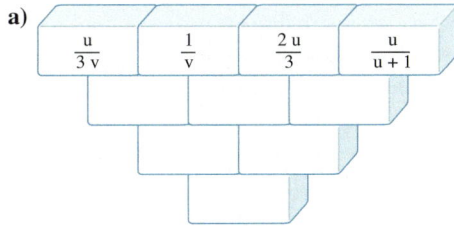

b)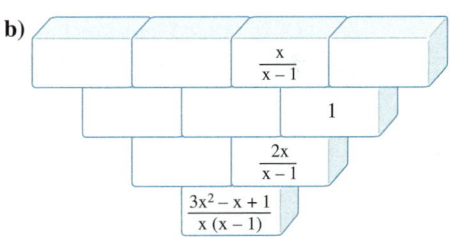

12. Wähle den ersten Term aus dem linken Korb und den zweiten aus dem rechten. Bilde alle möglichen

a) Summen;
b) Differenzen;
c) Produkte;
d) Quotienten.

13. a) $\left(\dfrac{3x}{4y} - \dfrac{5y}{6z}\right) \cdot \dfrac{8x}{2y}$ d) $\left(\dfrac{2u}{3v} + \dfrac{4v}{2v}\right) \cdot \dfrac{u}{4v}$ g) $\left(\dfrac{2a}{7b} - \dfrac{8a}{35b}\right) \cdot (-4a^2bc^2)$

b) $\left(\dfrac{3a}{2b} - \dfrac{4a}{5c}\right) \cdot \dfrac{a}{b}$ f) $\left(\dfrac{1}{a} + \dfrac{1}{b}\right) \cdot \left(\dfrac{1}{a} - \dfrac{1}{b}\right)$ h) $\left(\dfrac{x}{2} - \dfrac{2y}{3} + 5z\right) \cdot \left(\dfrac{2x}{3} - 3y - \dfrac{y}{2}\right)$

c) $\left(\dfrac{4x}{2y} + \dfrac{3y}{4x}\right) \cdot \dfrac{2x}{4y}$ g) $\left(\dfrac{4}{a} - \dfrac{5}{b}\right) \cdot 4a^2b^2$ i) $\left(\dfrac{x}{2} - \dfrac{4}{x}\right)^2 - \left(\dfrac{x}{2} + \dfrac{4}{x}\right) \cdot \left(\dfrac{x}{2} - \dfrac{4}{x}\right)$

Im Blickpunkt

Stimmung einer Tonleiter

ν griechischer Buchstabe Ny.

Die Schüler von Pythagoras, die Pythagoreer, entdeckten, dass Töne, deren Frequenzen im Verhältnis kleiner ganzer Zahlen zueinander stehen, angenehm miteinander klingen.

Ausgehend vom Grundton c einer Oktave ergeben sich dann 12 Halbtöne: Die Tonleiter c – d – e – f – g – a – h

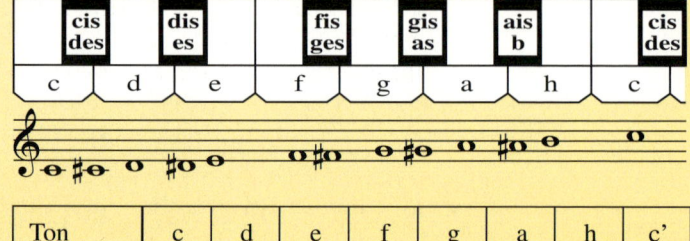

Ton	c	d	e	f	g	a	h	c'
Frequenz	ν	$\frac{9}{8}\nu$	$\frac{81}{64}\nu$	$\frac{4}{3}\nu$	$\frac{3}{2}\nu$	$\frac{27}{16}\nu$	$\frac{243}{128}\nu$	2ν

enthält also neben den Ganztönen c, d, e, g, a, auch Halbtöne f und c. In der pythagoreischen Stimmung haben die Töne ausgehend von der Frequenz ν des Grundtones die in der Tabelle angegebenen Frequenzen.

1. **a)** Berechne, mit welchem Faktor man die Frequenz eines Tones multiplizieren muss, um die des nächsten zu erhalten. Was stellst du fest?

   b) Vergleich die Frequenzverhältnis für Halbtonschritte und Ganztonschritte.

2. Die Unterschiede in den Frequenzverhältnissen bei der pythagoreischen Stimmung führen dazu, dass man eine gegebene Melodie nicht von jedem Grundton aus spielen kann. 1588 lieferte der italienische Musiktheoretiker Gioseffo Zarlino eine exakte geometrische Darstellung zur Stimmung einer Laute in 12 Halbtonschritten, die alle dasselbe Frequenzverhältnis aufweisen.

   Der belgische Mathematiker Simon Stevin beschrieb als erster Europäer um 1600 eine Annäherung an das Frequenzverhältnis mit Hilfe eines von ihm entwickelten Verfahrens zur Wurzelberechnung. Johann Sebastian Bach hat später wesentlich zum Erfolg der wohltemperierten Stimmung beigetragen durch die Komposition von 48 Präludien und Fugen unter dem Titel „Das wohltemperierte Klavier".

   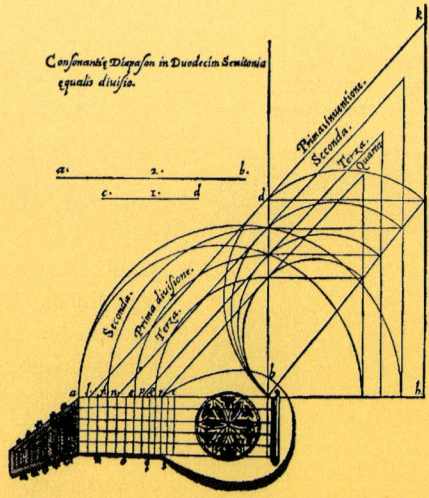

   a) Berechne, welches Frequenzverhältnis ein Halbtonschritt haben muss, wenn alle Halbtonschritte exakt dasselbe Frequenzverhältnis aufweisen.

   b) Der Kammerton a hat die Frequenz 440 Hz, d. h. 440 Schwingungen pro Sekunde. Berechne ausgehend davon die Frequenzen der anderen Töne dieser Oktave nach den pythagoreischen Zahlenverhältnissen und nach der wohltemperierten Stimmung. Vergleiche.

5.8 Potenzfunktionen

5.8.1 Potenzfunktionen mit natürlichen Exponenten

Aufgabe 1

a) Welches Volumen hat ein Würfel mit der Kantenlänge 0,2 dm, 0,5 dm, 1 dm, 1,2 dm bzw. 1,5 dm?
Lege für die Funktion
Kantenlänge x (in dm) → *Volumen y des Würfels (in dm³)*
eine Wertetabelle an.
Erstelle die Funktionsgleichung. Zeichne den Graphen.

b) Verwende nun die gleiche Funktionsgleichung wie in Teilaufgabe a); wähle aber als Definitionsbereich $\mathbb{R}$, d.h. auch negative Ausgangswerte sind möglich. Zeichne den Graphen. Beschreibe Lage und Verlauf des Graphen; achte auch auf Symmetrie.

c) Vergleiche den Graphen aus Teilaufgabe b) mit dem der Funktion $y = x^2$.

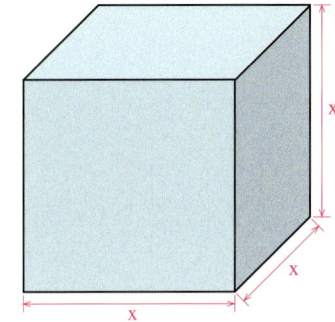

Lösung

a) *Wertetabelle:*

Kantenlänge (in dm)	Volumen (in dm³)
0,2	0,008
0,5	0,125
1	1
1,2	1,728
1,5	3,375

Funktionsgleichung:
$y = x^3$ mit $x > 0$, da es nur positive Längen gibt.

Graph:

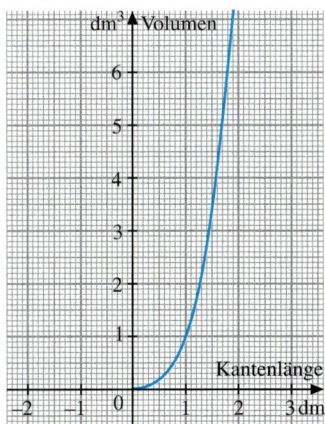

b) *Wertetabelle:*

x	x³
−1,5	−3,375
−1,2	−1,728
−1	−1
−0,5	−0,125
−0,2	−0,008
0	0
0,2	0,008
0,5	0,125
1	1
1,2	1,728
1,5	3,375

Graph:

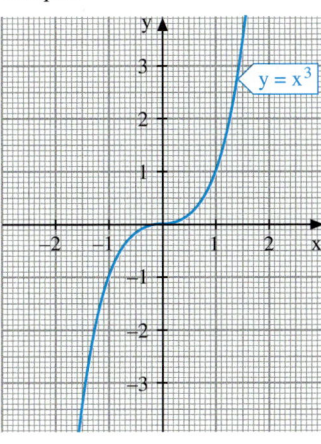

Der Graph der Funktion mit der Gleichung $y = x^3$ und $x \in \mathbb{R}$ steigt von links nach rechts immer an.
Er verläuft vom 3. Quadranten durch den Koordinatenursprung $O(0|0)$ in den 1. Quadranten.
Der Graph ist punktsymmetrisch zum Ursprung O.
Er schmiegt sich in der Umgebung des Ursprungs O an die x-Achse an.

c) Die Quadratfunktion hat die Gleichung $y = x^2$. Ihr Graph fällt für $x \leq 0$ und steigt für $x \geq 0$ an. Er ist achsensymmetrisch zur y-Achse.
Mit dem Graphen der Funktion mit $y = x^3$ hat er nur die Punkte $O(0|0)$ und $P(1|1)$ gemeinsam.

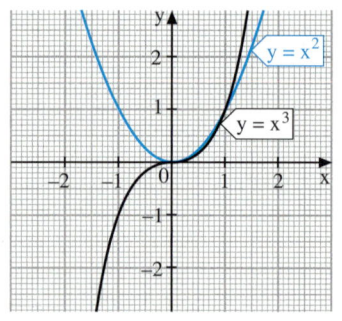

Weiterführende Aufgabe

2. *Graphen der Potenzfunktionen zu $y = x^n$ mit $n \in \mathbb{N}^*$ – Wachstumseigenschaft*

   a) Zeichne die Graphen der Funktionen mit den Gleichungen $y = x^1$; $y = x^2$; $y = x^3$; $y = x^4$; $y = x^5$; $y = x^6$. Vergleiche die Graphen miteinander.

   b) Bei der Quadratfunktion gilt: Verdoppelt [verdreifacht] man den Wert für x, so vervierfacht [verneunfacht] sich der Wert für y. Untersuche, wie der Funktionswert der Funktionen mit $y = x^3$, $y = x^4$, $y = x^n$ sich ändert, wenn man den x-Wert ver-k-facht.

Information

Auch die proportionale Funktion mit $y = x^1$ ist eine Potenzfunktion!

(1) Definition einer Potenzfunktion mit natürlichen Exponenten

Definition
Eine Funktion mit der Gleichung $y = x^n$ mit $x \in \mathbb{R}$ und $n \in \mathbb{N}^*$ heißt **Potenzfunktion.**

(2) Grundtypen von Potenzfunktionen mit natürlichen Exponenten

Man unterscheidet bei den Potenzfunktionen danach, ob der Exponent gerade oder ungerade ist.

Grundtypen von Potenzfunktionen mit natürlichen Exponenten

(1) Gerader Exponent

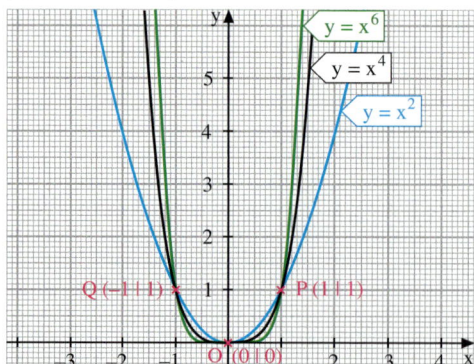

(2) Ungerader Exponent

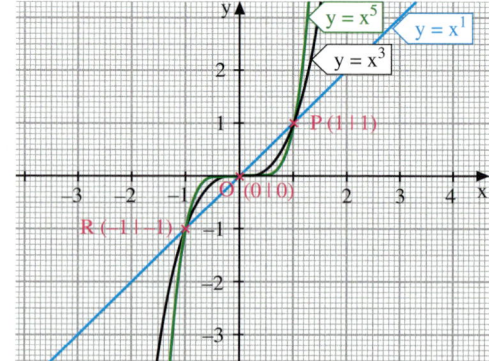

Die Graphen der Potenzfunktionen mit $y = x^n$ und *geradem* Exponenten n sind *symmetrisch* zur y-Achse und haben die gemeinsamen Punkte $O(0|0)$, $P(1|1)$, $Q(-1|1)$.
Sie fallen für $x \leq 0$ und steigen für $x \geq 0$ an.
Der Wertebereich ist $\mathbb{R}_+$.

Die Graphen der Potenzfunktionen mit $y = x^n$ und *ungeradem* Exponenten n sind *symmetrisch* zum Ursprung O und haben die gemeinsamen Punkte $O(0|0)$, $P(1|1)$, $R(-1|-1)$.
Sie steigen überall an.
Der Wertebereich ist $\mathbb{R}$.

Potenzfunktionen

(3) Beweis der Symmetrie der Graphen der Potenzfunktionen mit natürlichem Exponenten

(1) Gerader Exponent

Am Graphen erkennt man: Achsensymmetrie zur y-Achse bedeutet, dass die Funktionswerte von Zahl und zugehöriger Gegenzahl übereinstimmen:
$f(-x) = f(x)$

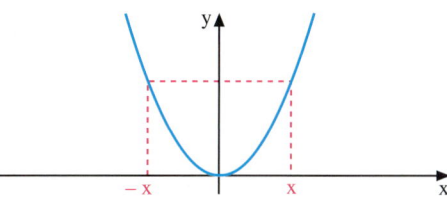

Für gerade Exponenten n gilt:
$f(-x) = (-x)^n = (-1)^n x^n = 1 \cdot x^n$
$\qquad\qquad = x^n$
$\qquad\qquad = f(x)$

Die Funktionswerte an den Stellen x und −x stimmen also überein. Somit ist der Graph symmetrisch zur y-Achse.

(2) Ungerader Exponent

Am Graphen erkennt man: Punktsymmetrie zum Ursprung bedeutet, dass die Funktionswerte von Zahl und zugehöriger Gegenzahl auch Gegenzahlen zueinander sind:
$f(-x) = -f(x)$

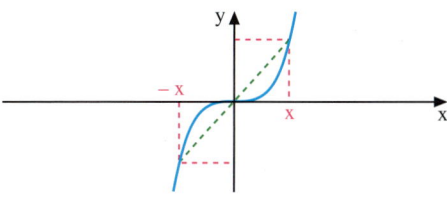

Für ungerade Exponenten n gilt:
$f(-x) = (-x)^n = (-1)^n x^n = -1 \cdot x^n$
$\qquad\qquad = -x^n$
$\qquad\qquad = -f(x)$

Die Funktionswerte $f(x)$ und $f(-x)$ sind also Gegenzahlen voneinander. Somit ist der Graph punktsymmetrisch zum Ursprung.

(4) Wachstumseigenschaft der Potenzfunktionen

In Aufgabe 2 haben wir gesehen, dass eine Verdoppelung (Verdreifachung) eines x-Wertes bei der Potenzfunktion mit $y = x^3$ zu einer Verachtfachung (Versiebenundzwanzigfachung) des zugeordneten y-Wertes führt.

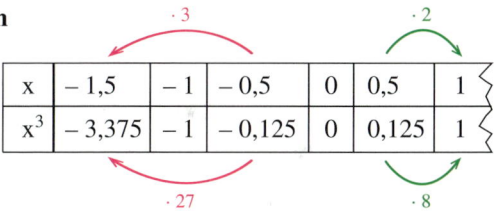

x	−1,5	−1	−0,5	0	0,5	1
x^3	−3,375	−1	−0,125	0	0,125	1

> Für die Potenzfunktion mit $y = x^n$, $n \in \mathbb{N}^*$, gilt:
> Vervielfacht man einen x-Wert mit dem Faktor k, so wird der zugeordnete y-Wert mit der n-ten Potenz des Faktor k, also mit k^n, vervielfacht.

Begründung:

Für den Vervielfachungsfaktor k und die Stelle x gilt für die Potenzfunktion f mit $f(x) = x^n$:
$f(k \cdot x) = (k \cdot x)^n = k^n \cdot x^n = k^n \cdot f(x)$

Übungsaufgaben

PLOT

 3. Zeichne für verschiedene Werte von n die Graphen der Funktionen mit $y = x^n$ mit $n \in \mathbb{N}^*$ in ein gemeinsames Koordinatensystem. Wie ändert sich der Graph, wenn man den Exponenten verändert?
Nenne gemeinsame Eigenschaften und Unterschiede der Graphen.

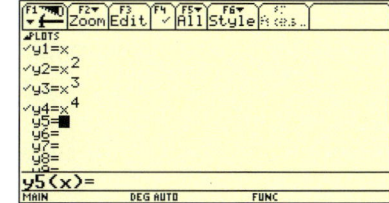

4. Lies aus dem Graphen der Potenzfunktion mit $y = x^3$ [mit $y = x^4$]
   a) die Funktionswerte an den Stellen 0,8; −0,8; 1,3; −1,3 ab;
   b) die Stellen ab, an denen die Potenzfunktion (1) den Wert 2; (2) den Wert 3 annimmt.

5. Erstelle für geeignete x-Werte eine Wertetabelle für die Potenzfunktionen mit:

   a) $y = x^6$ b) $y = x^7$ c) $y = x^8$ d) $y = x^9$

   Zeichne den Graphen.

6. Anne, Bea und Marie haben den Graphen der Potenzfunktion zu $y = x^3$ gezeichnet. Kontrolliere ihre Zeichnungen.

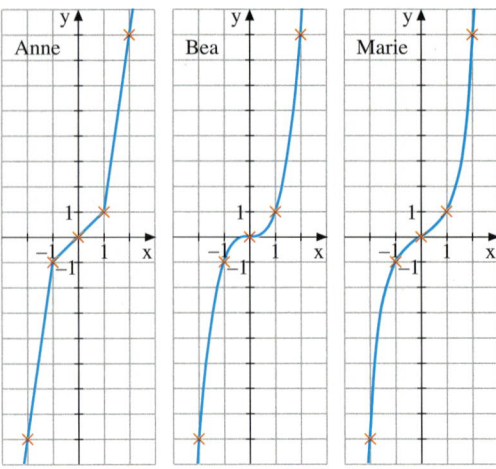

7. Berechne zur Potenzfunktion f mit
   (1) $f(x) = x^4$; (2) $f(x) = x^5$; (3) $f(x) = x^6$
   die Funktionswerte:
   $f(3)$; $f(-2)$; $f(0,8)$; $f(-1,5)$; $f(-\frac{3}{2})$;
   $f(\sqrt{2})$; $f(a)$; $f(2a)$; $f(a^2 b)$; $f(\sqrt{a})$

8. Die Potenzfunktion hat die Gleichung a) $y = x^3$; b) $y = x^4$.
   Stelle fest, welche der Punkte zum Graphen der Potenzfunktion gehören.

   $P_1(2|16)$, $P_3(-2|4)$, $P_5(-2|8)$, $P_7(1|1)$, $P_9(-1|1)$, $P_{11}(0|1)$,
   $P_2(2|8)$, $P_4(-2|-16)$, $P_6(-2|-8)$, $P_8(1|-1)$, $P_{10}(-1|-1)$, $P_{12}(0|0)$

9. Die Punkte gehören zum Graphen der angegebenen Potenzfunktion. Bestimme die fehlende Koordinate.

   a) $y = x^3$; $P_1(4|\square)$, $P_2(\square|27)$, $P_3(\square|-27)$, $P_4(\square|0,125)$, $P_5(-0,5|\square)$

   b) $y = x^4$; $P_1(-2|\square)$, $P_2(0,2|\square)$, $P_3(-0,2|\square)$, $P_4(\square|0)$, $P_5(\square|81)$

10. Fülle die Lücken aus. Beachte Symmetrieeigenschaften.

a) x	x^4	b) x	x^5	c) x	x^6	d) x	x^5
1,2	2,0736	0,9	0,59049	0,5	0,015625	0,7	−0,16807
1,7	8,3521	1,3	3,71293	1,1	1,771561	1,2	−2,48832
−1,2		−0,9		−0,5			−0,16807
−1,7		−1,3		−1,1			−2,48832

11. Ordne der Größe nach, ohne zu rechnen. Beginne mit dem kleinsten Potenzwert.

    a) $(-2,4)^3$; $4,1^3$; $(-1,8)^3$; $3,6^3$; $(-3,2)^3$; 0^3

    b) $(-2,4)^4$; $4,1^4$; $(-1,8)^4$; $3,6^4$; $(-3,2)^4$; 0^4

12. Zeichne den Graphen. Beschreibe, wie er aus dem Graphen der zugehörigen Potenzfunktion hervorgeht. Welche Symmetrie zeigt er? Gib auch den Wertebereich an.

    a) $y = 0,2\,x^4$ b) $y = \frac{1}{2}x^5$ c) $y = -\frac{1}{2}x^4$ d) $y = -\frac{1}{2}x^5$

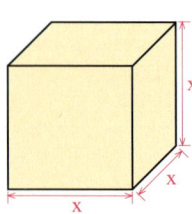

13. a) Untersuche, wie sich das Volumen eines Würfels ändert, wenn die Seitenlänge verdoppelt bzw. verdreifacht wird.

    b) Untersuche dieselbe Aufgabenstellung auch für den Oberflächeninhalt [Gesamtkantenlänge] statt des Volumens.

    c) Verallgemeinere dein Ergebnis für Funktionen mit der Gleichung $y = c \cdot x^n$, wobei $c \in \mathbb{R}$, $n \in \mathbb{N}^*$. Formuliere eine Vermutung und begründe sie.

Potenzfunktionen

14. Merle hat die Graphen zu $y = 100x^2$ und $y = x^4$ mit einer Tabellenkalkulation gezeichnet. Sie behauptet: „Der Graph zu $y = 100x^2$ verläuft immer unterhalb vom Graphen zu $y = x^4$." Nimm Stellung dazu.

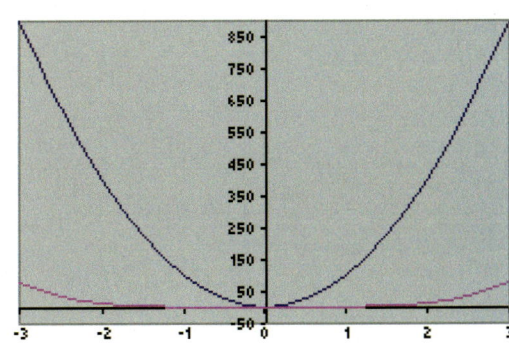

15. Ein Metallwürfel mit der Kantenlänge 2,5 cm wiegt 120 g. Wie viel wiegt ein solcher Metallwürfel mit der Kantenlänge
(1) 5 cm, (2) 7,5 cm, (3) 10 cm?

16. Zeichne den Graphen. Beschreibe, wie er aus dem Graphen zu $y = x^3$ bzw. $y = x^4$ hervorgeht.

a) $y = x^3 - 2$ c) $y = 2x^3$ e) $y = -x^3$ g) $y = (x - 1)^3$
b) $y = x^4 - 3$ d) $y = \frac{1}{2}x^4$ f) $y = -2x^4$ h) $y = (x + 2)^4$

17. Suche zu den angegebenen Graphen die passende Funktionsgleichung.
(1) $y = 0,5x^3$ (3) $y = x^5 - 1$ (5) $y = (x + 2)^4$ (7) $y = 1,2 \cdot x^4$
(2) $y = (x + 2)^3$ (4) $y = 0,5 \cdot x^4$ (6) $y = x^6 - 1$ (8) $y = 0,5 \cdot x^6$

a) 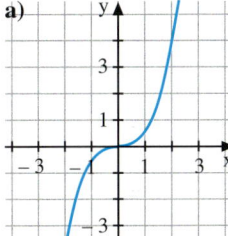 b) 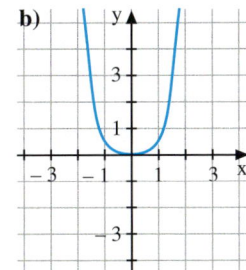 c) 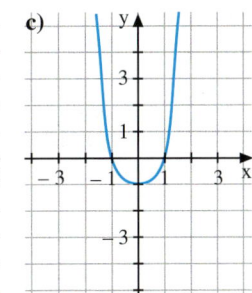 d)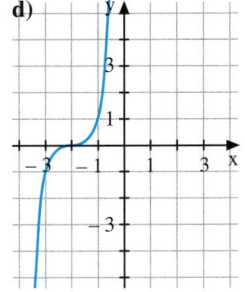

18. Die folgenden Wertetabellen gehören zu Funktionen der Form $f(x) = a \cdot x^n$. Aus den ersten drei Paaren kannst du erkennen, wie groß a und n sein müssen. Ergänze die Lücken.

a)
x	1	2	3	4	−5
f(x)	−1	−8	−27		

b)
x	1	2	3	4	−5
f(x)	−0,1	−1,6	−8,1		

5.8.2 Potenzfunktionen mit negativen ganzzahligen Exponenten

Aufgabe 1

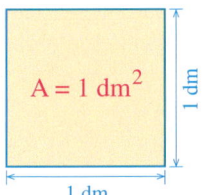

a) Ein Quadrat mit dem Flächeninhalt 1 dm² soll in ein flächeninhaltsgleiches Rechteck verwandelt werden. Diese Aufgabe hat unendlich viele Lösungen, denn zu jeder Länge der einen Seite gehört eine ganz bestimmte Länge der anderen Seite.
Lege für die Funktion *Länge der einen Seite (in dm) → Länge der anderen Seite (in dm)* eine Wertetabelle an. Erstelle die Funktionsgleichung. Zeichne den Graphen.

b) (1) Verwende die Funktionsgleichung aus Teilaufgabe a); wähle aber die größtmögliche Definitionsmenge, d. h. auch negative Ausgangswerte sind möglich. Zeichne den Graphen.
(2) Zeichne ebenso den Graphen zu $y = x^{-2}$.

c) Beschreibe und vergleiche beide Graphen bezüglich Lage, Verlauf und Symmetrie.

Lösung

a) *Wertetabelle:*

Länge der einen Seite (in dm)	Länge der anderen Seite (in dm)
1	1
2	$\frac{1}{2}$
3	$\frac{1}{3}$
4	$\frac{1}{4}$
$\frac{1}{2}$	2
$\frac{1}{3}$	3
$\frac{1}{4}$	4

Funktionsgleichung:
$y = \frac{1}{x}$,
bzw. $y = x^{-1}$
mit $x > 0$, weil es nur positive Längen gibt.

Graph:

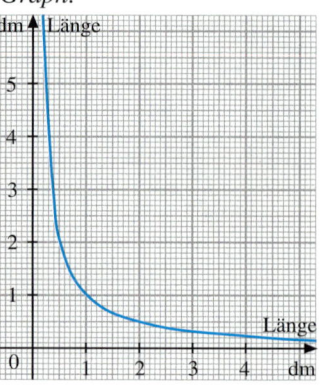

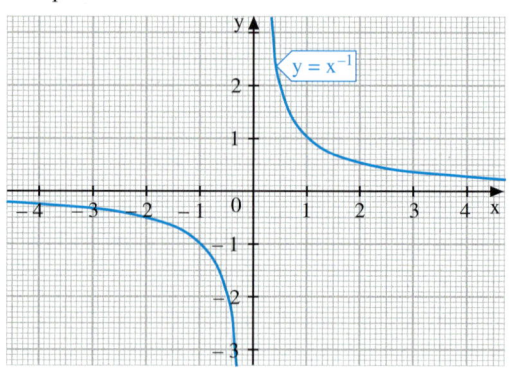

b) (1) Die Funktionsgleichung $y = \frac{1}{x} = x^{-1}$ ist für $x = 0$ nicht definiert. Daher ist der größtmögliche Definitionsbereich $\mathbb{R} \setminus \{0\}$.

Wertetabelle:

x	-2	-1	$-\frac{1}{2}$	$-\frac{1}{3}$	$\frac{1}{3}$	$\frac{1}{2}$	1	2
x^{-1}	$-\frac{1}{2}$	-1	-2	-3	3	2	1	$\frac{1}{2}$

Graph:

> Division durch null ist nicht definiert.

(2) Auch die Funktionsgleichung $y = x^{-2}$ hat als größtmöglichen Definitionsbereich $\mathbb{R} \setminus \{0\}$.

Wertetabelle:

x	-2	-1	$-\frac{1}{2}$	$\frac{1}{2}$	1	2
x^{-2}	$\frac{1}{4}$	1	4	4	1	$\frac{1}{4}$

Graph:

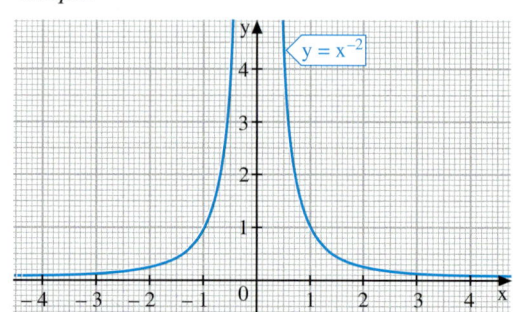

c) Der Vergleich der Graphen der Funktionen mit $y = x^{-1}$ und $y = x^{-2}$ ergibt:
- Beide Graphen bestehen aus zwei Teilen und verlaufen durch den Punkt $P(1|1)$.
- Für sehr große und für sehr kleine Werte von x schmiegen sich die Graphen immer mehr der x-Achse an, ohne sie jemals zu erreichen.
- Je näher der Wert von x bei 0 liegt, umso größer ist der Betrag des Funktionswertes.
- Der Graph zu $y = x^{-1}$ ist punktsymmetrisch zum Ursprung $O(0|0)$; der Graph zu $y = x^{-2}$ ist achsensymmetrisch zur y-Achse.
- Der Graph zu $y = x^{-1}$ fällt sowohl für $x < 0$ als auch für $x > 0$ von links nach rechts; der Graph zu $y = x^{-2}$ steigt für $x < 0$ von links nach rechts an und fällt für $x > 0$.

Potenzfunktionen

Weiterführende Aufgabe

2. *Potenzfunktionen mit negativen ganzzahligen Exponenten – Graph, Wachstumseigenschaft*

a) Zeichne die Graphen der Funktionen mit den Gleichungen
$y = x^{-1}$; $y = x^{-2}$; $y = x^{-3}$; $y = x^{-4}$; $y = x^{-5}$; $y = x^{-6}$.
Vergleiche die Graphen miteinander.

b) Wie ändert sich der Funktionswert der Funktionen mit $y = x^{-1}$; $y = x^{-2}$; $y = x^{-3}$, wenn man den x-Wert verdoppelt [verdreifacht; halbiert]?

Information

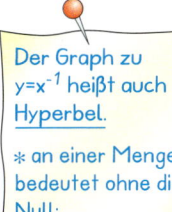

Der Graph zu $y=x^{-1}$ heißt auch Hyperbel.

∗ an einer Menge bedeutet ohne die Null:
$\mathbb{Z}^* = \mathbb{Z}\setminus\{0\}$

(1) Definition einer Potenzfunktion mit negativen ganzzahligen Exponenten

Auch die Funktionen mit $y = x^{-1}$, $y = x^{-2}$, ... heißen *Potenzfunktionen*. Wir verallgemeinern:

Definition
Eine Funktion mit $y = x^n$ mit $x \in \mathbb{R}^*$ und $n \in \mathbb{Z}^*$ heißt **Potenzfunktion**.

(2) Grundtypen von Potenzfunktionen mit negativen Exponenten

Die in der Lösung der Aufgabe 1 b und der Aufgabe 2 erkannten Eigenschaften gelten allgemein.

Grundtypen von Potenzfunktionen mit negativen Exponenten und ihre Eigenschaften

(1) Gerader Exponent

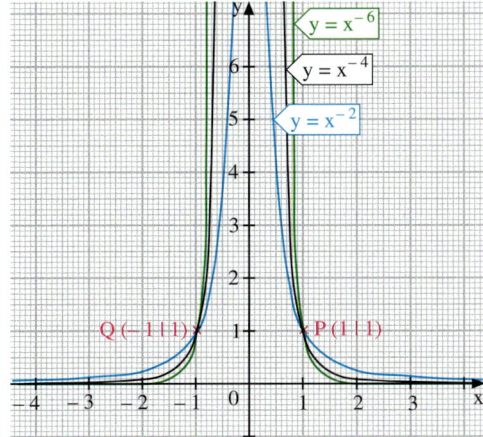

(2) Ungerader Exponent

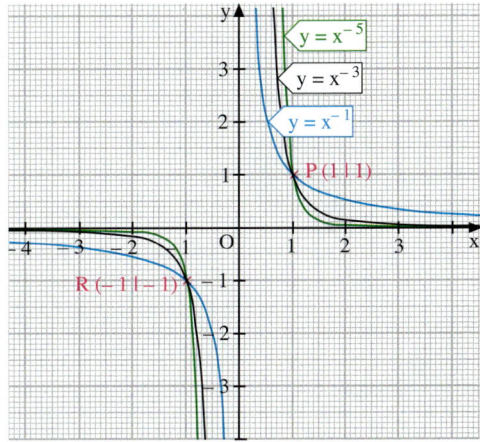

Die Graphen der Potenzfunktionen mit $y = x^{-n}$ und geradem Exponenten $n \in \mathbb{N}^*$ sind *symmetrisch* zur y-Achse und haben die gemeinsamen Punkte $P(1|1)$ und $Q(-1|1)$.
Sie steigen für $x < 0$ an und fallen für $x > 0$.
Der Wertebereich ist $\mathbb{R}_+^*$.

Die Graphen der Potenzfunktionen mit $y = x^{-n}$ und ungeradem Exponenten $n \in \mathbb{N}^*$ sind *symmetrisch* zum Ursprung O und haben die gemeinsamen Punkte $P(1|1)$ und $R(-1|-1)$.
Sowohl für $x < 0$ als auch für $x > 0$ fallen sie.
Der Wertebereich ist $\mathbb{R}^*$.

Gemeinsame Eigenschaften der Potenzfunktionen mit negativen ganzzahligen Exponenten sind:
(1) Die Funktionen sind für $x = 0$ nicht definiert. Der größtmögliche Definitionsbereich ist $\mathbb{R}^* = \mathbb{R}\setminus\{0\}$.
Die Graphen bestehen aus zwei Teilen.
(2) Die Graphen schmiegen sich den Koordinatenachsen an.

(3) Beweis der Symmetrie der Graphen der Potenzfunktionen mit negativen Exponenten

Für gerade Exponenten $n \in \mathbb{N}^*$ gilt für die Potenzfunktion mit der Gleichung $y = x^{-n}$:

$$f(-x) = (-x)^{-n} = \frac{1}{(-x)^n} = \frac{1}{(-1)^n x^n} = \frac{1}{x^n} = x^{-n} = f(x)$$

Die Funktionswerte von Zahl x und zugehöriger Gegenzahl –x stimmen also überein.
Folglich ist der Graph in diesem Fall achsensymmetrisch zur y-Achse.

Für ungerade Exponenten $n \in \mathbb{N}^*$ gilt dagegen:

$$f(-x) = (-x)^{-n} = \frac{1}{(-x)^n} = \frac{1}{(-1)^n x^n} = \frac{1}{-x^n} = -\frac{1}{x^n} = -x^{-n} = -f(x)$$

Für die Gegenzahl –x einer Zahl x ist auch der Funktionswert f(–x) die Gegenzahl zum Funktionswert f(x).
Folglich ist der Graph punktsymmetrisch zum Ursprung O(0|0).

(4) Wachstumseigenschaft der Potenzfunktionen mit negativen Exponenten

In Aufgabe 2 haben wir für die Potenzfunktionen mit negativen Exponenten entdeckt:

> Für die Potenzfunktion mit $y = x^{-n}$, $n \in \mathbb{N}^*$, gilt:
> Vervielfacht man einen x-Wert mit dem Faktor k, so wird der zugeordnete y-Wert mit dem Faktor k^{-n} vervielfacht.

Begründung:
Für die Stelle x und den Vervielfachungsfaktor k gilt für die Potenzfunktion f mit $f(x) = x^{-n}$:
$f(k \cdot x) = (k \cdot x)^{-n} = k^{-n} \cdot x^{-n} = k^{-n} \cdot f(x)$

Übungsaufgaben

3. Zeichne für verschiedene Werte von n die Graphen von Potenzfunktionen mit $y = x^{-n}$ und $n \in \mathbb{N}^*$ in ein gemeinsames Fenster. Wie ändert sich der Graph, wenn man den Exponenten verändert? Nenne gemeinsame Eigenschaften und Unterschiede der Graphen.

4. Lies aus dem Graphen der Potenzfunktion mit $y = x^{-1}$ [mit $y = x^{-2}$]
   a) die Funktionswerte an den Stellen 0,8; –0,8; 1,3; –1,3 ab;
   b) die Stellen ab, an denen die Funktion   (1) den Wert 2;   (2) den Wert $\frac{1}{4}$ annimmt.
   Kontrolliere rechnerisch.

5. Moritz hat den Graphen der Potenzfunktion zu $y = x^{-3}$ gezeichnet. Kontrolliere und erläutere deine Anmerkungen.

6. Berechne zur Potenzfunktion f mit $f(x) = x^{-4}$ [$f(x) = x^{-7}$] die Funktionswerte:

$f(3)$; $f(-3)$; $f(0,1)$; $f(-0,1)$; $f\left(-\frac{3}{2}\right)$;
$f(-5,2)$; $f(\sqrt{2})$; $f(a)$; $f(a^2 b)$; $f(\sqrt{a})$.

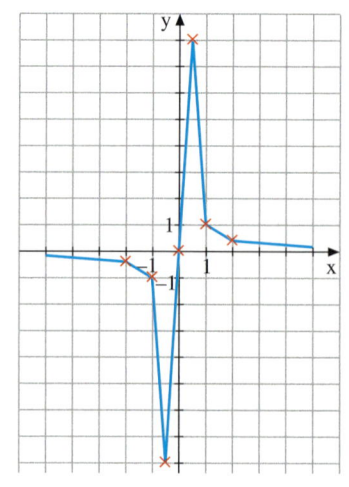

7. Stelle mithilfe eines Taschenrechners eine Wertetabelle auf für die Potenzfunktionen mit:
   a) $y = x^{-5}$ b) $y = x^{-6}$ c) $y = x^{-7}$ d) $y = x^{-8}$.
   Wähle die x-Werte geeignet. Zeichne den Graphen.

Potenzfunktionen

8. Fülle die Lücken aus. Beachte Symmetrieeigenschaften.

a)
x	x^{-1}
2,5	0,4
−0,8	1,25
−2,5	
0,8	

b)
x	x^{-2}
0,25	16
1,25	0,64
−0,25	
−1,25	

c)
x	x^{-3}
0,1	1 000
1,25	0,512
−0,1	
−1,25	

9. Ordne der Größe nach. Beginne mit dem kleinsten Funktionswert.

a) $4{,}1^{-1}$; $(-1{,}8)^{-1}$; $3{,}6^{-1}$; $(-3{,}2)^{-1}$; 10^{-1} b) $4{,}1^{-2}$; $(-1{,}8)^{-2}$; $3{,}6^{-2}$; $(-3{,}2)^{-2}$; 10^{-2}

10. Zeichne den Graphen. Welche Symmetrie zeigt er? Gib auch den Wertebereich an.

a) $f(x) = 0{,}2 \cdot x^{-1}$ b) $f(x) = \frac{1}{2} \cdot x^{-2}$ c) $f(x) = -\frac{1}{2} \cdot x^{-3}$ d) $f(x) = 1{,}1 \cdot x^{-2}$

11. Wie verändert sich der Funktionswert der Funktionen mit $y = a \cdot x^{-n}$ und $n \in \mathbb{N}^*$, wenn man den x-Wert ver-k-facht? Untersuche an Beispielen und formuliere dann einen Satz. Beweise ihn.

12. Skizziere den Graphen. Beschreibe, wie er aus dem zu $y = x^{-1}$ bzw. $y = x^{-2}$ hervorgeht.

a) $y = x^{-1} + 2$ c) $y = \frac{1}{2} x^{-1}$ e) $y = -x^{-1}$ g) $y = (x+2)^{-1}$

b) $y = x^{-2} - 3$ d) $y = 2x^{-2}$ f) $y = -3x^{-2}$ h) $y = (x-1)^{-2}$

13. Suche zu den angegebenen Graphen die passende Funktionsgleichung:

(1) $y = 3x^{-1}$ (3) $y = x^{-3} - 2$ (5) $y = 0{,}5 \cdot x^{-2}$ (7) $y = -2x^{-2}$

(2) $y = x^{-4} - 2$ (4) $y = 2 \cdot x^{-2}$ (6) $y = 0{,}5 \cdot x^{-6}$ (8) $y = 0{,}5 \cdot x^{-3}$

a) 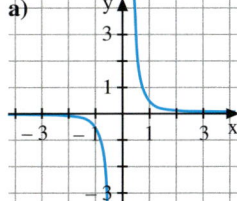   b) 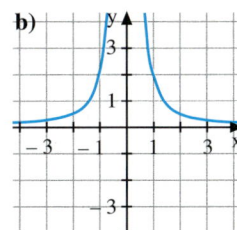   c) 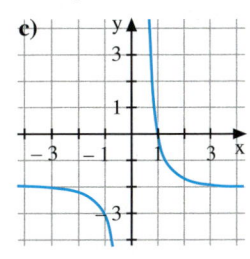   d)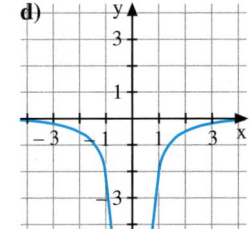

14. Stelle dir die Graphen der Funktionen (1) $f(x) = 10 \cdot x^{-1}$, (2) $f(x) = -x^{-2}$, (3) $f(x) = x^{-7}$, (4) $f(x) = -2 \cdot x^{-1}$ vor. Welche erfüllen die folgenden Bedingungen?

a) Der Graph verläuft durch (1|1).

b) Der Graph verläuft durch (−1|−1).

c) Der Graph ist symmetrisch zum Ursprung.

d) Der Graph schmiegt sich der x-Achse an.

e) Der Graph schmiegt sich der y-Achse an.

15. Zeichne die Graphen der Funktionen f mit $y = x^{-1}$ und g mit $y = x + 4$ in ein gemeinsames Koordinatensystem. Berechne die Koordinaten der Schnittpunkte der beiden Graphen und kontrolliere dein Ergebnis an der Zeichnung.

16. Üblicherweise wird die Funktion mit der Funktionsgleichung $y = x^0$ nicht mit zu den Potenzfunktionen gerechnet. Überlege, warum.

5.9 Wurzelfunktionen

Aufgabe 1

Zu jedem Volumen eines Würfels gehört eine eindeutig bestimmte Kantenlänge.
Zeichne den Graphen der Funktion
Volumen x → Kantenlänge y
Gib auch die Funktionsgleichung und den Definitionsbereich an.

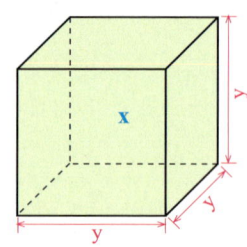

Lösung

Wertetabelle:

x	y
0,125	0,5
1	1
3,375	1,5
8	2

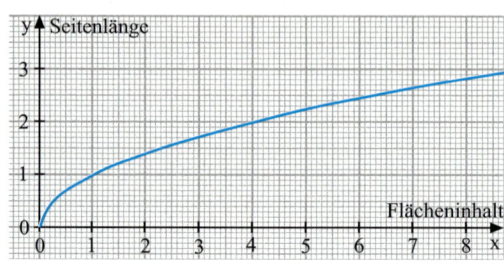

Die Funktionsgleichung lautet $y = x^{\frac{1}{3}}$ mit dem Definitionsbereich $\mathbb{R}_+^*$, da es nur positive Volumina gibt.
Ergänzt man den Graphen um den Punkt $O(0|0)$, so lautet die Funktionsgleichung $y = \sqrt[3]{x}$ mit dem Definitionsbereich $\mathbb{R}_+$.

Information

Wir verallgemeinern das Ergebnis von Aufgabe 1.

> **Definition der Wurzelfunktionen**
> Eine Funktion mit der Gleichung $y = \sqrt[n]{x}$ mit $x \in \mathbb{R}_+$ und $n \in \mathbb{N}^*$ heißt **Wurzelfunktion**.

Die Funktion zu $y = \sqrt{x}$ nennt man auch **Quadratwurzelfunktion**. Anders als bei den Potenzfunktionen mit ganzzahligen Exponenten haben die Graphen der Wurzelfunktionen alle einheitliche Gestalt.

> **Eigenschaften der Wurzelfunktionen**
> Die Graphen aller Wurzelfunktionen haben die gemeinsamen Punkte $O(0|0)$ und $P(1|1)$. Sie steigen ständig an. Der Wertebereich ist $\mathbb{R}_+$.

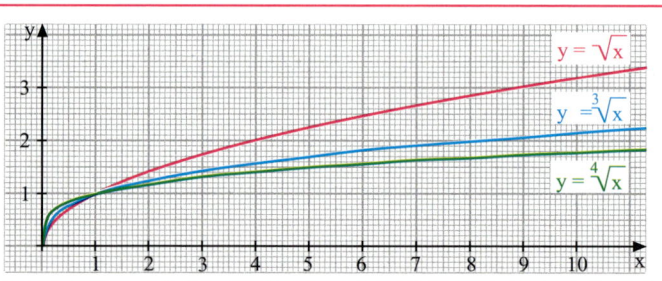

Weiterführende Aufgabe

2. *Wurzelfunktionen als Umkehrfunktionen eingeschränkter Potenzfunktionen*
   Zeige, dass die Potenzfunktion f mit der Gleichung $y = x^3$ [$y = x^n$] im Definitionsbereich $\mathbb{R}_+$ umkehrbar ist und bestimme die Funktionsgleichung der Umkehrfunktion f^*.

Übungsaufgaben

PLOT

 Zeichne die Graphen zu den Funktionen zu $y = \sqrt{x}$ und $y = \sqrt[3]{x}$.
   a) Beschreibe und vergleiche sie.
   b) Welcher Unterschied besteht zu den Graphen der Funktionen zu $y = x^{\frac{1}{2}}$ und $y = x^{\frac{1}{3}}$?

4. Welche der angegebenen Punkte liegen auf dem Graphen zu (1) $y = \sqrt{x}$, (2) $y = \sqrt[3]{x}$?
   $P_1(8|2)$; $P_2(9|3)$; $P_3(8|-2)$; $P_4(1,5|2,25)$; $P_5(0|0)$; $P_6(\frac{1}{8}|\frac{1}{2})$

5.10 Aufgaben zur Vertiefung

1. Näherungswerte für Quadratwurzeln können mithilfe des HERON-Verfahrens bestimmt werden. Die Grundidee basierte auf der geometrischen Veranschaulichung, dass $\sqrt{a}$ die Seitenlänge eines Quadrats mit dem Flächeninhalt a ist.
   Hat man einen Näherungswert x_0 für die Seitenlänge, so muss die zweite Seitenlänge des Rechtecks $\frac{a}{x_0}$ sein, damit sich der Flächeninhalt a ergibt.

   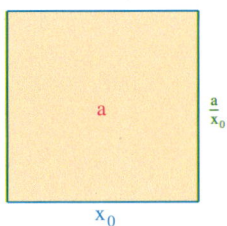

   Das arithmetische Mittel aus x_0 und $\frac{a}{x_0}$, also $\frac{1}{2}\left(x_0 + \frac{a}{x_0}\right)$ ist dann ein noch besserer Näherungswert für $\sqrt{a}$.
   Ermittle so ausgehend von einem ganzzahligen Näherungswert einen verbesserten für $\sqrt{19}$ [$\sqrt{33}$]. Erzeuge anschließend daraus einen noch besseren Näherungswert.

2. **a)** $\sqrt[3]{a}$ kann geometrisch veranschaulicht werden als die Kantenlänge eines Würfels mit dem Volumen a.
   Hat man einen Näherungswert x_0 für die Kantenlänge des Würfels, so kann man damit einen Quader mit quadratischer Grundfläche mit dem geforderten Volumen a erzeugen: Die quadratische Grundfläche hat die Seitenlänge x_0. Die Höhe des Quaders ist dann $\frac{a}{x_0^2}$.
   Begründe.

   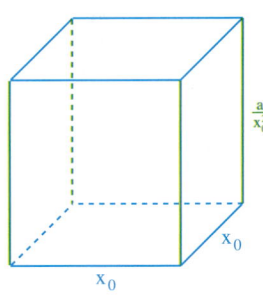

   Ein noch besserer Näherungswert für $\sqrt[3]{a}$ ist dann der Mittelwert aus diesen drei Seitenlängen.
   Folgere so folgende Formel:

   > Ist x_0 ein Näherungswert für $\sqrt[3]{a}$ mit a > 0, so ist $\frac{1}{3}\left(2x_0 + \frac{a}{x_0^2}\right)$ ein erheblich besserer Näherungswert.

   b) Bestimme mithilfe der obigen Formel einen Näherungswert für $\sqrt[3]{4}$ [$\sqrt[3]{10}$], der in zwei Nachkommastellen mit dem exakten Wert übereinstimmt. Wie viele Schritte benötigst du?

3. *Polynomdivision*
   Entsprechend zur schriftlichen Division natürlicher Zahlen kann man auch Terme dividieren, die Summe von Vielfachen von Potenzen einer Variable sind.

   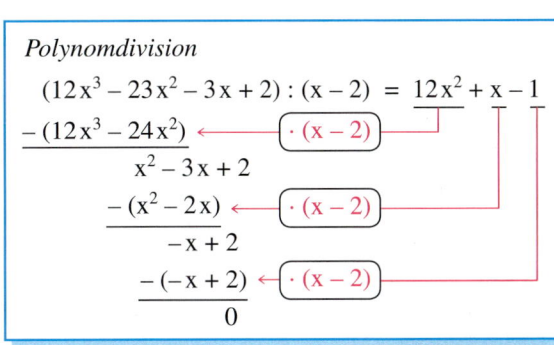

   a) Erläutere das Beispiel rechts.
   b) Dividiere entsprechend.
   (1) $(x^3 - 8x^2 + 22x - 21) : (x - 3)$
   (2) $(x^3 - 8x - 8) : (x + 2)$
   (3) $(x^4 - 1{,}5x^3 - x^2 + 5{,}5x - 6) : (x - 1{,}5)$
   (4) $(2x^4 - 5x^3 + 6x^2 - 9x + 2) : (x - 2)$
   (5) $(3x^5 - 1{,}5x^4 + 1{,}5x^3 + 0{,}5x^2 - 0{,}5x) : (x + 0{,}5)$
   (6) $(x^3 - 1) : (x - 1)$
   (7) $(x^{10} - 1) : (x - 1)$

Bist du fit?

1. Vereinfache durch Anwenden von Potenzgesetzen.

a) $(\sqrt{2})^5 \cdot (\sqrt{2})^{-3}$
b) $(\sqrt{2})^5 : (\sqrt{2})^{-3}$
c) $((\sqrt{2})^3)^4$
d) $\sqrt{2^3} \cdot \sqrt{18^3}$
e) $(\sqrt{2})^{-3} \cdot (\sqrt{18})^{-3}$
f) $\sqrt{2^0} \cdot x^0$
g) $a^{-2} \cdot a$
h) $b^{-2} : b^{-3}$
i) $x^{-4} \cdot y^{-4}$
j) $x^{-3} x^2 x x^5$
k) $a^2 b a^{-1} b^{-3} b^2$
l) $(b^{-3})^{-2}$

2. Eine 120 m lange Brücke besteht aus 5 m langen Einzelteilen. Jedes Teilstück dehnt sich bei einer Temperaturerhöhung um 1 Grad um $6 \cdot 10^{-5}$ m aus. Berechne den Längenunterschied der Brücke im Sommer (45 °C) und im Winter (–15 °C).

3. Vereinfache.

a) $(3^7 - 589)^{\frac{3}{2}-1,5}$
b) $\dfrac{2x}{(x^3)^{\frac{1}{4}}}$
c) $(x^{-0,4} y^{-3,5})^{-0,1}$
d) $\left(r^{\frac{2}{5}} \cdot y^{-\frac{3}{2}}\right)^{-\frac{3}{4}}$
e) $\dfrac{(r^2 \cdot s^2)^{-2}}{(r \cdot s)^{-2}}$
f) $(-a^3)^2 + ((-a)^2)^3 + (-a^2)^3$
g) $(64ac^{-4}d^5 + 40a^3c^2d^{-2}) : (4a^3c^2d^{-1})$
h) $3 \cdot 2^{n+4} - 24 \cdot 2^{n+1}$
i) $\left(\dfrac{10a - 14b}{7x + 2y}\right) \cdot \left(\dfrac{21x + 6y}{5a - 7b}\right)^2$

4. Vereinfache.

a) $(\sqrt[3]{a^2})^6$
b) $\sqrt[3]{2a^2} \cdot 7\sqrt[3]{4a^3} \cdot \frac{3}{4}\sqrt[3]{8a^4}$
c) $\dfrac{\sqrt[4]{12r^3}}{\sqrt[4]{6s^2}} \cdot \dfrac{\sqrt[4]{20rs}}{\sqrt[4]{3r}}$
d) $\sqrt[3]{20ab^2} \cdot \sqrt[3]{400a^2b^7}$
e) $\sqrt[x]{a^4} : \sqrt[2x]{a^{16}}$
f) $(\sqrt{a^5} - \sqrt{a})^2 + 2a^3$

5. Zeichne den Graphen: a) $y = x^3 - 2$ b) $y = 0,5 \cdot x^{-2}$ c) $y = (x-2)^{-3}$ d) $y = -0,4 \cdot x^4$

6. Notiere zu den Graphen mögliche Gleichungen von Potenzfunktionen.

a)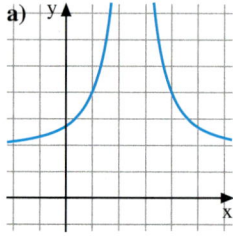
b)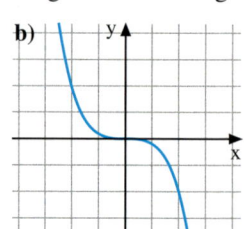
c)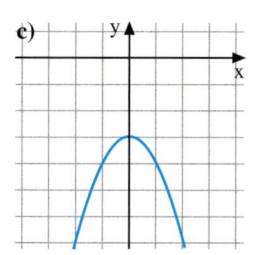
d)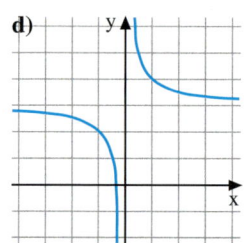

7. Bestimme die Lösungsmenge.

a) $x^3 = 64$
b) $3x^3 - 375 = 0$
c) $x^8 = 256$
d) $\sqrt[3]{x} = -8$
e) $x^5 = 2^3$
f) $(c-3)^3 = 8$
g) $3 \cdot (x+5)^4 = 48$
h) $\sqrt[7]{x} - 5 = 2$
i) $\sqrt[5]{3x} = 3$
j) $\sqrt[4]{3-x} = -2$
k) $\sqrt[3]{4-x} = 12$
l) $4x^6 + 45 = 40$

8. An welchen Stellen steckt deiner Meinung nach ein Fehler? Oder glaubst du alles?

$$-1 = (-1)^3 = (-1)^{6:2} = (-1)^{6 \cdot \frac{1}{2}} = ((-1)^6)^{\frac{1}{2}} = 1^{0,5} = \sqrt{1} = 1$$

6. ÄHNLICHKEIT

Nicole will im Unterricht ein Referat über Zerlegungen eines Quadrates in Quadrate halten. Als Vorlage dient ihr eine Briefmarke, die 1998 zum Internationalen Mathematikerkongress in Berlin von der Deutschen Post ausgegeben wurde.
Sie zeichnet die Zerlegung des Quadrates mit einem Geometrieprogramm ab.

Bei der Projektion der Zeichnung mithilfe eines Beamers erhält Nicole zunächst das linke Bild. Nachdem sie den Beamer anders aufgestellt hat, erhält sie das Bild rechts.

- Was hat Nicole bei der linken Projektion falsch gemacht?
- Vergleiche die Zerlegung des Quadrats in der Zeichnung rechts oben mit den Projektionen auf der Wand.

Das projizierte Bild rechts ist eine maßstäbliche Vergrößerung der Zeichnung oben rechts.
Man sagt dann auch: Beide Bilder sind *ähnlich* zueinander.

Mehr über maßstäblich vergrößerte oder verkleinerte, also zueinander ähnliche Figuren, ihre Konstruktion, ihre Eigenschaften und ihre Anwendungen erfährst du in diesem Kapitel.

6.1 Ähnliche Vielecke

6.1.1 Ähnlichkeit bei Vielecken – Längenverhältnisse

Aufgabe 1

Jakob hat im Urlaub viele Fotos mit seiner Digitalkamera aufgenommen. Er möchte einige seiner Urlaubsbilder auf Postkarten drucken und außerdem eine Auswahl der Bilder auf seine Website stellen. Für den Ausdruck der Urlaubsbilder bietet der Drucker die nebenstehende Größe standardmäßig an.

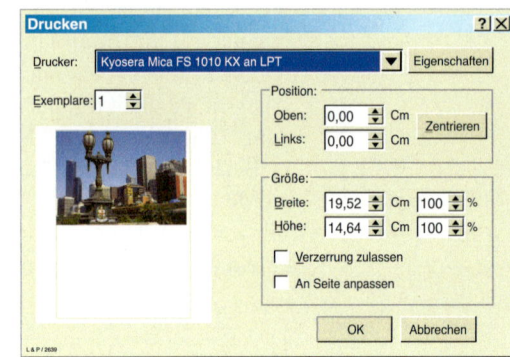

a) Prüfe, ob ein Ausdruck im Postkartenformat 10 cm × 15 cm angefertigt werden kann, ohne dass Teile des Bildes verloren gehen.

b) Prüfe, ob zugeschnitten werden muss, um das Bild in den vorgesehenen Rahmen auf der Website (3 cm × 4 cm) einzupassen.

Lösung

Sowohl für den Ausdruck auf einer Postkarte als auch für den Rahmen auf der Website benötigt man ein kleineres Bild als vom Drucker vorgegeben. Dieses soll nicht verzerrt sein, es muss sich also um eine maßstäbliche Verkleinerung handeln. Dazu muss sowohl die Länge der Seite $\overline{AB}$ als auch die Länge der Seite $\overline{BC}$ mit *demselben* Faktor k verkleinert werden. Folglich muss gelten:

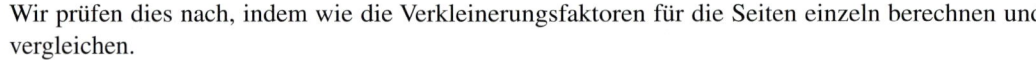

$|A'B'| = k \cdot |AB|$ und $|B'C'| = k \cdot |BC|$,

also: $k = \frac{|A'B'|}{|AB|}$ und $k = \frac{|B'C'|}{|BC|}$.

Wir prüfen dies nach, indem wie die Verkleinerungsfaktoren für die Seiten einzeln berechnen und vergleichen.

a) Für das Postkartenformat ergeben sich die Verkleinerungsfaktoren:

$k_1 = \frac{10}{14{,}64} \approx 0{,}683$; $k_2 = \frac{15}{19{,}52} \approx 0{,}768$

Diese beiden Verkleinerungsfaktoren stimmen nicht überein. Also müsste man für die Postkarte an der kürzeren Seite mit Verlust rechnen, es würde oben oder unten etwas vom Bild abgeschnitten, oder an der längeren Seite bliebe ein weißer Rand.

b) Für die Website ergeben sich die Verkleinerungsfaktoren:

$k_1 = \frac{3}{14{,}64} \approx 0{,}205$; $k_2 = \frac{4}{19{,}52} \approx 0{,}205$

Die Näherungswerte stimmen überein. Rechnet man mit Brüchen, so erkennt man sogar die exakte Übereinstimmung:

$k_1 = \frac{3}{14{,}64} = \frac{300}{1464} = \frac{25}{122}$; $k_2 = \frac{4}{19{,}52} = \frac{400}{1952} = \frac{25}{122}$

In den Websiterahmen passt das Bild vollständig hinein und es füllt ihn ganz aus.

Ähnliche Vielecke

Weiterführende Aufgaben

2. *Längenverhältnisse der Seiten eines Vielecks*

In der Lösung der Aufgabe 1 wurden Verkleinerungsfaktoren für die einzelnen Seiten bestimmt und verglichen. Löse diese Aufgabe auch auf andere Weise folgendermaßen: Bei der Postkarte ist die lange Seite offensichtlich 1,5-mal so lang wie die kurze. Vergleiche diesen Wert mit dem entsprechenden beim Druckerbild und bei dem Website-Rahmen.

3. *Vergrößern einer Figur*

Mit einem Fotokopierer kann man nicht nur verkleinerte, sondern auch vergrößerte Kopien herstellen. Eine rechteckige Zeichnung mit den Maßen 5 cm × 8 cm soll mit dem Faktor 120 % vergrößert werden. Zeichne sowohl für die Zeichnung als auch für die Vergrößerung ein Rechteck.

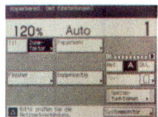

4. *Maßstab bei Zeichnungen und Karten*

Der **Maßstab** bei einer Bauzeichnung oder einer Landkarte gibt das Längenverhältnis einer Strecke in der Zeichnung zu der Strecke in der Wirklichkeit an.

a) Auf einer Landkarte im Maßstab 1 : 25 000 ist der Wanderweg zwischen zwei Burgen 32 cm lang. Wie lang ist der Wanderweg in der Wirklichkeit?

b) Auf einer Hinweistafel wird ein Rundwanderweg mit 12,5 km angegeben. Wie lang ist er auf der Wanderkarte im Maßstab 1 : 25 000?

c) Welche Beziehung besteht zwischen dem Maßstab und dem Verkleinerungsfaktor?

Information

(1) Maßstäbliche Vergrößerungen und Verkleinerungen – Zueinander ähnliche Vielecke

Ein Beamer vergrößert; ebenso kann man mit einem Fotokopiergerät vergrößern, aber auch verkleinern. Beim maßstäblichen Vergrößern ist der Faktor k größer als 1, beim maßstäblichen Verkleinern liegt der Faktor zwischen 0 und 1.

Das maßstäbliche Vergrößern bzw. Verkleinern (ohne Verzerren) bedeutet:

- Die Größen einander entsprechender Winkel bleiben erhalten.
- Die Längen aller Strecken werden mit *demselben* positiven Faktor multipliziert.

Definition

Zwei Vielecke F und G heißen **ähnlich** zueinander, wenn sich ihre Eckpunkte so einander zuordnen lassen, dass gilt:

(1) Entsprechende Winkel sind gleich groß.
(2) Alle Seiten des Vielecks G sind k-mal so lang wie die entsprechenden Seiten des Vielecks F (mit *derselben* positiven Zahl k multipliziert).

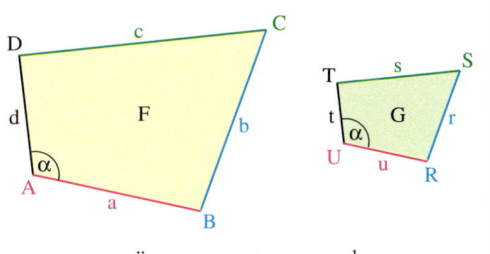

Ähnlichkeitsfaktor k = $\frac{1}{2}$

Sind die Vielecke F und G ähnlich zueinander, so schreibt man kurz:
F ~ G, gelesen: F ist ähnlich zu G.
Der Faktor k heißt **Ähnlichkeitsfaktor**.

(2) Längenverhältnis

Bei der Lösung der Aufgabe 1 und auch bei den weiterführenden Aufgaben haben wir Längen miteinander verglichen, indem wir Quotienten von Seitenlängen gebildet haben. Wir haben also das Verhältnis zweier Längen a und b gebildet. Ein solches Vorgehen kennst du auch schon für andere Größen.

> **Definition**
>
> Beim Vergleich zweier Längen a und b bezeichnet man den Bruch $\frac{a}{b}$ bzw. den Quotienten a : b auch als **Längenverhältnis** oder kurz als *Verhältnis*.
> Den Bruch $\frac{a}{b}$ bzw. den Quotienten a : b liest man dann auch: *a zu b*.
>
> *Beispiel:* Gegeben: |AB| = 0,9 cm und |CD| = 1,5 cm. Dann gilt:
>
> $$\frac{|AB|}{|CD|} = \frac{0{,}9 \text{ cm}}{1{,}5 \text{ cm}} = \frac{9}{15} = \frac{3}{5} = 0{,}6 \quad \text{bzw.} \quad |AB| : |CD| = 0{,}9 : 1{,}5 = 9 : 15 = 3 : 5 = 0{,}6$$
>
> Eine Gleichung wie |AB| : |CD| = 3 : 5 liest man auch: |AB| *verhält sich zu* |CD| *wie 3 zu 5*.
> Eine solche Gleichung nennt man *Verhältnisgleichung* oder auch *Proportion*.
>
> *Beachte:* Das Verhältnis zweier Längen ist eine Zahl.

Proportion ⟨lat.⟩ entsprechendes Verhältnis

Mit dem Längenverhältnis lässt sich der Begriff Ähnlichkeit auch folgendermaßen formulieren:

> **Satz 1**
>
> Wenn sich bei zwei Vielecken F und G ihre Eckpunkte so einander zuordnen lassen, dass gilt:
> (1) Entsprechende Winkel sind gleich groß und
> (2) die Längenverhältnisse entsprechender Seiten stimmen überein,
>
> dann sind die beiden Vielecke ähnlich zueinander, sonst nicht.
>
>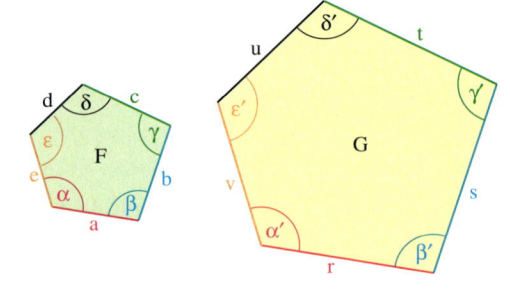
>
> z. B.: $\alpha = \alpha'$; $\gamma = \gamma'$; $\frac{a}{r} = \frac{b}{s}$; $\frac{c}{t} = \frac{d}{u}$

(3) Längenverhältnis zweier Seiten derselben Figur

Die Lösung der weiterführenden Aufgabe 2 führt auf folgenden Satz.

> **Satz 2**
>
> Zwei Vielecke F und G sind zueinander ähnlich, wenn
> (1) das Längenverhältnis je zweier Seiten des Vielecks F und das Längenverhältnis der entsprechenden Seiten des Vielecks G übereinstimmen und
> (2) entsprechende Winkel gleich groß sind,
>
> sonst nicht.
>
>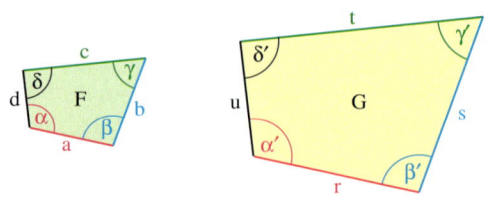
>
> z. B.: $\frac{b}{a} = \frac{s}{r}$; $\frac{a}{c} = \frac{r}{t}$; $\frac{c}{b} = \frac{t}{s}$; $\alpha = \alpha'$

Ähnliche Vielecke

Übungsaufgaben

5. Das Bild des Künstlers ist eingerahmt worden. Das Bild allein ist ein Rechteck; ebenso das Bild zusammen mit dem Rahmen. Vergleiche beide Rechtecke.
Welche Bedingung muss erfüllt sein, damit das eine Rechteck eine maßstäbliche Vergrößerung des anderen Rechtecks ist?

6. a) Vergrößere die Figur maßstäblich mit dem Faktor 2.

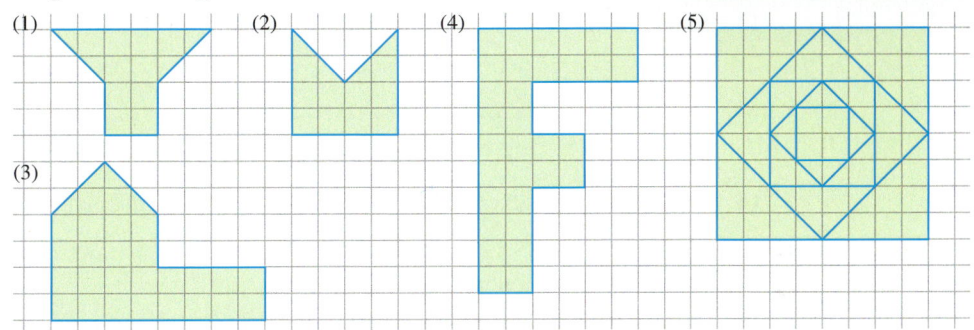

b) Wähle eine Figur aus Teilaufgabe a). Verkleinere sie maßstäblich mit dem Faktor $\frac{1}{2}$.

7. Auf dem Foto siehst du eine Mutter mit ihrer Tochter. Man sagt: Beide sehen sich ähnlich. Vergleiche diesen Begriff „ähnlich" mit dem aus der Mathematik.

8. Prüfe, ob die beiden Vielecke ähnlich zueinander sind. Gib gegebenenfalls auch den Ähnlichkeitsfaktor an.

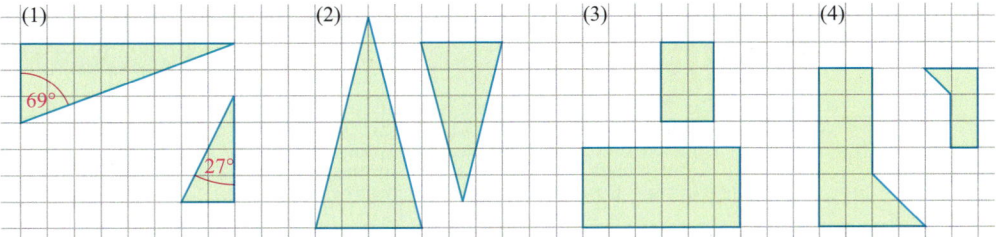

9. Hier siehst du verschiedene Figuren. Suche zwei zueinander ähnliche Figuren heraus. Zeichne die beiden Figuren ins Heft und markiere jeweils einander entsprechende Punkte, entsprechende Winkel und Seiten in derselben Farbe. Begründe dann die Ähnlichkeit. (Es gibt mehrere Möglichkeiten.) Bestimme auch den Ähnlichkeitsfaktor.
Suche weitere Paare von Figuren heraus und verfahre entsprechend.

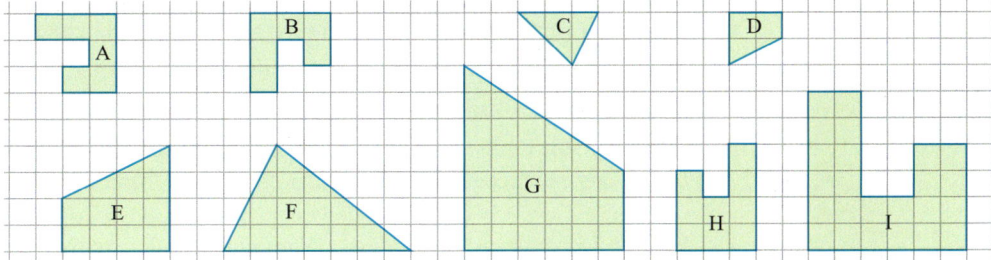

10. Zeichne zwei Parallelogramme [zwei Rhomben], die nicht zueinander ähnlich sind. Begründe.

11. Entscheide, ob die Aussage wahr oder falsch ist.
 (1) Alle Quadrate sind zueinander ähnlich.
 (2) Alle Rechtecke sind zueinander ähnlich.
 (3) Alle gleichseitigen Dreiecke sind zueinander ähnlich.

12. Begründe: Wenn zwei Vielecke kongruent zueinander sind, dann sind sie auch ähnlich zueinander. Gib auch den Ähnlichkeitsfaktor an.

13. Entnimm der Zeichnung das Längenverhältnis $\frac{|PQ|}{|UV|}$, ohne mit dem Lineal zu messen.

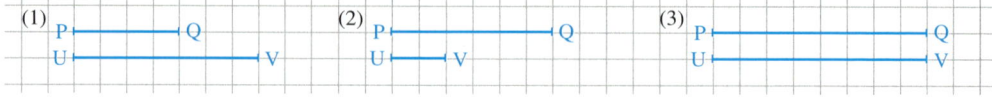

14. Zeichne zwei Strecken |AB| und |CD| mit dem Längenverhältnis:
 a) |AB| : |CD| = 3 : 4 **b)** |AB| : |CD| = 5 : 2 **c)** $\frac{|AB|}{|CD|} = \frac{3}{2}$ **d)** $\frac{|AB|}{|CD|} = 0{,}4$

15. a) Bestimme das Längenverhältnis der Strecke |AB| zur Strecke |CD|.
 (1) $|AB| = \frac{5}{2} \cdot |CD|$ (2) $2 \cdot |CD| = 5 \cdot |AB|$ (3) $|AB| = |CD|$ (4) $7 \cdot |AB| = |CD|$

 b) Gegeben ist das Längenverhältnis zweier Strecken: (1) a : b = 2 : 3; (2) a : b = 1 : $\sqrt{2}$
 Schreibe sowohl a als Vielfaches von b als auch b als Vielfaches von a.

16. Das Längenverhältnis |UV| : |XY| zweier Strecken beträgt (1) 4 : 5; (2) 1 : $\sqrt{3}$.
 Berechne die fehlende Länge für: **a)** |UV| = 1,2 m **b)** |XY| = 16 cm

17.

ICE - Bord-Restaurant-Wagon Spur HO

Nenngröße	Maßstab	Spurweite
HO	1 : 87	16,5 mm
N	1 : 160	9,0 mm
Z	1 : 220	6,5 mm

 a) Wie lang ist der ICE-Bord-Restaurant-Wagen in der Wirklichkeit?
 b) Berechne die Länge des ICE-Wagens für die Spur N [Spur Z].
 c) Eine Tür des ICE-Wagens ist 1 050 mm breit. Berechne das Maß für Spur N [H0; Z].
 d) Das Modell des Endwagens eines ICE 3 hat in der Spur H0 die Länge 295 mm. Berechne die Länge eines entsprechenden Modells in der Spur N [Spur Z].

18. Das höchste Gebäude in Mecklenburg-Vorpommern, der Schweriner Fernsehturm, ist 136 m hoch, der daneben stehende Fernsehmast 273 m hoch. Welchen Maßstab musst du wählen, damit du diese Gebäude in dein Heft (DIN A4) zeichnen kannst?

Ähnliche Vielecke

1 pm, gelesen 1 Pikometer, ist der billionste Teil eines Meters.

19. Ein Eisenatom hat einen Radius von 125 pm. Mit welchem Faktor muss es vergrößert werden, damit es so groß ist wie ein Stecknadelkopf mit r = 1 mm [Ball mit r = 8 cm]?

20. Beweise a) Satz 1 von Seite 236;   b) Satz 2 von Seite 236.

21. Die beiden Dreiecke sind zueinander ähnlich. Schreibe gleiche Längenverhältnisse auf.

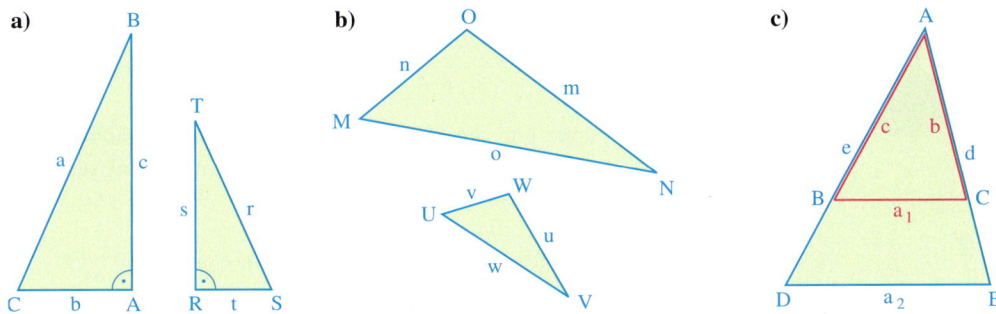

22. Berechne die fehlenden Seitenlängen der zueinander ähnlichen Dreiecke ABC und A'B'C'.

a) a = 3 cm	b) a = 4 cm	c) a = 5 cm	d) a = 60 mm
b = 4 cm	b = 6 cm	b = 7 cm	a' = 45 mm
c = 6 cm	c = 8 cm	c = 9 cm	b' = 90 mm
a' = 9 cm	c' = 2 cm	a' = 7,5 cm	c' = 90 mm

23. Kontrolliere Fenjas Aufgabe zu zwei zueinander ähnlichen Dreiecken ABC und DEF.

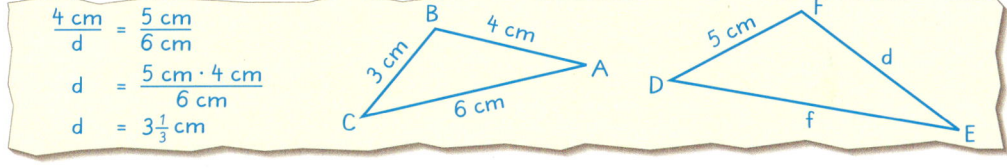

$$\frac{4\,cm}{d} = \frac{5\,cm}{6\,cm}$$
$$d = \frac{5\,cm \cdot 4\,cm}{6\,cm}$$
$$d = 3\tfrac{1}{3}\,cm$$

24. Gegeben ist ein Rechteck mit den Seitenlängen 4 cm und 6 cm. Zeichne ein dazu ähnliches Rechteck, dessen eine Seite 9 cm [5 cm] lang ist.

25. Der Kartenausschnitt ist im Maßstab 1 : 5 000 000 gezeichnet. Gib die Luftlinienentfernung der beiden Orte an.

a) Berlin – Hamburg
b) Hannover – Bremen
c) Schwerin – Rostock
d) Stralsund – Neubrandenburg
e) Frankfurt/Oder – Stralsund
f) Wolfsburg – Oldenburg
g) Bremerhaven – Kiel
h) Potsdam – Flensburg
i) Rügen – Fehmarn

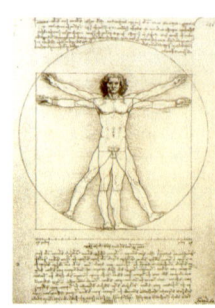

26. a) Sind die Puppe und die Spielfigur einem Menschen ähnlich? Vergleiche dazu Längenverhältnisse der Figur mit entsprechenden Längenverhältnissen bei deinen Mitschülern, z. B. $\frac{\text{Gesamtlänge}}{\text{Armlänge}}$ oder $\frac{\text{Kopfhöhe}}{\text{Handlänge}}$ usw.

b) In welchem Maßstab ist die Spielfigurenwelt modelliert?

c) In der idealen Proportion der Maler der Renaissance und der Bildhauer der Antike wäre das Längenverhältnis $\frac{\text{Abstand vom Scheitel bis zum Bauchnabel}}{\text{Abstand vom Bauchnabel bis zur Fußsohle}} \approx 0{,}6$.

Prüfe, ob dies bei den Puppen beachtet wurde und mache eventuell Verbesserungsvorschläge.

6.1.2 Flächeninhalt bei zueinander ähnlichen Figuren

Aufgabe 1

a) Von dem Negativ eines Fotos soll ein Poster hergestellt werden. Ein Fotolabor hat nebenstehendes Angebot.
Ist der Preis für das größere Poster gegenüber dem kleineren Poster durch den erhöhten Materialverbrauch gerechtfertigt?

b) Gegeben ist ein Rechteck ABCD mit der Seitenlängen a und b. Das Rechteck A'B'C'D' entsteht aus ABCD durch Vergrößerung bzw. Verkleinerung mit dem Faktor k.
Welche Beziehung besteht zwischen dem Flächeninhalt des Rechtecks ABCD und dem Flächeninhalt des Rechtecks A'B'C'D'?

Lösung

a) Der Preis für das größere Poster ist etwa dreimal so hoch.
Wir vergleichen nun den Materialverbrauch für das Fotopapier. Das 20 cm × 30 cm große Poster ist 600 cm² groß, das 40 cm × 60 cm große Poster 2 400 cm², d.h. der Materialverbrauch beim größeren Poster ist viermal so groß.

Ergebnis: Anteilmäßig ist die Preiserhöhung geringer als der zusätzliche Materialverbrauch.

b) Das Rechteck ABCD besitzt den Flächeninhalt $A_R = a \cdot b$. Es gilt: $a' = k \cdot a$ und $b' = k \cdot b$. Für den Flächeninhalt des Bildrechtecks A'B'C'D' gilt dann:

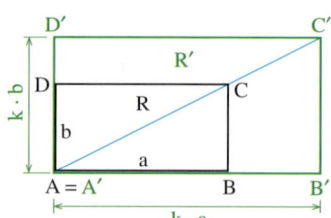

$A_{R'} = a' \cdot b'$
$\phantom{A_{R'}} = k \cdot a \cdot k \cdot b$
$\phantom{A_{R'}} = k^2 \cdot a \cdot b$
$\phantom{A_{R'}} = k^2 \cdot A_R$

Ergebnis: Der Flächeninhalt des Rechtecks A'B'C'D' ist k^2-mal so groß wie der Flächeninhalt des Rechtecks ABCD.

Ähnliche Vielecke

Weiterführende Aufgabe

2. *Beweis des Zusammenhangs zwischen den Flächeninhalten bei zueinander ähnlichen Vielecken*

   a) Beweise: Ist das Dreieck D ähnlich zum Dreieck D* und entsteht D* aus D durch maßstäbliches Vergrößern bzw. Verkleinern mit dem Ähnlichkeitsfaktor k, so ist der Flächeninhalt von D* dann k^2-mal so groß wie der Flächeninhalt von D.

   b) Beweise den folgenden Satz.

   Satz

   Ist das Vieleck F ähnlich zum Vieleck G und entsteht G aus F durch maßstäbliches Vergrößern bzw. Verkleinern mit dem Ähnlichkeitsfaktor k, so ist der Flächeninhalt des Vielecks G genau k^2-mal so groß wie der Flächeninhalt des Vielecks F:

   $$A_G = k^2 \cdot A_F$$

   $A_G = 9 \cdot A_F$

   Längenverhältnis: k
   Flächenverhältnis: $\frac{A_G}{A_F} = k^2$

Übungsaufgaben

3. Im Oktober 2004 kostete 1 Barrel Rohöl 50 US-Dollar, im Januar 2008 schon doppelt so viel.
   Ein Grafiker hat diese Preisentwicklung durch nebenstehende Grafik veranschaulicht. Was meinst du dazu?

   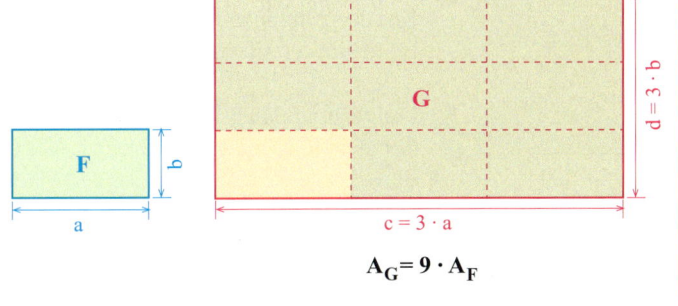

4. a) Für die beiden Poster in Aufgabe 1 (Seite 240) soll ein Rahmen hergestellt werden. Vergleiche auch die Gesamtlänge der Leiste für das größere Poster mit der Länge der Leiste für das kleinere Poster.

   b) Begründe: Sind zwei Rechtecke ähnlich zueinander mit dem Ähnlichkeitsfaktor k, so ist das Verhältnis der Umfänge beider Rechtecke ebenfalls k.

   c) Verallgemeinere den Satz in Teilaufgabe b) auf Vielecke und begründe ihn.

5. Ein Fotogeschäft bietet nebenstehende Vergrößerungen von einem Fotonegativ zu den angegebenen Preisen an.
   Vergleiche die Preise.

6. Das Rechteck ABCD besitzt die Seitenlängen a = 6,6 cm und b = 3,9 cm. Das dazu ähnliche Rechteck A'B'C'D' entsteht durch den Ähnlichkeitsfaktor

   a) $k = 4$;   b) $k = \frac{1}{2}$;   c) $k = \frac{2}{3}$;   d) $k = \frac{3}{2}$.

   Berechne auf zwei verschiedenen Wegen den Flächeninhalt des Rechtecks A'B'C'D'.

ÄHNLICHKEIT

7. In einem Dreieck ABC ist c = 6 cm und die zur Seite c gehörende Höhe h_c = 4 cm. Das dazu ähnliche Dreieck A′B′C′ entsteht aus ABC durch den Ähnlichkeitsfaktor k.
   Berechne auf zwei verschiedenen Wegen den Flächeninhalt des Dreiecks A′B′C′.

   a) k = 2   b) k = $\frac{3}{4}$ c) k = 2,5

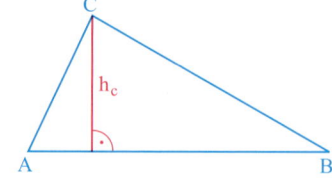

8. Von einem Dreieck ABC ist bekannt: a = 4,8 cm; h_a = 2,5 cm.
   Das dazu ähnliche Dreieck A′B′C′ besitzt die Höhe h'_a = 3,25 cm.
   Berechne den Flächeninhalt des Dreiecks A′B′C′ auf zwei verschiedenen Wegen.

9. Das rechtwinklige Dreieck ABC mit γ = 90° besitzt die Seitenlängen a = 4,5 cm und b = 6 cm.
   Von dem dazu ähnlichen Dreieck A′B′C′ kennt man a′ = 3,6 cm.
   Berechne auf zweierlei Weise den Flächeninhalt und den Umfang des Dreiecks A′B′C′.

10. Ein Viereck ABCD hat den Flächeninhalt 60 cm². Berechne den Flächeninhalt des dazu ähnlichen Vierecks A′B′C′D′ bei dem Ähnlichkeitsfaktor

    a) k = 3;   b) k = $\frac{4}{5}$;   c) k = $\frac{9}{4}$;   d) k = $\sqrt{2}$.

11. Je nach Verwendungszweck wählt man bei der Herstellung von Zeichnungen oder Karten einen geeigneten Maßstab.

    a) Wie viel cm (bzw. m bzw. km) in der Wirklichkeit entsprechen 1 cm auf der Zeichnung bzw. Karte?

    b) Wie viel cm² (bzw. m² bzw. km²) in der Wirklichkeit entsprechen 1 cm² auf der Zeichnung bzw. Karte?

Maßstab	Verwendung
1 : 10	Möbelzeichnung
1 : 100	Bauplan
1 : 2 500	Flurkarte
1 : 10 000	Stadtplan
1 : 25 000	Wanderkarte
1 : 50 000	Wanderkarte
1 : 200 000	Fahrradkarte
1 : 300 000	Autokarte

12. Ein Vieleck besitzt den Flächeninhalt 144 cm². Das dazu ähnliche Vieleck hat den angegebenen Flächeninhalt. Berechne den Ähnlichkeitsfaktor.

    a) 81 cm²   b) 36 cm²   c) 576 cm²   d) 288 cm²   e) 48 cm²   f) 144 cm²

13. Der Fotokopierer rechts hat fest eingestellte Vergrößerungs- bzw. Verkleinerungsfaktoren. Bestimme für jeden Faktor, mit welchem Faktor der Flächeninhalt eines kopierten Rechtecks vergrößert bzw. verkleinert wird.

14. Die Flächeninhalte zweier zueinander ähnlicher Vielecke verhalten sich wie

    a) 4 : 1;   b) 16 : 9;   c) 4 : 3;   d) 4 : 5.

    In welchem Verhältnis stehen die Seiten zueinander?

15. a) Alle Längen eines Vielecks werden um 20 % verlängert [verkürzt].
       Um wie viel Prozent vergrößert [verkleinert] sich sein Flächeninhalt?

    b) Alle Längen eines Vielecks werden um 30 % verkürzt. Um wie viel Prozent verkleinert sich sein Flächeninhalt?

6.2 Zentrische Streckung – Eigenschaften

6.2.1 Begriff der zentrischen Streckung – Konstruktion der Bildfigur

Um zu einer Figur ein kongruentes Bild zu erzeugen, kennen wir mehrere Konstruktionsverfahren: die Spiegelung an einer Achse oder an einem Punkt, die Verschiebung und die Drehung.

Wir suchen nun eine Abbildung, die zu einer Figur ein dazu ähnliches Bild erzeugt. Um eine Konstruktionsvorschrift zu erarbeiten, wählen wir eine einfache geometrische Figur, nämlich ein Dreieck. Dabei kann uns ein Steckbrett helfen.

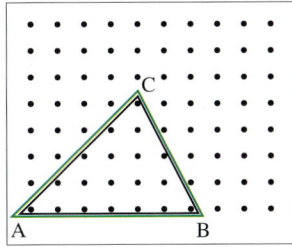
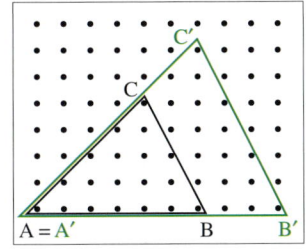

Mit einem schwarzen und einem grünen Gummiring ist ein Dreieck gespannt. Wir halten das grüne Dreieck bei A fest und ziehen bei B und bei C so weit nach rechts bzw. nach schräg oben, bis die Seiten $\overline{A'B'}$ und $\overline{A'C'}$ des Dreiecks A'B'C' $1\frac{1}{2}$-mal so lang sind wie die Seiten $\overline{AB}$ und $\overline{AC}$ des schwarzen Dreiecks ABC.

Wir fassen das grüne Dreieck A'B'C' als Bild des schwarzen Dreiecks ABC bei einer *Streckung* auf; dabei ist der Punkt A das *Streckzentrum* und $\frac{3}{2}$ der *Streckfaktor*.

Ob dabei die Seite $\overline{B'C'}$ auch $1\frac{1}{2}$-mal so lang ist wie die Seite $\overline{BC}$, werden wir später untersuchen.

Aufgabe 1

Gegeben ist ein Dreieck ABC. Konstruiere durch Streckung ein dazu vergrößertes Bilddreieck A'B'C' mit dem Streckfaktor (Vergrößerungsfaktor) $\frac{3}{2}$. Wähle als Streckzentrum

a) den Eckpunkt A,

b) einen Punkt Z außerhalb des Dreiecks.

Beschreibe, wie du die Bildpunkte A', B', C' erhältst.

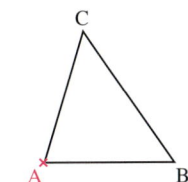

Lösung

a) *Konstruktionsbeschreibung:*
  (1) Der Eckpunkt A ist das Zentrum der Streckung. Die Punkte A und A' stimmen also überein.
  (2) Zeichne den Strahl $\overrightarrow{AB}$ und markiere auf diesem Strahl den Punkt B' so, dass die Strecke $\overline{A'B'}$ $\frac{3}{2}$-mal so lang ist wie die Strecke $\overline{AB}$.
  (3) Konstruiere entsprechend den Punkt C'.
  (4) Verbinde die Punkte B' und C'.
  A'B'C' ist das gewünschte Dreieck.

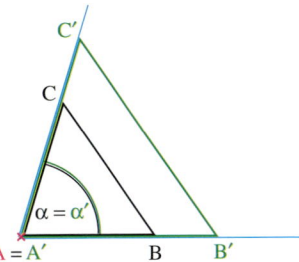

b) *Konstruktionsbeschreibung:*
  (1) Zeichne den Strahl $\overrightarrow{ZA}$ und markiere auf diesem Strahl den Punkt A' so, dass die Strecke $\overline{ZA'}$ $\frac{3}{2}$-mal so lang ist wie die Strecke $\overline{ZA}$.
  (2) Konstruiere entsprechend die Punkte B' und C'.
  (3) Verbinde die Punkte A' und B', B' und C' sowie A' und C'.
  A'B'C' ist das gesuchte Dreieck.

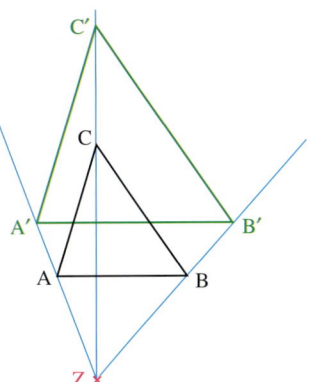

Information

Wir fassen die Punkte A′, B′, C′ als Bildpunkte von A, B, C bei einer neuen Abbildung auf. Diese Abbildung heißt *zentrische Streckung* mit dem *Streckzentrum* A und dem *Streckfaktor* $\frac{3}{2}$. Das Dreieck A′B′C′ ist das Bilddreieck von Dreieck ABC bei dieser zentrischen Streckung. Der Streckfaktor $\frac{3}{2}$ ist hier größer als 1; wir erhalten ein vergrößertes Bild.

Umgekehrt können wir das Dreieck ABC als verkleinertes Bild des Dreiecks A′B′C′ auffassen. Der Streckfaktor ist dann $\frac{2}{3}$, also kleiner als 1.

Wir lösen uns nun von speziellen Figuren wie dem Dreieck und definieren allgemein:

Definition

Eine **zentrische Streckung** wird festgelegt durch das **Streckzentrum Z** und den positiven **Streckfaktor k**.

Zu einem Punkt erhältst du den Bildpunkt wie folgt:
(1) Wenn der Punkt P nicht mit dem Zentrum Z zusammenfällt, dann erhält man den Bildpunkt P′ wie folgt:
   (a) Zeichne den Strahl $\overrightarrow{ZP}$.
   (b) Zeichne den Punkt P′ auf dem Strahl $\overrightarrow{ZP}$ so, dass gilt:
       $|ZP'| = k \cdot |ZP|$
(2) Der Bildpunkt Z′ von Z fällt mit Z zusammen: Z′ = Z.

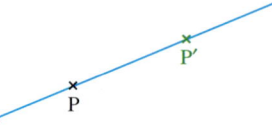

Wir werden in Abschnitt 6.2.2 auf Seite 248 zeigen, dass eine zentrische Streckung tatsächlich zu einem Vieleck ein zu ihm ähnliches Bild erzeugt.

Weiterführende Aufgaben

2. *Fixelemente bei einer zentrischen Streckung*
   a) Welche Punkte werden bei einer zentrischen Streckung auf sich abgebildet (*Fixpunkte*)?
   b) Welche Geraden werden bei der zentrischen Streckung auf sich abgebildet (*Fixgeraden*)? Untersuche, ob jeder Punkt einer solchen Geraden selbst Fixpunkt ist.

Satz

Für jede *zentrische Streckung* gilt:
(a) Das Zentrum ist Fixpunkt.
(b) Jede Gerade durch das Zentrum ist eine Fixgerade.

---

3. *Zentrische Streckung mit negativem Streckfaktor*

   Gegeben ist ein Dreieck ABC und ein Punkt Z.

   a) Führe zuerst die zentrische Streckung mit dem Streckzentrum Z und dem Streckfaktor $k = \frac{3}{2}$ durch.
      Bilde nun das Bilddreieck A*B*C* durch eine Punktspiegelung (Halbdrehung) am Punkt Z ab.
      Du erhältst das Bilddreieck A′B′C′.

   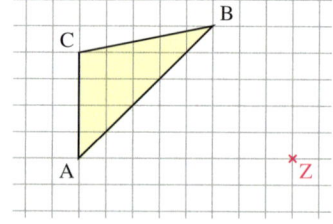

   b) Löse Teilaufgabe a) ohne das Zwischenbild A*B*C*. Beschreibe die Konstruktion.
   c) Überlege, ob der obige Satz über die Fixpunkte und Fixgeraden auch für die Verkettung von zentrischer Streckung und Punktspiegelung (mit gleichem Zentrum) gilt.
   d) Welche Abbildung erhält man, wenn man zuerst die Punktspiegelung und dann die zentrische Streckung jeweils mit dem Zentrum Z durchführt? Prüfe das am Beispiel dieser Aufgabe.

Zentrische Streckung – Eigenschaften

Information

Zentrische Streckung mit negativem Streckfaktor

A'B'C' ist das Bild vom Dreieck ABC bei der **Verkettung** der zentrischen Streckung mit dem Streckzentrum Z und dem Streckfaktor $\frac{3}{2}$ und der anschließenden Punktspiegelung an Z. Die Verkettung der zentrischen Streckung mit der Punktspiegelung ist eine *neue* Abbildung. Wir nennen sie eine zentrische Streckung mit Streckzentrum Z und dem negativen Streckfaktor $-\frac{3}{2}$.

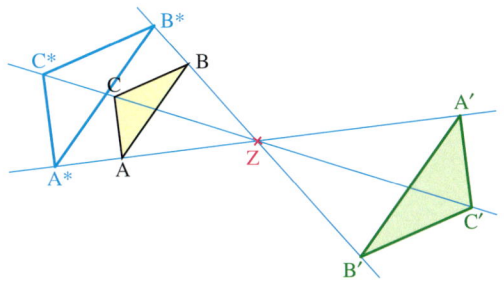

> **Definition**
>
> Eine **zentrische Streckung mit dem Streckzentrum Z und dem negativen Streckfaktor k** (k < 0) ist folgende Abbildung:
> Man führt zunächst eine zentrische Streckung mit dem Streckzentrum Z und dem positiven Streckfaktor |k|, anschließend die Punktspiegelung am Zentrum Z durch.

Übungsaufgaben

4. Zeichne ein Rechteck ABCD mit a = 5,8 cm und b = 3,5 cm. Konstruiere ein dazu maßstäblich vergrößertes Bild A'B'C'D' mit dem Vergrößerungsfaktor 2. Finde verschiedene Möglichkeiten. Beschreibe jeweils, wie du die Bildpunkte A', B', C', und D' erhältst.

5. Gib jeweils den Bildpunkt bzw. die Bildfigur bei der zentrischen Streckung mit dem Streckzentrum Z und dem Streckfaktor 2 an.

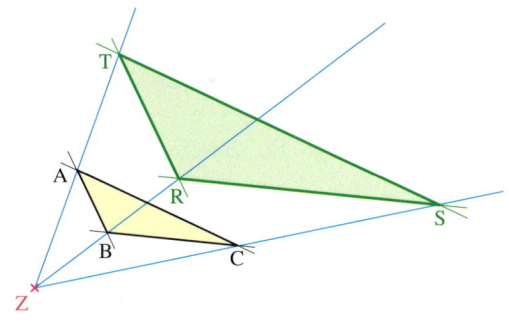

a) A $\longrightarrow$ ▨
   B $\longrightarrow$ ▨
   Z $\longrightarrow$ ▨
   $\overline{AC}$ $\longrightarrow$ ▨
   $\overline{BC}$ $\longrightarrow$ ▨
   $\overline{ZB}$ $\longrightarrow$ ▨

b) $\overline{AB}$ $\longrightarrow$ ▨
   $\overline{ZB}$ $\longrightarrow$ ▨
   $\overline{ZA}$ $\longrightarrow$ ▨
   $\overleftrightarrow{CA}$ $\longrightarrow$ ▨
   $\overleftrightarrow{BC}$ $\longrightarrow$ ▨
   $\overleftrightarrow{CZ}$ $\longrightarrow$ ▨

c) Welche der Geraden sind Fixgeraden, welche der Punkte sind Fixpunkte?

6. Gegeben sind das Viereck ABCD und der Punkt Z.

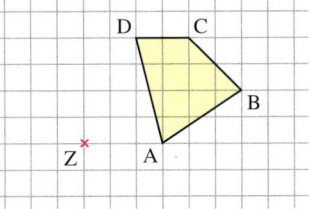

a) Konstruiere das Bild des Vierecks ABCD bei der zentrischen Streckung mit dem Streckzentrum Z und dem Streckfaktor $\frac{3}{2}$.

b) Wähle weitere Punkte innerhalb und außerhalb des Vierecks ABCD und konstruiere auch ihre Bildpunkte bei der zentrischen Streckung aus Teilaufgabe a).

c) Wähle als Zentrum Z einen Punkt (1) innerhalb des Vierecks; (2) auf der Seite $\overline{AB}$. Konstruiere nun das Bild des Vierecks ABCD bei der zentrischen Streckung mit dem Streckzentrum Z und dem Streckfaktor 3.

d) Konstruiere das Bild des Vierecks ABCD bei einer zentrischen Streckung mit dem Streckzentrum Z mit dem Streckfaktor:

(1) k = $\frac{1}{2}$ (2) k = $\frac{5}{2}$ (3) k = 2   (4) k = 3   (5) k = 1

7. Zeichne die Figur ins Heft. Konstruiere dann die Bildfigur bei der zentrischen Streckung mit dem Streckzentrum Z und dem Streckfaktor k = 2 [k = $\frac{1}{2}$; k = –1,5]. Beschreibe die Konstruktion.

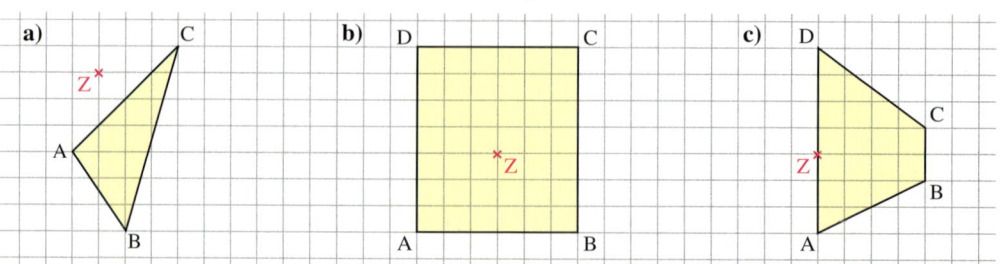

8. Zeichne in einem Koordinatensystem mit der Einheit 1 cm das Viereck ABCD mit A(–2|0), B(4|0), C(4|2) und D(0|4). Ferner ist der Punkt Z(0|–2) gegeben.
   Konstruiere dann das Bild von ABCD bei der zentrischen Streckung mit A [mit Z] als Zentrum und k als Streckfaktor.

   a) k = 2 **b)** k = 3 **c)** k = $\frac{1}{2}$ **d)** k = $-\frac{3}{2}$ **e)** k = –0,5 **f)** k = $-\frac{3}{4}$

9. Konstruiere ein Dreieck ABC aus c = 4,4 cm; β = 55°, a = 3,2 cm.
   Konstruiere dann die Bildfigur des Dreiecks ABC bei der zentrischen Streckung mit k = 1,5 [k = 0,5]. Beschreibe die Konstruktion. Das Zentrum Z ist

   a) der Eckpunkt A; **b)** der Schnittpunkt der Mittelsenkrechten; **c)** die Mitte der Seite $\overline{BC}$.

10. Der Punkt P' ist das Bild des Punktes P bei der zentrischen Streckung mit Streckzentrum Z. Bestimme den Streckfaktor k.

    a) P(4|6), P'(6|9), Z(0|0) **b)** P(1|3), P'(0|5), Z(2|1) **c)** P(–7|2), P'(–2|–1), Z(3|–4)

11. Bestimme den Streckfaktor.

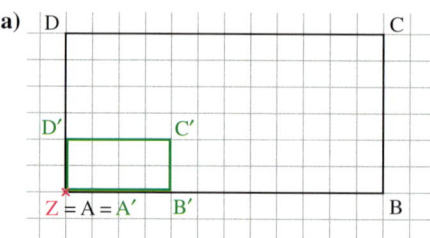 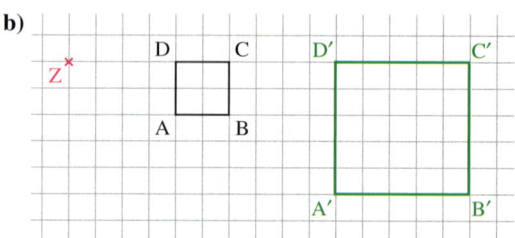

12. Die Punkte P' und Q' sind die Bilder von P bzw. Q. Bestimme das Streckzentrum Z sowie den Streckfaktor k.

    a) P(4|–1), P'(8|1), Q(1|–1), Q'(–1|1)
    b) P(2|0),   P'(5|–6), Q(0|0),   Q'(–3|–6)
    c) P(2|0),   P'(5|–6), Q(0|–8), Q'(6|–2)

13. Untersuche, ob das Dreieck PQR das Bilddreieck des Dreiecks ABC bei einer zentrischen Streckung ist. Falls ja, gib Streckzentrum und Streckfaktor an.

    a) A(–6|0), B(6|0), C(–2|8), P(5|–3), Q(0|1),   R(–2|–3)
    b) A(0|0),   B(8|0), C(4|8),   P(2|1),   Q(4|5),   R(6|1)
    c) A(–2|–2), B(6|0), C(0|0),   P(–4|0), Q(10|4), R(0|4)

Zentrische Streckung – Eigenschaften

14. Q ist der Bildpunkt von P bei der zentrischen Streckung mit dem Streckzentrum Z und dem Streckfaktor k.

a) Was kannst du über den Streckfaktor k aussagen?

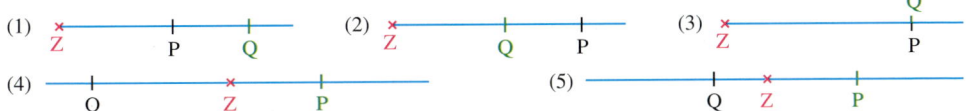

b) Wie ändert sich k, wenn der Punkt Q auf P zuwandert [von P wegwandert]?

c) Welche zentrische Streckung mit dem Zentrum Z bildet umgekehrt Q auf P ab?

15. Zeichne mit einem dynamischen Geometrie-System ein Viereck und ein Streckzentrum Z. Erzeuge zur Eingabe des Streckfaktors k im Menü *Messen und Rechnen* ein Zahlobjekt. Im Menü *Abbilden* kannst du dann das Viereck am Zentrum Z strecken.
Verändere den Streckfaktor. Wie verändert sich das Bildviereck und seine Lage?

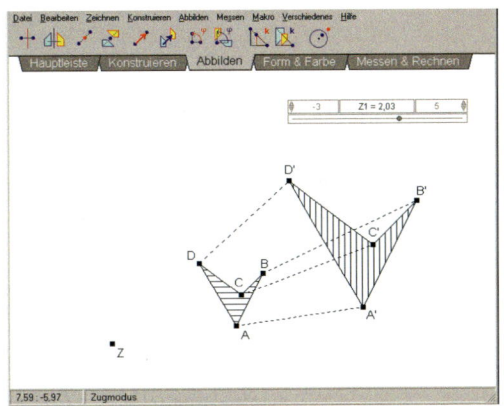

6.2.2 Eigenschaften der zentrischen Streckung

Wir haben die zentrische Streckung eingeführt, um zu einem Vieleck ein dazu maßstäblich vergrößertes oder verkleinertes Vieleck zu konstruieren. Wir wollen nun zeigen, dass die im vorigen Abschnitt 6.2.1 erklärte Abbildung dies tatsächlich leistet. Dazu beschäftigen wir uns zunächst mit Eigenschaften der zentrischen Streckung.

Aufgabe 1 Entscheide, ob die grüne Figur die Bildfigur der schwarzen Figur bei einer zentrischen Streckung sein kann. Begründe.

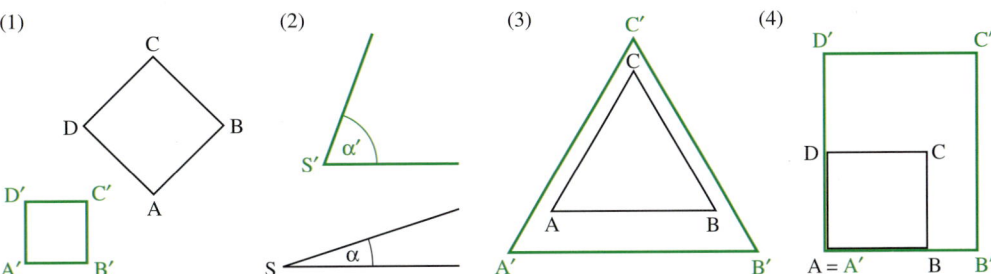

Lösung Bei (1) handelt es sich *nicht* um eine zentrische Streckung, da z. B. die Seite $\overline{AB}$ und die Seite $\overline{A'B'}$ nicht parallel zueinander sind. Bei den bisherigen Konstruktionen im Abschnitt 6.2.1 haben wir die Erfahrung gemacht, dass bei einer zentrischen Streckung eine Strecke und ihre Bildstrecke bzw. eine Gerade und ihre Bildgerade stets parallel zueinander sind.

Ebenso liegt bei (2) *keine* zentrische Streckung vor, da z. B. α und α' verschieden groß sind. Bei den bisherigen Konstruktionen haben wir erfahren, dass sich bei einer zentrischen Streckung die Größe eines Winkels nicht ändert. Die Schenkel von α und α' müssen nämlich paarweise parallel zueinander sein.

Bei (3) liegt offenbar eine zentrische Streckung vor (siehe Bild rechts). Der gemeinsame Schnittpunkt Z der Geraden A'A, B'B und C'C ist das Streckzentrum, der Streckfaktor beträgt etwa $\frac{3}{2}$.

Bei (4) liegt wiederum *keine* zentrische Streckung vor, denn: Die Strecke $\overline{A'B'}$ ist $\frac{3}{2}$-mal so lang wie die Strecke $\overline{AB}$, aber $\overline{A'D'}$ ist doppelt so lang wie $\overline{AD}$. Bei einer zentrischen Streckung mit dem Streckfaktor k ist erfahrungsgemäß das Bild einer Strecke stets k-mal so lang wie die Strecke selbst.

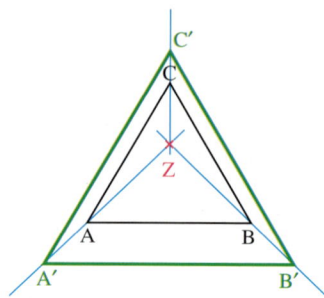

Information

(1) Eigenschaften der zentrischen Streckung

Bei Lösung der Aufgabe 1 haben wir mit den folgenden Eigenschaften der zentrischen Streckung argumentiert.

> **Satz**
>
> Für jede *zentrische Streckung* mit einem positiven Streckfaktor k gilt:
>
> (a) Gerade und Bildgerade sind zueinander parallel.
> (b) Eine Bildstrecke ist k-mal so lang wie die Originalstrecke.
> (c) Winkel und Bildwinkel sind gleich groß.

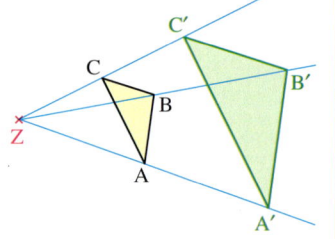

(2) Beweis der Eigenschaften der zentrischen Streckung

Wir wollen nun beispielhaft die Eigenschaft (c) beweisen:
α' soll der Bildwinkel von Winkel α bei einer zentrischen Streckung mit dem Streckfaktor k und dem Streckzentrum Z sein. Dabei wird der Scheitel A auf den Scheitel A' abgebildet.
Nach Satz (a) sind die Schenkel paarweise parallel zueinander.
Nach dem Stufenwinkelsatz gilt dann:

β = β' und γ = γ'

Da nun α = γ − β und α' = γ' − β' folgt:

α' = γ' − β' = γ − β = α

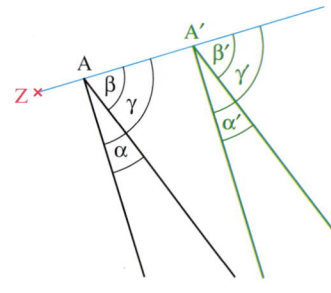

(3) Ähnlichkeit von Vieleck und Bildvieleck bei zentrischer Streckung

Wir betrachten noch einmal die Lösung von Aufgabe 1.
Nach Konstruktion ist α' = α.
Aufgrund des Satzes (c) ist auch: β' = β und γ' = γ.
Ferner ist nach Konstruktion:
$|A'B'| = \frac{3}{2} \cdot |AB|$ und $|A'C'| = \frac{3}{2} \cdot |AC|$.
Nach dem Satz (b) ist auch:
$|B'C'| = \frac{3}{2} \cdot |BC|$.

Also ist das Dreieck A'B'C' ähnlich zum Dreieck ABC.

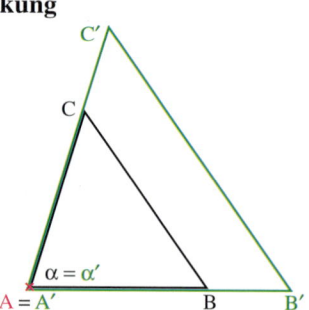

Zentrische Streckung – Eigenschaften

Satz

Für jede *zentrische Streckung* mit dem positiven Streckfaktor k gilt:
(a) Vieleck V und Bildvieleck V' sind ähnlich zueinander.
(b) Ist V' das Bildvieleck von V, so ist der Flächeninhalt von V' k^2-mal so groß wie der Flächeninhalt von V.

Weiterführende Aufgaben

2. *Eigenschaften der zentrischen Streckung mit negativem Streckfaktor*
   a) Betrachte die Eigenschaften für eine zentrische Streckung mit positivem Streckfaktor in den Sätzen auf Seite 248 und Seite 249. Welche dieser Eigenschaften treffen auch für die zentrische Streckung mit negativem Streckfaktor zu?
   b) Wie liegen ein Strahl und sein Bild zueinander
      (1) bei einer zentrischen Streckung mit positivem Streckfaktor;
      (2) bei einer zentrischen Streckung mit negativem Streckfaktor?

Die zentrische Streckung mit negativem Streckfaktor besitzt dieselben Eigenschaften wie die mit positivem Streckfaktor, wenn man die Eigenschaften über die Länge von Strecke und Bildstrecke wie folgt abändert:
(b*) Eine Bildstrecke ist $|k|$-mal so lang wie die Originalstrecke.

3. *Der Storchschnabel als zentrischer Strecker*

   Das Gerät im linken Bild heißt *Storchschnabel* (oder *Pantograph*). Mit seiner Hilfe kann man zu einer Figur die Bildfigur bei einer zentrischen Streckung zeichnen. Der Streckfaktor lässt sich einstellen.

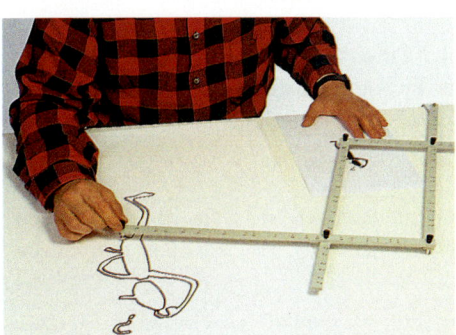
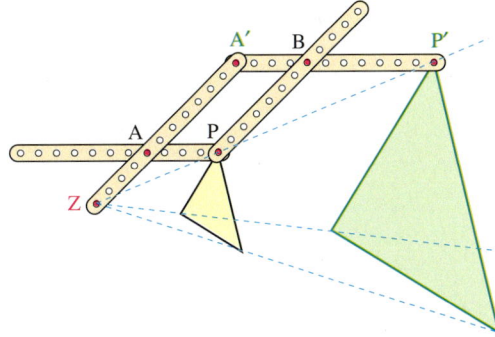

Das Bild rechts zeigt den prinzipiellen Aufbau eines Storchschnabels. Die beiden Leisten $\overline{ZA'}$ und $\overline{A'P'}$ sind gleich lang. Beim Zusammenbau muss weiter darauf geachtet werden, dass gilt:
$|AP| = |A'B| = |AZ|$ sowie $|AA'| = |PB|$.
   a) Begründe: Der Bildpunkt P' liegt auf der Geraden ZP.
      Anleitung: Betrachte die Dreiecke ZPA und ZP'A'.
   b) Beweise, dass in jeder Stellung des Storchschnabels $|ZP'| = k \cdot |ZP|$ gilt. Bestimme den Streckfaktor der in der Abbildung dargestellten Einstellung.
   c) Verbinde die Leisten an anderen Stellen. Welche Streckfaktoren lassen sich einstellen?
   d) Wie kann man mit diesem Gerät Verkleinerungen herstellen?

4. *Konstruktion des Bildpunktes mithilfe der Eigenschaften der zentrischen Streckung*

Gegeben ist eine zentrische Streckung mit dem Streckzentrum Z, dem Punkt A und seinem Bildpunkt A′ sowie dem Punkt B. Konstruiere den Bildpunkt B′ des Punktes B, ohne den Streckfaktor k zu bestimmen. Begründe die Konstruktion.

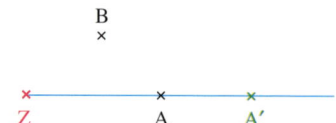

Übungsaufgaben

5. Entscheide jeweils, ob die grüne Figur das Bild der schwarzen Figur bei einer zentrischen Streckung sein kann. Gib gegebenenfalls das Streckzentrum und den Streckfaktor an. Begründe deine Aussage.

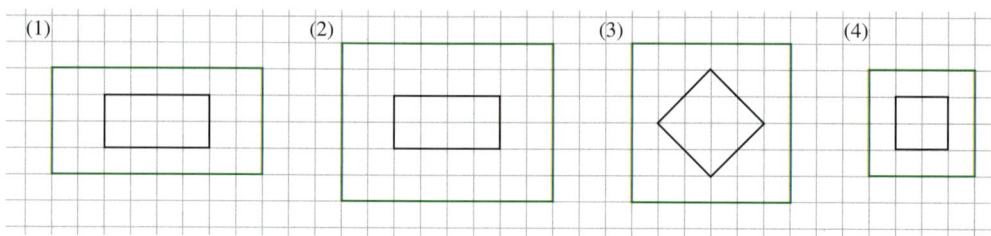

6. Gegeben ist ein beliebiges Dreieck ABC.
Konstruiere ohne mit Längen zu rechnen ein Dreieck A′B′C′, dessen Seiten jeweils $\frac{3}{4}$-mal so lang sind wie die entsprechenden Seiten des gegebenen Dreiecks. Wähle dazu eine geeignete zentrische Streckung. Beschreibe die Konstruktion und begründe sie.

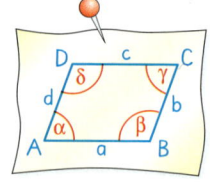

7. Konstruiere ein Parallelogramm ABCD aus a = 4,9 cm, d = 2,4 cm und γ = 50°. Konstruiere das Bild A′B′C′D′ bei der zentrischen Streckung mit dem Streckfaktor k = 2,5 und dem Schnittpunkt der Diagonalen als Streckzentrum.
Benutze dabei die Eigenschaften der zentrischen Streckung.

8. Zeichne einen Kreis um einen Punkt M_1 mit einem Radius r_1 = 2 cm sowie einen Kreis um einen Punkt M_2 mit einem Radius r_2 = 4 cm. Beide Mittelpunkte sollen den Abstand 8 cm besitzen. Der eine Kreis soll der Bildkreis des anderen bei einer zentrischen Streckung sein.
Konstruiere das Streckzentrum Z.

9. Ein Dreieck ABC hat die Seitenlängen |AB| = 3,6 cm, |BC| = 6 cm und |CA| = 4,2 cm. Entscheide, ob das Dreieck PQR das Bild von Dreieck ABC bei einer zentrischen Streckung sein kann. Falls ja, gib den Streckfaktor an.

a) |PQ| = 2,4 cm
|QR| = 4,0 cm
|RP| = 2,8 cm

b) |PQ| = 9 cm
|QR| = 15 cm
|RP| = 10 cm

c) |PQ| = 3,0 cm
|QR| = 2,1 cm
|RP| = 1,8 cm

d) |PQ| = 6,6 cm
|QR| = 11,0 cm
|RP| = 7,7 cm

10. Gegeben sind das Streckzentrum Z und ein Dreieck ABC. Konstruiere ohne vorher mit Längen zu rechnen die Bildfigur von ABC bei der zentrischen Streckung mit dem Streckfaktor k = $\frac{7}{3}$.

Anleitung: Zeichne zunächst geeignet einen Punkt P und seinen Bildpunkt P′. Benutze dann die Eigenschaften der zentrischen Streckung.

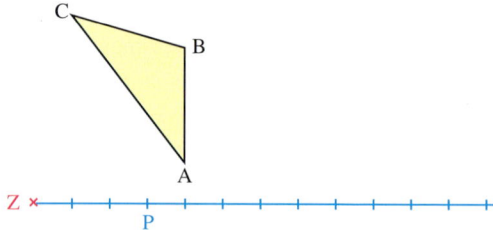

Zentrische Streckung – Eigenschaften

11. Durch die Punkte A(−5|0) und A′(−8|−9) sowie B(1|3) und B′(4|−3) im Koordinatensystem ist eine zentrische Streckung festgelegt.
Konstruiere das Bild von C(−2|5); zeichne die beiden Dreiecke ABC und A′B′C′.

12. Bei einer Achsenspiegelung ändert sich der Umlaufsinn eines Dreiecks (allgemein eines Vielecks), bei einer Drehung und einer Verschiebung ändert er sich nicht.
Untersuche dies bei einer zentrischen Streckung.

13. Zeichne ein Dreieck ABC aus a = 5 cm, b = 7 cm und c = 10 cm. Konstruiere dann jeweils das Bild von ABC bei der zentrischen Streckung mit dem Streckfaktor $k = \frac{1}{3}$ und mit
(1) dem Eckpunkt A als Zentrum;
(2) dem Umkreismittelpunkt von ABC als Zentrum;
(3) dem Schwerpunkt von ABC als Zentrum.
Vergleiche die drei Bilddreiecke. Formuliere eine Vermutung und begründe sie.

14. a) Gegeben sind im Koordinatensystem mit der Einheit 1 cm die Punkte A(4|6), B(2|5), C(3|−4), E(−3|−7), F(−5|8) und die zentrische Streckung mit dem Streckzentrum O(0|0) und dem Streckfaktor k = 2 $[k = \frac{1}{2}; k = -\frac{1}{2}]$.
Konstruiere die Bildpunkte und lies die Koordinaten ab.

b) Begründe: Bildet man den Punkt P(x|y) bei der zentrischen Streckung mit dem Streckzentrum O(0|0) und dem Streckfaktor k ab, so erhält man als Bildpunkt P′(kx|ky).

c) Gegeben ist die zentrische Streckung mit dem Zentrum O(0|0) und dem Streckfaktor
(1) k = 3; (2) k = 2,5; (3) $k = \frac{3}{4}$; (4) $k = \frac{6}{5}$.
Berechne die Koordinaten der Bildpunkte von R(3|4), S(−5|6) und T$(3,2|-\frac{1}{2})$.

DGS 15. Zeichne mit einem dynamischen Geometrie-System ein Dreieck ABC und strecke es an einem Punkt Z. Nenne das Bilddreieck A′B′C′. Strecke nun das Bilddreieck A′B′C′ ebenfalls am Punkt Z, nenne das entstandene Bilddreieck A″B″C″.

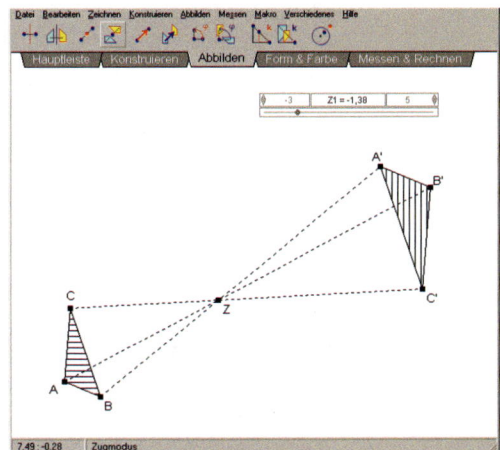

a) Verändere die Streckfaktoren und untersuche, wie du das Dreieck A″B″C″ in einem Schritt aus dem Dreieck ABC erhalten kannst.

b) Beweise deine Vermutung.

DGS 16. Zeichne mit einem dynamischen Geometrie-System ein Dreieck ABC und strecke es an einem Punkt P. Nenne das Bilddreieck A′B′C′. Strecke nun das Bilddreieck A′B′C′ an einem anderen Punkt Q, nenne das entstandene Bilddreieck A″B″C″.

a) Verändere die Streckfaktoren und untersuche, wie du das Dreieck A″B″C″ in einem Schritt aus dem Dreieck ABC erhalten kannst. Achte auf Sonderfälle für die Streckfaktoren beim Formulieren deiner Vermutung.

b) Ein allgemeiner, vollständiger Beweis der Vermutung ist schwierig. Versuche aber, Teile deiner Vermutung zu beweisen.

6.3 Ähnlichkeit bei beliebigen Figuren

Aufgabe 1

Vergleiche die Figuren ABCDE und A*B*C*D*E*.
Finde Abbildungen, mit denen man die Figur ABCDE in zwei Schritten auf die Figur A*B*C*D*E* abbilden kann.

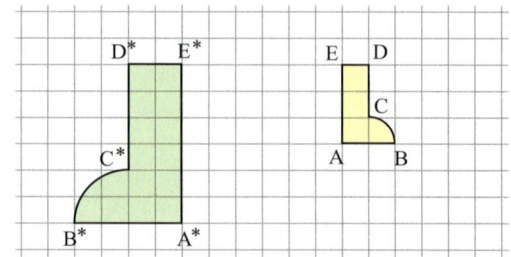

Lösung

Die Figur A*B*C*D*E* ist offensichtlich eine maßstäbliche Vergrößerung der Figur ABCDE, denn:

- Jede Seite der Figur A*B*C*D*E* ist doppelt so lang wie die entsprechende Seite der Figur ABCDE, z. B. $|A^*B^*| = 2 \cdot |AB|$.
  Der Radius des Viertelkreises in der Figur A*B*C*D*E* ist doppelt so groß wie der des Viertelkreises in ABCDE.
- Die Innenwinkel an den Eckpunkten A*, D*, E* sind genau so groß wie die entsprechenden an den Eckpunkten A, D, E.

Man kann daher ABCDE z. B. in folgenden zwei Schritten auf A*B*C*D*E* abbilden:

(1) Man streckt die Figur ABCDE mit dem Streckfaktor 2 am Streckzentrum D und erhält die Figur A'B'C'D'E'. Diese ist offensichtlich kongruent zur Figur A*B*C*D*E*.
(2) Spiegelt man nun die Figur A'B'C'D'E' an der Spiegelachse a, so ergibt sich als Bild die Figur A*B*C*D*E*.

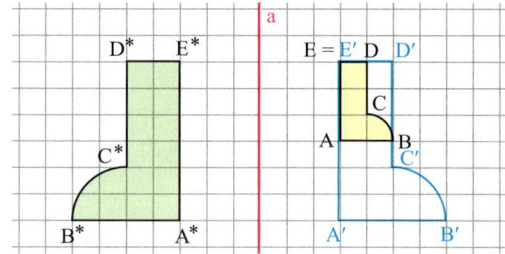

Information

Definition der Ähnlichkeit bei beliebigen Figuren

Den Begriff Ähnlichkeit haben wir bislang nur für Vielecke festgelegt, nicht aber für andere Figuren wie z. B. die Figur ABCDE in Aufgabe 1, die auch von einem Viertelkreisbogen begrenzt wird. Die Lösung der Aufgabe 1 zeigt, wie bei solchen Figuren der Begriff Ähnlichkeit definiert werden kann.

> **Definition**
>
> Eine Figur F heißt **ähnlich** zu einer Figur G, wenn man die Figur F mithilfe einer zentrischen Streckung so vergrößern oder verkleinern kann, dass die Bildfigur F' zu der Figur G kongruent ist.
>
> Wir schreiben F ~ G,
> gelesen: *F ist ähnlich zu G.*
>
> Der Streckfaktor k heißt *Ähnlichkeitsfaktor* oder auch *Maßstab*.

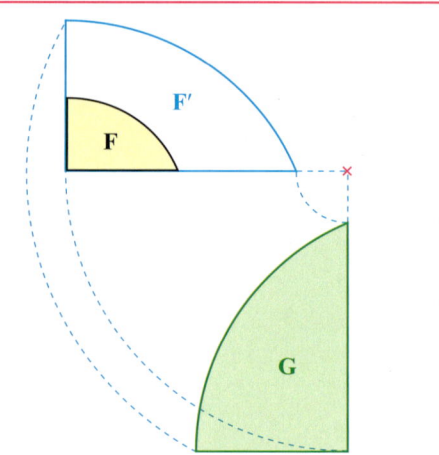

Ähnlichkeit bei beliebigen Figuren

Wir wissen, dass bei jeder zentrischen Streckung das Bildvieleck zum Originalvieleck ähnlich ist (siehe Seite 249). Um nachzuweisen, dass die obige Definition der Ähnlichkeit die für Vielecke (siehe Seite 235) einschließt, müssten wir umgekehrt zeigen:
Sind zwei Vielecke F und G ähnlich zueinander, so kann man stets eine zentrische Streckung finden, sodass das Bild F′ von F kongruent zu G ist.
Wir verzichten auf diesen Beweis.

Weiterführende Aufgabe

2. *Kongruenz als Sonderfall der Ähnlichkeit*
Begründe aufgrund der Definition:
Auch zueinander kongruente Figuren sind zueinander ähnlich.

Übungsaufgaben

 3. Ob zwei Vielecke ähnlich zueinander sind, kannst du leicht prüfen.
Die weißen Rochen in der Grafik haben alle dieselbe Form, sind jedoch verschieden groß; sie sehen sich ähnlich.
Wie könnte man das hier prüfen?

M. C. Escher's „Circle Limit I"
© 2011 The M. C. Escher Company – Holland
All rights reserved (www.mcescher.com)

4. Zeichne die beiden Figuren in dein Heft ab und prüfe, ob sie ähnlich zueinander sind.

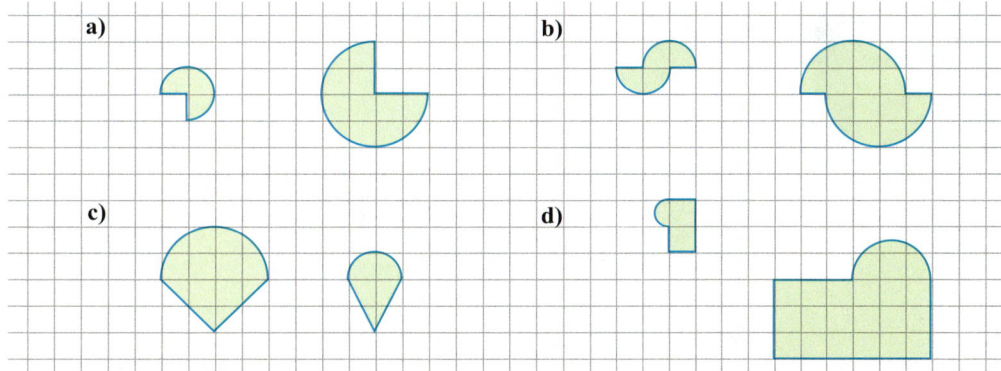

5. Zeige, dass die Bögen der Nautilusmuschel alle ähnlich zueinander sind. Gib die dazu notwendigen Abbildungen an.

Im Blickpunkt

Irrationale Längenverhältnisse

1. Zeichne ein Quadrat der Seitenlänge 1 dm mit seinen Diagonalen. Zeichne dann um den Schnittpunkt der Diagonalen einen Kreis, der alle vier Seiten des Quadrats berührt. Strecke dann diesen Kreis am Diagonalenschnittpunkt so, dass die vier Eckpunkte des Quadrats auf dem Bildkreis liegen.
   Bestimme den Streckfaktor dieser zentrischen Streckung

   a) näherungsweise aus der Zeichnung;

   b) rechnerisch exakt.

2. Die Schüler von Pythagoras, die Pythagoreer, haben in der Zeit von 580 bis 500 v. Chr. herausgefunden, dass sich das Längenverhältnis von Diagonalenlänge d und Seitenlänge a eines Quadrats nicht mit natürlichen Zahlen beschreiben lässt. D. h. es gibt keine natürlichen Zahlen m und n, sodass gilt: d : a = m : n. Diese Entdeckung löste bei den griechischen Philosophen, auch bei Platon, eine große Erschütterung aus, da man bis vorher geglaubt hatte, dass sich alle Verhältnisse in der Natur, der Musik und auch der Mathematik mithilfe natürlicher Zahlen beschreiben lassen.

   Die Griechen haben die Unmöglichkeit durch geometrische Überlegungen bewiesen: Sie haben gezeigt, dass es keine Einheitsstrecke e geben kann, die zugleich in den Seitenlängen und Diagonalen des Quadrats aufgeht. Zwei solcher Strecken heißen *inkommensurabel* zueinander, d. h. nicht gemeinsam messbar.

   Gib das Längenverhältnis von Diagonale und Seitenlänge eines Quadrates an und begründe damit, dass es sich nicht mithilfe natürlicher Zahlen beschreiben lässt. Man sagt auch, dass dies ein *irrationales Längenverhältnis* ist.

   Platon,
   427 bis 347 v. Chr.
   griechischer Philosoph

   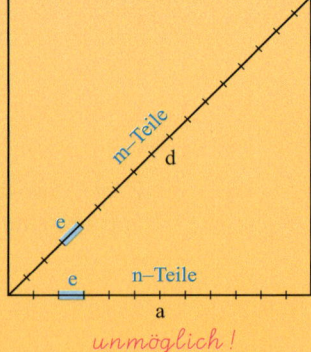

   unmöglich!

3. *Partnerarbeit:*

   a) Findet weitere geometrische Figuren, in denen Strecken vorkommen, deren Längenverhältnis irrational ist.

   b) Findet auch eine Figur, in der Strecken mit einem rationalen Längenverhältnis vorkommen.

6.4 Ähnlichkeitssatz für Dreiecke – Beweise – Konstruktionen

6.4.1 Ähnlichkeitssatz für Dreiecke

Will man die Ähnlichkeit zweier Dreiecke ABC und A*B*C* mithilfe der Definition von Seite 235 oder der Sätze 1 und 2 von Seite 236 nachweisen, so muss man sechs Bedingungen nachprüfen. Bei der Verwendung von Satz 1 sind es folgende Bedingungen:

(1) Entsprechende Winkel sind gleich groß: $\alpha = \alpha^*$, $\beta = \beta^*$, $\gamma = \gamma^*$.

(2) Die Längenverhältnisse entsprechender Seiten sind gleich: $\frac{|A^*B^*|}{|AB|} = \frac{|A^*C^*|}{|AC|} = \frac{|B^*C^*|}{|BC|}$.

Wir wollen nun untersuchen, ob man wie bei der Kongruenz von Dreiecken mit weniger Bedingungen auskommt.

Aufgabe 1

Gegeben sind die beiden Dreiecke ABC und A*B*C*, welche in der Größe entsprechender Winkel übereinstimmen:

$\alpha = \alpha^*$, $\beta = \beta^*$ und $\gamma = \gamma^*$.

Beweise:
Dreieck ABC ist ähnlich zu Dreieck A*B*C*.

Lösung

Beweisgedanke:
Wir bilden Dreieck ABC durch eine zentrische Streckung in ein Dreieck A'B'C' ab, welches zu Dreieck A*B*C* kongruent ist.

Beweis: Wir bestimmen das Bilddreieck A'B'C' von ABC bei einer zentrischen Streckung mit dem Streckzentrum Z und dem Streckfaktor $k = \frac{|A^*B^*|}{|AB|}$.

Der Vergleich von Dreieck A'B'C' mit dem Dreieck A*B*C* zeigt:

(1) $|A'B'| = |A^*B^*|$ (wegen $|A'B'| = k \cdot |AB| = \frac{|A^*B^*|}{|AB|} \cdot |AB| = |A^*B^*|$)

(2) $\alpha' = \alpha^*$ (wegen $\alpha' = \alpha$ und $\alpha = \alpha^*$)

(3) $\beta' = \beta^*$ (wegen $\beta' = \beta$ und $\beta = \beta^*$)

> $\gamma' = \gamma^*$ folgt aus dem Winkelsummensatz; die Voraussetzung $\gamma = \gamma^*$ wurde nicht benötigt.

Aus (1) bis (3) folgt nach dem Kongruenzsatz wsw, dass die beiden Dreiecke A'B'C' und A*B*C* zueinander kongruent sind. Also gilt: Dreieck ABC ist ähnlich zu Dreieck A*B*C*.

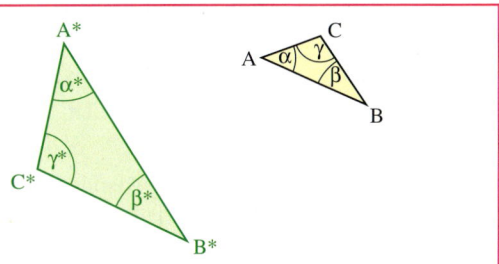

Ähnlichkeitssatz für Dreiecke

Wenn zwei Dreiecke in der Größe von zwei Winkeln übereinstimmen, dann sind sie ähnlich zueinander.

> *Zwei übereinstimmende Winkel reichen schon!*

Übungsaufgaben

2. Gegeben sind zwei Dreiecke ABC und A*B*C*. Entscheide aufgrund der angegebenen Winkelgrößen, ob die Dreiecke zueinander ähnlich sind. Falls das zutrifft, stelle die Gleichungen für die Längenverhältnisse entsprechender Seiten auf.

   a) $\alpha = 48°$; $\beta = 35°$; $\alpha^* = 48°$; $\gamma^* = 97°$
   b) $\alpha = 37°$; $\beta = 110°$; $\alpha^* = 110°$; $\beta^* = 33°$
   c) $\alpha = 65°$; $\gamma = 39°$; $\beta^* = 41°$; $\gamma^* = 74°$
   d) $\alpha = 19°$; $\beta = 107°$; $\beta^* = 54°$; $\gamma^* = 107°$
   e) $\alpha = 91°$; $\gamma = 44°$; $\alpha^* = 91°$; $\beta^* = 46°$
   f) $\beta = 103°$; $\gamma = 29°$; $\alpha^* = 29°$; $\gamma^* = 48°$

3. Ein 1,80 m großer Mann wirft einen 1,35 m langen Schatten. Zu gleicher Zeit wirft ein Baum einen 5,40 m langen Schatten. Wie hoch ist der Baum?

4. Gegeben ist das Dreieck ABC mit $\alpha = 35°$, $\beta = 50°$ und c = 4,8 cm.
   Konstruiere ein dazu ähnliches Dreieck A′B′C′ mit c′ = 3,6 cm [c′ = 7,2 cm].
   Bestimme auch den Maßstab.

5. Für das Dreieck ABC soll DF∥BC und DE∥AC sein. Welche Dreiecke in der Figur rechts sind ähnlich zueinander? Begründe.

6. Zeichne verschiedene Vierecke, die in der Größe entsprechender Winkel übereinstimmen.
   Prüfe, ob die Vierecke ähnlich zueinander sind.

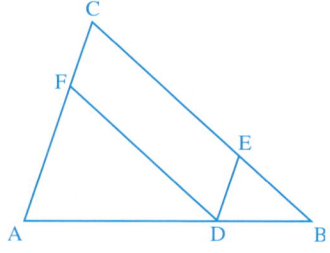

6.4.2 Beweisen mithilfe des Ähnlichkeitssatzes für Dreiecke

Aufgabe 1

Die Diagonalen zerlegen das Trapez ABCD mit AB∥CD in vier Dreiecke.
Suche in der Figur zueinander ähnliche Dreiecke. Begründe.

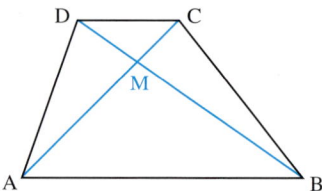

Lösung

Wir vermuten: Dreieck ABM ist ähnlich zum Dreieck CDM.
Wir wissen (Voraussetzung): ABCD ist ein Trapez mit AB∥CD.
Wir wollen zeigen (Behauptung): ABM ~ CDM.
Zum Beweis ordnen wir die Ecken der Dreiecke ABM und CDM wie rechts angegeben einander zu. Es gilt:

(1) ∡ AMB = ∡ CMD   (Scheitelwinkelsatz)
(2) ∡ BAM = ∡ DCM ⎫
(3) ∡ MBA = ∡ MDC ⎭ (Wechselwinkelsatz)

ABM		CDM
A	↔	C
B	↔	D
M	↔	M

Also stimmen beide Dreiecke in einander entsprechenden Winkeln überein. Nach dem Ähnlichkeitssatz folgt daraus die Ähnlichkeit beider Dreiecke.

Ähnlichkeitssatz für Dreiecke – Beweise – Konstruktionen

Information

> **Strategie beim Beweisen mithilfe des Ähnlichkeitssatzes für Dreiecke**
>
> Suche in der Figur zueinander ähnliche Dreiecke.
> Zerlege gegebenenfalls die Figur durch Hilfslinien in Dreiecke oder ergänze sie geeignet.

2. *Verwenden des Ähnlichkeitssatzes beim Beweisen am rechtwinkligen Dreieck*

   ABC soll ein rechtwinkliges Dreieck mit γ = 90° sein.

   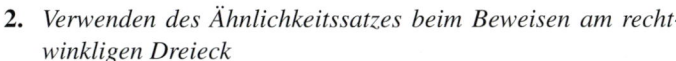

   a) Beweise die Ähnlichkeit der Dreiecke ABC und DBC sowie der Dreiecke ABC und ADC.
      Folgere hieraus den folgenden Satz:

   > **Kathetensatz des Euklid**
   >
   > Beim rechtwinkligen Dreieck hat das Quadrat über einer Kathete denselben Flächeninhalt wie das Rechteck aus der Hypotenuse und dem zur Kathete gehörenden Hypotenusenabschnitt:
   > $a^2 = c \cdot p$ und $b^2 = c \cdot q$

   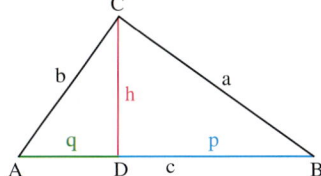

   b) Beweise die Ähnlichkeit der Dreiecke ADC und DBC.
      Folgere hieraus den folgenden Satz:

   > **Höhensatz des Euklid**
   >
   > Beim rechtwinkligen Dreieck hat das Höhenquadrat denselben Flächeninhalt wie das Rechteck aus den beiden Hypotenusenabschnitten:
   > $h^2 = p \cdot q$

Übungsaufgaben

3. Zeichne ein Dreieck ABC und die Mittelpunkte P, Q und R der drei Seiten $\overline{AB}$, $\overline{BC}$ bzw. $\overline{CA}$.
   Beweise: Dreieck ABC ist ähnlich zu Dreieck PQR.

4. Beweise die Ähnlichkeit der Dreiecke SAB und SCD rechts.
   Mache Aussagen über die Längenverhältnisse entsprechender Seiten.

5. Das Dreieck ABC im Bild links soll gleichschenklig mit der Basis $\overline{AB}$ sein. Der Punkt D ist der Schnittpunkt des Kreises um A mit dem Radius $\overline{AB}$.
   Welche Dreiecke in der Figur links sind ähnlich zueinander? Beweise deine Behauptung.

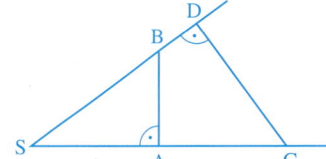

6. Gegeben ist ein Dreieck ABC. Zeichne zur Seite $\overline{AB}$ eine Parallele, die die beiden anderen Seiten in E bzw. F schneidet.

   a) Welche Dreiecke sind ähnlich zueinander? Beweise.

   b) Die Parallele EF zerlegt das Dreieck ABC in das Dreieck EFC und das Trapez ABFE.
      In welchem Verhältnis muss EF die Strecke $\overline{AC}$ teilen, damit der Flächeninhalt von Dreieck EFC sich zu dem Flächeninhalt von Viereck ABFE wie 4 : 9 verhält?

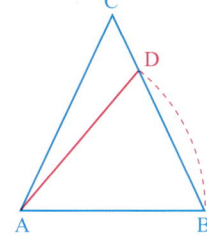

6.4.3 Konstruieren mithilfe der Ähnlichkeit

Einführung

Aus einem dreieckigen Glasscheibenrest (siehe Bild) soll eine möglichst große quadratische Scheibe ausgeschnitten werden. Das gesuchte Quadrat ADEF soll also drei Bedingungen erfüllen:

(1) Die Quadratseite $\overline{AD}$ soll auf der Dreiecksseite $\overline{AB}$ liegen.
(2) Die Quadratseite $\overline{AF}$ soll auf der Dreiecksseite $\overline{AC}$ liegen.
(3) Der Eckpunkt E des Quadrates soll auf der Dreiecksseite $\overline{BC}$ liegen.

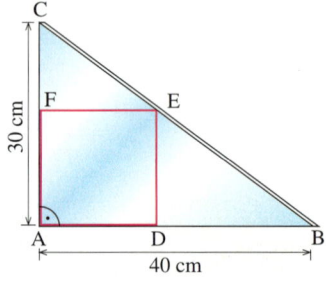

Wir lassen zunächst die Bedingung (3) fort und zeichnen ein Quadrat, welches die Bedingungen (1) und (2) erfüllt. Durch eine zentrische Streckung mit A als Streckzentrum können wir das Quadrat nun so vergrößern, dass auch die Bedingung (3) erfüllt ist.

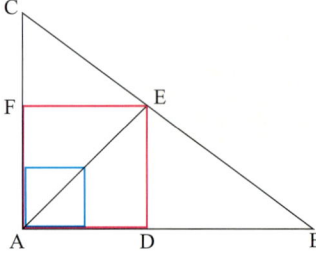

Information

In der Einführung haben wir das gesuchte Quadrat so konstruiert, dass wir zunächst ein Quadrat konstruiert haben, dass allen Bedingungen bis auf einer genügt. Dieses zunächst konstruierte Quadrat haben wir dann mithilfe einer zentrischen Streckung vergrößert.

> **Strategie beim Lösen einer Konstruktionsaufgabe mithilfe der Ähnlichkeit**
>
> Man lässt zunächst eine der geforderten Bedingungen, z.B. eine Länge, weg und konstruiert eine Figur. Diese vergrößert oder verkleinert man dann so, dass die weg gelassene Bedingung auch erfüllt ist.

Übungsaufgaben

1. Konstruiere ein Dreieck ABC aus $\alpha = 75°$, $\beta = 37°$ und $h_c = 4{,}3$ cm. Beschreibe dein Vorgehen.

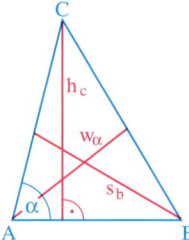

2. Konstruiere ein Dreieck ABC aus:

   a) $b : c = 3 : 2$; $\alpha = 65°$; $a = 3$ cm
   b) $b : c = 9 : 7$; $\beta = 128°$; $c = 6{,}4$ cm
   c) $b : c = 9 : 7$; $\alpha = 128°$; $h_b = 3$ cm
   d) $c : a = 2 : 3$; $\beta = 100°$; $s_a = 5{,}8$ cm
   e) $c : a = 2 : 3$; $\alpha = 100°$; $w_\alpha = 7$ cm
   f) $c : a = 2 : 3$; $\alpha = 100°$; $h_b = 5$ cm

3. a) Konstruiere ein rechtwinkliges Dreieck ABC mit rechtem Winkel bei Eckpunkt C und Seitenverhältnis $a : b = 2 : 3$ sowie Höhe $h_c = 2{,}5$ cm.

   b) Konstruiere ein gleichschenkliges Dreieck ABC mit Schenkeln a und b und Seitenverhältnis $a : c = 5 : 3$ sowie Höhe $h_c = 3$ cm.

4. Gegeben ist ein rechtwinkliges Dreieck ABC mit dem rechten Winkel bei C. Schreibe dem Dreieck ein Quadrat PQRS ein, wobei P auf $\overline{AB}$, Q auf $\overline{BC}$ und R auf $\overline{CA}$ liegen.

Im Blickpunkt

Selbstähnlichkeit

Rechts kannst du erkennen, dass ein Farnzweig ähnlich aufgebaut ist wie seine Verästelungen. Man spricht von einer *Selbstähnlichkeit* zwischen dem ganzen Farnzweig und seiner einzelnen Teile. Diese Selbstähnlichkeit kommt in der Natur öfter vor: Zum Beispiel hat jede einzelne Rose eines Romanesco-Kohls die Form des ganzen Kohlkopfes.

1. Du kannst eine dem Farnblatt verwandte Figur mit etwas Geduld selbst herstellen. Arbeite dazu auf einem quer gelegten DIN-A 4-Blatt.

   a) Zeichne eine 5 cm lange Strecke. Setze an ein Ende unter einem Winkel von 130° zwei Strecken an, die nur 80% von 5 cm, also 4 cm, lang sind. Füge an das Ende jeder dieser Strecken unter einem Winkel von 130° zwei Strecken, die 80% von 4 cm lang sind. Setze dieses Verfahren noch 4 weitere Schritte fort. Woran erinnert dich das entstandene Gebilde?

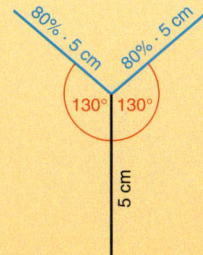

   b) Die Figur rechts ist auf verwandte Weise durch Ansetzen von auf 80% verkürzten Strecken entstanden. Es sind zwölf Schritte gezeichnet.
   Wie unterscheidet sich das Verfahren von dem aus Teilaufgabe a)?

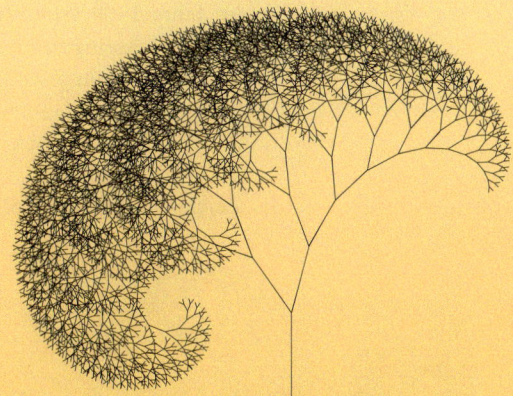

2. Denkt man sich das Verfahren zum Zeichnen der Figuren in Aufgabe 1 unendlich oft fortgesetzt, so hat die entstandene Figur eine besondere Eigenschaft: In Teilen der Figur gibt es verkleinerte Kopien der ganzen Figur. Man definiert:

   > Eine Figur heißt **selbstähnlich**, wenn ein Teil von ihr ähnlich zur ganzen Figur ist.

   Erläutere diese Definition an den Figuren oben.

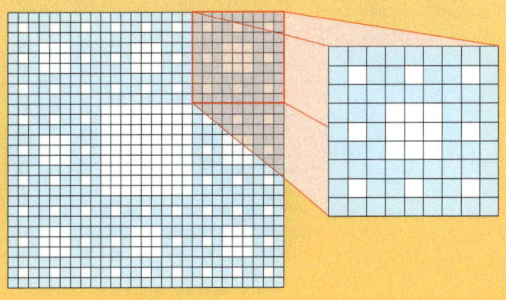

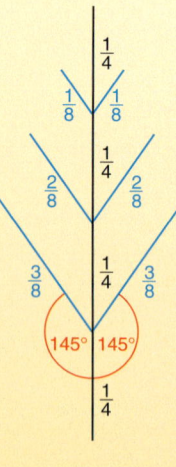

3. Gehe aus von einer 8 cm langen Strecke. Setze daran unter einem Winkel von jeweils 145° Strecken
 – nach $\frac{1}{4}$ der Gesamtlänge zwei Strecken, die $\frac{3}{8}$ so lang sind wie die Gesamtstrecke
 – nach $\frac{2}{4}$ der Gesamtstrecke zwei Strecken, die $\frac{2}{8}$ so lang sind wie die Gesamtstrecke
 – nach $\frac{3}{4}$ der Gesamtstrecke zwei Strecken, die $\frac{1}{8}$ so lang sind wie die Gesamtstrecke

a) Führe das Verfahren für mehrere Schritte durch.
b) Erläutere, dass die nach unendlich vielen Schritten entstandene Figur selbstähnlich ist.
c) Denke dir selbst solche Figuren aus und zeichne sie. Es ist hilfreich, wenn du zum Zeichnen ein geeignetes Computerprogramm verwendest.

4. Die auf folgende Weise entstehende Figur wurde erstmals 1915 von dem polnischen Mathematiker Wacław Sierpinski (1882–1969) beschrieben:
 • Zeichne ein gleichseitiges Dreieck mit 18 cm Seitenlänge.
 • Verbinde die Mittelpunkte der drei Seiten. Färbe das mittlere Dreieck grün.
 • Verfahre mit jedem der drei neu entstandenen weißen Dreiecke ebenso wie mit dem ersten Dreieck.
 • Führe das Verfahren viermal durch.

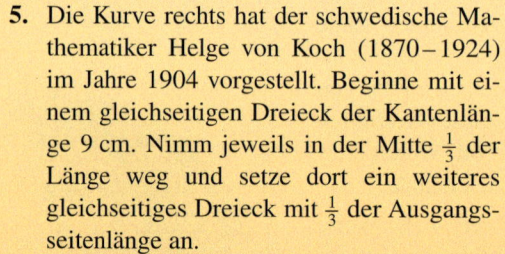

Denke dir das Verfahren wird unendlich oft fortgesetzt. Begründe, warum die so entstandene Figur selbstähnlich genannt wird.

5. Die Kurve rechts hat der schwedische Mathematiker Helge von Koch (1870–1924) im Jahre 1904 vorgestellt. Beginne mit einem gleichseitigen Dreieck der Kantenlänge 9 cm. Nimm jeweils in der Mitte $\frac{1}{3}$ der Länge weg und setze dort ein weiteres gleichseitiges Dreieck mit $\frac{1}{3}$ der Ausgangsseitenlänge an.
Zeichne die Figurenfolge. Zeichne auch die nächsten zwei Schritte.

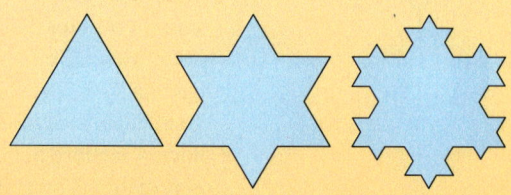

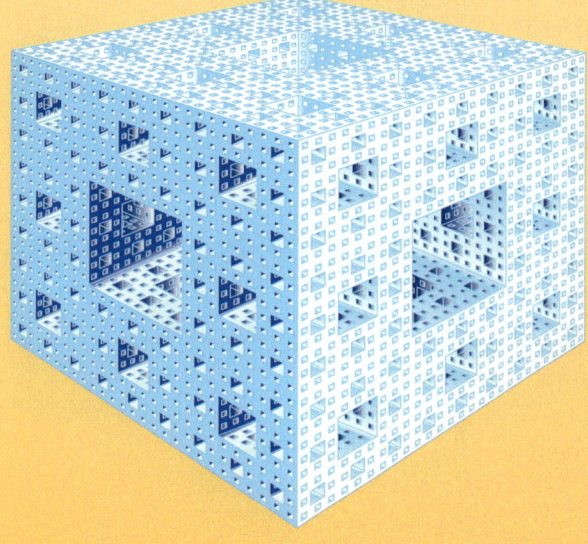

6. Auch Körper können selbstähnlich sein. Ein Beispiel ist der Menger'sche Schwamm, der 1943 von dem österreichischen Mathematiker Karl Menger (1902–1985) entdeckt wurde.
Beschreibe, wie man diesen Schwamm erzeugen kann.

Strahlensätze

6.5 Strahlensätze

6.5.1 Erster Strahlensatz

Aufgabe 1

Zwischen zwei Balken auf einem Dachboden soll ein Ablagebrett an der Stelle A_1 im Abstand von 1,50 m von der Spitze S angebracht werden. Es steht keine Wasserwaage zur Verfügung.
An welcher Stelle des rechten Balkens muss das Brett befestigt werden?
Wie groß ist die Länge, die du abmessen musst?
Du kannst die Aufgabe zeichnerisch lösen. Löse sie jedoch rechnerisch; stelle dazu eine Gleichung auf.

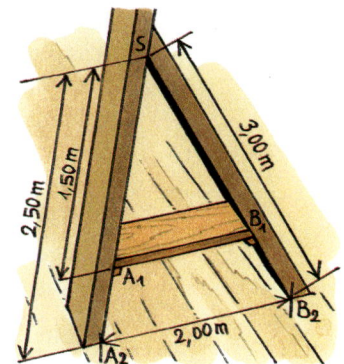

Lösung

Man kann auch mit dem Ähnlichkeitssatz argumentieren.

Gesucht ist der Auflagepunkt B_1 auf dem rechten Balken.
In der Zeichnung rechts kannst du die Punkte A_1 und B_1 als Bildpunkte von A_2 bzw. B_2 bei einer zentrischen Streckung mit dem Streckzentrum S auffassen, denn
(1) die Punkte A_1 und A_2 liegen auf einem Strahl mit dem Anfangspunkt S, ebenso B_1 und B_2;
(2) die Geraden A_1B_1 und A_2B_2 sollen parallel zueinander sein.
Der Streckfaktor ist hier kleiner als 1.
Zur Bestimmung des Auflagepunktes B_1 gibt es zwei Möglichkeiten.

1. Möglichkeit: Wir bestimmen die Länge von $\overline{SB_1}$.
Da A_1 der Bildpunkt von A_2 und B_1 der Bildpunkt von B_2 ist, gilt: $k = \frac{|SA_1|}{|SA_2|}$ und $k = \frac{|SB_1|}{|SB_2|}$.
Wir erhalten damit die Gleichung:

$$\frac{|SB_1|}{|SB_2|} = \frac{|SA_1|}{|SA_2|},$$

eingesetzt: $\frac{|SB_1|}{3,00\,\text{m}} = \frac{1,50\,\text{m}}{2,50\,\text{m}} = 0,6$, also: $|SB_1| = 0,6 \cdot 3,00\,\text{m} = 1,80\,\text{m}$

Ergebnis: Der Auflagepunkt B_1 auf dem rechten Balken ist 1,80 m von der Spitze S entfernt.

2. Möglichkeit: Wir bestimmen die Länge von $\overline{B_1B_2}$. Es gilt offenbar:

(1) $|B_1B_2| = |SB_2| - |SB_1|$ und damit $\frac{|B_1B_2|}{|SB_2|} = \frac{|SB_2|}{|SB_2|} - \frac{|SB_1|}{|SB_2|} = 1 - k$.

(2) $|A_1A_2| = |SA_2| - |SA_1|$ und damit $\frac{|A_1A_2|}{|SA_2|} = \frac{|SA_2|}{|SA_2|} - \frac{|SA_1|}{|SA_2|} = 1 - k$.

Wir erhalten damit die Gleichung:

$$\frac{|B_1B_2|}{|SB_2|} = \frac{|A_1A_2|}{|SA_2|},$$

eingesetzt: $\frac{|B_1B_2|}{3,00\,\text{m}} = \frac{1,00\,\text{m}}{2,50\,\text{m}} = 0,4$, also: $|B_1B_2| = 0,4 \cdot 3,00\,\text{m} = 1,20\,\text{m}$

Ergebnis: Der Auflagepunkt B_1 auf dem rechten Balken ist 1,20 m von B_2 entfernt.

Information

(1) Strahlensatzfigur

In Anwendungen findet man, wie in der Aufgabe 1, immer wieder geometrische Figuren, in denen zwei Strahlen a und b von zwei zueinander parallelen Geraden g und h in vier Punkten geschnitten werden. Eine solche Figur nennt man **Strahlensatzfigur**.

Aus gegebenen Längen werden dann andere berechnet.
Dazu haben wir in der Lösung der Aufgabe 1 auf Seite 261 Verhältnisgleichungen aufgestellt. Wir vermuten:

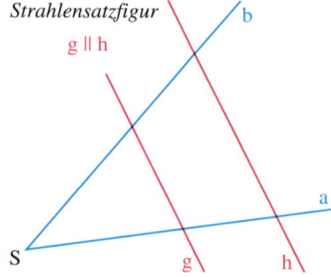

Strahlensatzfigur
g ∥ h

Strahlensätze für Strahlen

Gegeben sind zwei Strahlen a und b mit gemeinsamem Anfangspunkt S, ferner zwei Geraden g und h, welche die Strahlen a und b in vier Punkten A_1, A_2, B_1 und B_2 schneiden.

Erster Strahlensatz:

Wenn die Geraden g und h parallel zueinander sind, dann gilt:

$$\frac{|SA_1|}{|SA_2|} = \frac{|SB_1|}{|SB_2|}$$

Das Längenverhältnis der beiden von S zu den Parallelen führenden Strecken auf dem einen Strahl ist gleich dem Längenverhältnis der entsprechenden Strecken auf dem anderen Strahl.

Erweiterter erster Strahlensatz:

Wenn die Geraden g und h parallel zueinander sind, dann gilt:

$$\frac{|SA_1|}{|A_1A_2|} = \frac{|SB_1|}{|B_1B_2|} \;;\quad \frac{|SA_2|}{|A_1A_2|} = \frac{|SB_2|}{|B_1B_2|}$$

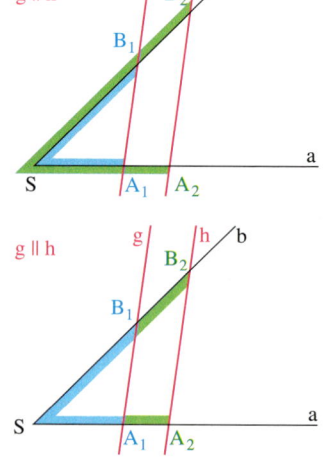

Diese Sätze erlauben es uns, sofort – also ohne Nachweis einer zentrischen Streckung – eine Gleichung für eine gesuchte Länge aufzustellen und diese dann zu berechnen.

(2) Beweis des ersten Strahlensatzes

1. Schritt: Nachweis der Ähnlichkeit zweier Dreiecke.
Die Strahlensatzfigur enthält die beiden Dreiecke SA_1B_1 und SA_2B_2 mit dem gemeinsamen Winkel γ.
Wegen g ∥ h sind die beiden Stufenwinkel $α_1$ und $α_2$ gleich groß: $α_1 = α_2$.
Die beiden Dreiecke stimmen somit in zwei entsprechenden Winkeln überein und sind somit nach dem Ähnlichkeitssatz für Dreiecke ähnlich zueinander.

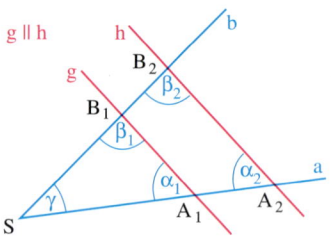

2. Schritt: Herleitung der Gleichungen über die Längenverhältnisse
(a) *Erster Strahlensatz*
   Aus der Verhältnisgleichheit einander entsprechender Seiten folgt dann: $\frac{|SA_1|}{|SA_2|} = \frac{|SB_1|}{|SB_2|}$

Strahlensätze

(b) *Erweiterter erster Strahlensatz*

Wir berechnen die Längenverhältnisse $\frac{|A_1A_2|}{|SA_1|}$ und $\frac{|B_1B_2|}{|SB_1|}$. Es gilt:

$$\frac{|A_1A_2|}{|SA_1|} = \frac{|SA_2|-|SA_1|}{|SA_1|} = \frac{|SA_2|}{|SA_1|} - 1; \quad \frac{|B_1B_2|}{|SB_1|} = \frac{|SB_2|-|SB_1|}{|SB_1|} = \frac{|SB_2|}{|SB_1|} - 1$$

Wegen $\frac{|SA_2|}{|SA_1|} = \frac{|SB_2|}{|SB_1|}$ erhalten wir daraus die Verhältnisgleichung: $\frac{|A_1A_2|}{|SA_1|} = \frac{|B_1B_2|}{|SB_1|}$

Durch Bilden des Reziproken auf beiden Seiten ergibt sich: $\frac{|SA_1|}{|A_1A_2|} = \frac{|SB_1|}{|B_1B_2|}$

Entsprechend kannst du die Verhältnisgleichung $\frac{|SA_2|}{|A_1A_2|} = \frac{|SB_2|}{|B_1B_2|}$ herleiten.

Weiterführende Aufgaben

2. *Erster Strahlensatz für sich schneidende Geraden*

Beweise den folgenden Satz:

> **Erster Strahlensatz für sich schneidende Geraden**
>
> Die Geraden a und b schneiden sich in S, ferner werden sie von den parallelen Geraden g und h auf verschiedenen Seiten von S geschnitten.
>
> Dann gilt: $\frac{|SA_1|}{|SA_2|} = \frac{|SB_1|}{|SB_2|}$

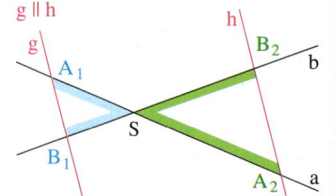

3. *Teilen einer Strecke*

Gegeben ist eine 7 cm lange Strecke $\overline{AB}$.

a) Zerlege die Strecke ohne zu messen in drei gleiche lange Teilstrecken.
   Anleitung: Ergänze die Strecke zu einer geeigneten Strahlensatzfigur.

b) Konstruiere auf der Strecke $\overline{AB}$ einen Punkt C so, dass gilt: $|AC| : |AB| = 3 : 5$. Begründe.

Übungsaufgaben

4. Tim steht unter einer freistehenden, hohen Tanne, deren Schatten 12,50 m lang ist. Tim weiß, dass er 1,55 m groß ist. Ferner hat er ausgemessen, dass bei diesem Sonnenstand sein Schatten 2,50 m lang ist.
Wie hoch ist die Tanne?
Löse sowohl zeichnerisch als auch rechnerisch. Vergleiche.

5. Begründe mithilfe des 1. Strahlensatzes.

a) $\frac{|SA_2|}{|SA_1|} = \frac{|SB_2|}{|SB_1|}$ d) $\frac{|SA_1|}{|SB_1|} = \frac{|A_1A_2|}{|B_1B_2|}$

b) $\frac{|SA_1|}{|SB_1|} = \frac{|SA_2|}{|SB_2|}$ e) $|SA_1| \cdot |SB_2| = |SB_1| \cdot |SA_2|$

c) $\frac{|A_1A_2|}{|SA_1|} = \frac{|B_1B_2|}{|SB_1|}$ f) $|SA_1| \cdot |B_1B_2| = |SB_1| \cdot |A_1A_2|$

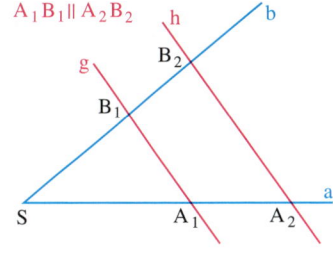

6. Berechne x (Maße in cm).

a) b) c) d)
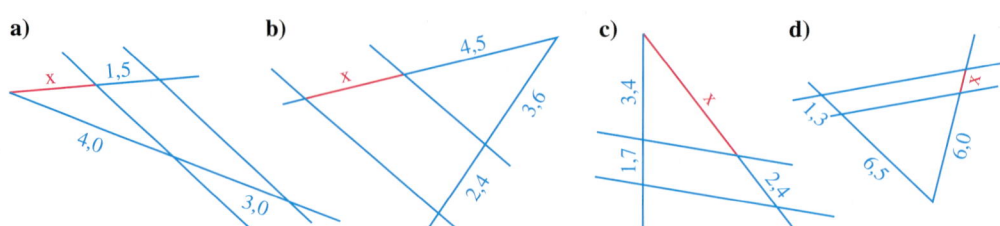

7. Von den vier Längen s_1, s_2, t_1 und t_2 sind drei gegeben. Berechne die vierte Länge.

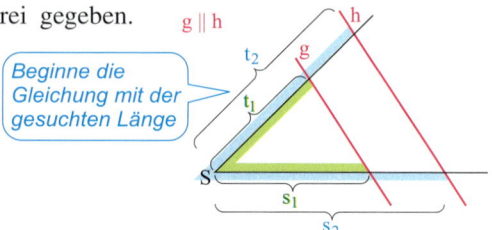

Beginne die Gleichung mit der gesuchten Länge

a) $s_1 = 3{,}0$ cm; $s_2 = 7{,}0$ cm; $t_1 = 4{,}2$ cm
b) $s_1 = 2{,}5$ cm; $t_2 = 3{,}5$ cm; $s_2 = 4{,}0$ cm
c) $s_1 = 4{,}8$ cm; $t_1 = 5{,}4$ cm; $t_2 = 7{,}5$ cm
d) $t_1 = 5{,}2$ cm; $t_2 = 9{,}1$ cm; $s_2 = 6{,}3$ cm

8. Kontrolliere Merles Hausaufgabe.

(1) $\dfrac{|KL|}{|KM|} = \dfrac{|MO|}{|MN|}$ (3) $\dfrac{|ML|}{|MK|} = \dfrac{|MN|}{|MO|}$

(2) $\dfrac{|ML|}{|MN|} = \dfrac{|MO|}{|MK|}$ (4) $\dfrac{|LK|}{|ML|} = \dfrac{|ON|}{|NM|}$

KO ∥ LN

9. Ergänze aufgrund des 1. Strahlensatzes.

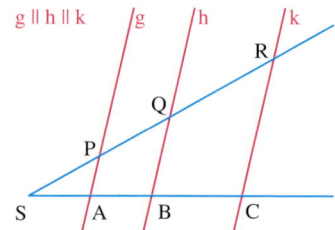

g ∥ h ∥ k

a) $\dfrac{|SB|}{|SA|} = \dfrac{\square}{\square}$ d) $\dfrac{\square}{|SQ|} = \dfrac{|SC|}{\square}$ g) $\dfrac{|SP|}{|PQ|} = \dfrac{\square}{\square}$

b) $\dfrac{|SP|}{|SR|} = \dfrac{\square}{\square}$ e) $\dfrac{\square}{\square} = \dfrac{|SC|}{|SB|}$ h) $\dfrac{|SQ|}{\square} = \dfrac{\square}{|BC|}$

c) $\dfrac{|SC|}{\square} = \dfrac{\square}{|SP|}$ f) $\dfrac{\square}{\square} = \dfrac{|SQ|}{|SP|}$ i) $\dfrac{|AB|}{\square} = \dfrac{\square}{|SQ|}$

10. Die nebenstehende Figur enthält zwei Strahlensatzfiguren.

BD ∥ EF
BE ∥ DF

a) Versuche, die Strahlensatzfiguren zu entdecken. Zeichne die Figur zweimal in dein Heft und trage jeweils eine Strahlensatzfigur farbig ein.

b) Ergänze durch Anwenden des 1. Strahlensatzes:

$\dfrac{|AB|}{|AC|} = \dfrac{\square}{\square}$; $\dfrac{|CD|}{|CF|} = \dfrac{\square}{\square}$; $\dfrac{|AF|}{\square} = \dfrac{\square}{|AB|}$; $\dfrac{|AC|}{\square} = \dfrac{\square}{|CD|}$

11. Berechne die Längenverhältnisse:

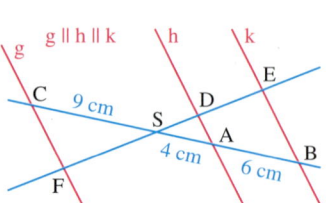

g ∥ h ∥ k

$\dfrac{|SA|}{|SB|}$, $\dfrac{|SA|}{|SC|}$, $\dfrac{|SC|}{|SB|}$, $\dfrac{|SD|}{|SE|}$, $\dfrac{|SF|}{|SE|}$,   …

12. Zeichne eine Strecke von 10 cm [12,8 cm] Länge. Zerlege die Strecke ohne zu messen in

a) 3;   b) 9;   c) 11   gleich lange Teilstrecken.

Strahlensätze

6.5.2 Zweiter Strahlensatz

Aufgabe 1

Betrachte noch einmal das Bild der Nische in der Aufgabe 1 auf Seite 261.
Die Länge des Brettes kannst du zeichnerisch bestimmen. Berechne sie jedoch. Stelle dazu zunächst eine Gleichung auf.

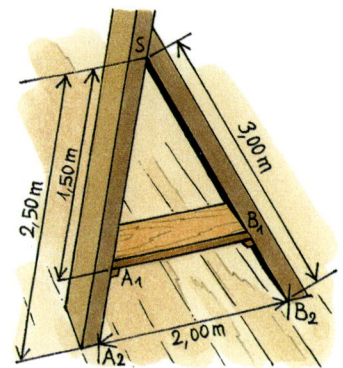

Lösung

Wir wissen (siehe Seite 261): Die beiden Dreiecke A_1B_1S und A_2B_2S sind ähnlich zueinander.
Folglich gilt nach dem Satz über die Gleichheit von Längenverhältnissen in ähnlichen Figuren:

$$\frac{|A_1B_1|}{|A_2B_2|} = \frac{|SA_1|}{|SA_2|}$$

eingesetzt: $\frac{|A_1B_1|}{2\,\text{m}} = \frac{1{,}50\,\text{m}}{2{,}50\,\text{m}} = 0{,}6;$ also:

$|A_1B_1| = 0{,}6 \cdot 2\,\text{m} = 1{,}20\,\text{m}$

Ergebnis: Das Brett ist 1,20 m lang.

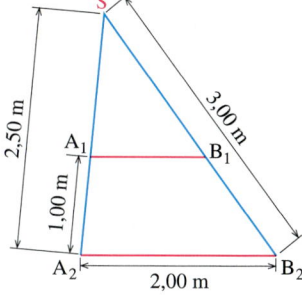

Information

(1) Zweiter Strahlensatz für Strahlen

Die Aufgabe 1 führt auf eine neue Gleichung für Längenverhältnisse an der Strahlensatzfigur.

Zweiter Strahlensatz:

Gegeben sind zwei Strahlen a und b mit gemeinsamem Anfangspunkt S, ferner zwei Geraden g und h, welche die Strahlen a und b in vier Punkten A_1, A_2, B_1 und B_2 schneiden.
Wenn die Geraden g und h parallel zueinander sind, dann gilt:

$$\frac{|SA_1|}{|SA_2|} = \frac{|A_1B_1|}{|A_2B_2|} \quad \text{und} \quad \frac{|SB_1|}{|SB_2|} = \frac{|A_1B_1|}{|A_2B_2|}$$

Das Längenverhältnis der beiden von S zu den Parallelen führenden Strecken auf den Strahlen ist jeweils gleich dem Längenverhältnis der beiden Strecken auf den zueinander parallelen Geraden.

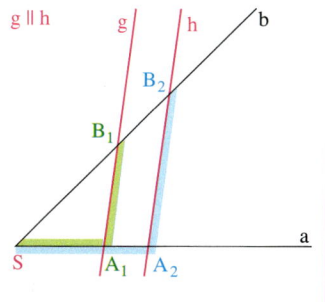

---

(2) Beweis des zweiten Strahlensatzes

Beim Beweis des ersten Strahlensatzes haben wir gezeigt, dass die Dreiecke SA_1B_1 und SA_2B_2 ähnlich zueinander sind.
Aus der Verhältnisgleichheit einander entsprechender Seiten folgt dann:

$$\frac{|SA_1|}{|SA_2|} = \frac{|A_1B_1|}{|A_2B_2|} \quad \text{und} \quad \frac{|SB_1|}{|SB_2|} = \frac{|A_1B_1|}{|A_2B_2|}$$

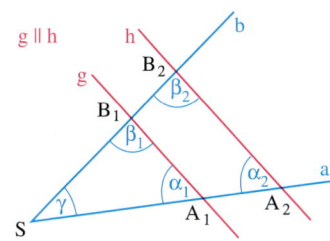

Weiterführende Aufgabe

2. *Zweiter Strahlensatz für sich schneidende Geraden*

Beweise den folgenden Satz:

> **Zweiter Strahlensatz für sich schneidende Geraden**
> Die Geraden a und b schneiden sich in S; ferner werden sie von den parallelen Geraden g und h auf verschiedenen Seiten von S geschnitten.
>
> Dann gilt: $\dfrac{|SA_1|}{|SA_2|} = \dfrac{|A_1B_1|}{|A_2B_2|}$

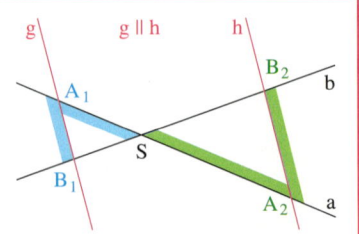

Übungsaufgaben

3. Anne will die Höhe einer Buche bestimmen. Sie stellt wie im Bild einen 1,80 m hohen Stab so auf, dass sich die Schatten der Spitzen vom Stab und Baum decken. Der Baum wirft einen 9,60 m, der Stab einen 2,45 m langen Schatten.
Wie hoch ist der Baum?
Löse die Aufgabe zeichnerisch und auch rechnerisch.
Vergleiche.

DGS 4. Zeichne mit einem dynamischen Geometrie-System zwei Geraden, die sich in einem Punkt S schneiden.
Erzeuge auf einer Geraden auf einer Seite von S zwei Punkte A und B und auf der anderen Geraden einen Punkt C. Zeichne die Gerade AC. Zeichne dann die Parallele zu AC durch B. Nenne ihren Schnittpunkt mit der anderen Geraden D.

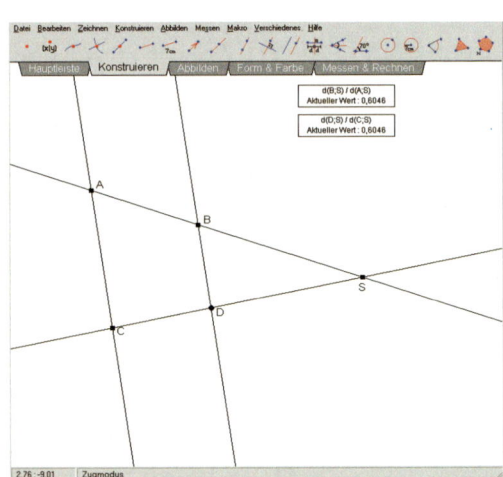

a) Lasse dir vom Programm die Streckenverhältnisse $\dfrac{|SB|}{|SA|}$ und $\dfrac{|BD|}{|AC|}$ berechnen.

Verändere die Lage des Punktes B auf der Geraden. Was stellst du fest?
Formuliere eine Vermutung.

b) Versuche, deine Vermutung zu begründen.

5. Leite aus den Verhältnisgleichungen des 2. Strahlensatzes her:

a) $\dfrac{|SA_2|}{|SA_1|} = \dfrac{|A_2B_2|}{|A_1B_1|}$ c) $\dfrac{|SB_2|}{|SB_1|} = \dfrac{|A_2B_2|}{|A_1B_1|}$

b) $\dfrac{|SA_1|}{|A_1B_1|} = \dfrac{|SA_2|}{|A_2B_2|}$ d) $\dfrac{|SB_1|}{|A_1B_1|} = \dfrac{|SB_2|}{|A_2B_2|}$

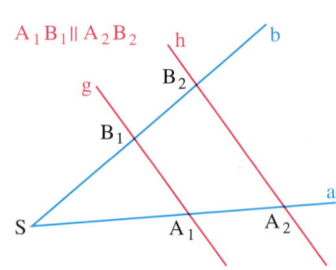

Strahlensätze

6. Berechne x (Maße in cm).

   a) b) c) d)
   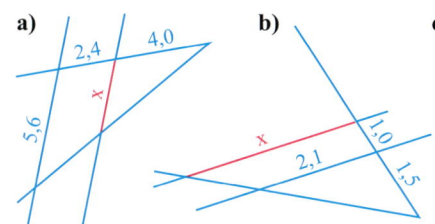 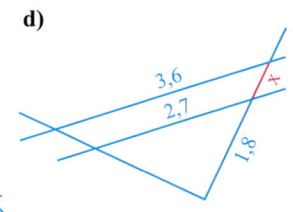

7. Berechne die nicht gegebenen Längen.

   a) $s_1 = 7{,}2$ cm
   $t_1 = 6{,}8$ cm
   $t_2 = 10{,}2$ cm
   $p_1 = 5{,}4$ cm

   b) $s_1 = 4{,}8$ cm
   $t_2 = 11{,}0$ cm
   $p_1 = 5{,}4$ cm
   $p_2 = 9{,}9$ cm

   c) $s_2 = 6{,}0$ cm
   $t_2 = 7{,}2$ cm
   $p_1 = 4{,}9$ cm
   $p_2 = 8{,}4$ cm

   d) $s_1 = 27$ mm
   $s_2 = 4{,}5$ cm
   $t_1 = 3{,}3$ cm
   $p_2 = 40$ mm

   e) $t_1 = 4{,}2$ m
   $t_2 = 6{,}4$ m
   $p_2 = 4{,}8$ m
   $s_1 = 6{,}3$ m

   f) $t_2 = 5{,}4$ km
   $s_1 = 3{,}2$ km
   $s_2 = 4{,}8$ km
   $p_1 = 3{,}9$ km

   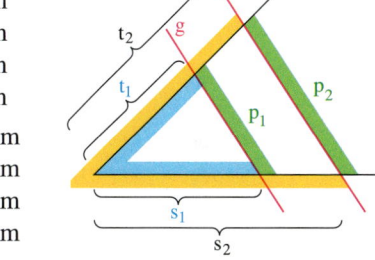

8. Ergänze aufgrund des 2. Strahlensatzes.

   (1) $\dfrac{|AP|}{|BQ|} = \dfrac{\Box}{\Box}$ (3) $\dfrac{|AP|}{\Box} = \dfrac{\Box}{|SC|}$ (5) $\dfrac{\Box}{|SB|} = \dfrac{|AP|}{\Box}$

   (2) $\dfrac{|BQ|}{|CR|} = \dfrac{\Box}{\Box}$ (4) $\dfrac{|SP|}{\Box} = \dfrac{\Box}{|RC|}$ (6) $\dfrac{|SB|}{\Box} = \dfrac{\Box}{|RC|}$

   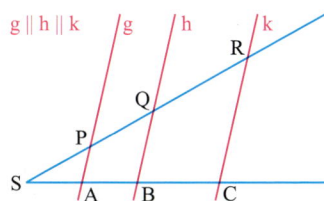

9. Für die Figur rechts gilt BD∥EF und BE∥DF.
   Ergänze durch Anwendung des 2. Strahlensatzes:

   $\dfrac{|AB|}{|AC|} = \dfrac{\Box}{\Box}$; $\dfrac{|BD|}{|AF|} = \dfrac{\Box}{\Box}$; $\dfrac{|CD|}{|CF|} = \dfrac{\Box}{\Box}$; $\dfrac{|BE|}{\Box} = \dfrac{|AB|}{\Box}$

   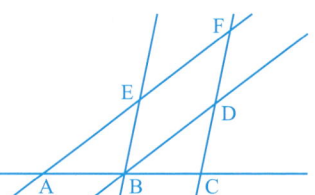

10. Für nebenstehende Figur gilt k∥l. Berechne und gib den angewendeten Strahlensatz an:

    a) $\dfrac{a}{b}$ b) $\dfrac{c}{d}$ c) $\dfrac{a+b}{b}$ d) $\dfrac{f}{e}$ e) $\dfrac{h+g}{h}$

    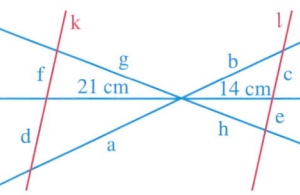

11. Kontrolliere Lennarts Hausaufgabe.

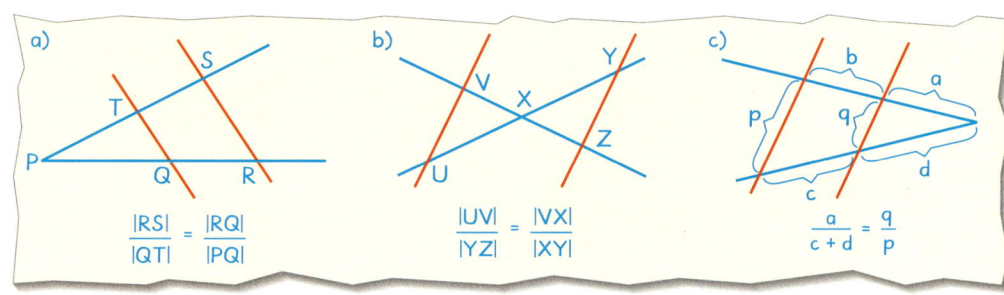

6.5.3 Vermischte Übungen zum 1. und 2. Strahlensatz

1. a) Beweise für die Figur rechts mithilfe der Strahlensätze: AC ∥ DF

   (1) $\dfrac{|AB|}{|BC|} = \dfrac{|DE|}{|EF|}$ (2) $\dfrac{|AB|}{|AC|} = \dfrac{|DE|}{|DF|}$

   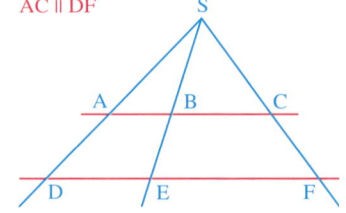

   b) Es sollen $|SA| = 3$ cm, $|SD| = 4{,}5$ cm, $|SB| = 2{,}4$ cm, $|BC| = 2$ cm, $|DE| = 1{,}8$ cm und $|SF| = 3{,}9$ cm sein.
   Berechne die Längen $|AB|, |SE|, |EF|, |SC|$.
   Überlege eine günstige Reihenfolge für die Berechnung.

2. a) Beweise für die Figur rechts: AP ∥ BQ ∥ CR

   (1) $\dfrac{|ZP|}{|QR|} = \dfrac{|ZA|}{|BC|}$ (2) $\dfrac{|PQ|}{|QR|} = \dfrac{|AB|}{|BC|}$

   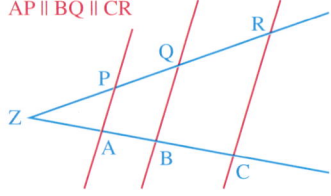

   b) Es sollen $|ZP| = 2{,}7$ cm, $|QR| = 1{,}9$ cm, $|ZA| = 3{,}5$ cm, $|PQ| = 2{,}3$ cm, $|AP| = 1{,}8$ cm sein.
   Berechne die Längen $|BC|, |AB|, |BQ|, |RC|$.

3. Für die nebenstehende Figur gilt g ∥ h. Berechne $\dfrac{x}{y}$, falls gilt:

   a) $\dfrac{u}{v} = 1$;   b) $\dfrac{u}{v} = \dfrac{1}{2}$;   c) $\dfrac{u}{v} = \dfrac{2}{3}$.

   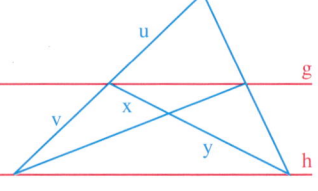

4. Beweise:
   Im Parallelogramm halbieren die Diagonalen einander.

5. In einem Trapez ABCD ist DC ∥ FE ∥ AB.
   Ferner sind die Längen $|AB| = 7$ cm, $|DC| = 4$ cm, $|BE| = 2$ cm und $|EC| = 1$ cm gegeben.
   Wie lang ist die Strecke $\overline{EF}$?

   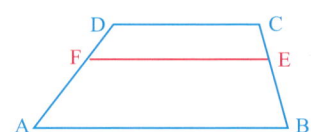

6. Berechne die Längen der rot markierten Strecken (Maße in cm).

   a)   b)   c)

   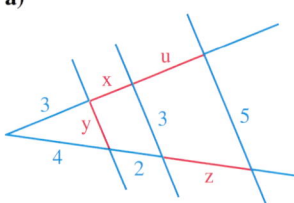 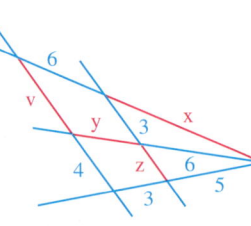 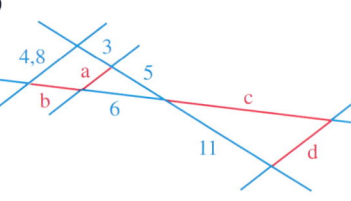

7. In der Zeichnung soll $A_1A_2 \parallel B_1B_2$ sowie $A_2A_3 \parallel B_2B_3$ gelten.

   Beweise: a) $\dfrac{|B_1B_2|}{|A_1A_2|} = \dfrac{|B_2B_3|}{|A_2A_3|}$ b) $\dfrac{|SB_1|}{|SA_1|} = \dfrac{|SB_3|}{|SA_3|}$

   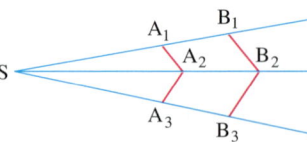

8. Die Abbildung unten zeigt einen Proportionalzirkel. Er wird zum Verkleinern oder Vergrößern einer Strecke verwendet. Erläutere seine Wirkungsweise.

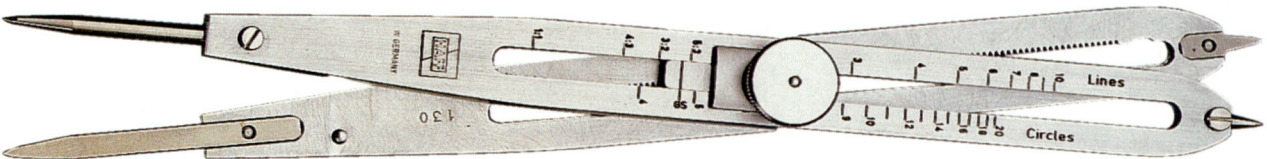

6.6 Berechnen von Längen mithilfe der Strahlensätze *Zum Selbstlernen*

Ziel Hier lernst du, wie man in komplexen ebenen und räumlichen Figuren Streckenlängen durch Anwenden der Strahlensätze berechnen kann.

Zum Erarbeiten **Anwenden des 2. Strahlensatzes**

Jules Verne schreibt in seinem Roman „Die geheimnisvolle Insel", wie eine Gruppe von Männern, die auf eine einsame Insel verschlagen wurde, die Höhe einer senkrechten Granitwand bestimmt:

Die geheimnisvolle Insel

Cyrus Smith hatte eine Stange von 4 m Länge vorbereitet, wobei er an seiner eigenen Körpergröße provisorisch Maß genommen hatte. Harbert machte währenddessen ein Senkblei zurecht, das heißt, er band einen Stein an eine Pflanzenfaserschnur. Die Stange rammte der Ingenieur 20 Schritte vom Ufer weg in den Sand und stellte sie mithilfe des Lots senkrecht zum Horizont. Dann legte er sich soweit von der Stange entfernt in den Sand, dass er die Stange sich mit dem Grat der Granitmauer decken sah, und trieb dort einen Pflock in den Boden ...
Die Stange, die 1 m tief im Sand steckte, wurde wieder herausgezogen und mit ihr der Abstand von dem Pflock zu dem Loch, in den die Stange gesteckt war, und die Entfernung vom Pflock zur Wand gemessen. Vom Pflock zur Stange waren es 5 m, vom Pflock zur Granitwand 160 m.

Fertige eine Skizze an und trage die bekannten Längen ein. Berechne dann die Höhe der Granitwand.

Da sowohl die Stange als auch die Granitwand senkrecht sind, sind beide parallel zueinander. Du erhältst also eine Strahlensatzfigur.
Mithilfe des 2. Strahlensatzes ergibt sich die Gleichung:

$$\frac{x}{3\,m} = \frac{160\,m}{5\,m},$$

also $5x = 480\,m$ und somit $x = 96\,m$.
Ergebnis: Die Wand ist 96 m hoch.

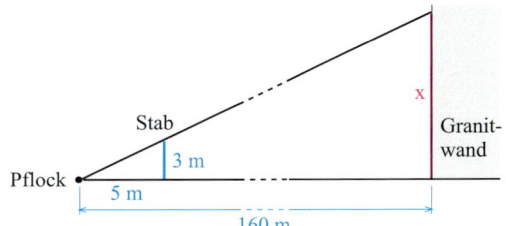

Anwenden des 1. Strahlensatzes

 Ein Teil eines Teiches soll durch ein Seil abgetrennt werden, das an den Stellen A und B am Ufer befestigt werden soll. Um die Entfernung zwischen A und B zu bestimmen, werden an den Stellen A, B, C, D und E so genannte Fluchtstäbe so aufgestellt, dass BC parallel zu DE ist. Es wird gemessen:

$|AC| = 63$ m, $|CE| = 14$ m, $|BD| = 10$ m.

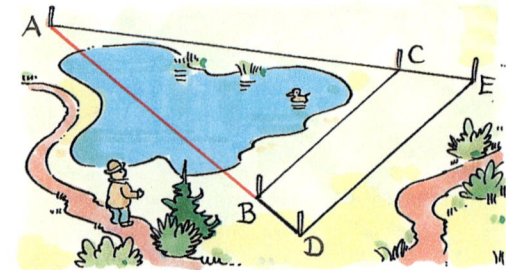

Kann man mit einem 50 m langen Seil A und B miteinander verbinden?

Wegen BC ∥ DE liegt eine Strahlensatzfigur vor. Aufgrund des 1. Strahlensatzes gilt:

$\frac{|AB|}{|BD|} = \frac{|AC|}{|CE|}$, also $\frac{x}{10 \text{ m}} = \frac{63 \text{ m}}{14 \text{ m}}$. Daraus folgt: $x = \frac{10 \cdot 63}{14}$ m $= 45$ m < 50 m

Ergebnis: Man kann also mit dem Seil A mit B verbinden.

Strategie zur Berechnung von Streckenlängen mithilfe der Strahlensätze
- Zeichne eine Strahlensatzfigur ein, die die gesuchte Strecke enthält.
- Erstelle eine Verhältnisgleichung mithilfe des 1. oder 2. Strahlensatzes und löse sie.

Tipp: Die Gleichung lässt sich am einfachsten lösen, wenn die gesuchte Länge im Zähler des linken Bruches steht.

Zum Üben

1. An den Stellen A und B eines Sees befinden sich Anlegestellen für Tretboote. Um die Entfernung von A und B zu bestimmen, wurden die Längen $|PE| = 96$ m, $|EA| = 58$ m und $|EF| = 66$ m gemessen.
   Berechne die Entfernung der Anlegestellen A und B.

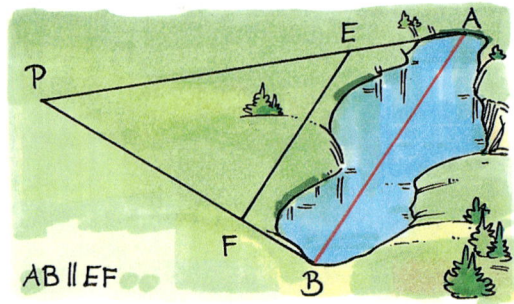

2. Ein senkrecht aufgestellter Stab von 2 m Länge wirft einen 95 cm langen Schatten. Zur gleichen Zeit wirft ein Turm einen Schatten von 10 m Länge.
   Fertige zunächst eine Skizze an. Berechne dann die Höhe des Turms.

3. Ein Waldarbeiter bestimmt mithilfe eines *Försterdreiecks* die Höhe eines Baumes.
   a) Erläutere die Funktion des Försterdreiecks.
      Warum wurde ein Winkel von 45° gewählt?
   b) Die Entfernung zum Baum beträgt 21 m. Wie hoch ist der Baum ungefähr?

Berechnen von Längen mithilfe der Strahlensätze

4. *Teamarbeit:* Überlegt euch Möglichkeiten, wie ihr die Breite eines Flusses bestimmen könnt.

5. Zur Messung einer kleinen Öffnung (z. B. einer Flasche) und zur Messung z. B. einer dünnen Holzplatte verwendet man einen *Messkeil* bzw. einen *Keilausschnitt*.
Berechne jeweils die Länge x. Erläutere die Wirkungsweise der Messinstrumente.

(1) Meßkeil

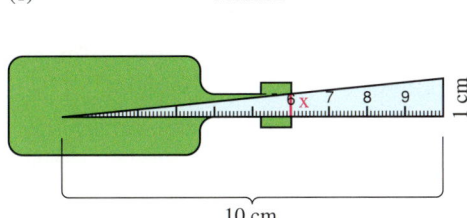

(2) Keilausschnitt

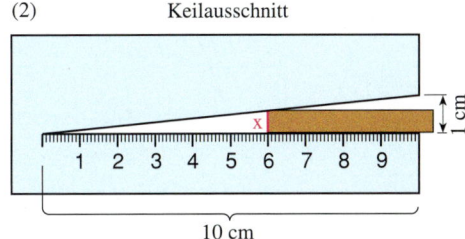

6. Eine einfache Lochkamera kann man sich aus einem Karton herstellen, bei dem auf der einen Seite in der Mitte ein kleines Loch gemacht wird und die gegenüberliegende Seite durch Pergamentpapier, dem „Schirm", ersetzt wird. Du kannst dann auf dem Pergamentpapier ein Bild von Gegenständen erzeugen.

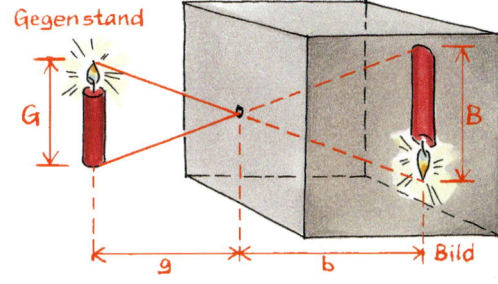

Es sollen G und B die Gegenstands- bzw. Bildgröße sowie g und b die Gegenstands- bzw. Bildweite sein.
Stelle eine Verhältnisgleichung für die Größen g, b, G und B auf.
Wie weit darf ein Gegenstand höchstens von der Kamera entfernt sein, damit sein Abbild noch vergrößert wird?

7. Ein Baum, der von der Lochkamera 30 m entfernt steht, wird 4 cm hoch auf dem Schirm der Kamera abgebildet. Die Kamera ist 12 cm tief. Wie hoch ist der Baum?
Ein gleich großer Baum erscheint 50 % höher auf dem Schirm. Wie weit ist er entfernt?

Erdradius 6370 km

8. Der Mond ist 60 Erdradien von der Erde entfernt.
Hält man einen 7 mm dicken Bleistift im Abstand von etwa 78 cm vor das Auge, so ist der Mond gerade verdeckt.
Welchen Durchmesser hat der Mond etwa? Fertige eine Skizze an.

9. a) Erläutere die Arbeitsweise der Messzange? Wozu kann man sie verwenden?
   b) Mit welchem Faktor vergrößert die abgebildete Zange die abgegriffenen Größen?

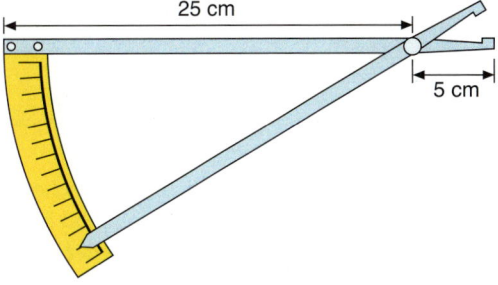

10. Von der Erde aus erscheinen der Mond und die Sonne unter fast dem gleichen Sehwinkel von 0,5°. In welchem Verhältnis stehen ihre Radien, wenn die Entfernung von der Erde zum Mond $e_M = 3,8 \cdot 10^5$ km bzw. zur Sonne $e_S = 1,5 \cdot 10^8$ km betragen?

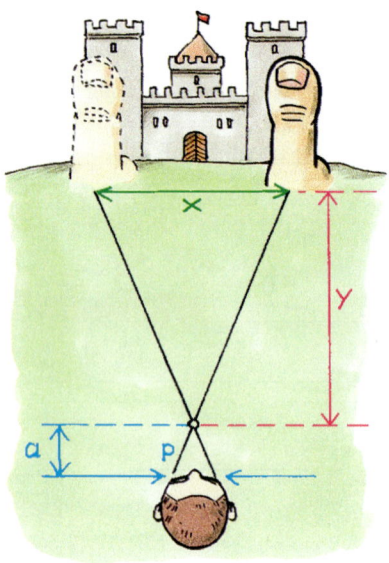

11. Strecke einen Arm aus und visiere den Daumen zunächst mit dem linken Auge, dann mit dem rechten Auge an. Du bemerkst, dass der Daumen einen „Sprung" macht. Diese Tatsache benutzt man, um Entfernungen in der Landschaft zu schätzen (*Daumensprungmethode*).
Verwende in den folgenden Aufgaben als Armlänge a = 64 cm und als Pupillenabstand p = 6 cm.

a) Ein Wanderer sieht ein altes Schloss. Er weiß, das Schloss ist 65 m breit. Der Daumen springt gerade von einer zur anderen Seite.
Wie weit ist er vom Schloss entfernt?

b) Eine Wanderin sieht in der Ferne zwei Burgen. Sie ist von der einen Burg 15 km entfernt. Der Daumen springt gerade von der einen zur anderen Burg.
Wie weit liegen beide Burgen auseinander?

12. Berechne für das nebenstehende Parallelogramm die beiden Längenverhältnisse $\frac{x}{y}$ und $\frac{u}{v}$.

Hinweis: Ergänze die Figur im Heft so, dass eine Strahlensatzfigur entsteht. Zeichne sie rot ein.

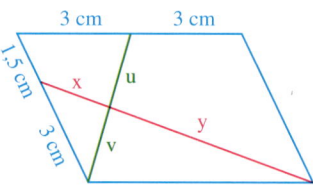

13. Berechne $\frac{x}{y}$ und $\frac{u}{v}$. Der wievielte Teil der Parallelogrammfläche ist rot gefärbt?

a) 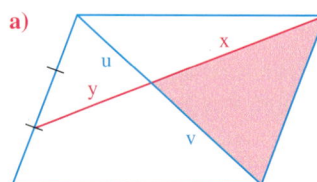 b) 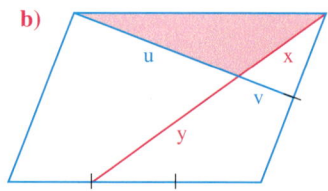 c)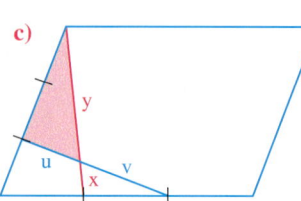

14. Welcher Anteil der Dreiecksfläche ist rot gefärbt? Gib den Anteil auch in Prozent an.

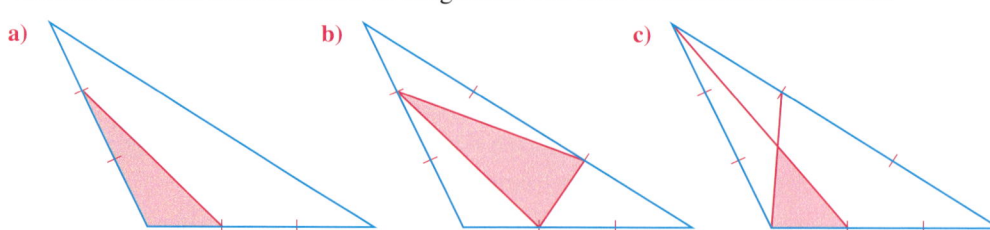

15. In dem gleichschenkligen Trapez rechts sind a = 200 mm, b = 120 mm und c = 56 mm gegeben.
Wie groß ist der Anteil des rot gefärbten Dreiecks an der Gesamtfläche?

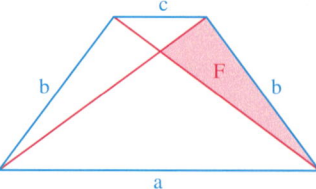

6.7 Umkehrung des 1. Strahlensatzes

Einführung

(1) Zur Umkehrung des 1. Strahlensatzes

In Aufgabe 1 auf Seite 261 haben wir den Auflagepunkt B_1 mithilfe der Längenverhältnisse $\frac{|SA_1|}{|SA_2|} = \frac{|SB_1|}{|SB_2|} = 0{,}6$ unter der *Voraussetzung* bestimmt, dass das Brett parallel zum Boden $(A_1B_1 \| A_2B_2)$ ist.

Wir konnten dann allgemein zeigen:

> Wenn $g \| h$, dann $\frac{|SA_1|}{|SA_2|} = \frac{|SB_1|}{|SB_2|}$ (1. Strahlensatz).

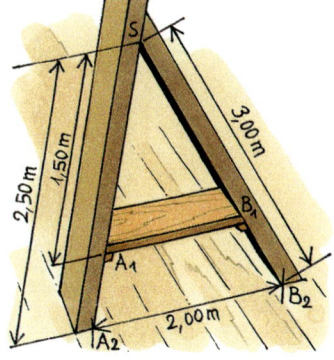

Wir fragen nun umgekehrt:
Wenn wir den Punkt B_1 mit $\frac{|SA_1|}{|SA_2|} = \frac{|SB_1|}{|SB_2|} = 0{,}6$ wählen, sind wir dann auch sicher, dass das Brett parallel zum Boden ist?

Versuche die vier Punkte A_1, A_2, B_1, B_2 mit dem angegebenen Verhältnis zu zeichnen, wobei aber $A_1B_1 \nparallel A_2B_2$ ist. Das gelingt dir offenbar nicht.
Wir vermuten daher die Gültigkeit des folgenden Kehrsatzes zum 1. Strahlensatz:

> Wenn $\frac{|SA_1|}{|SA_2|} = \frac{|SB_1|}{|SB_2|}$, dann $g \| h$.

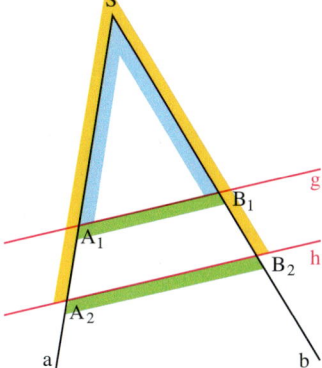

Beweis des Kehrsatzes des 1. Strahlensatzes

Wir setzen $\frac{|SA_1|}{|SA_2|} = \frac{|SB_1|}{|SB_2|}$ voraus und zeigen $g \| h$.

Wir führen den Beweis indirekt. Wir nehmen also an, dass $g \nparallel h$ ist (siehe Bild rechts).
Wir zeichnen nun die Parallele zu g durch A_2 und nennen sie h*.
Ihren Schnittpunkt mit b nennen wir B_2^*.
Wegen h* $\neq$ h gilt auch $B_2^* \neq B_2$.
Wegen $g \| h^*$ können wir den 1. Strahlensatz anwenden.
Wir erhalten $\frac{|SA_1|}{|SA_2|} = \frac{|SB_1|}{|SB_2^*|}$.

Andererseits hatten wir $\frac{|SA_1|}{|SA_2|} = \frac{|SB_1|}{|SB_2|}$ vorausgesetzt.

Also gilt $\frac{|SB_1|}{|SB_2^*|} = \frac{|SB_1|}{|SB_2|}$.

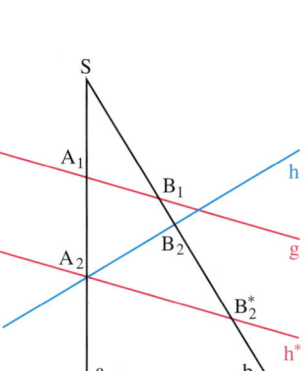

Daraus folgt $B_2^* = B_2$, da beide auf demselben Strahl mit Anfangspunkt S liegen.
Das ist aber ein Widerspruch zu $B_2^* \neq B_2$.
Weil die Annahme $g \nparallel h$ zu einem Widerspruch führt, folgern wir: $g \| h$.

(2) Zur Umkehrung des 2. Strahlensatzes

In Aufgabe 1 auf Seite 273 haben wir die Länge des Brettes $\overline{A_1B_1}$ mithilfe des Längenverhältnisses $\frac{|A_1B_1|}{|A_2B_2|} = \frac{|SA_1|}{|SA_2|} = 0{,}6$ unter der Voraussetzung bestimmt, dass das Brett parallel zum Boden ist.

Wir konnten dann allgemein zeigen:

Wenn $g \parallel h$, dann $\frac{|SA_1|}{|SA_2|} = \frac{|A_1B_1|}{|A_2B_2|}$ (2. Strahlensatz).

Wir fragen nun wieder umgekehrt:
Wenn wir ein Brett der Länge $\overline{A_1B_1}$ mit $\frac{|SA_1|}{|SA_2|} = \frac{|A_1B_1|}{|A_2B_2|}$ herstellen und bei A_1 zwischen die Balken einbauen, sind wir dann auch sicher, dass das Brett parallel zum Boden ist?

Wir konstruieren ein Gegenbeispiel:
In dem Beispiel rechts ist $g^* \parallel h$, also gilt nach

dem 2. Strahlensatz: $\frac{|A_1B_1^*|}{|A_2B_2|} = \frac{|SA_1|}{|SA_2|}$

Ferner ist im Beispiel $|A_1B_1| = |A_1B_1^*|$.

Deshalb gilt hier auch: $\frac{|A_1B_1|}{|A_2B_2|} = \frac{|SA_1|}{|SA_2|}$

Es gilt aber $g \nparallel h$.
Wir sehen: Für den Auflagepunkt gibt es zwei Möglichkeiten. In einem Fall ist das Brett nicht zum Boden parallel.

Ergebnis: Die Umkehrung des 2. Strahlensatzes ist falsch.

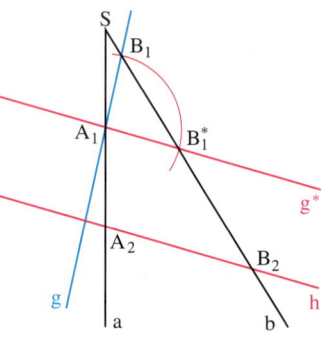

Information

Ein Kehrsatz des 1. Strahlensatzes

Gegeben sind zwei Strahlen a und b mit gemeinsamem Anfangspunkt S, ferner zwei Geraden g und h, welche die Strahlen a und b in den Punkten A_1 und B_1 bzw. A_2 und B_2 schneiden. Dann gilt:

Wenn $\frac{|SA_1|}{|SA_2|} = \frac{|SB_1|}{|SB_2|}$ gilt, dann folgt daraus $g \parallel h$.

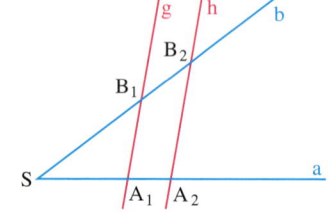

Weiterführende Aufgaben

1. *Eine falsche Umkehrung des erweiterten 1. Strahlensatzes*

Nach dem erweiterten 1. Strahlensatz gilt auch:

Wenn $g \parallel h$, dann gilt: $\frac{|SA_1|}{|A_1A_2|} = \frac{|SB_1|}{|B_1B_2|}$.

Gib die Umkehrung an und widerlege sie.

2. *Mittellinie im Dreieck*

In dem Dreieck ABC sind M_a und M_b die Mittelpunkte der Seiten $\overline{AB}$ und $\overline{AC}$.
Beweise:

(1) $M_aM_b \parallel AB$

(2) $|M_aM_b| = \frac{1}{2}|AB|$

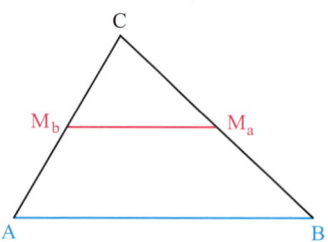

Umkehrung des 1. Strahlensatzes

3. *Schwerpunktsatz für Dreiecke*

Gegeben ist ein Dreieck ABC. M_a ist der Mittelpunkt der Seite a und M_b der Mittelpunkt der Seite b, M_c der Mittelpunkt der Seite c.

a) Zeige, dass M_aM_b parallel zu AB ist.

b) AM_a und BM_b schneiden sich in S. Begründe: $|AS| : |SM_a| = 2 : 1$.

c) Beweise, dass auch CM_c durch S läuft.

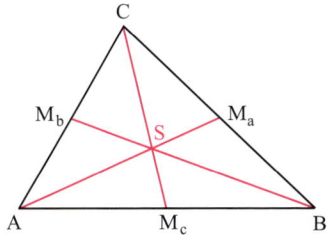

Information

Schwerpunktsatz für Dreiecke

In jedem Dreieck schneiden sich die drei Seitenhalbierenden in *einem* Punkt S, dem **Schwerpunkt** des Dreiecks.
Der Schwerpunkt S teilt jede Seitenhalbierende in zwei Teilstrecken. Die am Eckpunkt liegende Teilstrecke ist doppelt so lang wie die andere.

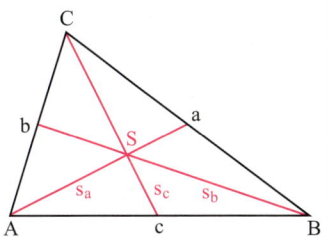

Übungsaufgaben

4. Untersuche, ob auch die Umkehrung des 1. Strahlensatzes für Geraden gilt.

5. In der Figur sind die Längen der vier Strecken $\overline{SA}$, $\overline{SB}$, $\overline{SP}$ und $\overline{SQ}$ bekannt. Entscheide, ob AP∥BQ gilt.

a) $|SA| = 4{,}5$ cm
$|SB| = 7{,}2$ cm
$|SP| = 5{,}4$ cm
$|SQ| = 8{,}1$ cm

b) $|SA| = 4{,}0$ cm
$|SB| = 7{,}2$ cm
$|SP| = 5{,}5$ cm
$|SQ| = 9{,}9$ cm

c) $|SA| = 4{,}9$ cm
$|SB| = 8{,}4$ cm
$|SP| = 3{,}5$ cm
$|SQ| = 6{,}0$ cm

6. Konstruiere eine Figur wie in Aufgabe 5 mit den Maßen: $|SB| = 6$ cm, $|SQ| = 7{,}5$ cm, $|BQ| = 3{,}6$ cm, $|SA| = 4$ cm, $|AP| = 2{,}4$ cm. Zeige, dass diese Aufgabe zwei Lösungen hat und dass nur für eine der beiden Lösungen AP∥BQ gilt.

7. Es sollen R, S, T und U die Mittelpunkte der Seiten des Vierecks ABCD sein.
Beweise:
(1) Das Viereck RSTU ist ein Parallelogramm. Denke auch an Vierecke mit einspringender Ecke.
(2) Der Flächeninhalt des Vierecks RSTU ist halb so groß wie der des Vierecks ABCD, falls es keine einspringende Ecke hat.

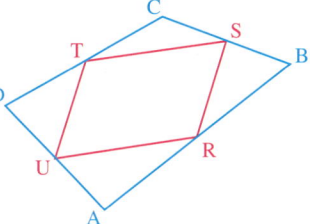

8. Gegeben ist ein Parallelogramm ABCD; es seien M und N die Mittelpunkte der Seiten $\overline{AB}$ und $\overline{CD}$.
Beweise:
(1) Die Geraden AM und CN sind parallel zueinander.
(2) Die Geraden AM und CN zerlegen die Diagonale $\overline{BD}$ in drei gleich große Teilstrecken.

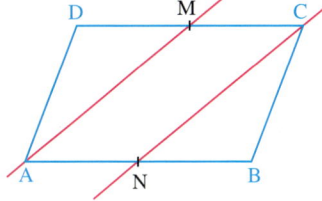

6.8 Aufgaben zur Vertiefung

1. M ist der Mittelpunkt der Seite $\overline{CD}$ des Rechtecks ABCD.
   Zeige: $|PQ| = \frac{1}{3}|AB|$.

   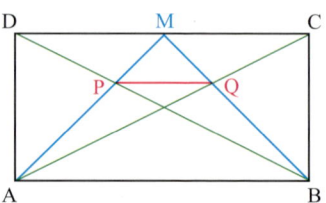

2. Gegeben ist ein Kreis mit der Sehne $\overline{AB}$ durch den Mittelpunkt.
   Konstruiere ein Quadrat PQRS, wobei $\overline{PQ}$ eine Teilstrecke von $\overline{AB}$ ist sowie R und S auf dem Kreis liegen.

3. a) Einem spitzwinkligen Dreieck ABC soll ein Quadrat PQRS so einbeschrieben werden, dass eine Quadratseite auf der Dreiecksseite $\overline{AB}$ liegt.

   b) Gelingt die Lösung von Teilaufgabe a) auch, wenn das Dreieck stumpfwinklig ist? Unterscheide drei Fälle.

   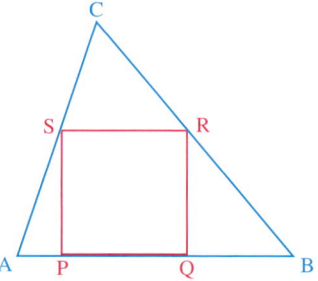

4. Gegeben ist eine Raute.
   Konstruiere ein Quadrat, dessen Ecken auf den Seiten der Raute liegen.

5. Gegeben sind ein Dreieck ABC und eine Gerade g.
   Konstruiere ein gleichseitiges Dreieck PQR. Dabei soll P auf $\overline{AB}$, Q auf $\overline{BC}$ und R auf $\overline{AC}$ liegen. Ferner soll eine Seite des Dreiecks PQR parallel zu der Geraden g sein.

Gérard Desargues, französischer Mathematiker (1591 - 1661)

6. Beweise den *Satz des Desargues*: Sind in zwei Dreiecken die einander entsprechenden Seiten parallel zueinander, so treffen sich die Geraden durch entsprechende Punkte in einem Punkt S, oder sie sind parallel zueinander.

   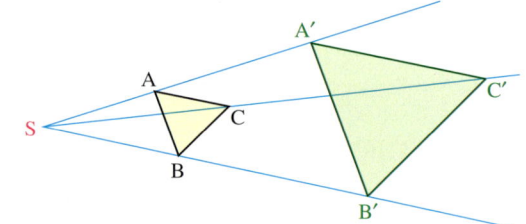

7. Eine Sammellinse erzeugt von einem Gegenstand ein Bild. Für die Größe G des Gegenstandes, die Größe B des Bildes, den Abstand g des Gegenstandes von der Linse, den Abstand b des Bildes von der dünnen Linse sowie die Brennweite f gilt:

   (1) $\dfrac{G}{B} = \dfrac{g}{b}$ (2) $\dfrac{G}{B} = \dfrac{f}{b-f}$

   Gib die Strahlensatzfiguren an. Leite dann die Linsengleichung $\dfrac{1}{g} + \dfrac{1}{b} = \dfrac{1}{f}$ her.

   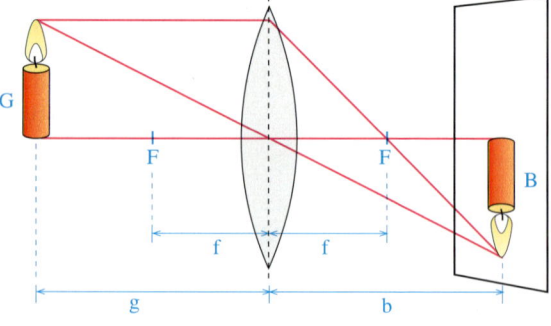

Bist du fit?

1. Welche der Figuren sind ähnlich zueinander? Gib gegebenenfalls den Ähnlichkeitsfaktor an.

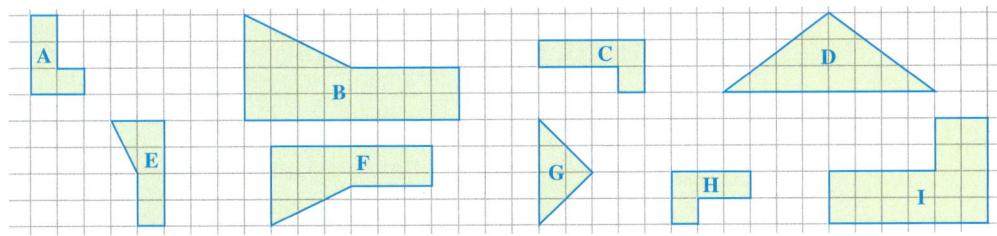

2. Zeichne in ein Koordinatensystem mit der Einheit 1 cm ein Viereck ABCD mit A(−2|−2), B(4|−4), C(7|0) und D(2|6). Konstruiere dann das Bildviereck A'B'C'D' des Vierecks ABCD bei der zentrischen Streckung mit Z(−2|2) als Streckzentrum und dem Streckfaktor $k = \frac{3}{2}$.

3. Die Punkte P' und Q' sind die Bilder von P bzw. Q bei einer zentrischen Streckung.
   Bestimme das Streckzentrum Z sowie den Streckfaktor k.
   a) P(4|−1), P'(8|1), Q(1|−1), Q'(−1|1)   b) P(3|0), P'(1|−1), Q(−3|2), Q'(−2|0)

4. Zeichne ein Parallelogramm ABCD aus a = 5 cm, b = 3 cm und α = 40°.
   Konstruiere dann das Bildparallelogramm von ABCD bei der zentrischen Streckung mit dem Eckpunkt A [Mittelpunkt M der Diagonalen] als Streckzentrum und dem Streckfaktor k.
   a) k = 1,5   b) k = 0,5

5. Von den sechs Längen a_1, a_2, b_1, b_2, c_1 und c_2 sind vier gegeben. Berechne die beiden nicht gegebenen Längen.

   a) a_1 = 7,2 cm   b) a_2 = 10,5 dm   c) a_2 = 8,8 km
      b_1 = 4,8 cm b_1 = 2,3 dm b_2 = 3,9 km
      b_2 = 6,4 cm c_2 = 5,4 dm c_1 = 6,3 km
      c_1 = 2,4 cm a_1 = 4,2 dm c_2 = 4,5 km

6. Um die Breite $\overline{DE}$ eines Flusses zu bestimmen, werden die Punkte A, B, C, D und E wie im Bild abgesteckt und folgende Strecken gemessen:
   |BC| = 48 m; |AB| = 84 m; |CD| = 43 m.
   Wie breit ist der Fluss?

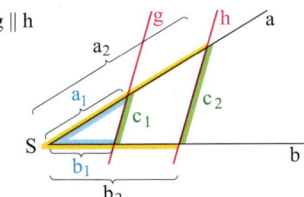

7. Der Schatten eines 1,30 m hohen senkrecht aufgestellten Stabes ist 1,56 m lang. Ein Baum wirft zu derselben Zeit einen 12,75 m langen Schatten.
   Wie hoch ist der Baum?

8. Die Wand eines Dachzimmers ist 4 m breit. Sie ist auf der einen Seite 1,40 m und auf der anderen Seite 3,50 m hoch.
   Kann man an der Wand einen Schrank aufstellen, der 2,25 m hoch und 2,40 m breit ist?

Projekt

Quadratisch, parablisch, gut!

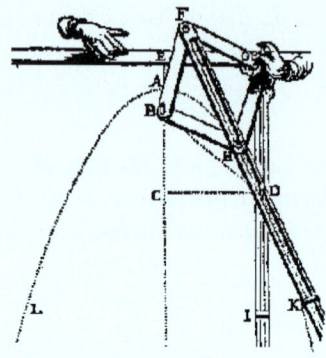

Vorschlag 1:
Parabelkonstruktion

Parabeln habt ihr bisher nur durch die Anwendung einer Funktionsgleichung gezeichnet. Es geht aber auch ganz anders. Versucht herauszufinden, wie man Parabeln konstruieren kann. Wie kann man ein Parabelzeichengerät bauen? Auch lassen sich mit einem dynamischen Geometrie-System Parabeln erzeugen. Wisst ihr eigentlich, woher der Begriff *Parabel* kommt?

Quadratische Funktionen und damit Parabeln sowie quadratische Gleichungen habt ihr in diesem Schuljahr kennengelernt. In diesem Projekt soll nun alles, was mit Parabeln und quadratischen Funktionen zu tun hat, aus einem anderen Blickwinkel betrachtet werden. So kann man versuchen herauszubekommen, woher die Parabel ihren Namen hat. Wusstet ihr z. B., dass man eine Parabel auch mechanisch, geometrisch erzeugen kann? Man kann sogar ein Parabelzeichengerät, einen so genannten Parabelzirkel bauen. Ihr könnt auch herausfinden, was ein Parabelflug oder eine Wurfparabel ist. Selbst beim Kochen sind manche und beim Fernsehen sogar viele Leute auf Parabeln angewiesen. Parabeln können auch

Vorschlag 2:
Parabeln in der Umwelt

Parabeln gibt es nicht nur in der Mathematik, sondern auch in eurer Umwelt. Stellt euch nur die vielen Springbrunnen vor. Wie bewegt sich denn der Wasserstrahl? Auch die Leute beim Brückenbauamt haben mit Parabeln zu tun. Und in der Kunst werden auch gerne Parabeln als Objekte verwendet. Findet eigene Beispiele, untersucht diese auf die Parabeleigenschaften und stellt die Funktionsgleichungen auf.

Vorschlag 3:
Parabeln und Kunst

Eine andere Möglichkeit, sich mit Parabeln zu beschäftigen, ist die Kunst. So kannst du aus mehreren Parabeln Drehparabeln, Paraboloide herstellen oder Lampenschirme basteln. Auch ist es möglich, Bilder nur aus Parabeln zu gestalten.

PROJEKT: Quadratisch, parablisch, gut!

**Vorschlag 4:
Paraboloide**

Wisst ihr was Paraboloide sind? Man kann sich in der Umwelt umschauen und feststellen, dass Paraboloide überall vorkommen. Ihr kennt Paraboloide von den Satellitenschüsseln. Bei den Solarkochern wird das Brennpunktprinzip des Paraboloiden zum Kochen verwendet. Auch Solarkraftwerke verwenden manchmal Paraboloide. Paraboloide werden ferner als Reflektoren bei Taschenlampen verwendet. Was ist das Geheimnis dieser Paraboloiden?

in der Kunst eine Rolle spielen. Sogar beim Brückenbau findet man Parabeln.
Es wäre schön, wenn ihr eure quadratisch guten Parabelideen in einer kleinen Ausstellung im Schulgebäude zeigen könntet. Ihr könnt natürlich auch die Ergebnisse im Rahmen einer Vortragsrunde vor der Klasse präsentieren. Auch ein kleiner Artikel in der Lokalzeitung über besonders interessante Parabelobjekte oder eine Parabelbrücke in eurer Nähe ist denkbar. Hier hilft vielleicht eure Deutschlehrerin oder euer Deutschlehrer. Wir haben hier für euch ein paar Ideen und Fragen rund um das Parabelprojekt vorbereitet, die ihr aufgreifen könnt. Im Internet findet ihr das Projekt unter
www.elemente-der-mathematik.de

**Vorschlag 5:
Das Fallgesetz**

Das Fallgesetz handelt von der Gesetzmäßigkeit, mit der ein Körper zur Erde fällt. Ein berühmter Italiener, Galileo Galilei, hat sich damit in Pisa beschäftigt. Wie wäre es, wenn ihr das Fallgesetz überprüft? Wie müsst ihr das anstellen? Wisst ihr, was eine Fallschnur ist?

**Vorschlag 6:
Die Wurfparabel**

Könnt ihr ein Parabelschussgerät bauen, mit dem ihr Kugeln auf bestimmten Parabeln abschießen könnt? Wie kann man die Wurfweiten berechnen? Habt ihr auch schon einmal etwas vom Parabelflug gehört? Was haben der Parabelflug und die Wurfparabel gemeinsam? Was hat die Schwerelosigkeit mit der Wurfparabel zu tun?

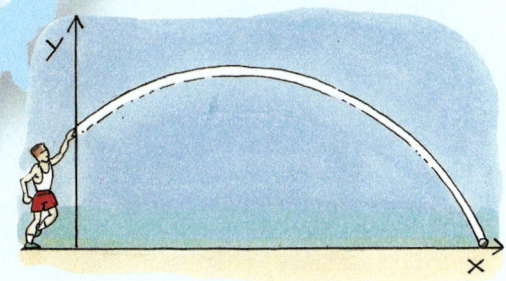

Lösungen zu Bist du fit?

Seite 40

1. a) Zunächst berechnen wir den im Text fehlenden Anteil für Haushalte mit mehr als 4 Personen:
100 % − (38,8 % − 33,6 % − 13,5 % − 10,3 %) = 3,8 %

b) Wir können die mittlere Anzahl nicht genau bestimmen, da uns detaillierte Informationen über Haushalte mit 5 Personen, 6 Personen, … fehlen. Daher kann man nur abschätzen, dass der Mittelwert größer ist als 2,067.

Anzahl der Personen	Anteil der Haushalte	Produkt
1	0,388	0,388
2	0,336	0,672
3	0,135	0,405
4	0,103	0,412
5 oder mehr	0,038	> 0,190
	Summe	> 2,067

2. $n = 8$; $p = \frac{1}{8}$

k	P(X = k)
0	0,344
1	0,393
2	0,196
3	0,056
4	0,010
5	0,001
6	0,00008
7	0,000003
8	0,00000006

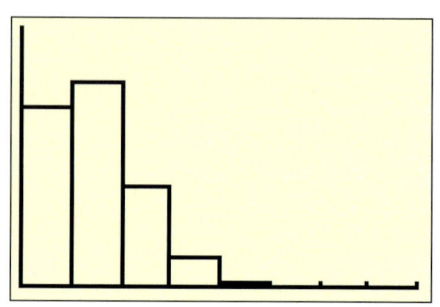

3. Man kann die Zufallsvariable „Gewinn pro Los" betrachten. Dabei führt eine Niete zu einem negativen Gewinn von 2,50 €. Nach diesem Gewinnplan ergibt sich ein mittlerer Gewinn von −0,50 € pro Los, also ein Erlös von 0,50 € pro Los für den guten Zweck der Lotterie.

Gewinn in Euro	Wahrscheinlichkeit	Produkt
7,50	0,10	0,75
2,50	0,20	0,50
−2,50	0,70	−1,75
	Summe	−0,50

4. Die Wahrscheinlichkeit für einen Pasch in einer Spielrunde beträgt $\frac{6}{36} = \frac{1}{6}$.
Die Wahrscheinlichkeit für keinen Pasch in einer Spielrunde beträgt also $\frac{5}{6}$.
Die Wahrscheinlichkeit für keinen Pasch in drei Spielrunden beträgt dann: $\frac{5}{6} \cdot \frac{5}{6} \cdot \frac{5}{6} = \frac{125}{216} \approx 0{,}5787 \approx 57{,}9\,\%$.
Die Wahrscheinlichkeit für (mindestens) einen Pasch in drei Spielrunden beträgt: $1 - \frac{125}{216} = \frac{91}{216} \approx 0{,}4213 \approx 42{,}1\,\%$

5. $32 \cdot 5 \cdot 7 = 1\,120$ Nora hat 1 120 Möglichkeiten.

6. a) $5 \cdot 4 \cdot 3 \cdot 2 \cdot 1 = 120$ Es gibt 120 Möglichkeiten.
b) $\frac{1}{5}$ Die Wahrscheinlichkeit beträgt 20 %.
c) $4 \cdot 3 \cdot 2 \cdot 1 = 24$ Es gibt 24 Möglichkeiten.

7. Mögliche Glückszahlen sind 1, 2, 3, 4 und 6.
$P(1) = \frac{1}{16} = 0{,}0625$
$P(2) = \frac{1}{16} + \frac{1}{4} = \frac{5}{16} = 0{,}3125$
$P(3) = \frac{3}{16} = 0{,}1875$
$P(4) = \frac{1}{4} = 0{,}25$
$P(6) = \frac{3}{16} = 0{,}1875$

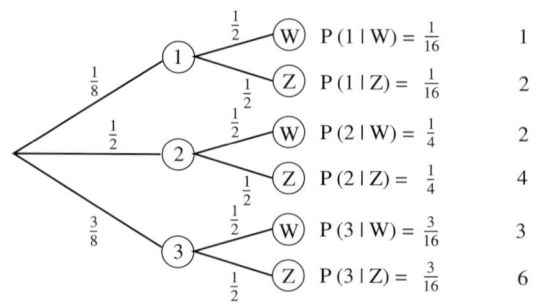

Bist du fit? – Lösungen

Seite 40

8. a) 0-mal Wappen bedeutet 4-mal Zahl. Man kann also annehmen, dass 0-mal Wappen und 4-mal Wappen die gleiche Wahrscheinlichkeit haben.
Entsprechend gilt für 1-mal Wappen und 3-mal Wappen. Man kann daher vermuten, dass 2-mal Wappen am häufigsten kommt.

b) $P(\text{0-mal Wappen}) = P(\text{4-mal Zahl}) = \frac{1}{16} = 0{,}0625$

$P(\text{4-mal Wappen}) = \frac{1}{16} = 0{,}0625$

$P(\text{1-mal Wappen}) = 4 \cdot \frac{1}{16} = \frac{1}{4} = 0{,}25$

$P(\text{3-mal Wappen}) = P(\text{1-mal Zahl}) = 4 \cdot \frac{1}{16} = \frac{1}{4} = 0{,}25$

$P(\text{2-mal Wappen}) = 1 - P(\text{0-mal Wappen}) - P(\text{1-mal Wappen}) - P(\text{3-mal Wappen}) - P(\text{4-mal Wappen})$

$= 1 - \frac{1}{16} - \frac{1}{4} - \frac{1}{4} - \frac{1}{16} = \frac{6}{16} = \frac{3}{8} = 0{,}375$

Die Wahrscheinlichkeit für *zweimal Wappen* ist am größten.

Seite 78

1. a) g_1: $y = -x + 3$ **b)** g_3: $y = \frac{1}{2}x + 2$ **c)** g_5: $y = -3x - 3$ **d)** g_7: $y = \frac{4}{3}x - 2$

g_2: $y = \frac{1}{3}x + 1$ g_4: $y = -\frac{3}{2}x + 3$ g_6: $y = 3$ g_8: $x = 2$

2. a) P_2 **b)** P_4 und P_5 **c)** P_1 **d)** P_3 **e)** P_3 **f)** P_2 und P_5

3. a) $L = \{(5 \mid 3)\}$ **b)** $L = \{(-10 \mid -4)\}$ **c)** $L = \{(-4 \mid -7)\}$ **d)** $L = \{(4{,}5 \mid 6{,}5)\}$

4. a) $L = \{(16 \mid 30)\}$ **b)** $L = \{(3 \mid 3)\}$ **c)** $L = \{(8 \mid 9)\}$ **d)** $L = \{5 \mid 0\}$

5. a) $L = \{(1 \mid 7)\}$ **c)** $L = \{(-2 \mid 1)\}$ **e)** $L = \{(\frac{1}{3} \mid \frac{1}{2})\}$ **g)** $L = \{(0 \mid \frac{1}{3})\}$

b) $L = \{(-\frac{1}{2} \mid 3)\}$ **d)** $L = \{(0 \mid 2)\}$ **f)** $L = \{\}$ **h)** $L = \{(x \mid y) \mid y = 3x - 2\}$

6. a) $L = \{(1{,}1 \mid 2{,}2)\}$ **b)** $L = \{(x \mid y) \mid y = 0{,}6x + 1{,}4\}$ **c)** $L = \{(7 \mid 5)\}$

7. x: Anzahl der Einzelzimmer
y: Anzahl der Doppelzimmer

Gleichungssystem: $\left| \begin{array}{l} x + y = 78 \\ x + 2y = 119 \end{array} \right|$

Lösungsmenge: $L = \{(37 \mid 41)\}$

Das Hotel hat 37 Einzelzimmer und 41 Doppelzimmer.

8. a: Länge der Seite, die verlängert wird (in cm)
b: Länge der Seite, die verkürzt wird (in cm)

Gleichungssystem: $\left| \begin{array}{l} 2a + 2b = 28{,}8 \\ (a + 4{,}5) \cdot (b - 3{,}5) = a \cdot b - 17{,}35 \end{array} \right|$

umgeformt: $\left| \begin{array}{l} 2a + 2b = 28{,}8 \\ -3{,}5a + 4{,}5b = -1{,}6 \end{array} \right|$

Lösungsmenge: $L = \{(8{,}3 \mid 6{,}1)\}$

Das Rechteck hat die Seitenlängen 8,3 cm und 6,1 cm. Die Seite, die verlängert wird, ist 8,3 cm lang. Die Seite, die verkürzt wird, ist 6,1 cm lang.

9. t_1: Zeit für die Hinfahrt (in h)
t_2: Zeit für die Rückfahrt (in h)

Gleichungssystem: $\left| \begin{array}{l} t_1 + t_2 = 4 \\ (4{,}5 + 1{,}5) t_1 = (4{,}5 - 1{,}5) t_2 \end{array} \right|$

umgeformt: $\left| \begin{array}{l} t_1 + t_2 = 4 \\ 6 t_1 - 3 t_2 = 0 \end{array} \right|$

Lösungsmenge: $L = \{1\frac{1}{3}; 2\frac{2}{3}\}$

Die Hinfahrt dauert 1 h 20 min, die Rückfahrt 2 h 40 min. Die Strecke ist 8 km lang.

Seite 108

1. a) 9   **b)** 0,5   **c)** $\frac{8}{11}$ **d)** 200   **e)** 2,5

2. a) 7 cm   **c)** 2,7 dm   **e)** $\sqrt{150}$ ha $= \sqrt{1\,500\,000}$ m² $= 500\sqrt{6}$ m ≈ 1225 m

b) 13 cm   **d)** $\sqrt{8}$ m $= 2\sqrt{2}$ m $\approx 2{,}83$ m

Seite 108

3. a: Kantenlänge des Würfels (in m); O: Größe der Oberfläche (in m²)
   $O = 6a^2 = 3$, mit $a > 0$, also $a = \sqrt{\frac{3}{6}} = \sqrt{\frac{1}{2}} = \frac{1}{2}\sqrt{2} \approx 0{,}71$
   Volumen (in m³): $a^3 = \left(\frac{1}{2}\sqrt{2}\right)^3 = \frac{1}{8} \cdot 2 \cdot \sqrt{2} = \frac{1}{4}\sqrt{2} \approx 0{,}354$
   Ergebnis: Der Würfel hat eine Kantenlänge von ungefähr 71 cm und ein Volumen von ungefähr 354 dm³.

4. **a)** Zum Beispiel mit Intervallschachtelung.
   $2^2 < 7 < 3^2$, also liegt $\sqrt{7}$ im Intervall [2; 3]
   $2{,}6^2 < 7 < 2{,}7^2$, also liegt $\sqrt{7}$ im Intervall [2,6; 2,7]
   $2{,}64^2 < 7 < 2{,}65^2$, also liegt $\sqrt{7}$ im Intervall [2,64; 2,65]
   $2{,}645^2 < 7 < 2{,}646^2$, also liegt $\sqrt{7}$ im Intervall [2,645; 2,646]

   b) Da man Endnullen weglässt, hätte ein endlicher Dezimalbruch für $\sqrt{7}$ die möglichen Endziffern 1, 2, …, 9. Beim Quadrieren erhält man die Endziffern 1, 4, 9, 6, 5, 6, 9, 4, 1.
   Wir erhalten beim Quadrieren also nie die natürliche Zahl 7. $\sqrt{7}$ kann also kein abbrechender Dezimalbruch sein.

   c) *Annahme:* $\sqrt{7} = \frac{m}{n}$, wobei $\frac{m}{n}$ ein gekürzter Bruch ist.
   Der Nenner ist ungleich 1, da es keine natürliche Zahl gibt, deren Quadrat 7 ist: $2^2 = 4 < 7$ und $3^2 = 9 > 7$.
   Also kann $\sqrt{7}$ keine natürliche Zahl sein und n ist somit ungleich 1.
   Quadriert man beide Seiten der Gleichung, so ergibt sich $\frac{m}{n} \cdot \frac{m}{n} = 7$.
   Da der Nenner n · n ungleich 1 ist und der Bruch bereits gekürzt ist, kann $\frac{m}{n} \cdot \frac{m}{n}$ nicht gleich der natürlichen Zahl 7 sein. $\sqrt{7}$ ist nicht als gewöhnlicher Bruch darstellbar, also keine rationale Zahl, also irrational.

5. **a)** $3{,}4 = 3\frac{4}{10} = 3\frac{2}{5}$ **d)** $3{,}39 = 3\frac{39}{100}$ **g)** $\sqrt{4} = 2$ **j)** $3{,}\overline{04044} = 3\frac{4044}{99999} = 3\frac{1348}{33333}$
   b) $3{,}\overline{4} = 3\frac{4}{9}$ **e)** $3{,}40 = 3\frac{40}{100} = 3\frac{4}{10} = 3\frac{2}{5}$ **h)** irrational   **k)** $3{,}04 = 3\frac{4}{100} = 3\frac{1}{25}$
   c) irrational   **f)** irrational   **i)** $3 \cdot \sqrt{4} = 3 \cdot 2 = 6$ **l)** $3{,}040 = 3\frac{40}{1000} = 3\frac{4}{100} = 3\frac{1}{25}$

6. Eine Zahl ist rational, wenn der Dezimalbruch endlich oder periodisch ist.
   [Eine Zahl ist irrational, wenn der Dezimalbruch nicht endlich und nicht periodisch ist.]

7. **a)** L = {−12, 12}   **b)** L = {−1,3; 1,3}   **c)** L = { }   **d)** L = {0}

8. **a)** D = {x ∈ ℝ | x ≥ 3}   **b)** D = ℝ   **c)** D = {x ∈ ℝ | |x| ≤ 3}   **d)** D = {x ∈ ℝ | x > −1}

9. **a)** $\sqrt{20} \cdot \sqrt{5} = \sqrt{100} = 10$
   b) $\sqrt{20} : \sqrt{5} = \sqrt{4} = 2$
   c) $(\sqrt{20} + \sqrt{5})^2 = (\sqrt{20})^2 + 2\sqrt{20} \cdot \sqrt{5} + (\sqrt{5})^2 = 20 + 2\sqrt{100} + 5 = 20 + 2 \cdot 10 + 5 = 45$
   d) $\sqrt{20} + \sqrt{5} = \sqrt{4 \cdot 5} + \sqrt{5} = \sqrt{4} \cdot \sqrt{5} + \sqrt{5} = 2\sqrt{5} + \sqrt{5} = 3\sqrt{5}$

10. **a)** $3 \cdot |a|$ **e)** $0{,}9 \cdot |x| \cdot y^2$ **i)** $3\sqrt{a} - 3 \cdot a \cdot \sqrt{a} = 3\sqrt{a}(1-a)$ für $a \geq 0$
    b) $5x$ für $x \geq 0$ **f)** x^6 für $x \geq 0$ **j)** $a + \sqrt{a}$ für $a \geq 0$
    c) 6   **g)** $y\sqrt{y}$ für $y \geq 0$ **k)** $a + 2\sqrt{3ab} + 3b$ für $a \geq 0, b \geq 0$
    d) $12uv$ für $u \geq 0, v \geq 0$ **h)** $\frac{13 \cdot |a|}{2 \cdot |b| \cdot |c|}$ für $b \neq 0, c \neq 0$ **l)** $\sqrt{(5-z)^2} = |5-z| = |z-5|$

11. **a)** $2 \cdot \sqrt{3}$ **c)** $|a| \cdot \sqrt{5}$ **e)** $1{,}2 \cdot |x| \cdot \sqrt{y}$ für $y \geq 0$
    b) $3 \cdot \sqrt{5}$ **d)** $13a^2 \cdot |b| \cdot \sqrt{c}$ für $c \geq 0$

12. **a)** $\frac{5}{\sqrt{3}} = \frac{5 \cdot \sqrt{3}}{\sqrt{3} \cdot \sqrt{3}} = \frac{5}{3}\sqrt{3}$ **d)** $\frac{7}{4-\sqrt{2}} = \frac{7 \cdot (4+\sqrt{2})}{(4-\sqrt{2})(4+\sqrt{2})} = \frac{28+7\sqrt{2}}{16-2} = \frac{28+7\sqrt{2}}{14} = 2 + \frac{1}{2}\sqrt{2}$
    b) $\frac{6}{\sqrt{2}} = \frac{6 \cdot \sqrt{2}}{\sqrt{2} \cdot \sqrt{2}} = \frac{6 \cdot \sqrt{2}}{2} = 3\sqrt{2}$ **e)** $\frac{a}{b-\sqrt{c}} = \frac{a \cdot (b+\sqrt{c})}{(b-\sqrt{c})(b+\sqrt{c})} = \frac{ab+a\sqrt{c}}{b^2-c}$ für $c \geq 0$ und $c \neq b$
    c) $\frac{a}{\sqrt{z}} = \frac{a \cdot \sqrt{z}}{\sqrt{z} \cdot \sqrt{z}} = \frac{a}{z}\sqrt{z}$ für $z > 0$ **f)** $\frac{\sqrt{2}}{\sqrt{3}-\sqrt{5}} = \frac{\sqrt{2} \cdot (\sqrt{3}+\sqrt{5})}{(\sqrt{3}-\sqrt{5})(\sqrt{3}+\sqrt{5})} = \frac{\sqrt{6}+\sqrt{10}}{3-5} = -\frac{1}{2}\sqrt{6} - \frac{1}{2}\sqrt{10}$

Seite 176

1. **a)** Um 1 nach links verschobene Normalparabel; Scheitelpunkt $S(-1 | 0)$.
   b) Um 2 nach unten verschobene Normalparabel; Scheitelpunkt $S(0 | -2)$.
   c) Um 1 nach links und um 4 nach unten verschobene Normalparabel; Scheitelpunkt $S(-1 | -4)$.
   d) Um 2 nach rechts verschobene Normalparabel; Scheitelpunkt $S(2 | 0)$.
   e) Um 2 nach rechts und um 3 nach oben verschobene Normalparabel; Scheitelpunkt $S(2 | 3)$.

Bist du fit? – Lösungen

Seite 176

1.
   f) Gespiegelte, um 1 nach links und um 4 nach unten verschobene Normalparabel; Scheitelpunkt S(–1 | 4).

   g) Um 1 nach links und um 8 nach unten verschobene, mit dem Faktor 2 gestreckte Normalparabel; Scheitelpunkt S(–1 | –8).

   h) Gespiegelte, um 2 nach rechts und um 3 nach oben verschobene, mit dem Faktor $\frac{1}{2}$ gestauchte Normalparabel; Scheitelpunkt S(2 | 3).

   i) Gespiegelte, um 2 nach rechts und um 4 nach oben verschobene Normalparabel, Scheitelpunkt S(2 | 4).

2. a) $f(x) = -x^2 + 4$ b) $f(x) = (x+1)^2 - 1$ c) $f(x) = \frac{1}{2}(x-1)^2 - 2$

3.
   a) $y = (x-9)^2 - 1$, Scheitelpunkt S(9 | –1); nach oben geöffnete Parabel.
   Der Graph fällt für $x \leq 9$ und steigt für $x \geq 9$.

   b) $y = -3(x+2)^2 + 192$; Scheitelpunkt S(–2 | 192); nach unten geöffnete Parabel.
   Der Graph steigt für $x \leq -2$ und fällt für $x \geq -2$.

   c) $y = -\frac{1}{2}(x-7)^2 + \frac{9}{2}$; Scheitelpunkt S(7 | 4,5); nach unten geöffnete Parabel.
   Der Graph steigt für $x \leq 7$ und fällt für $x \geq 7$.

4. a) $L = \{-11; -1\}$ b) $L = \{4\}$ c) $L = \{-\frac{1}{4}; \frac{1}{2}\}$ d) $L = \{\ \}$ e) $L = \{-4\frac{1}{2}; \frac{2}{3}\}$ f) $L = \{-4; 6\}$

5.
   a) $f(x) = (x+1)^2 - 9$
      (1) Nullstellen: $x_1 = -4$; $x_2 = 2$
      (2) Scheitelpunkt S(–1 | –9); tiefster Punkt (nach oben geöffnete Parabel)
      (3) $Q_1(0 | -8)$; $Q_2(-2 | -8)$
      (4) $x_1 = -1 - \sqrt{13} \approx -4{,}6$; $x_2 = -1 + \sqrt{13} \approx 2{,}6$

   b) $f(x) = -(x+5)^2 + 4$
      (1) Nullstellen: $x_1 = -7$; $x_2 = -3$
      (2) Scheitelpunkt S(–5 | 4); höchster Punkt (nach unten geöffnete Parabel)
      (3) $Q_1(0 | -21)$; $Q_2(-10 | -21)$
      (4) $x_1 = -5$

   c) $f(x) = -4(x - 2{,}5)^2$
      (1) Nullstellen: $x_1 = 2{,}5$
      (2) Scheitelpunkt S(2,5 | 0); höchster Punkt (nach unten geöffnete Parabel)
      (3) $Q_1(0 | -25)$; $Q_2(5 | -25)$
      (4) Da S der höchste Punkt ist, sind alle Funktionswerte kleiner als 4.

6. Länge der kürzeren Seite (in cm): x;   Länge der längeren Seite (in cm): x + 5
   Gleichung: $x(x+5) = 300$;   umgeformt: $x^2 + 5x - 300 = 0$
   Lösungsmenge: $L = \{-20; 15\}$;   –20 entfällt als Lösung, da Längen positiv sind.
   Das Rechteck hat die Seitenlängen 15 cm und 20 cm.

7. Das Bild hat den Flächeninhalt $A_B = 20$ cm $\cdot$ 30 cm $= 600$ cm^2.
   Da dieses 100 % – 40 % = 60 % der Gesamtfläche sind, beträgt der Flächeninhalt der Gesamtfläche $A_G = 1\,000$ cm^2.
   Der Flächeninhalt des Passepartouts beträgt $A_P = 400$ cm^2.
   Für die Breite x (in cm) des Passepartouts hat die Gesamtfläche die
   Seitenlängen 30 cm + 2x und 20 cm + 2x.
   Damit erhält man: Gleichung: $(20 + 2x)(30 + 2x) = 1\,000$;
   umgeformt: $x^2 + 25x - 100 = 0$
   Lösungsmenge: $L = \{\frac{5}{2}(\sqrt{41} - 5); -\frac{5}{2}(\sqrt{41} + 5)\}$; $-\frac{5}{2}(\sqrt{41} + 5)$
   entfällt als Lösung, da Längen positiv sind.
   Das Passepartout hat die Breite $\frac{5}{2}(\sqrt{41} - 5)$ cm $\approx 3{,}5$ cm.

8. $f(a) = 6a^2$ (siehe Bild rechts)

9. Breite des Rechtecks (in m): x
   Länge des Rechtecks (in m): $(300 - 2x) : 2 = 150 - x$
   Gleichung: $y = x(150 - x)$
   $= 150x - x^2$
   $= (x^2 - 150x)$
   $= -((x - 75)^2 - 75^2)$
   $= -(x - 75)^2 + 5\,625$
   Man erhält eine nach unten geöffnete Parabel mit dem Scheitelpunkt S(75 | 5 625).
   Den größten Wert erhält man also für x = 75.
   Ergebnis: Die Weide sollte 75 m lang und 75 m breit sein.
   Der Flächeninhalt beträgt dann 5 625 m^2.

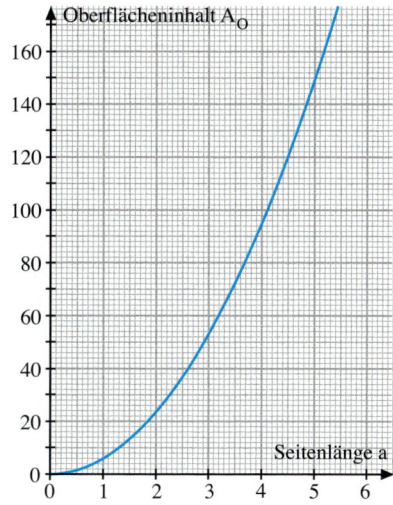

Bild zur Aufgabe 8:

Seite 232

1. a) $(\sqrt{2})^2 = 2$
   b) $(\sqrt{2})^8 = 2^4 = 16$
   c) $(\sqrt{2})^{12} = 2^6 = 64$
   d) $\sqrt{36^3} = (\sqrt{36})^3 = 6^3 = 216$
   e) $(\sqrt{36})^{-3} = 6^{-3} = \frac{1}{6^3} = \frac{1}{216}$
   f) $\sqrt{1} \cdot 1 = 1 \cdot 1 = 1$
   g) $a^{-2+1} = a^{-1} = \frac{1}{a}$ (für $a \neq 0$)
   h) $b^{-2} \cdot b^3 = b$ (für $b \neq 0$)
   i) $(xy)^{-4} = \frac{1}{(xy)^4} = \left(\frac{1}{xy}\right)^4$ (für $x \neq 0, y \neq 0$)
   j) $x^{-3+2+1+5} = x^5$ (für $x \neq 0$)
   k) $a^{2-1} \cdot b^{1-3+2} = a^1 \cdot b^0 = a$ (für $a \neq 0, b \neq 0$)
   l) $b^{(-3) \cdot (-2)} = b^6$ (für $b \neq 0$)

2. Anzahl der Brückenteile: 120 m : 5 m = 24
   Temperaturdifferenz: 60 Grad
   Längenunterschied der Brücke: $6 \cdot 10^{-5}$ m $\cdot$ 60 $\cdot$ 24 = 0,0864 m = 8,64 cm

3. a) $(3^7 - 589)^0 = 1$
   b) $2x \cdot x^{-\frac{3}{4}} = 2 \cdot x^{1-\frac{3}{4}} = 2x^{\frac{1}{4}} = 2\sqrt[4]{x}$ (für $x > 0$)
   c) $x^{(-0,4) \cdot (-0,1)} \cdot y^{(-3,5) \cdot (-0,1)} = x^{0,04} \cdot y^{0,35}$ (für $x > 0, y > 0$)
   d) $r^{-\frac{3}{10}} \cdot y^{\frac{9}{8}}$ (für $r > 0, y > 0$)
   e) $\frac{r^{-4} s^{-4}}{r^{-2} s^{-2}} = r^{-2} s^{-2} = \frac{1}{r^2 s^2}$ (für $r \neq 0, s \neq 0$)
   f) $a^6 + a^6 - a^6 = a^6$
   g) $16 a^{-2} c^{-6} d^6 + 10 d^{-1}$ (für $a \neq 0, c \neq 0, d \neq 0$)
   h) $3 \cdot 2^{n+4} - 24 \cdot 2^{n+1} = 2^n (3 \cdot 2^4 - 24 \cdot 2) = 2^n \cdot 0 = 0$
   i) $\frac{126x + 36y}{5a - 7b}$ (für $7x + 2y \neq 0, 5a - 7b \neq 0$)

4. a) $\left(a^{\frac{2}{3}}\right)^6 = a^4$
   b) $\frac{21}{4} \cdot \sqrt[3]{2a^2 \cdot 4a^3 \cdot 8a^4} = \frac{21}{4} \cdot \sqrt[3]{64 a^9} = \frac{21}{4} \cdot 4a^3 = 21 a^3$ (für $a \geq 0$)
   c) $\sqrt[4]{\frac{12r^3 \cdot 20rs}{6s^2 \cdot 3r}} = \sqrt[4]{\frac{40r^3}{3s}}$ (für $r > 0, s > 0$)
   d) $\sqrt[3]{20 a b^2 \cdot 400 a^2 b^7} = \sqrt[3]{8 \cdot 1000 \cdot a^3 b^9} = 2 \cdot 10 \cdot a \cdot b^3 = 20 a b^3$ (für $a > 0, b > 0$)
   e) $a^{\frac{4}{x} - \frac{16}{2x}} = a^{\frac{4}{x} - \frac{8}{x}} = a^{-\frac{4}{x}} = \frac{1}{\sqrt[x]{a^4}}$
   f) $a^5 - 2a^3 + a + 2a^3 = a^5 + a = a(a^4 + 1)$ (für $a \geq 0$)

5. Graphen siehe Bild rechts.

6. *Zum Beispiel:*
   a) $y = 4(x - 2,5)^{-2} + 2$
   b) $y = -\frac{1}{4} x^3$
   c) $y = -x^2 - 3$
   d) $y = \frac{1}{x} + 3$

7. a) $L = \{4\}$
   b) $L = \{5\}$
   c) $L = \{-2; 2\}$
   d) $L = \{\ \}$
   e) $L = \{2^{\frac{3}{5}}\} = \{\sqrt[5]{8}\}$
   f) $L = \{5\}$
   g) $L = \{-7; -3\}$
   h) $L = \{133\}$
   i) $L = \{81\}$
   j) $L = \{\ \}$
   k) $L = \{-1724\}$
   l) $L = \{\ \}$

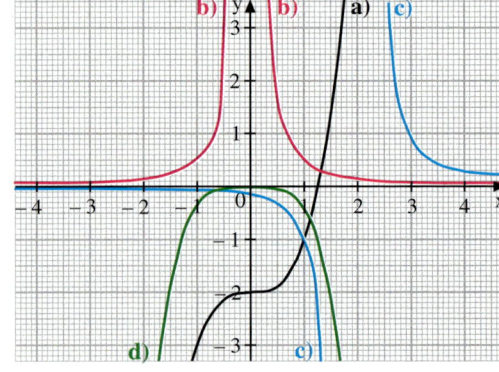

8. $a^{\frac{m}{n}}$ ist nur für $a > 0$ definiert.
   Also ist z. B. die Gleichung $(-1)^3 = (-1)^{6:2}$ falsch.

Seite 277

1. A ist ähnlich zu H; Ähnlichkeitsfaktor 1
   A ist ähnlich zu I; Ähnlichkeitsfaktor 2
   B ist ähnlich zu E; Ähnlichkeitsfaktor $\frac{1}{2}$
   B ist ähnlich zu F; Ähnlichkeitsfaktor $\frac{3}{4}$
   E ist ähnlich zu B; Ähnlichkeitsfaktor 2
   E ist ähnlich zu F; Ähnlichkeitsfaktor $\frac{3}{2}$
   F ist ähnlich zu B; Ähnlichkeitsfaktor $\frac{4}{3}$
   F ist ähnlich zu E; Ähnlichkeitsfaktor $\frac{2}{3}$
   H ist ähnlich zu A; Ähnlichkeitsfaktor 1
   H ist ähnlich zu I; Ähnlichkeitsfaktor 2
   I ist ähnlich zu A; Ähnlichkeitsfaktor $\frac{1}{2}$
   I ist ähnlich zu H; Ähnlichkeitsfaktor $\frac{1}{2}$

Bist du fit? – Lösungen

Seite 277

2.
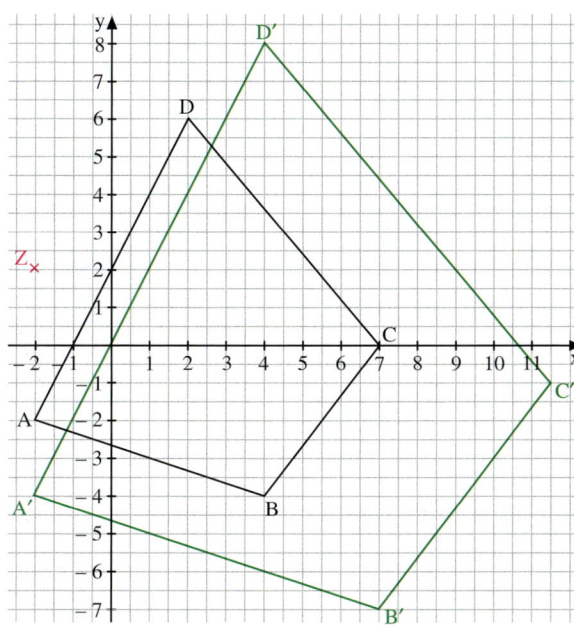

3. a) $Z(2\,|\,-2)$; $k = 3$ b) $Z(-1\,|\,-2)$; $k = \frac{1}{2}$

4. a)
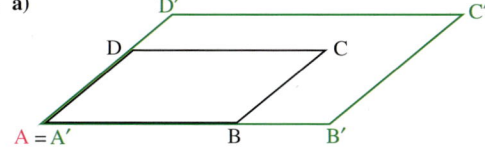
[a]
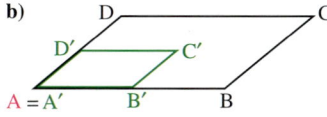

b)
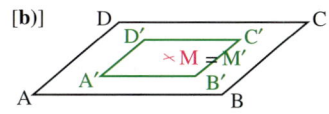
[b]

5. a) $a_2 = 9{,}6$ cm; $c_2 = 3{,}2$ cm b) $b_2 = 5{,}75$ dm; $c_1 = 2{,}16$ dm c) $a_1 = 12{,}32$ km; $b_1 = 5{,}46$ km

6. $x = |DE| = \frac{|CD|}{|BC|} \cdot |AB| = 75{,}25$ m

7. $h = \frac{12{,}75 \text{ m}}{1{,}56 \text{ m}} \cdot 1{,}30 \text{ m} = 10{,}625 \text{ m} \approx 10{,}63 \approx 11 \text{ m}$

8. Mit dem 1. Strahlensatz erhält man:

$\frac{x}{2{,}10 \text{ m}} = \frac{1{,}60 \text{ m}}{4{,}00 \text{ m}}$

$x = 0{,}84$ m
$h = 1{,}40 \text{ m} + 0{,}84 \text{ m} = 2{,}24$ m

Der Schrank dürfte nur 2,24 m hoch sein. Er passt also nicht.

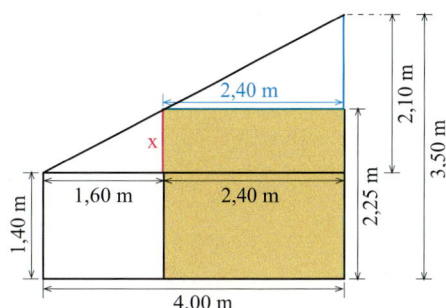

Mengen, Zahlen, Funktionen

$a \in M$	a ist Element der Menge M, a gehört zu M	$\mathbb{R}\ [\mathbb{R}^*]$	Menge der reellen Zahlen [ohne null]
$\mathbb{N}\ [\mathbb{N}^*]$	Menge der natürlichen Zahlen [ohne null]	$\mathbb{R}_+\ [\mathbb{R}_+^*]$	Menge der nicht negativen reellen Zahlen [ohne null]
$\mathbb{Z}$	Menge der ganzen Zahlen	$\mathbb{R}_-\ [\mathbb{R}_-^*]$	Menge der nicht positiven reellen Zahlen [ohne null]
$\mathbb{Z}_+\ [\mathbb{Z}_+^*]$	Menge der nicht negativen ganzen Zahlen [ohne null]	$\{1, 2, 3\}$	Menge mit den Elementen 1, 2, 3
$\mathbb{Z}_-\ [\mathbb{Z}_-^*]$	Menge der nicht positiven ganzen Zahlen [ohne null]	$\{\ \}$	leere Menge
		$|a|$	Betrag von a
$\mathbb{Q}\ [\mathbb{Q}^*]$	Menge der rationalen Zahlen [ohne null]	a^n	Potenz aus Basis a und Exponent n; a hoch n
$\mathbb{Q}_+\ [\mathbb{Q}_+^*]$	Menge der nicht negativen rationalen Zahlen [ohne null]	$\sqrt{a}$	Quadratwurzel aus a ($a \geq 0$)
		$\sqrt[n]{a}$	n-te Wurzel aus a ($a \geq 0$)
$\mathbb{Q}_-\ [\mathbb{Q}_-^*]$	Menge der nicht positiven rationalen Zahlen [ohne null]	$f(x)$	Funktionsterm der Funktion f, Funktionswert der Funktion f an der Stelle x

Geometrie

AB	Verbindungsgerade durch die Punkte A und B; Gerade durch A und B	$P(x|y)$	Punkt mit den Koordinaten x und y
$\overline{AB}$	Verbindungsstrecke der Punkte A und B; Strecke mit den Endpunkten A und B	ABC	Dreieck mit den Eckpunkten A, B und C
$|AB|$	Länge der Strecke $\overline{AB}$	ABCD	Viereck mit den Eckpunkten A, B, C und D
$\overrightarrow{AB}$	Strahl mit dem Anfangspunkt A durch den Punkt B	$\sphericalangle ASB$	Winkel mit dem Scheitel S und den Schenkeln $\overrightarrow{SA}$ und $\overrightarrow{SB}$, der bei Linksdrehung von $\overrightarrow{SA}$ auf $\overrightarrow{SB}$ entsteht
$g \parallel h$	g ist parallel zu h		
$g \nparallel h$	g ist nicht parallel zu h	$h_a\ [h_b;\ h_c]$	Höhe eines Dreiecks zur Seite a [Seite b; Seite c]
$g \perp h$	g ist orthogonal zu h	$w_\alpha\ [w_\beta;\ w_\gamma]$	Länge der Abschnitte der Winkelhalbierenden im Dreieck
$g \not\perp h$	g ist nicht orthogonal zu h		
$F \cong G$	F ist kongruent zu G	$s_a\ [s_b;\ s_c]$	Länge der Seitenhalbierenden eines Dreiecks
$F \sim G$	F ist ähnlich zu G		

Stichwortverzeichnis

Additionsverfahren 60
ähnlich 235, 252
Ähnlichkeitsfaktor 235, 252
Ähnlichkeitssatz 255
Assoziativgesetz 102

Basis 179
Binomialkoeffizient 32
Bruchterm
– -en, Addition von 218
– -en, Division von 216
– -en, Multiplikation von 215
– -en, Subtraktion von 218

Desargues, Satz des 276
Diskriminante 154
Distributivgesetz 102

Einsetzungsverfahren 57
Erwartungswert 17
Euklid
–, Höhensatz des 257
–, Kathetensatz des 257
Exponent 179

Fakultät 27
Fixelement 244
Flächenverhältnis 241
Funktion
–, quadratische 140

Gleichsetzungsverfahren 55
Gleichung
–, biquadratische 163
–, gemischtquadratische 115
–, quadratische 115
–, reinquadratische 115
Gleichungssysteme
–, lineare 52
Goldener Schnitt 161

Höhensatz 257

Intervallschachtelung 83
Irrationale

–, Wurzeln 87, 203
–, Zahlen 87

Kathetensatz 257
Kombinatorik 26
Kommutativgesetz 102

Längenverhältnis 236
–, irrationales 254
lineares Optimieren 74
Linearfaktoren 167

Maßstab 235, 252

Normdarstellung 180, 185
Normalparabel 110
Nullstelle 120

Optimieren, lineares 74

Parabel 141
Pfadadditionsregel 7
Pfadmultiplikationsregel 7
Potenz 179, 209
Potenzfunktionen 222, 227
Potenzgleichung 205 f.
Potenzgesetze 189 f., 195, 212
Proportion 236

Quadratfunktion 110
Quadratische Ergänzung 128
Quadratwurzelfunktion 173
Quadratwurzel 80

Radikand 80
Radizieren 80

Satz von Vieta 165
Scheitelpunkt 111
– form 127, 141
Schwerpunkt 275
selbstähnlich 259
Selbstähnlichkeit 259
Simulation 22 f.
Storchschnabel 249

Strahlensatz
–, erster 262 f.
–, erweiterter erster 262
– figur 262
– -es, Umkehrung des ersten 274
–, zweiter 265 f.
Strecken 135
Streckfaktor 135, 244 f.
Streckung, zentrische 244 f.
Streckzentrum 244
Substitution 163
Subtraktionsverfahren 58

Teilweises Wurzelziehen 96

Umkehrbar 171
Umkehrfunktion 171
Urnenmodell 26

Verhältnisgleichung 236
Vieta, Satz von 165
Vorsilben 179, 184

Wachstum
–, potenzielles 223, 228
–, quadratisches 111
Wahrscheinlichkeitsverteilung 11
Wurzel
–, exponent 202
–, funktion
–, gesetze 95, 213
–, term 95 f., 99
–, zeichen 80
–, ziehen 80

Zählprinzip 26
Zahlen
–, reelle 88, 102
–, irrationale 87
Zehnerpotenz 178, 184
Zufallsexperiment 7
Zufallsgröße 11
Zufallszahlen 23

Bildquellenverzeichnis

|action press, Hamburg: 9.3. |akg-images GmbH, Berlin: 104.1, 105.1, 159.1, 220.1, 254.1, 254.1, 257.1; Rabatti - Domingie 161.1; Robert O'Dea 161.2. |alamy images, Abingdon/Oxfordshire: Wylezich, Bjorn 42.2. |Apsel, Matthias, Kreien: 145.2, 182.2, 182.3. |Astrofoto, Sörth: Shigemi Numazawa 191.1. |Biosphoto, Berlin: 259.1. |Bodenseeschifffahrt.de, Burgberg: 71.1. |bpk-Bildagentur, Berlin: 160.2, 254.2. |Bridgeman Images, Berlin: bridgemanart.com 240.3. |Bundeszentrale für gesundheitliche Aufklärung (BZgA), Köln: 9.2. |Deutsches Museum, München: 165.1, 187.1. |Faber-Castell AG, Stein: 110.1, 121.1, 121.1. |Fabian, Michael, Hannover: 7.1, 8.1, 15.1, 15.2, 15.3, 18.1, 20.2, 22.1, 24.1, 24.2, 24.3, 28.1, 28.2, 28.3, 30.1, 33.1, 33.2, 34.1, 36.1, 40.1, 44.1, 44.2, 58.2, 65.1, 69.1, 71.2, 78.1, 84.1, 117.1, 152.1, 180.1, 183.1, 200.5, 200.6, 203.1, 211.1, 211.2, 235.1, 235.2, 237.2, 242.1, 242.2, 258.1. |Fotoagentur SVEN SIMON, Mülheim an der Ruhr: 39.1, 168.1, 168.2. |fotolia.com, New York: hero/Michael Bauroth 147.1. |Frischmuth, Peter / argus, Jork: 14.1. |Gebrüder HAFF GmbH Feinmechanik, Pfronten: 268.1. |Getty images/IFA-Bilderteam, München: Titel. |Langner & Partner Werbeagentur GmbH, Hemmingen: 40.2, 170.1. |Ludwig, Matthias Prof. Dr., Würzburg: 278.1, 278.2, 279.1. |Mattel GmbH, Dreieich: 240.1. |mauritius images GmbH, Mittenwald: 73.1, 139.1, 145.1, 177.1, 182.1, 185.1, 185.2, 200.2; (re)view 8.2; age 109.2; agefotostock 10.1; Alex Bartel 109.5; Arthur 74.1; Bodenbender 200.4; Botanica 253.2; Dieter Gerhard 279.2; Dorian Weber 109.1; H. Schwarz 42.1; Hubatka 75.1; J.Beck 28.4; Leinauer 200.3; Phototake 180.2, 210.1; Photri 139.2; Rosenfeld 200.1; Rossenbach, Günter 109.4; Vidler 187.2. |Microsoft Deutschland GmbH, München: 23.2. |OKAPIA KG - Michael Grzimek & Co., Frankfurt/M.: 178.1, 183.2, 208.1, 208.1; imageBROKER/Thomas Frey 37.5; Manfred & Christina Kage 192.1. |Picture-Alliance GmbH, Frankfurt/M.: 175.2; akg-images 240.4; dpa 70.1, 109.3, 175.1; dpa/Frank Kleefeldt 160.1. |PLAYMOBIL/geobra Brandstätter Stiftung & Co. KG, Zirndorf: 240.2. |Pressefoto Baumann, Ludwigsburg: 14.2. |Shutterstock.com, New York: Aerial-motion 157.1, 157.2; Francesco Abrignani 37.1, 37.2, 37.3, 37.4. |Stadt Solingen: 138.1. |The M.C. Escher Company B.V., Baarn: M.C. Escher's "Circle limit I" © 2013 The M.C. Escher Company-Holland. All rights reserved. www.mcescher.com 253.1. |TopicMedia Service, Mehring-Öd: 20.1. |Ullrich, Petra, Schwerin: 238.1. |vario images, Bonn: 77.1. |Warmuth, Torsten, Berlin: 9.1, 23.1, 58.1, 83.1, 237.1, 249.1. |Werbefoto van Eupen, Babenhausen: 232.1.